ASP.NET程序设计案例教程

ASP.NET Programming Case Tutorial

杨树林 胡洁萍 编著

高校系列

人民邮电出版社

北京

图书在版编目（CIP）数据

ASP.NET程序设计案例教程 / 杨树林，胡洁萍编著
. -- 北京 : 人民邮电出版社，2011.4
21世纪高等学校计算机规划教材
ISBN 978-7-115-24827-5

Ⅰ. ①A… Ⅱ. ①杨… ②胡… Ⅲ. ①主页制作—程序设计—高等学校—教材 Ⅳ. ①TP393.092

中国版本图书馆CIP数据核字(2011)第019389号

内容提要

ASP.NET是微软公司推出的全新的互联网应用程序开发技术，是当今最主流的Web程序开发技术之一。本书共分9章，内容包括ASP.NET概述、C#语言基础、ASP.NET网页、用户界面设计、数据库访问技术、状态管理与数据缓存、ASP.NET常用技术、LINQ数据库技术和BBS综合案例。每章内容都与案例相结合，有助于学生理解知识，应用知识，达到学以致用。书中引进一些新知识和新方法，内容实用，重点突出，讲解精练，案例典型，既方便学习，又便于应用。

本书内容丰富，实例典型，知识讲解系统，可作为大中专院校计算机及其相关专业的教材，也可供软件开发人员及其他有关人员学习参考。

21世纪高等学校计算机规划教材
ASP.NET程序设计案例教程

◆ 编　　著　杨树林　胡洁萍
责任编辑　邹文波
◆ 人民邮电出版社出版发行　　北京市崇文区夕照寺街14号
邮编　100061　　电子函件　315@ptpress.com.cn
网址　http://www.ptpress.com.cn
大厂聚鑫印刷有限责任公司印刷
◆ 开本：787×1092　1/16
印张：20.25　　2011年4月第1版
字数：534千字　　2011年4月河北第1次印刷

ISBN 978-7-115-24827-5

定价：37.00元

读者服务热线：(010)67170985　印装质量热线：(010)67129223
反盗版热线：(010)67171154

前 言

ASP.NET 是微软公司推出的全新的互联网应用程序开发技术，是当今最主流的 Web 程序开发技术之一。目前无论是高校的计算机专业还是 IT 培训学校都将 ASP.NET 作为教学内容之一，这对于培养学生的计算机应用能力具有重要的意义。

ASP.NET 程序设计属于应用技术类课程。为解决学生应用实践能力不强的问题，必须更新教学内容，改变教学模式。案例教学是计算机语言教学的最有效的方法之一。好的案例对学生理解知识，掌握如何应用知识十分重要。目前一些教材类书籍，内容繁杂，常用知识突出不够；新内容没有及时引入，与市场缺乏衔接；例子缺乏实用性和系统性，相互联系不够，对学生的技术指导不利，无法适应案例教学。而一些技术性较强的参考书，又过分强调技术，难度偏大，知识讲解不够系统，不适合于教学。为此，编者在本书的编写中把案例和知识有机结合起来。一方面，跟踪 ASP.NET 发展，适应市场需求，精心选择内容，突出重点、强调实用，使知识讲解系统、精练；另一方面，设计典型的案例，将案例分解，融入到知识讲解中，使知识与案例相辅相承，既有利于学生学习知识，又有利于指导学生实践。本书在编写中主要强调以下几方面。

（1）贯穿项目驱动、设计主导、案例教学的思想。作为实践性很强的课程，其主要目的是培养学生的实战能力，因此，本书注重贯穿项目驱动、设计主导、案例教学的思想。第 1 章至第 8 章以网络书城项目为线索，根据项目需要逐步引入知识，最后的第 9 章给出相对完整的软件论坛系统的设计与实现，使设计清晰化，并达到较高的水平。书中第 1 章讲解了分层架构，并给出了网络书城项目的设计，后续章节主要围绕书城案例讲解知识，并将案例分解到知识当中，案例与知识有机结合，整个过程都贯彻设计概念，体现了案例教学的思想。

（2）基于需要选择内容，突出实用，讲解精练。本书在保证知识系统性的同时，注重精选内容，突出实用。从典型的项目出发，基于项目需要展开知识，围绕知识讲解案例，各项知识的讲解不求全而细，而是强调实用，突出重点。在案例选择上也不求多么复杂，而是求典型，注重案例之间的相互联系，案例与知识相辅相承，形成有机的整体，使知识讲解直接化，既有利于学生学习知识，又有利于指导学生实践。

（3）跟踪 ASP.NET 新发展，注意适应市场需求，及时引进新内容，如泛型、LINQ 技术、成员资格管理等。本书选择了目前较流行的 Visual Stadio 2008 平台，引进了.NET3.5 的有关内容，在设计方法上尽量与企业应用相符合。通过本书，学生不仅可以学习到两层应用结构的设计方法，而且可以深入学习三层应用结构的设计方法。

本书不同于普通技术参考书，与一般教材的组织方式也有所区别，它根据教学目标和市场需要精选内容，以培养学生应用能力为核心，将典型的、系统性的案例融于教材中，将知识和能力有机地统一起来，具有以下主要特点。

1. 根据市场应用精心选取教学内容，合理组织内容结构，突出重点。

2. 注意新方法、新技术的引用，突出实用内容（主要指市场开发常用的）。

3. 以案例为线索组织知识，围绕知识设计案例，二者相辅相成。

4. 突出案例的典型性，针对性强。将系统性（案例之间尽可能有一定的联系，组合在一起能形成完整系统）的案例融于知识中。

5. 处理好具体实例与思想方法的关系，局部知识应用与综合应用的关系。

6. 知识讲解循序渐进，难度适宜，便于教学和学习。

本书共分 9 章，内容包括 ASP.NET 概述、C#语言基础、ASP.NET 网页、用户界面设计、数据库访问技术、状态管理与数据缓存、ASP.NET 常用技术、LINQ 数据库技术和 BBS 综合案例。书中除包含许多配合知识学习的例子外，还包含 29 个案例，其中除了大型的论坛案例外，其他案例主要是网络书城项目的分解案例，随知识的讲解逐渐展开。

由于编者水平有限，加上时间仓促，书中难免存在疏漏和不足之处，恳请读者批评指正，使本书得以改进和完善。

编者

2011 年 1 月于北京

目 录

第 1 章 ASP.NET 概述 ········1

1.1 ASP.NET 简介 ········1
1.1.1 .NET 技术简介 ········1
1.1.2 什么是 ASP.NET ········3
1.1.3 .NET 3.5 ········4
1.2 ASP.NET 开发环境 ········5
1.2.1 安装 Visual Studio 2008 ········5
1.2.2 创建 Web 项目 ········8
1.2.3 管理 Web 项目中的资源 ········9
1.2.4 创建 ASP.NET 网页 ········10
1.3 ASP.NET 应用程序的构成 ········13
1.3.1 文件类型 ········13
1.3.2 文件夹类型 ········14
1.3.3 网站全局文件 ········15
1.3.4 ASP.NET 配置 ········15
1.4 ASP.NET 应用中的分层架构 ········19
1.4.1 分层架构模式 ········19
1.4.2 ASP.NET 中的 3 层结构 ········20
1.4.3 案例 1-1 网络书城系统分析与设计 ········20
本章小结 ········24
习题与实验 ········25

第 2 章 C#语言基础 ········26

2.1 C#语言的基本语法 ········26
2.1.1 基本编码规则 ········26
2.1.2 数据类型 ········27
2.1.3 案例 2-1 为书城网站定义用户权限枚举类型 ········29
2.1.4 运算符和表达式 ········30
2.2 字符串、日期和时间 ········31
2.2.1 字符串 ········31
2.2.2 DateTime 和 TimeSpan ········33
2.2.3 案例 2-2 日期操作工具类设计 ········35
2.2.4 数据类型的转换 ········38
2.3 流程控制与异常处理 ········39
2.3.1 分支结构 ········39
2.3.2 循环语句 ········42
2.3.3 异常处理 ········44
2.4 C#面向对象编程 ········45
2.4.1 类和对象 ········45
2.4.2 类的成员 ········48
2.4.3 继承 ········50
2.4.4 案例 2-3 网络书城中的实体模型类设计 ········51
2.4.5 抽象类、接口与多态性 ········56
2.4.6 案例 2-4 网络书城中的接口设计 ········58
2.5 数组和集合 ········61
2.5.1 声明与访问数组 ········61
2.5.2 集合 ········62
2.5.3 案例 2-5 网络书城中的购物车类设计 ········65
2.6 C# 3.5 的新特征 ········66
2.6.1 隐型局部变量 ········66
2.6.2 扩展方法 ········67
2.6.3 Lambda 表达式 ········67
2.6.4 对象和集合初始化 ········69
2.6.5 匿名类型 ········69
本章小结 ········69
习题与实验 ········70

第 3 章 ASP.NET 网页 ········71

3.1 概述 ········71
3.1.1 ASP.NET 网页及其存储模式 ········71
3.1.2 ASP.NET 网页生命周期 ········74
3.1.3 内置对象 ········75
3.2 ASP.NET Web 服务器控件 ········78
3.2.1 ASP.NET 服务器控件类型 ········78
3.2.2 Web 服务器控件概述 ········79
3.2.3 常用的 Web 控件 ········81

3.2.4 案例 3-1 图书反馈网页的设计……85
3.2.5 验证控件……90
3.2.6 案例 3-2 实现图书反馈网页的数据验证……93
3.3 页面切换与数据传递……98
3.3.1 页面切换……98
3.3.2 页面间的数据传递……99
本章小结……101
习题与实验……101

第 4 章 用户界面设计……102

4.1 主题……102
4.1.1 概述……102
4.1.2 创建主题……103
4.1.3 应用主题……104
4.1.4 案例 4-1 书城网站的主题设计……105
4.2 母版页……108
4.2.1 母版页的基础知识……108
4.2.2 创建母版页和内容页……109
4.2.3 内容页和母版页的交互……112
4.2.4 案例 4-2 书城网站的母版页设计……113
4.3 用户控件……115
4.3.1 用户控件简介……115
4.3.2 用户控件的创建……115
4.3.3 用户控件的使用……116
4.3.4 案例 4-3 书城网站的用户控件设计……117
4.4 网站地图与页面导航……120
4.4.1 网站地图……121
4.4.2 使用导航地图实现网站导航……122
4.4.3 案例 4-4 书城的网站站点导航设计……123
本章小结……124
习题与实验……124

第 5 章 数据库访问技术……126

5.1 数据库访问基础……126
5.1.1 ADO.NET 简介……126
5.1.2 数据库的连接……127
5.1.3 案例 5-1 连接书城数据库……128
5.1.4 数据更新操作……129
5.1.5 数据查询操作……130
5.2 应用程序结构与数据操作……133
5.2.1 两层应用结构……133
5.2.2 三层应用结构……141
5.2.3 案例 5-2 书城网站的 DAL 层与 BLL 层实现……144
5.3 数据绑定与数据绑定控件……153
5.3.1 数据绑定简介……153
5.3.2 GridView 控件……153
5.3.3 DetailsView 控件与 FormView 控件……156
5.3.4 案例 5-3 实现书城网站的图书管理……157
5.4 其他数据绑定控件……165
5.4.1 DataList 控件与 Repeater 控件……165
5.4.2 案例 5-4 实现书城网站图书分类菜单……166
5.4.3 ListView 控件与 DataPager 控件……167
5.4.4 案例 5-5 实现书城网站的主界面……169
本章小结……173
习题与实验……174

第 6 章 状态管理与数据缓存……175

6.1 ASP.NET 状态管理概述……175
6.1.1 什么是状态管理……175
6.1.2 状态管理的类型……176
6.2 基于客户端的状态管理……176
6.2.1 视图状态……176
6.2.2 控件状态……178
6.2.3 隐藏域……179
6.2.4 Cookie……180
6.2.5 查询字符串……182
6.2.6 案例 6-1 完善书城网站用户登录程序……182
6.3 基于服务器的状态管理……185

6.3.1 应用程序状态 ······185
6.3.2 Session 状态管理 ······187
6.3.3 案例 6-2 实现书城网站的用户统计 ······189
6.4 数据缓存 ······190
6.4.1 缓存概述 ······190
6.4.2 页输出缓存 ······192
6.4.3 使用应用程序缓存 ······195
6.4.4 缓存依赖 ······196
6.4.5 案例 6-3 在书城网站中应用缓存技术 ······198
本章小结 ······199
习题与实验 ······200
第 7 章 ASP.NET 常用技术 ······201
7.1 成员资格与角色管理 ······201
7.1.1 验证方式及其配置 ······201
7.1.2 成员资格管理及其配置 ······202
7.1.3 ASP.NET 登录控件 ······207
7.1.4 案例 7-1 基于成员资格管理实现书城网站用户管理 ······208
7.2 个性化用户服务 ······212
7.2.1 个性化服务简介 ······212
7.2.2 个性化服务配置 ······212
7.2.3 个性化数据操作 ······214
7.2.4 为匿名用户实现个性化服务 ······215
7.2.5 案例 7-2 实现网络书城购物车功能 ······215
7.3 验证码功能实现 ······218
7.3.1 绘图的基本知识 ······218
7.3.2 案例 7-3 实现书城网站验证码 ······219
7.4 ASP.NET AJAX ······221
7.4.1 ASP.NET AJAX 概述 ······221
7.4.2 创建 AJAX 应用 ······223
7.4.3 案例 7-4 在书城网站中使用 ASP.NET AJAX ······225
7.5 文件操作 ······228
7.5.1 文件的管理 ······228
7.5.2 文件的 I/O 操作 ······229
7.5.3 文件上传 ······231
7.5.4 案例 7-5 实现书城网站的图书添加 ······232
本章小结 ······236
习题与实验 ······237
第 8 章 LINQ 数据库技术 ······238
8.1 LINQ 概述 ······238
8.1.1 什么是 LINQ ······238
8.1.2 基本的查询操作 ······239
8.1.3 LINQ 查询表达式 ······241
8.1.4 使用 LINQ 进行数据转换 ······243
8.2 LINQ to ADO.NET ······246
8.2.1 创建对象模型 ······246
8.2.2 查询和更改数据库 ······248
8.2.3 案例 8-1 使用 LINQ 实现书城网站的数据访问层 ······249
8.2.4 存储过程 ······252
8.2.5 案例 8-2 使用 LINQ 实现书城网站的结账 ······253
8.3 LINQ to XML ······261
8.3.1 LINQ to XML 概述 ······261
8.3.2 创建 XML 树 ······262
8.3.3 序列化 XML 树 ······265
8.3.4 查询 XML 树 ······265
8.3.5 修改 XML 树 ······266
本章小结 ······268
习题与实验 ······269
第 9 章 BBS 综合案例 ······270
9.1 系统分析与设计 ······270
9.1.1 系统分析 ······270
9.1.2 总体设计 ······271
9.1.3 创建对象模型 ······276
9.1.4 接口设计 ······278
9.2 数据访问层实现 ······280
9.2.1 版块数据访问类 ······280
9.2.2 主题数据访问类 ······281
9.2.3 帖子数据访问类 ······284
9.3 业务逻辑层实现 ······286
9.3.1 版块业务逻辑类 ······286

9.3.2 主题业务逻辑类……286
9.3.3 帖子业务逻辑类……287
9.4 系统配置……288
9.4.1 连接字符串及环境变量配置……288
9.4.2 验证模式、成员及角色管理配置……289
9.5 表现层设计……290
9.5.1 主题设计……290
9.5.2 母版及主页设计……291
9.5.3 主题视图设计……294
9.5.4 帖子视图设计……303
9.5.5 用户视图设计……313
本章小结……316
习题与实验……316

第1章 ASP.NET概述

本章要点

- .NET技术及ASP.NET概述
- ASP.NET应用开发环境及其使用
- ASP.NET应用程序组成
- 分层架构及其设计原则
- 利用分层架构思想分析和设计网络书城

ASP.NET是统一的Web应用程序平台，它提供了为建立和部署企业级Web应用程序所必需的服务。ASP.NET为能够面向任何浏览器或设备的更安全的、更强的可升级性，以及更稳定的应用程序提供新的编程模型和基础结构。

1.1 ASP.NET简介

ASP.NET并不是一门编程语言，而是一个统一的Web开发模型，它支持以可视化的方式创建企业级网站。ASP.NET是.NET框架（.NET Framework）的一部分，可以利用.NET框架中的类进行编程，可使用VB.NET、C#、J#和JScript.NET等编程语言来开发Web应用程序。

1.1.1 .NET技术简介

1. 什么是.NET

.NET技术是微软公司推出的一个全新概念，它代表了一个集合、一个环境和一个可以作为平台支持下一代Internet的可编程结构。.NET的目的就是将互联网作为新一代操作系统的基础，对互联网的设计思想进行扩展，用户在任何地方、任何时间，以及利用任何设备都能访问所需要的信息、文件和程序。

.NET平台包括.NET框架和.NET开发工具等组成部分。.NET框架是整个开发平台的基础，包括公共语言运行时（Common Language Runtime，CLR）和.NET类库。公共语言运行时类似于Java虚拟机，负责内存管理和程序执行，是.NET的基础。.NET开发工具包括Visual Studio .NET集成开发环境和.NET编程语言。.NET编程语言包括Visual Basic、Visual C++和新的Visual C#，用来创建运行在公共语言运行时上的应用程序。.NET框架结构如图1-1所示。

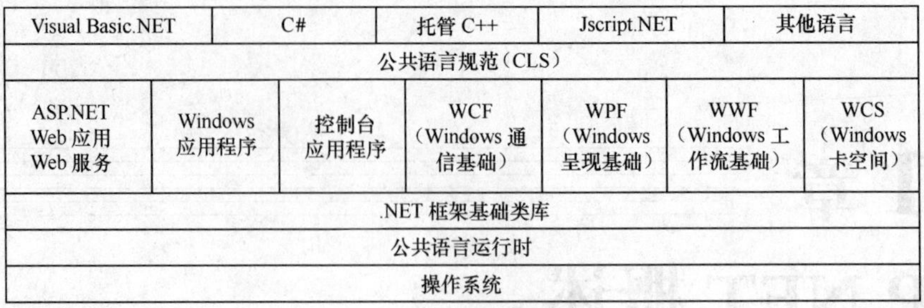

<table>
<tr><td colspan="7">Visual Basic.NET | C# | 托管 C++ | Jscript.NET | 其他语言</td></tr>
<tr><td colspan="7">公共语言规范（CLS）</td></tr>
<tr><td>ASP.NET
Web 应用
Web 服务</td><td>Windows
应用程序</td><td>控制台
应用程序</td><td>WCF
（Windows 通信基础）</td><td>WPF
（Windows 呈现基础）</td><td>WWF
（Windows 工作流基础）</td><td>WCS
（Windows 卡空间）</td></tr>
<tr><td colspan="7">.NET 框架基础类库</td></tr>
<tr><td colspan="7">公共语言运行时</td></tr>
<tr><td colspan="7">操作系统</td></tr>
</table>

图 1-1　.NET 框架结构

2. 公共语言运行时

公共语言运行时是.NET Framework 的基础。它管理内存、线程执行、代码执行、代码安全验证、编译以及其他系统服务，还能监视程序的运行，强制实施代码访问安全，通过严格类型验证和代码验证加强代码的可靠性。此外，它的托管环境消除了许多常见的软件问题。

公共语言运行时不仅提供了多种软件服务，而且对以往的软件提供了支持。托管和非托管代码之间的互操作性，使开发人员能够继续使用所需的 COM 组件和动态链接库（Dynamic Link Library，DLL）。

公共语言运行时提高了开发人员的工作效率，如程序员可以用他们选择的开发语言编写应用程序，却仍能充分利用其他开发人员用其他语言编写的运行库、类库和组件。以.NET 框架为目标的语言编译器，使得用该语言编写的现有代码可以使用.NET 框架的功能，这大大减轻了现有应用程序迁移过程的工作负担。

3. .NET 框架类库

.NET 框架类库是一个与公共语言运行时紧密集成的可重用的类型集合。该类库是面向对象的，并提供用户自己的托管代码可从中导出功能的类型。这不但使.NET 框架类型易于使用，而且还减少了学习.NET 框架的新功能所需要的时间。此外，第三方组件可与.NET 框架中的类无缝集成。

例如，.NET 框架集合类实现一组可用于开发用户自己的集合类的接口，用户的集合类将与.NET 框架中的类无缝地混合。

.NET 框架类型使用户能够完成一系列常见编程任务（包括诸如字符串管理、数据收集、数据库连接、文件访问等任务）。除这些常见任务之外，类库还包括支持多种专用开发方案的类型。例如，可使用.NET 框架开发下列类型的应用程序和服务。

- 控制台应用程序。
- Windows GUI 应用程序（Windows 窗体）。
- Windows Presentation Foundation（WPF）应用程序。
- ASP.NET 应用程序。
- Web 服务。
- Windows 服务。
- 使用 Windows Communication Foundation（WCF）的面向服务的应用程序。
- 使用 Windows Workflow Foundation（WWF）的启用工作流程的应用程序。

例如，Windows 窗体类是一组综合性的可重用的类型，它们大大简化了 Windows GUI 的开发。如果要编写 ASP.NET 应用程序，可使用 Web 窗体类。

4. Visual Studio

Visual Studio 是一套完整的开发工具，用于生成 ASP.NET Web 应用程序、XML Web Services、桌面应用程序和移动应用程序。Visual Basic、Visual C# 和 Visual C++ 都使用相同的集成开发环境（IDE），这样就能够进行工具共享，并能够轻松地创建混合语言解决方案。另外，这些语言使用.NET 框架的功能，它提供了可简化 ASP Web 应用程序和 XML Web Services 开发的关键技术。

Visual Studio 提供丰富的开发环境，包含如下特性。

- 页面设计。使用 Web 表单设计器，可以通过拖曳的方式设计页面，省去了很多编写 HTML 代码的麻烦。
- 自动错误检测。Visual Studio 能够自动地报告出代码编写中的错误，这样不用经过调试就可以发现那些诸如语法的错误，可以节省代码调试时间。
- 调试工具。Visual Studio 提供了强大的调试工具，使用这些调试工具可以查看运行中的代码和跟踪变量的内容。
- 智能感知。在代码编辑过程中，Visual Studio 能够识别变量并自动列出该对象的信息，以方便代码的编辑。

5. C#语言

C#是微软公司在 2000 年 7 月发布的一种全新的简单、安全、面向对象的程序设计语言。它是专门为.NET 的应用而开发的语言。它吸收了 C++、Visual Basic、Delphic、Java 等语言的优点，体现了当今最新的程序设计技术的功能和精华。C#继承了 C 语言的语法风格，同时又继承了 C++面向对象特性。不同的是，C#的对象模型已经面向 Internet 进行了重新设计，使用的是.NET 框架的类库；C#不再提供对指针类型的支持，使得程序不能随便访问内存地址空间，从而更加健壮；C#不再支持多重继承，避免了以往类层次结构中由于多重继承带来的可怕后果。.NET 框架为 C#提供了一个强大的、易用的、逻辑结构一致的程序设计环境。同时，公共语言运行时为 C#程序语言提供了一个托管的运行时环境，使程序比以往更加稳定、安全。

1.1.2　什么是 ASP.NET

ASP.NET 是微软公司推出的用于编写动态网页的一项功能强大的新技术，它建立在公共语言运行时基础上，是一个已编译的、基于.NET 的环境，可以用任何与.NET 兼容的语言创作应用程序。

ASP.NET 的语法在很大程度上与 ASP 兼容，同时它还提供一种新的编程模型和结构，用于生成更安全、可伸缩和稳定的应用程序。与以前的动态网页开发技术相比，其优点体现在以下几方面。

- 可管理性。ASP.NET 使用基于文本的、分级的配置系统，简化了将设置应用于服务器环境和 Web 应用程序的工作。因为配置信息是存储为纯文本的，因此，可以在没有本地管理工具的帮助下应用新的设置。配置文件的任何变化都可以自动检测到并应用于应用程序。
- 安全。ASP.NET 为 Web 应用程序提供了默认的授权和身份验证方案。开发人员可以根据应用程序的需要很容易地添加、删除或替换这些方案。
- 易于部署。通过简单地将必要的文件复制到服务器上，ASP.NET 应用程序即可以部署到该服务器上。不需要重新启动服务器，甚至在部署或替换运行的已编译代码时也不需要重新启动。
- 增强的性能。ASP.NET 是运行在服务器上的已编译代码。与传统的 Active Server Pages（ASP）不同，ASP.NET 能利用早期绑定、实时（JIT）编译、本机优化和全新的缓存服务来提高性能。
- 灵活的输出缓存。根据应用程序的需要，ASP.NET 可以缓存页数据、页的一部分或整个页。缓存的项目可以依赖于缓存中的文件或其他项目，或者可以根据过期策略进行刷新。
- 国际化。ASP.NET 在内部使用 Unicode 以表示请求和响应数据。可以为每台计算机、每个目录和每页配置国际化设置。
- 移动设备支持。ASP.NET 支持任何设备上的任何浏览器。开发人员使用与用于传统的桌面浏览器相同的编程技术，处理新的移动设备。

- 扩展性和可用性。ASP.NET 被设计成可扩展的、具有特别专有的功能，以提高群集的、多处理器环境的性能。此外，Internet 信息服务（IIS）和 ASP.NET 运行时密切监视和管理进程，以便在一个进程出现异常时，可在该位置创建新的进程使应用程序继续处理请求。
- 跟踪和调试。ASP.NET 提供了跟踪服务，该服务可在应用程序级别和页面级别调试过程中启用。可以选择查看页面的信息，或者使用应用程序级别的跟踪查看工具查看信息。在开发和应用程序处于生产状态时，ASP.NET 支持使用.NET Framework 调试工具进行本地和远程调试。当应用程序处于生产状态时，跟踪语句能够留在产品代码中而不会影响性能。
- 与.NET Framework 集成。ASP.NET 是.NET Framework 的一部分，整个平台的功能和灵活性对 Web 应用程序都是可用的。也可从 Web 上流畅地访问.NET 类库以及消息和数据访问解决方案。ASP.NET 是独立于语言之外的，所以开发人员能选择最适于应用程序的语言。另外，公共语言运行时的互用性还保存了基于 COM 开发的现有投资。
- 与现有 ASP 应用程序的兼容性。ASP 和 ASP.NET 可并行运行在 IIS Web 服务器上而互不冲突；不会发生因安装 ASP.NET 而导致现有 ASP 应用程序崩溃的可能。ASP.NET 仅处理具有.aspx 文件扩展名的文件。具有.asp 文件扩展名的文件继续由 ASP 引擎来处理。然而，应该注意的是会话状态和应用程序状态并不在 ASP 和 ASP.NET 页面之间共享。

ASP.NET 启用了分布式应用程序的两个功能：Web 窗体和 XML Web 服务。

- Web 窗体技术可建立强大的基于窗体的网页。Web 窗体页面使用可重复使用的内建组件或自定义组件以简化页面中的代码。
- 使用 ASP.NET 创建的 XML Web 服务可使用户远程访问服务器。使用 XML Web 服务，商家可以提供其数据或商业规则的可编程接口，之后可以由客户端和服务器端应用程序获得和操作。以任何语言编写的且运行在任何操作系统上的程序，都能调用 XML Web 服务。

1.1.3 .NET 3.5

.NET 框架 3.5 版本，在传承以往版本的优良性能的同时，有如下改变。

- 深度集成 LINQ 和数据感知。这项新功能能够让程序员使用 LINQ 语言，为几种不同的数据类型（SQL 数据、集合、XML 和数据集）以相同的语法编写代码来进行操作。
- ASP.NET AJAX 技术可以建立更有效率、更具有互动性和高度个性化的 Web 体验，而且这些都可以在最流行的浏览器中实现。
- 新的 Web 协议支持创建包括 AJAX、JSON、REST、POX、RSS、ATOM 和几个新的 WS-*标准的 WCF 服务。
- Visual Studio 2008 开发工具支持 WWF、WCF、WPF 以及工作流服务技术的开发。
- .NET 3.5 类库中的新类能够满足很多客户的需求。

.NET 3.5 的安装过程将在后面介绍 Visual Studio 2008 安装时进行讲解，它同该工具的安装过程一起进行。.NET 3.5 运行的系统需求如下。

- 支持的操作系统：Windows Sewer 2003、Windows Server 2008、Windows Vista 和 Windows XP。
- 处理器：至少 400MHz 的奔腾处理器，而 1GHz 以上的奔腾处理器的效果更好。
- RAM：至少 96MB，推荐 256MB。
- 硬盘：至少有 500MB 的可利用空间。
- 显示器：至少 800 像素 × 600 像素、256 色，推荐 1024 像素 × 768 像素、32-bit 色以上。

此外，在安装.NET 3.5 以前，请先删除.NET 的早期版本。

1.2　ASP.NET 开发环境

每一个正式版本的.NET 框架都会有一个与之对应的高度集成的开发环境，微软公司称之为 Visual Studio，也就是可视化工作室。随同.NET 3.5 一起发布的开发工具是 Visual Studio 2008，它对基于.NET 3.5 的项目开发有很大帮助，使用 Visual Studio 2008 可以很方便地进行各种项目的创建，具体程序的设计，程序调试和跟踪，以及项目发布等。

1.2.1　安装 Visual Studio 2008

Visual Studio 2008 目前有 3 个版本：Visual Studio 2008 Professional 版本、Visual Studio 2008 Standard 版本和 Visual Studio Team System 2008 Team Suite 版本，其中前两种用于个人和小型开发团队，采用最新技术开发应用程序和实现有效的业务目标，前两种又统称为 Visual Studio 2008；第 3 种是为体系结构、设计、数据库开发以及应用程序测试等多任务的团队提供的集成的工具集，在应用程序生命周期的每个步骤，团队成员都可以继续协作并利用一个完整的工具集与指南。

首先，读者可以到 http://mmsdn.microsoft.com/zh-cn/vs2008/default.aspx 下载 Visual Studio 2008 的试用版，也可以去购买正版安装程序。

Visual Studio 2008 的安装步骤如下。

（1）打开安装程序后，首先进入图 1-2 所示的安装向导界面。在此界面，可以选择安装的产品，单击【安装 Visual Studio 2008】即可进入资源复制过程。

图 1-2　安装向导界面

（2）在资源复制完毕后，进入图 1-3 所示界面。

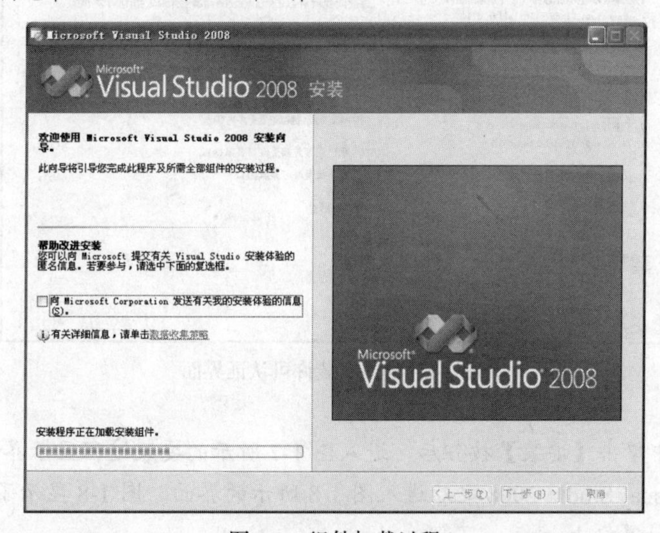

图 1-3　组件加载过程

（3）组件加载完毕后，【下一步】按钮被激活，如图 1-4 所示。

图 1-4　组件加载完毕时的界面

（4）在图 1-4 所示界面，单击【下一步】按钮，进入图 1-5 所示的软件安装许可认证界面。

（5）在图 1-5 中选中【我已阅读并接受许可条款】单选按钮，输入用户名称后【下一步】按钮会被激活，单击【下一步】按钮，进入图 1-6 所示的安装界面。图 1-6 所示为安装功能选择和安装路径选择的界面，选中【默认值】单选按钮，并选择安装路径，然后单击【安装】按钮。

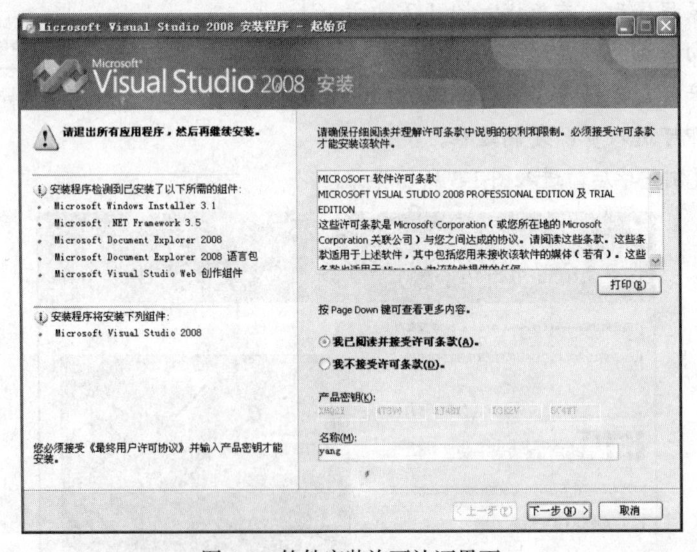

图 1-5　软件安装许可认证界面

（6）在图 1-6 中单击【安装】按钮后，进入图 1-7 所示的安装过程显示界面。

（7）在安装 Visual Studio 2008 之后进入图 1-8 所示的界面。图 1-8 显示了该软件已经成功安装在本地计算机上。

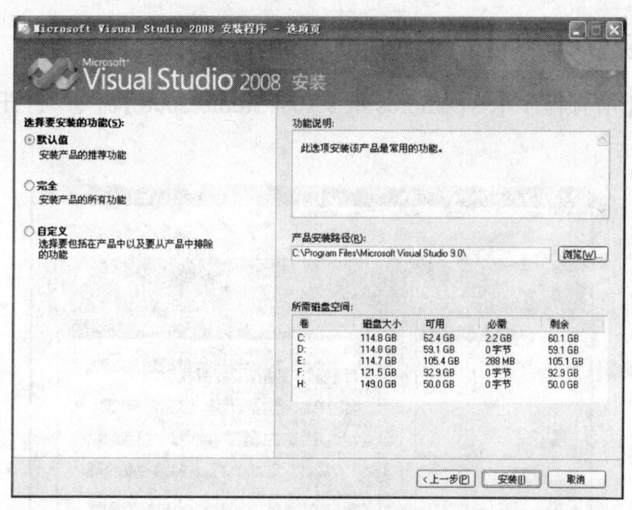

图 1-6　安装路径选择

图 1-7　安装过程的显示

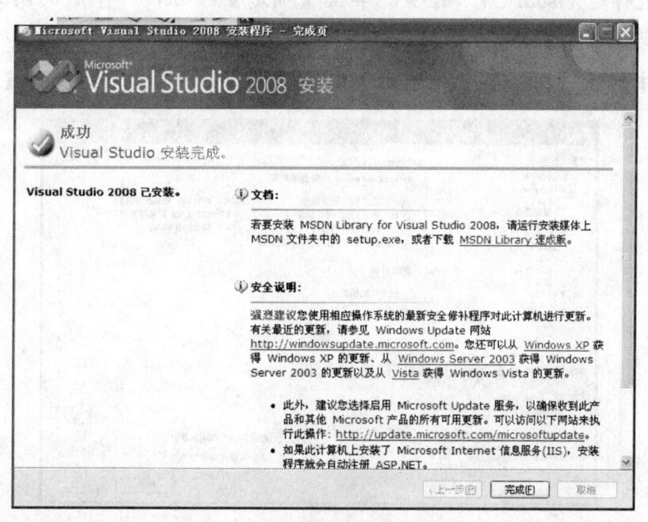

图 1-8　成功安装提示界面

1.2.2 创建 Web 项目

选择【开始】→【所有程序】→【Microsoft Visual Studio 2008】命令，打开【Visual Studio 2008】主界面，如图 1-9 所示。

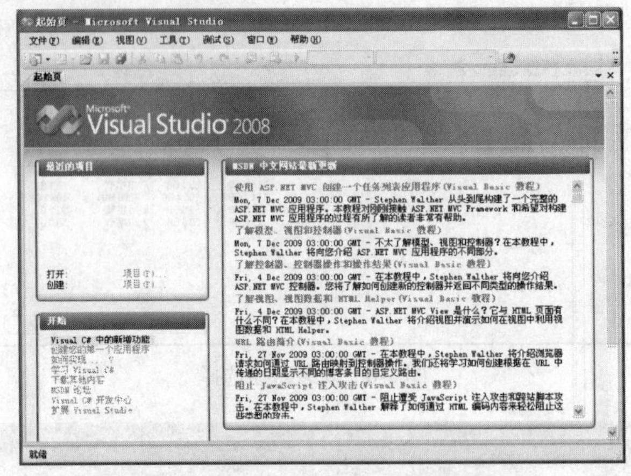

图 1-9　Visual Studio 2008 的主界面

在启动 Visual Studi0 2008 之后，可用 3 种方式来创建一个 Web 项目。

第 1 种方式的操作步骤如下。

（1）选择【文件】→【新建】→【网站】命令，打开如图 1-10 所示的【新建网站】对话框。

（2）在【新建网站】对话框中显示了可以创建的网站项目的模板，选中【ASP.NET 网站】模板后，选择存储位置并输入名称，然后在【语言】下拉列表中选择“Visual C#”选项，单击【确定】按钮，一个新的网站项目即可创建。

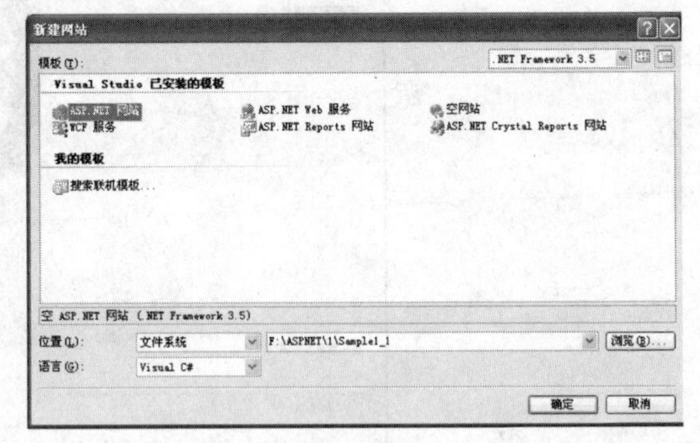

图 1-10　【新建网站】对话框

第 2 种方式的操作步骤如下。

（1）选择【文件】→【新建】→【项目】命令，打开如图 1-11 所示的【新建项目】对话框。

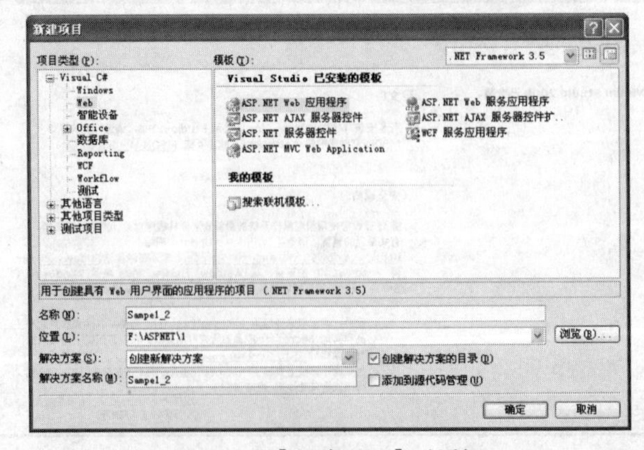

图 1-11　【新建项目】对话框

（2）在【新建项目】对话框的左边显示了可以创建的项目类型，右边显示了与选定的项目类型对应的项目模板。展开【Viusal C#】类型，选中【Web】，在右边显示了可以创建的 Web 项目的模板。选中【ASP.NET Web 应用程序】模板，在【名称】文本框中输入项目名称，并选择相应的存储目录，单击【确定】按钮即可创建一个新的 Web 项目。

第 3 种方式的操作步骤如下。

（1）选择【文件】→【新建】→【项目】命令，打开如图 1-12 所示的【新建项目】对话框。在【新建项目】对话框中展开【其他项目类型】，选中【Visual Studio 解决方案】，右边模板中显示出【空白解决方案】。选中【空解决方案】，在【名称】文本框中输入解决方案名称，并选择相应的存储目录，单击【确定】按钮即可创建一个新的解决方案。

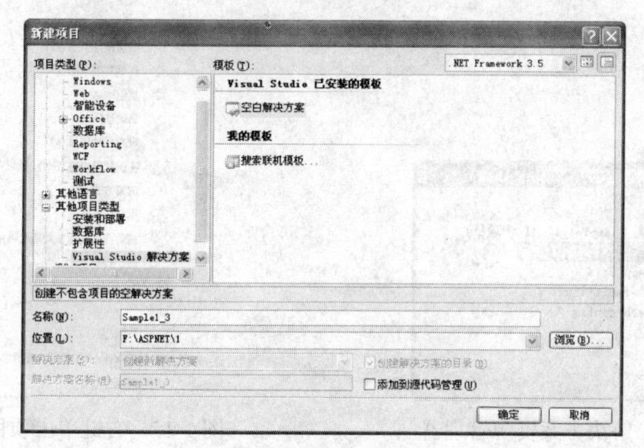

图 1-12　新建空白解决方案

（2）在【解决方案资源管理器】中选择解决方案，单击鼠标右键，在弹出的快捷菜单中选择【添加】→【新建网站】命令，如图 1-13 所示。

（3）在【新建网站】对话框中选中【ASP.NET 网站】模板后，选择存储位置并输入名称，然后在【语言】下拉列表中选择“Visual C#”选项，单击【确定】按钮，即可创建一个新的网站项目。

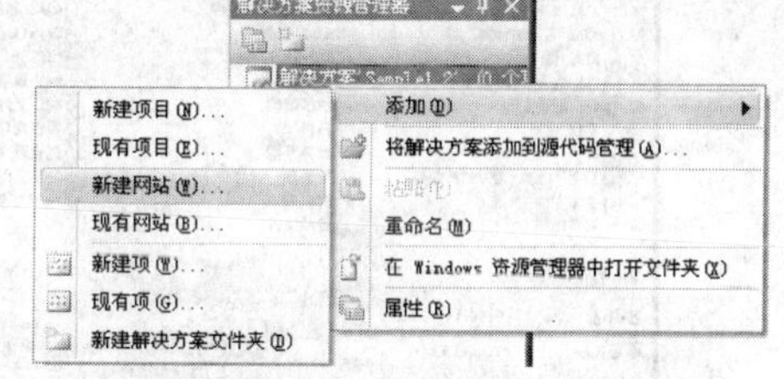

图 1-13　右键单击解决方案弹出的菜单

对于简单的网站多采用第 1 种方式，对于规模较大的企业级网站一般采用第 3 种方式。本书的书城案例采用的就是第 1 种方式，而 BBS 综合案例采用的是第 3 种方式。

1.2.3　管理 Web 项目中的资源

当创建一个新的网站项目之后，就可以利用资源管理器对网站项目进行管理。通过资源管理器，可以浏览当前项目包含的所有资源，也可以向项目中添加新的资源，并且可以修改、复制和删除已经存在的资源。解决方案资源管理器如图 1-14 所示。

图 1-14 显示了网站项目 Sample1_1 的资源管理器，通过资源管理器，可以对当前项目包含的资源有一个详细的掌握。

利用资源管理器添加项目，可以在项目名称上单击鼠标右键，弹出如图 1-15 所示的快捷菜单。在该快捷菜单中有 7 个添加项，分别是【添加新项】、【添加现有项】、【新建文件夹】、【添加 ASP.NET 文件夹】、【添加引用】、【添加 Web 引用】和【添加服务引用】。其中【添加新项】命令用来添加

ASP.NET 3.5 支持的所有文件资源，如图 1-16 所示；【添加现有项】命令用来把已经存在的文件资源添加到当前项目中去；【新建文件夹】命令用来向网站项目中添加一个文件夹；【添加 ASP.NET 文件夹】命令用来向网站项目中添加一个 ASP.NET 特殊文件夹，如图 1-17 所示；【添加引用】命令用来添加对类的引用；【添加 Web 引用】命令用来添加对存在于 Web 上的公开类的引用；【添加服务引用】命令用来添加对服务的引用。

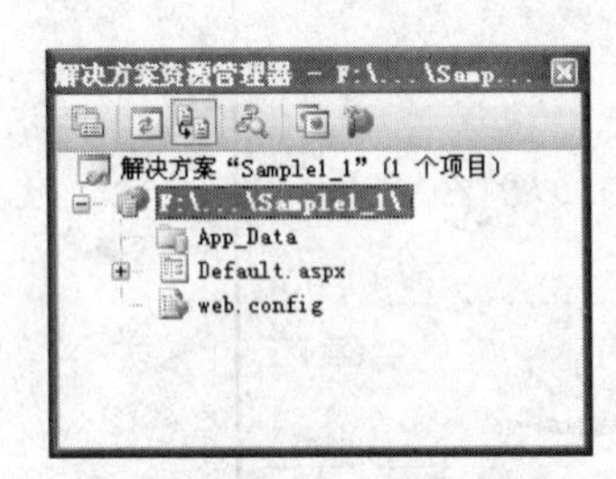

图 1-14　解决方案资源管理器

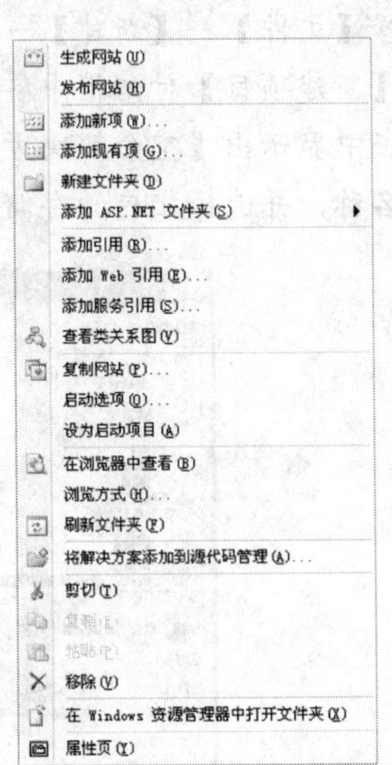

图 1-15　右键单击项目名称的快捷菜单

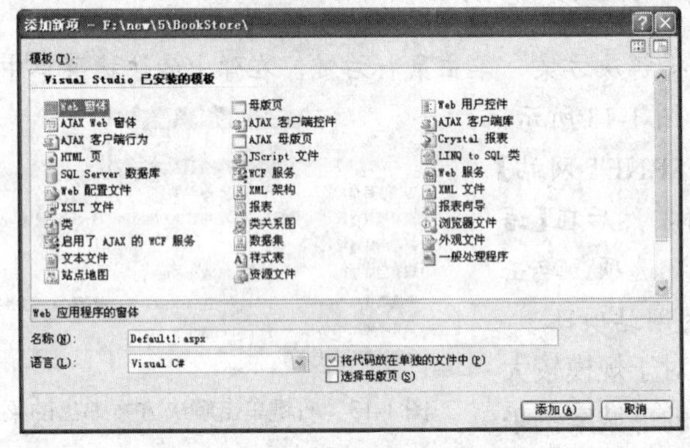

图 1-16　可以添加的文件资源

图 1-17　ASP.NET 独有的文件夹

在图 1-16 中选中要添加的文件模板，并在【名称】文本框中输入该文件的名称，单击【添加】按钮即可向网站项目中添加一个新的文件。在图 1-17 所示的菜单中单击要添加的文件夹，该文件夹就会被添加到网站项目中，关于这些文件夹的具体含义将在后面讲解。

1.2.4　创建 ASP.NET 网页

ASP.NET 网页也称为 Web 窗体，创建一个 ASP.NET 网页，就是创建一个 Web 窗体，主要涉及如下操作。

1. 添加 Web 窗体

在所属文件夹上单击鼠标右键，在弹出的快捷菜单中选择【添加新项】命令，打开【添加新项】对话框，选择【Web 窗体】模板，输入 Web 窗体的文件名称，单击【添加】按钮，就可添加一个 Web 窗体。这里是在 Sample1_1 项目中建立一个 ASP.NET 网页 Default.aspx。

2. 打开 Web 窗体

可以使用 Visual Studio 对 Web 窗体进行编辑，在资源管理器中双击某个要编辑的 Web 窗体文件，该文件就会在中间的视窗中打开，该视窗称为 Web 窗体设计器，如图 1-18 所示。

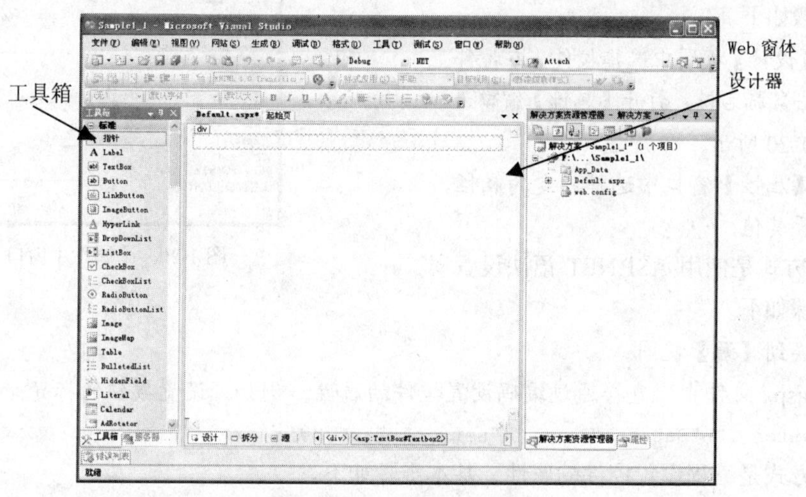

图 1-18　Web 窗体设计器

3. 切换视图方式

Web 窗体设计器有 3 个视图：【设计】视图、【拆分】视图和【源】视图。其中，【设计】视图用来设计界面，显示界面设计的效果；【拆分】视图同时显示界面设计效果和源代码；【源】视图显示页面源代码，用来通过编写代码来设计页面。

4. 设计界面

切换到【设计】视图就可以设计界面。设计界面的主要任务是将工具箱中的控件放置到页面，并对控件的属性进行设置。工具箱是控件的容器。

添加控件有两种方式。

第 1 种方式是使用 Web 窗体设计器添加控件，基本步骤如下。

（1）切换到【设计】视图。

（2）将需要的控件从工具箱拖到窗体上。

第 2 种方式是使用 ASP.NET 语法添加控件，基本步骤如下。

（1）切换到【源】视图。

（2）将表示控件的声明代码写入.aspx 文件。例如：

```
<!–文本框-->
<asp:TextBox ID="TextBox1" runat="Server" Text=""></asp:textbox>
<!–文本框，但自结束-->
<asp:TextBox ID="TextBox2" runat="Server" Text="" />
<!—按钮-->
<asp:Button ID="Button1" runat="server" Text="Button" />
```

界面的效果如图 1-19 所示。

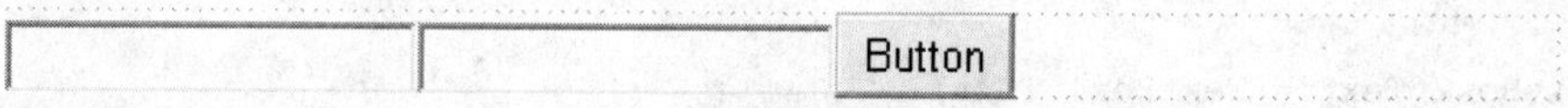

图 1-19　添加控件后的设计视图

5. 设置控件属性

控件的属性用于定义控件外观和行为。有3种方式设置控件的属性。

第1种方式是在Web窗体设计器中设置属性，基本步骤如下。

（1）在【设计】视图中选择控件，在控件上单击鼠标右键，打开【属性】窗口，如图1-20所示。

（2）在【属性】窗口中选择指定的属性，设置其值。

图1-20　【属性】窗口

第2种方式是使用ASP.NET语法设置属性，基本步骤如下。

（1）切换到【源】视图。

（2）在.aspx文件中，直接通过编码设置控件的属性。例如，设置按钮的标题：

```
<asp:Button ID="Button1" runat="server" Text="确定" />
```

第3种方式是编程设置控件的属性，基本步骤如下。

（1）打开代码隐藏文件。例如，打开Default.aspx.cs文件。

（2）通过编程设置Web服务器控件属性，以便在运行时更改控件的外观和行为。例如：

```
protected void Page_Load(object sender, EventArgs e)
{
    TextBox1.MaxLength = 20;
}
```

6. 为控件添加事件处理程序

控件有一个默认事件，即最经常与该控件关联的事件。例如，按钮的默认事件是Click事件。添加默认事件的事件处理程序比较简单，只需在设计视图上双击需要添加事件的控件，即可打开代码编辑器，并且插入点已位于事件处理程序中，直接编写代码即可。

除默认事件外，如果控件还有其他事件，其他事件称为非默认事件。添加非默认事件的事件处理程序的基本步骤如下。

（1）在【设计】视图中选择控件，然后按F4键打开【属性】窗口。

（2）在【属性】窗口中，单击【事件】按钮（⚡），【属性】窗口显示出控件的事件列表，如图1-21所示，其右侧的下拉列表框显示绑定到这些事件的事件处理程序的名称。

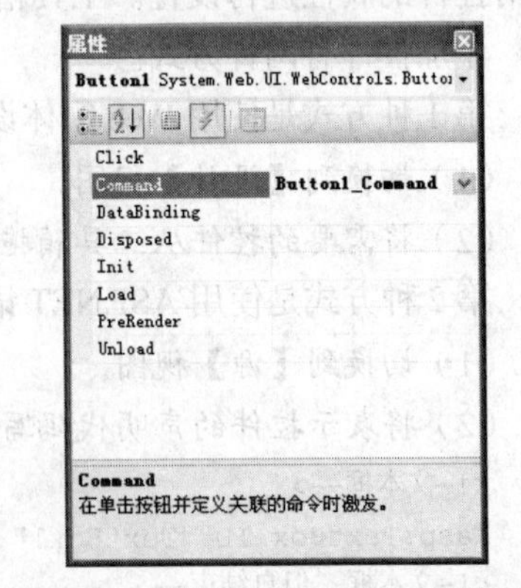

图1-21　在【属性】窗口显示事件列表

（3）定位要为其添加处理程序的事件，然后在事件名称文本框中键入事件处理程序的名称或双击，即可添加事件。事件处理方法的名称遵循ControlID_EventName约定。这里为Button1添加了Command事件处理程序。代码如下：

```
protected void Button1_Command(object sender, CommandEventArgs e)
{
    TextBox2.Text = TextBox1.Text;
}
```

1.3 ASP.NET 应用程序的构成

ASP.NET Web 应用程序是程序的基本单位，也是程序部属的基本单位。与传统的桌面程序不同，ASP.NET 应用程序被分成很多 Web 页面，用户可以在不同的入口访问应用程序，也可以通过超链接从一个页面链接到网站的另一个页面，还可以访问其他服务器提供的应用程序。应用程序由多种文件组成。

1.3.1 文件类型

ASP.NET 应用程序包含多种类型的文件，如表 1-1 所示。

表 1-1　　ASP.NET 应用程序主要文件类型

文件类型	位　置	说　明
.sln	Visual Web Developer 项目目录	Visual Web Developer 项目的解决方案文件
.csproj	Visual Studio 项目目录	Visual Studio 客户端应用程序项目的项目文件
.asax	应用程序根目录	通常是 Global.asax 文件，该文件包含从 HttpApplication 类派生的代码。该文件表示应用程序，并且包含应用程序生存期开始或结束时运行的可选方法
.ascx	应用程序根目录或子目录	Web 用户控件文件，该文件定义可重复使用的自定义控件
.aspx	应用程序根目录或子目录	ASP.NET Web 窗体文件，该文件可包含 Web 控件及显示和业务逻辑
.config	应用程序根目录或子目录	配置文件（通常是 Web.config），该文件包含表示 ASP.NET 功能设置的 XML 元素
.cs	App_Code 子目录；但如果是 ASP.NET 页的代码隐藏文件，则与网页位于同一目录	运行时要编译的类源代码文件。类可以是 HTTP 模块、HTTP 处理程序、ASP.NET 页的代码隐藏文件或包含应用程序逻辑的独立类文件
.master	应用程序根目录或子目录	母版页，定义应用程序中其他网页的布局
.mdb、.ldb	App_Data 子目录	Access 数据库文件
.mdf	App_Data 子目录	SQL 数据库文件，用于 SQL Server Express
.resources、.resx	App_GlobalResources 或 App_LocalResources 子目录	资源文件，该文件包含指向图像、可本地化文本或其他数据的资源字符串
.skin	App_Themes 子目录	外观文件，该文件包含应用于 Web 控件以使格式设置一致的属性设置

在 ASP.NET 应用程序中，用于管理的文件是项目文件和解决方案文件，构成应用的主体文件是网页文件。

项目文件的扩展名为 csproj，解决方案文件的扩展名为 sln。项目可以视为编译后的一个可执行单元，可以是应用程序（如网站）、动态链接库等。企业级的解决方案往往需要多个可执行程序的合作，为便于管理多个项目，在 Visual Studio.NET 集成环境中引入了解决方案资源管理器，用来对企业级解决方案设计的多个项目进行管理。如果直接建立网站，将建立一个新的解决方案，解决方案文件的本名和项目的本名一样。如果通过建立项目的方式建立 Web 应用程序，可选择建新的解决方案或者添加到现有的解决方案之中，如图 1-22 所示。

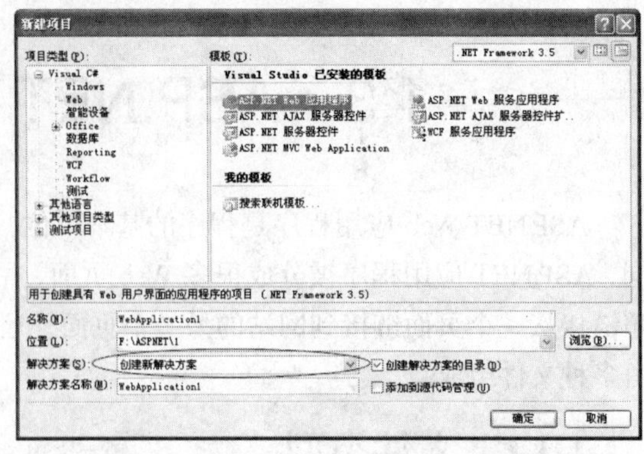

图 1-22　新建项目时选择“创建新解决方案”

如果一个企业级应用规模较大，可以建立几个项目，其中一个是网站，其他的项目主要是类库，这种情况可以先建立空解决方案，然后在解决方案中建立网站或其他项目。

ASP.NET 网页是应用程序的主体。在 ASP.NET 中的基本网页是以.aspx 作为后缀的网页，每个 ASP.NET 网页都直接或间接地继承 System.Web.UI.Page 类。由于在 Page 类中已经定义了网页所需要的基本属性、事件和方法，因此只要新网页生成，就从它的基类中继承了这些成员，因而也就具备了网页的基本功能。设计者可以在这个基础上高起点地进行各项设计。ASP.NET 网页中实际上包含两方面的代码：用于定义显示的代码和用于逻辑处理的代码。用于显示的代码包括 HTML 标记以及对 Web 控件的定义等；用于逻辑处理的代码主要是用 C#或其他语言编写的事件处理程序。

ASP.NET 网页有两种存储模型：单文件模型和代码隐藏模型。在单文件模型中，将两种代码放置在同一文件中。在代码隐藏模型中，显示信息的代码和逻辑处理的代码分别放在不同的文件中，用于显示的代码仍然放在后缀为.aspx 文件中，而用于逻辑处理的代码放在另一个文件中，该文件的后缀为.aspx.cs。前者称为页面文件，后者称为代码隐藏文件。

1.3.2　文件夹类型

ASP.NET 除了包含普通的可以由开发者创建的文件夹外，还可以包含几个特殊的文件夹，这些文件夹由系统命名，用户不能修改，如表 1-2 所示。其中 App_Code、App_Data 和 App_Themes 是 3 个常用的文件夹。App_Code 是一个共享文件夹，用来存放共享的代码。App_Data 包含应用程序数据文件，如 MDF 文件、XML 文件和其他数据存储文件。App_Themes 存储在 Web 应用程序中使用的主题（.skin 和.css 文件以及图像文件和一般资源）。

表 1-2　ASP.NET 应用程序的文件夹类型

文件夹	名称	说明
App_Browsers	浏览器定义文件夹	包含 ASP.NET 用于标识个别浏览器并确定其功能的浏览器定义（.browser）文件
App_Code	共享代码文件夹	包含作为应用程序一部分进行编译的实用工具类和业务对象（如.cs、.vb 和.jsl 文件）的源代码，可以包含子目录
App_Data	数据文件文件夹	包含应用程序数据文件，包括 MDF 文件、XML 文件和其他数据存储文件
App_GlobalResources	全局资源文件夹	包含编译到具有全局范围的程序集中的资源（.resx 和.resources 文件）。文件夹中的资源是强类型的，可以通过编程方式进行访问
App_LocalResources	本地资源文件夹	包含与应用程序中的特定页、用户控件或母版页关联的资源（.resx 和.resources 文件）
App_Themes	主题文件夹	包含用于定义 ASP.NET 网页和控件外观的文件集合（.skin 和.css 文件以及图像文件和一般资源）

续表

文 件 夹	名 称	说 明
App_WebReferences	Web 引用文件夹	包含用于定义在应用程序中使用的 Web 引用的引用协定文件（.wsdl 文件）、架构（.xsd 文件）和发现文档文件（.disco 和.discomap 文件）
Bin	DLL 文件夹	包含用户要在应用程序中引用的控件、组件或其他代码的已编译程序集（.dll 文件）。在应用程序中将自动引用 Bin 文件夹中的代码所表示的任何类

1.3.3 网站全局文件

在 Visual Studio 2008 中建立全局应用程序类即可建立网站全局文件。网站全局文件也称为 ASP.NET 应用程序文件，文件名为 Global.asa，放在 ASP.NET 应用程序的根目录中。网站全局文件是可选的，用于包含响应 ASP.NET 或 HTTP 模块引发的应用程序级别事件的代码，如 Application_Start、Application_End、Session_Start、Session_End 等事件的代码。Global.asax 文件的结构如下：

```
<%@ Application Language="C#" %>
<script runat="server">
    void Application_Start(object sender, EventArgs e)
    {
        //在应用程序启动时运行的代码
    }
    void Application_End(object sender, EventArgs e)
    {
        //在应用程序关闭时运行的代码
    }
    void Application_Error(object sender, EventArgs e)
    {
        //在出现未处理的错误时运行的代码
    }
    void Session_Start(object sender, EventArgs e)
    {
        //在新会话启动时运行的代码
    }
    void Session_End(object sender, EventArgs e)
    {
        //在会话结束时运行的代码
        //注意：只有在 Web.config 文件中的 sessionstate 模式设置为
        //InProc 时，才会引发 Session_End 事件。如果会话模式
        //设置为 StateServer 或 SQLServer，则不会引发该事件
    }
</script>
```

1.3.4 ASP.NET 配置

使用 ASP.NET 配置系统的功能，可以配置整个服务器上的所有 ASP.NET 应用程序、单个 ASP.NET 应用程序、各个页面或应用程序子目录，可以配置各种功能，如身份验证模式、页缓存、编译器选项、自定义错误、调试和跟踪选项等。

1. 配置文件

配置文件有两种：一种是 Machine.config，它是针对整个服务器的配置，默认安装在“[硬盘名]:\Windows\Microsoft.Net\（版本号）\congfig\”目录下；另一种是 Web.config，它是针对具体

网站或者某个目录的配置。两个配置文件均是 XML 格式的文件。新建一个 Web 应用程序，会在根目录中自动创建一个默认的 Web.config 文件，包括初始的配置设置，所有的子目录都继承它的配置设置。如果想修改子目录的配置设置，可以在该子目录下新建一个 Web.config 文件。它可以提供除从父目录继承的配置信息以外的配置信息，也可以重写或修改父目录中定义的设置。

例如，用户访问 http://localhost/application/dir/webform1.aspx 地址时，配置文件读取的顺序如下（这里假设 IIS 的根目录在“C:\Inetpub\wwwroot”）。

（1）[硬盘名]:\Windows\Microsoft.Net\（版本号）\congfig\Machine.config

（2）C:\Inetpub\wwwroot\Web.config

（3）C:\Inetpub\wwwroot\application\Web.config

（4）C:\Inetpub\wwwroot\application\dir\Web.config

Web.config 文件是一个 XML 文件，它的根节点是<configuration>。在<configuration>节点下的常见子节点有<configSections>、<appSettings>、<connectionStrings>和<system.web>。其中<appSettings>节点主要用于配置一些网站的应用配置信息，而<connectionStrings>节点主要用于配置网站的数据库连接字符串信息。

2. <appSettings>节点

<appSettings>节点主要用来存储 asp.net 应用程序的一些配置信息，如上传文件的类型等，以下是一个例子：

```
<appSettings>
    <!--允许上传的图片格式类型-->
    <add key="ImageType" value=".jpg;.bmp;.gif;.png;.jpeg"/>
</appSettings>
```

对于<appSettings>节点中的值可以按照 key 来进行访问，以下就是一个读取 key 值为“ImageType”节点值的例子：

```
string fileType = ConfigurationManager.AppSettings["ImageType"];
```

3. <connectionStrings>节点

<connectionStrings>节点为 ASP.NET 应用程序指定数据库连接字符串（名称/值对的形式）的集合。它有如下子节点。

- <add>：向连接字符串集合添加名称/值对形式的连接字符串。
- <clear>：移除所有对继承的连接字符串的引用，仅允许那些由当前的 add 元素添加的连接字符串。
- <remove>：从连接字符串集合中移除对继承的连接字符串的引用。

例如，下面代码配置连接 SQL Server 数据库的连接字符串。

```
<connectionStrings>
    <add name="AspNetStudyConnectionString1" connectionString="Data Source=
(local);Initial Catalog=AspNetStudy;User ID=sa;Password=sa"/>
</connectionStrings>
```

在代码中可以按如下方式实例化数据库连接对象。

```
//读取web.config节点配置
string connectionString = ConfigurationManager.ConnectionStrings[
"AspNetStudyConnectionString1"].ConnectionString;
//建立数据库连接对象
SqlConnection connection = new SqlConnection(connectionString);
```

这样做的好处是，一旦开发时所用的数据库和部署时的数据库不一致，仅仅需要用记事本之类的文本编辑工具编辑 connectionString 属性的值就行了，维护起来非常容易。

4. <system.web>节点

<system.web>节点主要是网站运行时的一些配置，它的常见节点如下。

❑ <compilation>节点

<compilation>节点用于配置 ASP.NET 使用的所有编译设置。默认的 debug 属性为 true，即允许调试，在这种情况下会影响网站的性能，所以在程序编译完成交付使用之后应将其设为 false。

❑ <authentication>节点

<authentication>节点用于设置 asp.net 身份验证模式。有 4 种身份验证模式，即 Windows、Forms、Passport 和 None。该节点控制用户对网站、目录或者单独页的访问，必须与<authorization>节点配合使用。

例如，为基于 Forms 的身份验证配置站点，当没有登录的用户访问需要进行身份验证的网页时，网页自动跳转到登录网页，其中元素 loginUrl 表示登录网页的名称，name 表示 Cookie 名。代码如下：

```
<authentication mode="Forms">
    <forms loginUrl="login.aspx" name="FormsAuthCookie"/>
</authentication>
```

❑ <authorization>

authorization 元素为 Web 应用程序配置授权，以控制对 URL 资源的客户端访问。

运行时，授权模块从最本地的配置文件开始，循环访问 allow 元素和 deny 元素，直到它找到适合特定用户账户的第一个访问规则。然后，该授权模块根据找到的第一个访问规则是 allow 规则还是 deny 规则来允许或拒绝对 URL 资源的访问。默认的授权规则为<allow users="*"/>。因此，默认情况下允许访问，除非另外配置。

下面的代码示例演示如何允许所有 admin 角色成员进行访问，以及如何拒绝所有其他角色成员进行访问。

```
<authorization>
    <allow roles="admin"/>
    <deny users="*"/>
</authorization>
```

❑ <customErrors>节点

<customErrors>节点用于指定 ASP.NET 应用程序的错误处理页。此节点有 mode 和 defaultRedirect 两个属性。其中 defaultRedirect 属性是一个可选属性，表示应用程序发生错误时重定向到的默认 URL，如果没有指定该属性则显示一般性错误。mode 属性是一个必选属性，它有 3 个可能值，含义如下。

- On：表示在本地和远程用户都会看到自定义错误信息。
- Off：禁用自定义错误信息，本地和远程用户都会看到详细的错误信息。
- RemoteOnly：表示本地用户将看到详细错误信息，而远程用户将会看到自定义错误信息。

当访问 ASP.NET 应用程时所使用的机器和发布 ASP.NET 应用程序所使用的机器为同一台机器时称为本地用户，反之则称之为远程用户。在开发调试阶段为了便于查找错误 mode 属性建议设置为 Off，而在部署阶段应将 mode 属性设置为 On 或者 RemoteOnly，以避免这些详细的错误信息暴露了程序代码细节从而引来黑客的入侵。代码如下：

```
<customErrors mode="On" defaultRedirect="GenericErrorPage.htm">
```

在<customErrors>节点下还包含有<error>子节点，这个节点主要是根据服务器的 HTTP 错误状态代码而重定向到自定义的错误页面。注意，要使<error>子节点下的配置生效，必须将<customErrors>节点的 mode 属性设置为 On。下面是一个例子：

```
<customErrors mode="On" defaultRedirect="GenericErrorPage.htm">
```

```
    <error statusCode="403" redirect="403.htm"/>
    <error statusCode="404" redirect="404.htm"/>
</customErrors>
```

在上面的配置中如果用户访问的页面不存在就会跳转到 404.htm 页面，如果用户没有权限访问请求的页面则会跳转到 403.htm 页面。403.htm 和 404.htm 页面都是自定义的页面，可以在页面中给出友好的错误提示。

❑ <httpHandlers>节点

<httpHandlers>节点用于根据用户请求的 URL 和 HTTP 谓词将用户的请求交给相应的处理程序。可以在配置级别的任何层次配置此节点，也就是说可以针对某个特定目录下指定的特殊文件进行特殊处理。

下面通过一个示例来说明<httpHandlers>节点的用法。应用程序中有一个 IPData 目录，在 IPData 目录中创建一个 IPData.txt 文件，然后在 Web.config 中添加以下配置。

```
<httpHandlers>
    <add path="~/IPData/*.txt" verb="*"
type="System.Web.HttpForbiddenHandler"/>
</httpHandlers>
```

上面代码的作用是禁止访问 IPData 目录下的任何 txt 文件。

❑ <httpRuntime>节点

<httpRuntime>配置 ASP.NET HTTP 运行时设置，以确定如何处理对 ASP.NET 应用程序的请求。例如，下面的配置控制用户能上传的最大文件为 40MB（40 × 1024KB），最大超时时间为 60s，最大并发请求为 100 个。

```
<httpRuntime maxRequestLength="40960" executionTimeout="60"
appRequestQueueLimit="100"/>
```

❑ <pages>节点

<pages>节点用于表示对特定页设置，主要属性的含义如下。

- buffer：是否启用了 HTTP 响应缓冲。
- enableViewStateMac：是否应该对页的视图状态进行身份验证检查（MAC），以防止用户篡改。默认为 false，如果设置为 true 将会引起性能的降低。
- validateRequest：是否验证用户输入中有跨站点脚本攻击和 SQL 注入式漏洞攻击。默认为 true，如果出现匹配情况就会引发 HttpRequestValidationException 异常。对于包含有在线文本编辑器页面，一般自行验证用户输入而将此属性设为 false。
- theme：可选项，指定用于配置文件范围内的页的主题名称。所指定的主题必须作为应用程序或全局主题存在。如果该主题不存在，将会引发 HttpException 异常。默认值为空字符串（""）。
- styleSheetTheme：可选的 String 属性。指定在控件声明之前用于应用主题的"已命名主题"文件夹的名称，这与控件声明之后定义要应用主题的主题属性形成对比。默认值为空字符串（""）。

下面是一个配置<pages>节点的例子：

```
<pages buffer="true" enableViewStateMac="true" validateRequest="false"/>
```

❑ <sessionState>节点

<sessionState>节点用于配置当前 ASP.NET 应用程序的会话状态。例如：

```
<sessionState cookieless="false" mode="InProc" timeout="30"/>
```

上面的配置设置在 ASP.NET 应用程序中启用 Cookie，并且指定会话状态模式为在进程中保存会话状态，同时还指定了会话超时为 30min。

<sessionState>节点的 Mode 属性可以是以下几种值之一。

- Custom：使用自定义数据来存储会话状态数据。

- InProc：默认值。由 ASP.NET 辅助进程来存储会话状态数据。
- Off：禁用会话状态。
- SQLServer：使用进程外 SQL Server 数据库保存会话状态数据。
- StateServer：使用进程外 ASP.NET 状态服务存储状态信息。

一般默认情况下使用 InProc 模式来存储会话状态数据，这种模式的好处是存取速度快，缺点是比较占用内存，所以不宜在这种模式下存储大型的用户会话数据。

❑ <globalization>节点

用于配置应用程序的全球化设置。此节点有如下几个比较重要的属性。

- fileEncoding：可选属性，设置.aspx、.asmx 和.asax 文件的存储编码，默认为 UTE-8。
- requestEncoding：可选属性，设置客户端请求的编码，默认为 UTF-8。
- responseEncoding：可选属性，设置服务器端响应的编码，默认为 UTF-8。

ASP.NET 应用程序中的默认配置如下：

```
<globalization fileEncoding="utf-8" requestEncoding="utf-8"
responseEncoding="utf-8"/>
```

1.4　ASP.NET 应用中的分层架构

在传统的系统设计中，将数据库的访问、业务逻辑及可视元素等代码混杂在一起，这样虽然直观，但是代码可读性差，耦合度高，也为日后的维护和重构带来不便。为了解决这个问题，人们提出了分层架构思想，即将各个功能分开，放在独立的层中，各层之间通过协作来完成整体功能。分层架构设计容易达到如下目的：分散关注，松散耦合，逻辑复用，标准定义。

1.4.1　分层架构模式

1．分层模式概述

分层（Layer）模式是最常见的一种架构模式，甚至可以说分层模式是很多架构模式的基础。

分层描述的是这样一种架构设计过程：从最低级别的抽象开始，称为第 1 层，这是系统的基础，通过将第 K 层放置在第 K–1 层的上面逐步向上完成抽象阶梯，直到到达功能的最高级别，称为第 N 层。

因而分层模式可以定义为：将解决方案的组件分隔到不同的层中，每一层中的组件应保持内聚性，并且应大致在同一抽象级别，每一层都应与它下面的各层保持松散耦合。

分层模式的关键点在于确定依赖，即通过分层，可以限制子系统间的依赖关系，使系统以更松散的方式耦合，从而更易于维护。分层模式具有如下特性。

- 伸缩性。伸缩性指应用程序是否能支持更多的用户。应用的层越少，可以增加资源（如 CPU 和内存）的地方就越少。层越多，则可以将每层分布在不同的机器上。
- 可维护性。可维护性指的是当发生需求变化，只需修改软件的某一部分，不会影响其他部分的代码。
- 可扩展性。可扩展性指的是在现有系统中增加新功能的难易程度。层数越多，就可以在每个层中提供扩展点，不会打破应用的整体框架。
- 可重用性。可重用性指的是程序代码没有冗余，同一个程序能满足多种需求。例如，业务逻辑层可以被多种表现层共享。
- 可管理性。可管理性指的是管理系统的难易程度。将应用程序分为多层后，可以将工作分解给不同的开发小组，从而便于管理。

2. 分层设计的基本原则

在分层架构的设计中要遵循如下原则。

- 单向逐层调用原则。现在约定将 *N* 层架构的各层依次编号为 1，2，…，*K*，*K*+1，…，*N*−1、*N*，其中层的编号越大，则越处在上层。那么，要求第 *K*（1<*K*<=*N*）层只准依赖第 *K*−1 层，而不可依赖其他底层；如果 *P* 层依赖 *Q* 层，则 *P* 的编号一定大于 *Q*。

- 面向接口编程原则。接口是一组规则的集合，它规定了实现本接口的类或接口必须拥有的一组规则，体现了自然界“如果你是……则必须能……”的理念。现仍约定将 *N* 层架构的各层依次编号为 1，2，…，*K*，*K*+1，…，*N*-1，*N*，其中层的编号越大，则越处在上层，那么第 *K* 层不应该依赖具体一个 *K*−1 层，而应该依赖一个 *K*-1 层的接口，即在第 *K* 层中不应该有 *K*−1 层中的某个具体类。

- 封装变化原则。找出应用中可能需要变化之处，把它们独立出来，不要和那些不需要变化的代码混杂在一起。

- 开闭原则。对扩展开放，对修改关闭。具体到 *N* 层架构中，可以描述为：当 *K*−1 层有了一个新的具体实现时，它应该可以在不修改 *K* 层的情况下，与 *K* 层无缝连接，顺利交互。

- 单一职责原则。任何一个类都应该有单一的职责，属于单独的一层，而不能同时担负两种职责或属于多个层。

- 接口平行原则。某一实体对应的接口组应该是平级且平行的，而不应该跨越多个实体或多个级别。

1.4.2 ASP.NET 中的 3 层结构

在企业级应用系统开发中，比较流行的 3 层结构（不包括后台数据库）是将系统分为表现层、业务逻辑层和数据访问层。

表示层——位于最外层（最上层），离用户最近。用于显示数据和接收用户输入的数据，为用户提供一种交互式操作的界面。对流入的数据的正确性和有效性负责，对呈现样式负责，对呈现友好的错误信息负责。

业务逻辑层——处于数据访问层与表示层中间，在数据交换中起承上启下的作用。对于数据访问层而言，它是调用者；对于表示层而言，它却是被调用者。依赖与被依赖的关系都纠结在业务逻辑层上。它负责系统领域业务的处理，负责逻辑性数据的生成、处理及转换。

数据访问层——有时候也称为持久化层，其功能主要是负责数据库的访问，可以访问数据库系统、二进制文件、文本文档或是 XML 文档。简单地说，就是实现对数据表的 SELECT、INSERT、UPDATE 和 DELETE 操作。数据访问层对数据的正确性和可用性不负责，对数据的用途不了解，不负担任何业务逻辑。

1.4.3 案例 1−1 网络书城系统分析与设计

本案例对网络书城系统进行分析与总体设计，为后续章节逐步讲解书城项目奠定基础。

【技术要点】

- 系统分析的过程一般从需求描述开始，再到用例分析，最后明确系统的功能。
- 在分析的基础上明确系统的数据结构。
- 利用分层架构思想设计程序结构，建立解决方案。

【设计步骤】

1. 需求描述

网络书城的主要功能就是让用户能够足不出户就可以购买到自己想要的书籍，所以网络书城系统主要提供如下功能。

- 用户能够使用本网站完成图书的浏览、查询和购买。
- 普通用户只能浏览图书信息。浏览分为 3 种方式，即按类别浏览、按条件浏览和查询图书。
- 普通用户通过注册成为注册用户，注册后的用户可以登录，密码忘记后可以找回密码，登录后可以修改注册资料。
- 注册用户登录后可以进行在线图书购买，购买的图书存放在购物车中，并可以对购物车中的商品数量进行修改、删除。调整好购物车中的内容后，可以把该内容保存到订单中，在保存订单的时候要求用户填写送货地址和联系方式。订单提交后，用户可以开始一次新的购物过程。
- 对于后台系统，要求可以对图书类别及图书信息进行维护，图书的图片可以上传到服务器。可以浏览订单、确认订单和发送订单。

2. 用例分析

用例图（Use-case Diagram）显示外部参与者与系统的交互，能够更直观地描述系统的功能。图 1-23 和图 1-24 所示分别为书城系统的两个用例图。

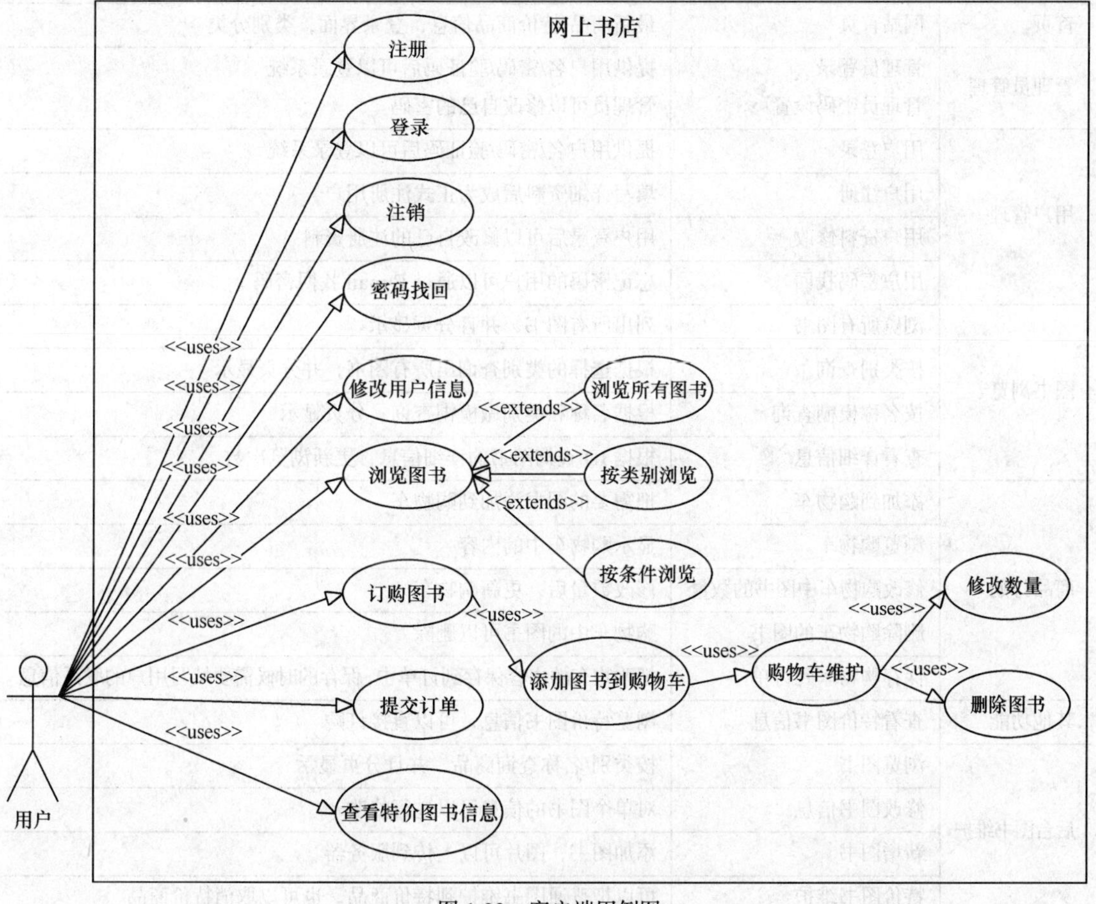

图 1-23　客户端用例图

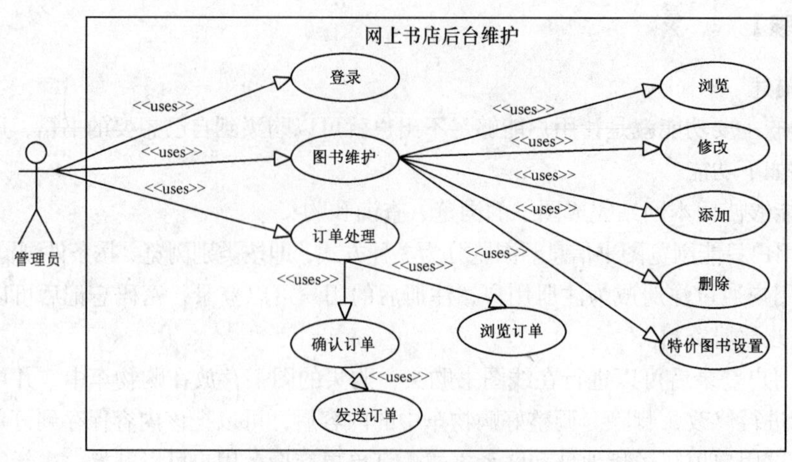

图 1-24　后台维护端用例图

3. 功能设计

表 1-3 所示为书城的功能划分表。

表 1-3　　功能划分表

模 块 名	子 功 能	描 述
首页	网站首页	最新商品/特价商品信息，登录界面，类别分类
管理员管理	管理员登录	提供用户名/密码/验证码后可以登录系统
	管理员密码设置	管理员可以修改自己的密码
用户管理	用户登录	提供用户名/密码/验证码后可以登录系统
	用户注册	填写详细资料后成为正式注册用户
	用户资料修改	用户登录后可以修改自己的注册资料
	用户密码找回	忘记密码的用户可以通过 E-mail 找回密码
图书浏览	浏览所有图书	列出所有图书，并且分页显示
	按类别查询	根据选择的类别查询出所有图书，并分页显示
	按名称模糊查询	根据名称和类别做模糊查询，分页显示
	查看详细信息	根据 ID 查询图书的详细信息，更新浏览次数
商品订购	添加到购物车	把需要的图书添加到购物车
	浏览购物车	显示购物车中的内容
	修改购物车中图书的数量	修改数量后，更新购物车
	删除购物车的图书	购物车中的图书可以删除
	保存购物车到订单	把购物车的内容保存到订单中，保存的时候需要填写用户的联系信息
其他功能	查看特价图书信息	浏览特价图书信息，可以直接订购
后台图书维护	浏览图书	按类别/名称查询商品，并且分页显示
	修改图书信息	对单个图书的信息可以进行修改
	新增图书	添加图书，图片可以上传到服务器
	特价图书维护	可以把普通图书维护到特价商品，也可以取消特价商品

续表

模 块 名	子 功 能	描　述
后台订单维护	浏览订单	列出所有未处理的订单，可以查看每个订单的内容
	确认订单	把未确认的订单变成已确认订单
	发送订单	把已确认的订单设置为已发送状态
	删除订单	可以删除未确认的订单

4. 数据库设计

系统数据库命名为 BookStore，6 个数据表分别为 BsCategory（图书分类）、BsBook（图书）、BsOrder（订单）、BsDetail（订单细目）、BsCart（购物车）和 BsUser（用户），如图 1-25 所示。

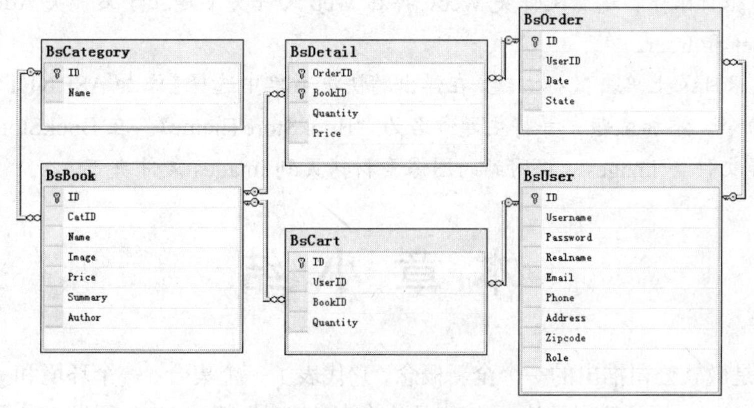

图 1-25　网络书城数据表及其关系

5. 程序结构设计

系统采用分层结构，整体上分 3 层，即表现层、业务逻辑层和数据访问层。

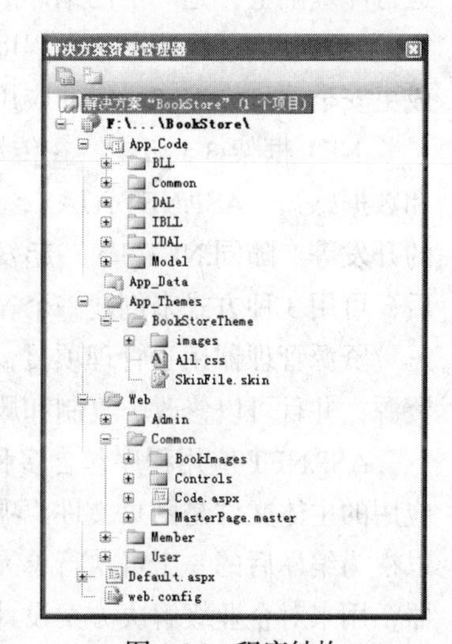

图 1-26　程序结构

如图 1-26 所示，解决方案命名为 BookStore。表现层主要是通过 ASP.NET 网页实现，放在 Web 文件夹下。由于系统的用户角色有 admin（管理员）、member（会员，即登录用户）及匿名用户，为了便于管理，划分如下文件夹：Admin 文件夹存放管理员可访问网页，Member 文件夹存放登录用户可访问的网页，User 文件夹存放匿名用户可访问的网页。此外，增加一个 Common 文件夹，用于存放公共的部分，它包括两个子文件夹：BookImages（书的图像）和 Controls（用户控件）。

业务逻辑层和数据访问层所包含的都是用 C#语言定义的类，分别放在 App_Code/BLL 和 App_Code/DAL 文件夹下。业务逻辑层接口和数据访问层接口分别放在 App_Code/IBLL 和 App_Code/IDAL 文件夹下。此外，实体模型类放在 App_Code/Model 文件夹下，一些公共的类放在 App_Code/Common 文件夹下。

为了统一界面风格，简化界面设计，本系统使用了主题，主题命名为 BookStoreTheme，在该文件夹下，有一个子文件夹 images 存放网站的图像素材。

6. 建立项目

建立项目的基本步骤如下。

（1）选择【文件】→【新建】→【网站】命令，打开【新建网站】对话框。

（2）在【新建网站】对话框选中【ASP.NET 网站】模板后，选择存储位置并输入名称，这里输入名称为“BookStore”，在【语言】下拉列表中选择“Visual C#”选项，单击【确定】按钮，一个新的网站项目即可创建。

（3）在站点根目录上单击鼠标右键，在弹出的快捷菜单中选择【添加 ASP.NET 文件夹】→【App_Code】命令，添加 App_Code 文件夹。

（4）在 App_Code 文件夹上单击鼠标右键，在弹出的快捷菜单中选择【新建文件夹】命令，建立子文件夹 BLL。类似地再建立子文件夹 Common、DAL、IBLL、IDAL 和 Model。

（5）在站点根目录下，建立文件夹 Web，再在 Web 文件夹下建立子文件夹 Admin、Common、Member 和 User。

（6）在站点根目录上单击鼠标右键，在弹出的快捷菜单中选择【添加 ASP.NET 文件夹】→【主题】命令，添加主题，并将主题命名为“BookStoreTheme”。在 BookStoreTheme 文件中建立子文件夹 images，将网站的图像素材拷贝到 images 文件夹下。

本 章 小 结

.NET 技术是微软公司推出的一个全新概念，它代表了一个集合、一个环境和一个可以作为平台支持下一代 Internet 的可编程结构。.NET 平台包括.NET 框架、.NET 开发工具等组成部分。

ASP.NET 是微软公司推出的用于编写动态网页的一项功能强大的新技术，它建立在公共语言运行库基础上，是一个已编译的、基于.NET 的环境，可以用任何与.NET 兼容的语言创作应用程序。ASP.NET 的语法在很大程度上与 ASP 兼容，同时它还提供一种新的编程模型和结构，用于生成更安全、可伸缩和稳定的应用程序。

.NET 框架 3.5 版本，在传承以往版本的优良性能的同时，带来如下的改变：深度集成 LINQ 和数据感知，ASP.NET AJAX，新的 Web 协议支持，支持 WF、WCF、WPF 以及工作流服务技术的开发等。随同.NET 3.5 一起发布的开发工具是 Visual Studio 2008。在启动 Visual Studio 2008 之后，可用 3 种方式来创建一个 Web 项目。

资源管理器用于管理项目，可以浏览当前项目所包含的所有资源，也可以向项目中添加新的资源，并且可以修改、复制和删除已经存在的资源。

ASP.NET 应用程序包含多种类型的文件，用于管理的文件是项目文件和解决方案文件，构成应用的主体文件是网页文件。项目文件的扩展名为 csproj，解决方案文件的扩展名为 sln。项目可以视为编译后的一个可执行单元，可以是应用程序（如网站）、动态链接库等。解决方案资源管理器，用来对企业级解决方案设计的多个项目进行管理。

ASP.NET 网页（或称 Web 窗体）是应用程序的主体。在 ASP.NET 中的基本网页是以.aspx 作为后缀的网页。每个 ASP.NET 网页都直接或间接地继承 System.Web.UI.Page 类。ASP.NET 网页有两种模式模型：单文件模型和代码隐藏模型。

使用 ASP.NET 配置系统的功能，可以配置整个服务器上的所有 ASP.NET 应用程序、单个 ASP.NET 应用程序、各个页面或应用程序子目录。可以配置各种功能，如身份验证模式、页缓存、编译器选项、自定义错误、调试和跟踪选项等。

分层架构设计容易达到如下目的：分散关注，松散耦合，逻辑复用，标准定义。在企业级应用系统开发中，比较流行 3 层结构（不包括后台数据库）是将系统分为表现层、业务逻辑层和数据访问层。

习题与实验

一、习题

1. 什么是.NET？它由哪些组成部分？
2. 什么是 ASP.NET？它有哪些优点？
3. 在 Visual Studio 2008 下如何建立一个网站项目？
4. 如何为按钮添加事件？
5. ASP.NET 应用程序包含哪些主要文件类型？各有什么用途？
6. ASP.NET 应用程序包含哪几个特殊文件夹？各有什么用途？
7. 简述分层架构的优点。
8. 简述分层结构的设计原则。

二、实验题

1. 安装和使用 Visual Stadio 2008。
2. 给出新闻发布网站的分析与设计，建立解决方案，规划程序结构。

第2章 C#语言基础

本章要点

- 编码规则、数据类型、运算符和表达式的基本知识
- 字符串、日期和时间的基本知识
- 分支结构、循环语句和异常处理
- 类和对象的基本知识及书城网站实体模型类设计
- 抽象类、接口、多态性及书城网站接口设计
- 数组和集合的有关知识及书城网站购物车类设计

C#是微软公司推出的一种全新的，简单、安全、面向对象的程序设计语言。它是专门为.NET的应用而开发的语言。它继承了C/C++的优良传统，又借鉴了Java的很多特点。微软公司对C#的定义是："C#是从C和C++派生来的一种简单、现代、面向对象和类型安全的编程语言。C#读做'Csharp'，C和C++的程序员能够马上熟悉它。C#试图结合Visual Basic的快速开发能力和C++的强大灵活的能力。"

2.1 C#语言的基本语法

C#语言的基本语法与C/C++类似，在学习时要注意细节上的差别。

2.1.1 基本编码规则

1. 标识符和保留字

程序员对程序中的各个元素加以命名时使用的命名记号称为标识符，如变量名、类名、方法名等。C#标识符的命名遵循如下规则。

- C#语言中，标识符是以字母、下画线（_）或@开始的一个字符序列，后面可以跟字母、下画线或数字。
- C#语言区分大小写。一般变量名首字母小写，后面各单词首字母大写；而常量、类名、方法、属性等首字母大写。
- 一般不能用保留字作为自定义标识符。如果一定要用保留字作为自定义标识符，应使用@字符作为前缀。保留字是系统预定义的具有专门的意义和用途的标识符，如continue、for、new、

switch、default 等。C#语言中的保留字均用小写字母表示。

2. **书写规则**

- 每行语句以“;”结尾。
- 空行和缩进被忽略。
- 多条语句可以处于同一行，之间用分号分隔即可。

3. **注释**

C#有 3 种类型的注释语句。

- //注释一行。
- /*一行或多行注释*/。
- ///XML 注释方式。

“///”符号是一种特殊的注释方式，可以利用 Visual Studio.NET 开发工具将“///”注释转换为 XML 文件。常使用的标签如下：

```
<code>…</code>
<parm name="name"/>
<returns>…</returns>
<summary>…</summary>
<value>…</value>
```

2.1.2　数据类型

1. 数据类型简介

C#语言的数据类型按内置和自定义划分有内置类型和构造类型。内置类型是 C#中提供的、无法再分解的一种具体类型。表 2-1 所示为 C#包含的内置数据类型。这些类型都有其对应的公共语言运行库类型（或称为.NET 数据类型）。构造类型是在内置类型基础上构造出来的类型，主要有枚举、数组、结构、集合、类、接口和委托。

表 2-1　内置数据类型

C#类型	.NET 类型	说　明
object	System.Object	所有其他类型的基类型
string	System.String	字符串类型，Unicode 字符序列
sbyte	System.Sbyte	8 位有符号整型
byte	System.Byte	8 位无符号整型
int	System.Int32	32 位无符号整型
uint	System.UInt32	32 位有符号整型
short	System.Int16	16 位无符号整型
ushort	System.UInt16	16 位有符号整型
long	System.Int64	64 位无符号整型
ulong	System.UInt64	64 位有符号整型
char	System.Char	字符型，一个 Unicode 字符
bool	System.Boolean	布尔型，值为 true 或 false
float	System.Float	32 位单精度浮点型，精度为 7 位
double	System.Double	64 位双精度浮点型，精度为 15～16 位
decimal	System.Decimal	128 位小数类型，精度为 28～29 位

按数据的存储方式划分，有值类型和引用类型，如图 2-1 所示。值类型在其内存空间中包含实际的数据，而引用类型中存储的是一个地址，该地址指向存储数据的内存位置。值类型的内存开销要小（在堆栈上分配内存），访问速度要快，但是缺乏面向对象的特征；引用类型的内存开销要大（在受管制的堆上分配内存），访问速度稍慢。所有的数值类型、boolean、char、枚举及结构类型都属于值类型，而数组、String、类、接口、委托都属于引用类型。

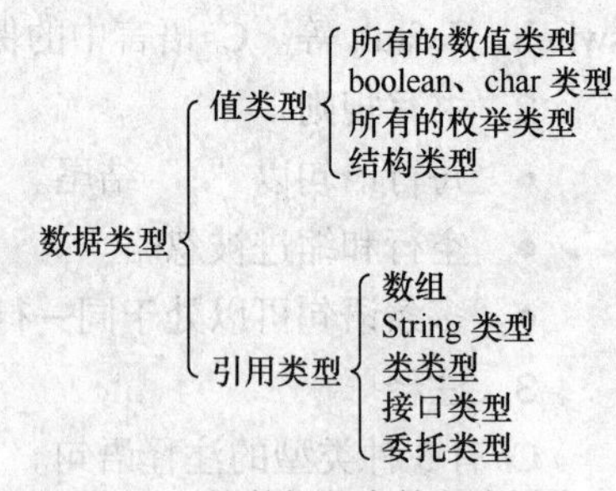

图 2-1　按数据的存储方式划分

引用类型可以置为空（null），值类型不可以。但是，C#中提供了一种可空值类型，即在值类型的后面加上?。例如，int?表示可以为 null 的 int 类型。

2. 基本数据类型的表示

❑ **整数的表示**

- 十进制整数：如 123，−456，0。
- 十六进制整数：以 0x 或 0X 开头，如 0x123 表示十进制数 291，−0X12 表示十进制数−18。
- 无符号整数：可以用正整数表示无符号数，也可以在数字的后面加上 U 或 u，如 125U。
- 长整数：可以在数字的后面加上 L 或 l，如 125L。

❑ **实型数据的表示**

- 十进制数形式：由数字和小数点组成，且必须有小数点，如 0.123, 1.23, 123.0。
- 科学计数法形式：如 123e3 或 123E3。
- float 类型的值：在数字后加 f 或 F，如 1.23f。
- double 类型的值：在数字后加 D 或 d，如 12.8d。
- decimal 类型的值：在数字后加 M 或 m，如 99.2m。

❑ **字符的表示**

- 用单引号括起来的一个字符：如'a'，'A'，'男'。
- 转义字符：如'\x0058'。
- 十六进制转换码：如'\x0058'。
- Unicode 表示形式：如'\u0058'。

❑ **布尔型数据的表示**

- 只有两个值：true 和 false。

3. 枚举类型

枚举（enum）是值类型的一种特殊形式，它从 System.Enum 继承而来，并为基础类型的值提供替代名称。枚举类型有名称、基础类型和一组枚举值。基础类型必须是一个整数类型（如 byte、int 或 uint）。

使用 enum 关键字声明枚举类型，基本格式如下：

```
[修饰符] enum 枚举类型名[: 基础类型] { 由逗号分隔的枚举数标识符 } [;]
```

枚举类型的默认基础类型为 int。默认情况下，第一个枚举值为 0，后面每个枚举值依次递增 1。例如：

```
enum Days{Sun, Mon, Tue, Wed, Thu, Fri, Sat}; //Sun 为 0,Mon 为 1,Tue 为 2……
enum Days{Mon=1, Tue, Wed, Thu, Fri, Sat, Sun}; //第一个成员值从 1 开始
enum MonthDays{January=31, February=28, March=31, April=30}; //指定值
```

在定义枚举类型时，可以指定基础类型。例如：

```
enum MonthDays:byte{ January=31, February=28, March=31, April=30 };
```

2.1.3　案例 2-1 为书城网站定义用户权限枚举类型

书城网站的用户分为管理员、会员（登录用户）及普通用户（匿名用户）。为了管理方便，设计一个枚举类型，来表示 3 种用户，并建立测试程序。程序运行界面如图 2-2 所示。

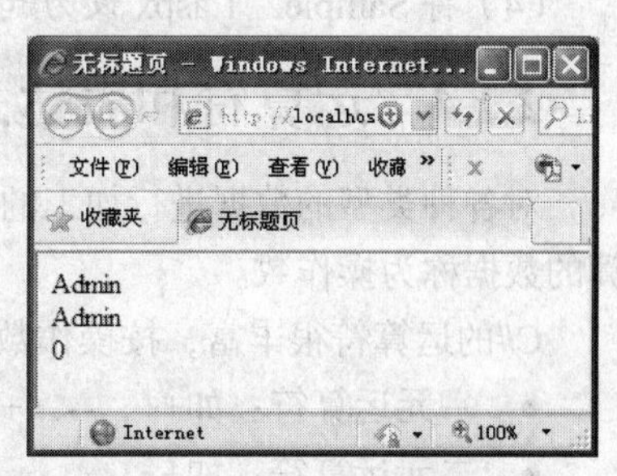

图 2-2　用户权限枚举类型案例运行界面

【技术要点】

- 作为系统的公用类型定义，把它放在网站的 App_Code/Common 文件夹下。
- 使用 enum 定义枚举类型，有 3 个枚举值，即 Admin（管理员）、Member（会员）和 User（普通客户）。
- 利用 Enum 类提供的方法，对枚举类型进行操作。

【设计步骤】

（1）在 App_Code/Common 文件夹上单击鼠标右键，在弹出的快捷菜单中选择【添加新项】命令，打开如图 2-3 所示的【添加新项】对话框，选择【类】模板，并设置类名称为“UserType”，单击【添加】按钮。

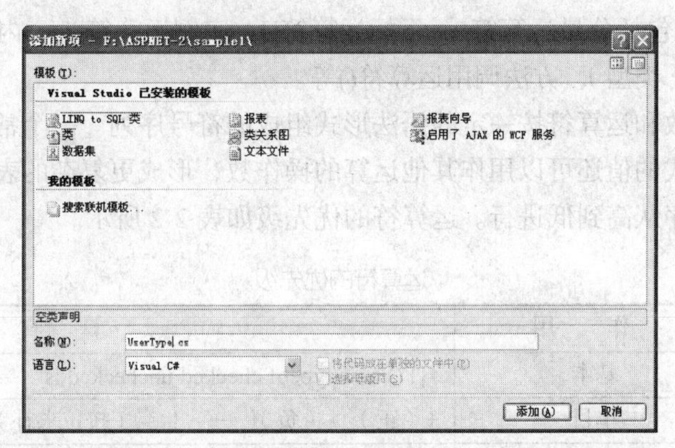

图 2-3　添加类

（2）打开 UserType.cs 文件，将 class 改成 enum，并编写代码如下：

```
using System;
public enum UserType{
    Admin, Member, User
}
```

（3）在站点根目录下建立测试网页 Sample2_1.aspx，上面放置 3 个标签。打开 Sample2_1.aspx.cs 文件，编写 Page_Load 事件处理程序如下：

```
protected void Page_Load(object sender, EventArgs e) {
    string name = UserType.Admin.ToString(); //获得枚举值的字符串名
    Label1.Text = name;
    string name1= Enum.GetName(typeof(UserType),0); //使用 Enum 类的方法，根据
                                                    //数值得到枚举值字符串名
```

```
        Label2.Text = name1;
        int n = (int)UserType.Admin; //获得枚举值对应的数值
        Label3.Text = n.ToString();
    }
```

（4）将 Sample2_1.aspx 设为起始页，运行网站。

2.1.4 运算符和表达式

对各种类型的数据进行加工的过程称为运算，表示各种不同运算的符号称为运算符，参与运算的数据称为操作数。

C#的运算符很丰富，按操作数的数目来分，有下面 3 类。

- 一元运算符：如++，--，+，-。
- 二元运算符：如+，-，>。
- 三元运算符：如?:。

基本的运算符按功能划分，有下面几类。

- 算术运算符：如+，-，*，/，%，++，--。
- 关系运算符：如>，<，>=，<=，==，!=。
- 布尔运算符：如!，&&，|| 。
- 位运算符：如>>，<<，&，|，^， ~ 。
- 赋值运算符：=及其扩展赋值运算符，如+=，-=，*=，/=等。
- 条件运算符：?:。
- 其他运算符：包括分量运算符 .，下标运算符[]，实例运算符 is，内存分配运算符 new，强制类型转换运算符（类型），方法调用运算符()等。

表达式是由操作数和运算符按一定的语法形式组成的符号序列。一个常量或一个变量名是最简单的表达式。表达式的值还可以用作其他运算的操作数，形成更复杂的表达式。表达式的运算按照运算符的优先顺序从高到低进行。运算符的优先级如表 2-2 所示。

表 2-2　　运算符的优先级

优先次序	作　用	运　算　符
1	基本	. [] () new typeof checked unchecked is
2	单目	+（正） –（负） ++ -- ! ~（按位求补） （T）x（类型转换）
3	乘除	* / %
4	加减	+ –
5	移位	>> <<
6	比较	> < >= <=
7	相等	== !=
8	位与	&
9	位异或	^
10	位或	|
11	逻辑与	&&
12	逻辑或	||
13	条件	?:
14	赋值	= += -= *= /= %= ^= &= |= <<= >>= >>=

2.2 字符串、日期和时间

在项目开发中，经常用到字符串、日期和时间的操作。

2.2.1 字符串

字符串（string）是 System.String 类型的别名，表示一个 Unicode 字符序列。一个字符串可存储将近 20 亿（2^{31}）个 Unicode 字符。

1. 字符串的建立

- 通过直接赋值建立字符串。例如：

```
string str1 = "Hello";
string str2 = "C:\\test\\first.cs";
string str3 = @"C:\test\first.cs"; //@表示该字符串中的所有字符是其原来的含义
```

- 使用字符型数组建立字符串。例如：

```
char []ch = {'C','h','i','n','a'};
string str = new String(ch); //值为"China"
string str1 = new String(ch,2,2); //值为"in"
```

2. 字符串格式化

可以使用 ToString()或 Format()方法将字符串格式化。格式化时需要使用格式字符串。格式字符串使用“{”和“}”定界，以区分其他字符。格式字符串的一般形式为

```
{index[,alignment][:formatString]}
```

- index：从零开始的整数，指示对象列表中要格式化的元素。如果由索引指定的对象是空引用，则格式项将被空字符串（""）替换。
- alignment：可选整数，指示格式化区域的最小长度。如果格式化区域的长度小于对齐，则用空格填充该区域。如果对齐为负，则格式化的值将在该区域中左对齐；如果为正，则格式化的值将右对齐。如果没有指定对齐，则该区域的长度为格式化值的长度。如果指定对齐，则需用逗号分隔。
- formatString：可选的格式字符串。在格式中经常使用 C、D、F、P 等格式化符。有时还需要使用占位符：0 和#。前者位数不够时补 0；后者对整数部分，去掉数字左边的无效 0，对小数部分，按照四舍五入原则处理后，再去掉右边的无效 0。

例如：

```
int i = 12345;
double j = 123.45;
double x = 0.126;
Console.WriteLine("{0:C}", i);     //格式符C将数字按照金额形式输出，输出为￥12，345.00
Console.WriteLine("{0:C}", x);     //格式符C将数字按照金额形式输出，输出为￥0.13
Console.WriteLine("{0:D}", i);     //格式符D输出整数，输出为12345
Console.WriteLine("{0:D8}", i);    //格式符D输出整数，输出为00012345
Console.WriteLine("{0:F}", i);     //格式符F输出小数默认小数点后两位，输出为12345.00
Console.WriteLine("{0:F4}", x);    //格式符F输出小数点后4位，输出为0.1260
string str1 = i.ToString("d");     //结果为"12345"
string str2 = i.ToString("d8");    //结果为"00012345"
```

```
string str3 = j.ToString("f1"); //结果为"123.5"
string str5 = string.Format("j={0,7:f3}", j); //结果为"j=123.450"
string str6 = i.ToString("n4"); //结果为"12,345.0000"
string str7 = string.Format("x={0:p}", x); //结果为"x=12.60%"
string str8 = string.Format("i:{0,-7}", x); //结果为"i:0.126  "
string str9 = string.Format("{0:###,###.00}", i); //结果为"12,345.00"
```

3. 常用的字符串操作方法

❑ 比较两个字符串

可用 String.Compare（string strA，string strB）比较两个字符串的大小，它返回 3 种可能的结果：1（strA 大于 strB），0（strA 等于 strB），-1（strA 小于 strB）。也可以用 String.Compare（string strA，string strB，bool ignoreCase）比较两个字符串大小，可指定是否区分大小写。例如：

```
string str1 = "this is a string";
string str2 = "this";
Console.WriteLine(String.Compare(str1 , str2) ); //结果为 1
```

还可以用 String.Equals（string a，string b）或者“==”比较两个字符串是否相等。

❑ 查找

用 IndexOf（string str）可以查找 str 在字符串中出现的位置。用 LastIndexOf（string str）可以查找 str 在字符串中最后一次出现的位置。例如：

```
string str1 = "this is a string";
Console.WriteLine(str1.IndexOf("is")); //结果为 2
Console.WriteLine(str1.LastIndexOf("is")); //结果为 5
```

❑ 插入

利用 Insert（int startIndex，string str）可以在 startIndex 处插入字符串 str。例如：

```
string str1 = "this is a string";
str1 = str1.Insert(2, "abc"); //结果为 thabcis is a string
```

❑ 删除

利用 Remove（int startIndex，int count）可以删除从 startIndex 开始的 count 个字符。例如：

```
string str1 = "this is a string";
str1 = str1.Remove(1, 2); //结果为 is is a string
```

❑ 替换

利用 Replace（string oldStr，string newStr）可以将字符串中所有的 oldStr 替换为 newStr。例如：

```
string str1 = "this is a string";
str1 = str1.Replace("is","xy"); //结果为 thxy xy  string
```

❑ 分离

利用 Split（char []separator）可以将字符串按照指定的字符进行分离。例如：

```
string str1 = "this is a string";
string []str = str1.Split(' ');
for(int i=0 ; i<str.Length ; i++)
{
    Console.WriteLine(str[i]);
}
```

❑ 复制到字符数组

利用 ToCharArray()可以将字符串转换为字符型数组。例如：

```
Char []charArray = str1.ToCharArray();
```

❑ 大小写转换

利用 ToUpper()可以将字符串中的所有英文字母转换为大写，利用 ToLower()可以将字符串中的所有英文字母转换为小写。例如：

```
string str1 = "this is a string";
string str2 = str1.ToUpper(); //结果为:THIS IS A STRING
```

❑ 去掉前后空格

利用 TrimStart()删除字符串首部空格，利用 TrimEnd()删除字符串尾部空格，利用 Trim()同时删除字符串首部和尾部空格。例如：

```
string s1 = "    this is a book";
string s2 = "this is a book    ";
string s3 = "    this is a book    ";
s1 = s1.TrimStart(); //删除首部空格，结果为"this is a book";
s2 = s2.TrimEnd(); //删除尾部空格，结果为"this is a book";
s3 = s3.Trim(); //删除首部和尾部空格，结果为"this is a book";
```

4. StringBuilder 类

由于 String 的值一旦创建就不能再修改，所以称它是恒定的。因此，像两个字符串相连（+）这样的运算，实际上是返回一个包含新内容的新的 String 实例。显然，如果这种操作非常多，对内存的消耗是非常大的。解决这个问题的办法是使用 System.Text.StringBuilder 类。此类表示值为可变字符序列的类似字符串的对象。之所以说值是可变的，是因为在通过追加、移除、替换或插入字符而创建它后可以对它进行修改。使用 StringBuilder 类需要引用 System.Text 命名空间。当实例值增大时，StringBuilder 可按存储字符的需要分配更多的内存，同时对容量进行相应调整。它的 Append()、AppendFormat()、EnsureCapacity()、Insert()和 Replace()方法能增大实例的值。通过 Chars 属性可以访问 StringBuilder 的值中的单个字符，索引位置从零开始。

下面示例演示了如何使用 StringBuilder。

```
StringBuilder str1 = new StringBuilder(30);
Console.WriteLine(str1.Length); //输出结果为 0;
Console.WriteLine(str1.Capacity); //输出结果为 30;
StringBuilder str2 = new StringBuilder("test string");
Console.WriteLine(str2.Length); //输出结果为 11;
str2.Append(" anthor string"); //添加字符串
Console.WriteLine(str2.ToString()); //输出结果为 test string anthor string
Console.WriteLine(str2.Capacity); //输出结果为 32;
StringBuilder str3 = new StringBuilder("test string", 5);//容量小，按实际分配
Console.WriteLine(str3.Length); //输出结果为 11;
Console.WriteLine(str3.Capacity); //输出容量大小为 20
```

2.2.2 DateTime 和 TimeSpan

DateTime 用于表示日期和时间。范围在公元（基督纪元）0001 年 1 月 1 日午夜 12:00:00 到公元（C.E.）9999 年 12 月 31 日晚上 11:59:59 之间的日期和时间。时间值以 100ns 为单位（该单位称为刻度）进行计量。

TimeSpan 表示一个时间间隔。其范围可以在 Int64.MinValue 到 Int64.MaxValue 之间。

1. 获取当前时间

```
DateTime dt = DateTime.Now;
```

2. 将时间格式化成字符串

```
DateTime dt = DateTime.Now;
string str = dt.ToString(); //这是最直接的转化方法
string str2 = dt.ToString("yyyy-MM-dd HH:mm:ss");
```

常见的模式如下。

- yyyy：年，4 位数表示。
- yy：年，2 位数表示。
- MM：月，小于 10 时，有前导零。
- M：月，小于 10 时，没有前导零。
- dd：日，小于 10 时，有前导零。
- d：日，小于 10 时，没有前导零。
- HH：时（24 小时制），小于 10 时，有前导零。
- H：时（24 小时制），小于 10 时，没有前导零。
- hh：时（12 小时制），小于 10 时，有前导零。
- h：时（12 小时制），小于 10 时，没有前导零。
- mm：分。小于 10 时，有前导零。
- m：分。小于 10 时，没有前导零。
- ss：秒。小于 10 时，有前导零。
- s：秒。小于 10 时，没有前导零。

3. 获取年、月、日、时、分、秒等

```
DateTime dt = DateTime.Now;
int y = dt.Year; //年
int m = dt.Month; //月
int d = dt.Day; //日，注意是 Day，不是 Date
int h = dt.Hour; //时
int n = dt.Minute; //分
int s = dt.Second; //秒
int ms = dt.Millisecond; //毫秒
long t = dt.Ticks; //一个数字，用于表示该时间，注意类型为 long
```

4. 时间比较

```
DateTime dt1 = DateTime.Now;
DateTime dt2 = dt1.AddYears(3);
int ct1 = dt1.CompareTo(dt2); //dt1 早于 dt2，返回 -1
int ct2 = dt2.CompareTo(dt1); //dt2 晚于 dt1，返回 1
int ct3 = dt2.CompareTo(dt2); //dt2 与 dt2 相等，返回 0
DateTime dt3 = dt1.AddYears(4);
bool b = dt3.Equals(dt2); //dt1 与 dt2 不相等，返回 false
```

5. 时间加减

```
DateTime dt = DateTime.Now;
dt = dt.AddYears(1); //加 1 年
dt = dt.AddMonths(-1); //减 1 月
dt = dt.AddDays(13); //加 13 日
dt = dt.AddHours(1); //加 1 小时
dt = dt.AddMinutes(1); //加 1 分钟
```

```
dt = dt.AddSeconds(1); //加 1 秒钟
dt = dt.AddMilliseconds(1); //加 1 毫秒
dt = dt.AddTicks(1); //加 Ticket 时间，用数字表示当前时间
```

参数为正表示加，参数为负表示减，注意拼写。函数应该返回一个值，比如是：dt = dt.AddYears(1)，而不是：dt.AddYears(1)。

还有一个方法是 Add，其语法为

```
DateTime DateTime.Add(TimeSpan ValueType)
```

6. 时间减运算

前面的时间加减是对一个时间进行加减，这里是对两个时间进行减运算（用-），返回的结果类型为 TimeSpan。

```
DateTime dt1 = DateTime.Now;
DateTime dt2 = dt1.AddDays(3);
TimeSpan ts = dt1 - dt2;
```

TimeSpan 的属性 Days、Hours、Minutes、Seconds、Milliseconds 和 Tickets 分别返回相差的天数、时数、分数、秒数、毫秒数和 Tickets，有正负之分。

2.2.3　案例 2-2 日期操作工具类设计

在 Web 应用开发中，经常会遇到日期的操作，可以设计一个工具类以满足系统的要求。

【技术要点】

- 获得当前日期：通过 DateTime 获得当前日期。
- 日期格式化：使用 DateTime 的 ToString()方法格式化日期。
- 将字符串转换为日期：使用 Convert.ToDateTime()方法将字符串转换为日期。
- 获得年份之差：先通过 DateTime 的 Year 属性获得年，再相减。
- 获得日期之差：两个日期相减得到 TimeSpan，再格式化。

【设计步骤】

在 App_Code/Common 文件夹建立类 DateUtil，代码如下：

```
using System;
/// <summary>
/// 日期操作工具类
/// </summary>
public class DateUtils
{
    /// <summary>
    /// 比较日期与当前日期的年份差
    /// </summary>
    /// <param name="start">开始日期</param>
    /// <returns>与当前日期的年份差</returns>
    public static int DiffYear(string start)
    {
        return DiffYear(Convert.ToDateTime(start));
    }
    /// <summary>
    /// 比较两个日期之间的年份差
```

```
/// </summary>
/// <param name="start">开始日期</param>
/// <param name="end">结束日期</param>
/// <returns>年份差</returns>
public static int DiffYear(string start, string end)
{
    return DiffYear(Convert.ToDateTime(start), Convert.ToDateTime(end));
}
/// <summary>
/// 比较日期与当前日期的年份差
/// </summary>
/// <param name="start">开始日期</param>
/// <returns>与当前日期的年份差</returns>
public static int DiffYear(DateTime start)
{
    return (DiffYear(start, DateTime.Now));
}
/// <summary>
/// 比较两个日期之间的年份差
/// </summary>
/// <param name="start">开始日期</param>
/// <param name="end">结束日期</param>
/// <returns>年份差</returns>
public static int DiffYear(DateTime start, DateTime end)
{
    return (end.Year - start.Year);
}
/// <summary>
/// 格式化当前日期(yyyy-MM-dd)
/// </summary>
/// <returns>格式化后的日期字符串</returns>
public static string DateFormat()
{
    return DateFormat(DateTime.Now);
}
/// <summary>
/// 格式化日期(yyyy-MM-dd)
/// </summary>
/// <param name="date">待格式化的日期</param>
/// <returns>格式化后的日期字符串</returns>
public static string DateFormat(string date)
{
    return DateFormat(Convert.ToDateTime(date));
}
/// <summary>
/// 格式化日期
/// </summary>
/// <param name="date">待格式化的日期</param>
/// <param name="format">格式化串</param>
/// <returns>格式化后的日期字符串</returns>
public static string DateFormat(string date, string format)
```

```
{
    return DateFormat(Convert.ToDateTime(date), format);
}
/// <summary>
/// 格式化日期(yyyy-MM-dd)
/// </summary>
/// <param name="date">待格式化的日期</param>
/// <returns>格式化后的日期字符串</returns>
public static string DateFormat(DateTime date)
{
    return DateFormat(date, "yyyy-MM-dd");
}
/// <summary>
/// 格式化日期
/// </summary>
/// <param name="date">待格式化的日期</param>
/// <param name="format">格式化串</param>
/// <returns>格式化后的日期字符串</returns>
public static string DateFormat(DateTime date, string format)
{
    return date.ToString(format);
}
/// <summary>
/// 格式化日期时间
/// </summary>
/// <param name="datetime">待格式化的日期时间</param>
/// <returns>格式化后的日期时间字符串</returns>
public static string DateTimeFormat(DateTime datetime)
{
    return DateTimeFormat(datetime, "yyyy-MM-dd HH:mm");
}
/// <summary>
/// 格式化日期时间
/// </summary>
/// <param name="datetime">待格式化的日期时间</param>
/// <param name="format">格式化串</param>
/// <returns>格式化后的日期时间字符串</returns>
public static string DateTimeFormat(DateTime datetime, string format)
{
    return datetime.ToString(format);
}
/// <summary>
/// 时间差
/// </summary>
/// <param name="starttime">开始时间</param>
/// <param name="endtime">结束时间</param>
/// <returns></returns>
public static string GetTimeSpan(DateTime starttime, DateTime endtime)
{
    TimeSpan ts = endtime - starttime;
    return string.Format("{0}时{1}分{2}秒{3}毫秒", ts.Hours, ts.Minutes,
```

```
ts.Seconds, ts.Milliseconds);
    }
}
```

2.2.4 数据类型的转换

1. 隐式转换和显式转换

隐式转换是系统默认的，不需要加以说明就可以进行的转换，但需要注意以下几点。

- 字符类型可以隐式转换为整型或浮点型，但不存在其他类型到字符类型的隐式转换。
- 低精度的类型可以隐式转换成高精度的类型，反之会出现异常。例如：

```
byte b1=10 , b2=20;
byte b3 = b1 + b2;//编译器错误，右侧默认按照 int 类型进行，而 int 不能隐式转换为 byte 类型
byte b3 = (byte)(b1 + b2);  //正确
```

- 在浮点型和 decimal 类型之间不存在隐式转换，因此，在这两种类型之间必须使用显示转换。例如：

```
decimal dm = 99.9m;
double x = (double)dm;
dm = (decimal)x;
```

显式转换又叫强制转换，与隐式转换相反，显式转换需要指明要转换的类型。例如：

```
long x = 100;
int y = (int)x;
```

2. 数值和字符串的转换

数值转换为字符串可用 ToString()方法。例如：

```
int x = 25;
string s = x.ToString();
```

字符串转换为数值可用如下方法。

- Byte.Parse（string）：转换为字节型的数值。
- Int16.Parse（string）：转换为 16 位整型的数值。
- Int32.Parse（string）：转换为 32 位整型的数值。
- Int64.parse（string）：转换为 64 位整型的数值。
- UInt16.Parse（string）：转换为无符号 16 位整型的数值。
- UInt32.Parse（string）：转换为无符号 32 位整型的数值。
- UInt64.parse（string）：转换为无符号 64 位整型的数值。
- Short.Parse（string）：转换为短整型的数值。
- Single.Parse（string）：转换为单精度型的数值。
- Decimal.Parse（string）：转换为小数型的数值。
- Double.Parse（string）：转换为双精度型的数值。

此外，还可以使用 Convert 类将一种值类型转换为另一种值类型。例如：

```
double d1=23.5d , d2=23.4d;
int n=32;
string str = "A578B2";
bool b1 = Convert.ToBoolean(d1);
int i1 = Convert.ToInt32(d2);
int i2 = Convert.ToInt32(str,16);//把字符串 str 作为十六进制数的字符串表示形式来转换
string s = Convert.ToString(n,16);//将整数 n 转换为十六进制表示的字符串
```

2.3　流程控制与异常处理

尽管 C#是面向对象的程序设计语言，但在其局部的程序块内，仍然需要借助结构化程序设计的基本流程结构：顺序结构、分支结构和循环结构，以完成相应的逻辑功能。流程控制语句，是程序中非常关键和基本的部分。异常是程序运行时产生的错误，C#语言提供了独特的异常处理机制，为提高程序的健壮性提供了保证。

2.3.1　分支结构

分支结构是根据条件选择程序流程的结构。C#有几种分支结构的语句：简单 if 语句，if…else 语句，嵌套 if 语句，多选择 if 语句以及 switch 语句。

1. if 语句

❑ **简单 if 语句**

这种结构只考虑条件为真的情况。其语法格式如下：

```
if(布尔表达式)
{
    语句;
}
```

例如，下面的示例对两个整数进行排序。

```
int x = 5;
int y = 3;
if (x > y)
{
    int t = x;  //交换两个数，必须借助第三个变量
    x = y;
    y = t;
}
```

❑ **if…else 语句**

这种结构考虑条件为真和为假两种情况，根据条件的真假执行不同的语句。其语法格式如下：

```
if(布尔表达式)
{
    语句 1;
}
else
{
    语句 2;
}
```

例如，下面的示例计算如下分段函数的值。

$$d=\begin{cases}x^2-1 & x<10\\ 2x+1 & x\geqslant 10\end{cases}$$

根据 x 的值，求 d 的值，程序段如下：

```
float x = 6;
float y;
if (x > 10)
```

```
{
    y = x * x - 1;
}
else
{
    y = 2 * x + 1;
}
```

❑ **嵌套 if 语句**

这种结构是在 if 语句中又包含 if 语句。

例如，下面的示例计算购买物品所花的钱数。

在购买某物品时，按所花钱数给予不同的折扣，设 x 为所花钱数，d 为折扣率。

$$d=\begin{cases}0 & x<1\,000\\0.1 & 1\,000\leqslant x\leqslant 2\,000\\0.2 & 2\,000\leqslant x\end{cases}$$

根据 x 的值求 y，程序段如下：

```
float x = 1500f;
float d;
if (x < 1000)
{
    d = 0f;
}
else
{
    if (x < 2000)
    {
        d = 0.1f;
    }
    else
    {
        d = 0.2f;
    }
}
float y = x - x * d;
```

❑ **多选择 if 语句**

这种结果是嵌套 if 结构的替换形式。其语法格式如下：

```
if(布尔表达式 1)
{
    语句 1;
}
else  if(布尔表达式 2)
{
    语句 2;
}
...
else  if(布尔表达式 n)
{
    语句 n;
}
else
{
```

```
    语句 n+1;
}
```

利用多选择 if 语句解决上面的问题，代码如下：

```
float x = 1500f;
float d;
if (x < 1000)
{
    d = 0f;
}
else if (x < 2000)
{
    d = 0.1f;
}
else
{
    d = 0.2f;
}
float y = x - x * d;
```

2. switch 语句

switch 语句用于根据表达式的值决定执行哪个分支。它的功能类似于 if 语句的多分支结构。其语法格式如下：

```
switch(控制表达式)
{
    case 常量表达式 1:
        语句 1;
        [break;]
    case 常量表达式 2:
        语句 2;
        [break;]
        ......
    case 常量表达式 n:
        语句 n;
        [break;]
   [default :
        语句 n+1;
        [break;]]
}
```

如果控制表达式的值等于常量表达式 i 的值，则执行语句 i；如果控制表达式的值和 *n* 个常量表达式的值都不相等，则执行 default 后的语句。break 用来指出流程的出口点，流程执行到任意一个 break 语句，都将跳出 switch 语句，如果某种情况没有使用 break 语句，那么程序将继续向下执行。

- switch 语句的控制类型，即控制表达式的数据类型可以是 sbyte，byte，short，ushort，int，uint，long，ulong，char，string 或枚举类型。
- 每个 case 子句中的常量表达式必须属于或能隐式转换成控制类型，各 case 子句中的常量表达式的值应是不同的。
- default 子句是可选的，最多只能有一个。
- break 语句用来在执行完一个 case 分支后，使程序跳出 switch 结构，即终止 switch 语句的执行（在一些特殊情况下，多个不同的 case 值要执行一组相同的操作，这时可以不用 break）。

例如，下面的示例根据成绩获得等级。

```
float x = 65;
string y;
switch ((int) (x / 10))
{
    case 0:
    case 1:
    case 2:
    case 3:
    case 4:
    case 5:
        y = "不及格";
        break;
    case 6:
        y = "及格";
        break;
    case 7:
        y = "中";
        break;
    case 8:
        y = "良";
        break;
    case 9:
    case 10:
        y = "优";
        break;
    default:
        y = "成绩数据错误!";
        break;
}
```

2.3.2 循环语句

循环结构是控制语句反复执行的结构。循环中要重复执行的语句称为循环体。循环体可以是任意 C#语句，如复合语句、条件语句、单个语句或空语句等，当然还可以是循环语句。C#支持的循环结构有 for 循环、while 循环、do…while 循环和 foreach 循环。

1. for 循环

for 循环可使语句重复执行一定的次数。循环的次数使用循环变量来控制，每重复一次循环之后，循环变量的值就会增加或者减少。其语法格式如下：

```
for(表达式 1; 表达式 2; 表达式 3)
{
    语句;  //循环体
}
```

例如，下面的示例求 1+2+3+…+100。

```
int sum = 0;
for (int i = 1; i <= 100; i++)
{
   sum += i;
}
```

for 循环中的 3 个表达式，可以视不同情况省略，但分号不能省略。例如：

```
int sum = 0;
int i=1;
for (; i <= 100;)
{
   sum += i;
   i+=1;
}
```

2. while 循环

for 循环比较适合于循环次数一定的情况。对于循环次数未知，希望通过条件来控制循环的情况，使用 while 循环更为方便。其语法格式如下：

```
while(布尔表达式)
{
   语句;  //循环体
}
```

例如，下面的示例求 1+2+3+…大于 1 000 的最小值。

```
int i = 1;
int sum = 0;
while (sum <= 1000)
{
    sum += i;
    i += 1;
}
```

3. do…while 循环

与 for 语句和 while 语句不同的是，do…while 语句先执行循环体，再判定循环条件，当循环条件为 true 时反复执行循环体，直到循环条件为 false 时终止循环。因此，它的循环体将至少被执行一次。其语法格式如下：

```
do
{
   语句;   //循环体
}while(布尔表达式);
```

例如，下面的示例求 Fibonacci 数列（$a_0=0$，$a_1=1$，$a_n=a_{n-2}+a_{n-1}$）前 12 项之和。

```
int i = 2;
int a = 0, b = 1;
long s = a + b;
do
{
    b = a + b;
    a = b;
    s= s + a;
    i++;
} while (i < 12);
```

4. foreach 循环

foreach 循环是为简化集合和数组的迭代过程而提出来的。其一般形式如下：

```
foreach(类型 变量 in 可迭代的表达式)
{
   语句;
}
```

例如，下面示例输出数组的值。

```
int[] array1 = {0, 1, 2, 3, 4, 5};
```

```
foreach(int n in array1)
{
    System.Console.WriteLine(n.ToString());
}
```

2.3.3 异常处理

异常是程序执行时遇到的任何错误情况或意外行为。以下这些情况都可以引发异常：用户的代码或调用的代码（如共享库）中有错误，操作系统资源不可用，公共语言运行时遇到意外情况（如无法验证代码）等。对于这些情况，应用程序可以从其中一些恢复，而对于另一些，则不能恢复。异常处理旨在为程序可能遇到的异常情况提供控制功能。

1. 异常处理机制

C#中的结构化异常处理是通过 try…catch…finally 语句实现的。try…catch…finally 语句的结构如下：

```
try
{
    …//需要保护的代码段
}
catch[(异常类型 [标识])]
{
    …//异常处理代码
}
[… //其他 catch 块]
[finally{…}]//错误处理后，继续执行的代码
```

编写异常处理程序的方法为：将可能抛出异常的代码放入 try 块中，把处理异常的代码放入 catch 块中。catch 后面跟一个异常类型和要执行的异常处理语句。例如：

```
try
{
    int num = Convert.ToInt32(x);
}
catch
{
    Console.WriteLine("Format Exception : 输入值有误! ");
}
```

该例中使用的是通用异常的处理方法，下面的示例说明如何处理特定的异常。

```
try
{
    int num = Convert.ToInt32(x);
}
catch(System.FormatException ex)
{
    Console.WriteLine("Format Exception : 输入值有误! ");
}
```

下面的示例使用多个 catch 块来处理多个异常。

```
try
{
    int num = Convert.ToInt32(x);
}
catch(System.FormatException ex)
```

```
    {
        Console.WriteLine("Format Exception : 输入值有误! ");
    }
    catch(System.OverflowException ex)
    {
        Console.WriteLine("Overflow Exception : 输入值超出范围，溢出错误! ");
    }
```

2. 抛出异常

在一些特殊的情况下，还可以利用 throw 语句抛出异常，将异常交给上一层程序来处理。

下面的示例使用 try…catch 捕捉可能的 FileNotFoundException。如果找不到数据文件，使用 throw 语句抛出异常。

```
FileStream fs = null;
string str = null;
try
{
    fs = new FileStream("c:\\data.txt", FileMode.Open);
    StreamReader sr = new StreamReader(fs);
    str= sr.ReadLine();
}
catch(FileNotFoundException e)
{
    throw e;
}
finally
{
    fs.Close();
}
```

2.4　C#面向对象编程

C#.NET 是一种面向对象的程序设计语言，它支持面向对象程序设计的许多新特性。面向对象编程的主要思想是将数据以及处理这些数据的相应方法封装到类中。使用类创建的实例称为对象。类类型支持继承，派生的类可以对基类进行扩展和特殊化。

2.4.1　类和对象

类（class）是具有相同属性和方法的一组对象的集合，它为属于该类的所有对象提供了统一的抽象描述。类是对象的模板，对象是类的实例。

1. 定义类

类是一种数据结构，它可以包含数据成员（常数和字段）、函数成员（方法、属性、事件、索引器、运算符、构造函数、静态构造函数和析构函数）以及嵌套类型。

类使用 class 关键字声明。采用的形式为

```
[类修饰符] class 类名称[:基类以及实现的接口列表]
{
    类体
}[;]
```

其中类的修饰符如表 2-3 所示。

表 2-3　　　　类的修饰符

修　饰　符	用　　途
new	新建类，表明隐藏了由基类中继承而来的、与基类中同名的成员
public	公有类，表示外界可以不受限制地访问该类
private	私有类，一般该类定义在一个类中，在定义它的类中才能访问它
internal	内部类，表示仅有本程序集能够访问该类
protected	保护类，表示可以访问该类或从该类派生的类型
abstract	抽象类，说明该类是一个不完整的类，只有声明而没有具体实现。只能是其他类的基类
sealed	密封类，说明该类不能被继承

例如，下面的示例定义了一个 Person（人）类。

```
public class Person
{
    private string name;
    private char sex;
    private int age;
    public Person()
    {
        name="张军";
        sex='男';
        age=26;
    }
    public Person(string n,char s,int a)
    {
        name=n;
        sex=s;
        age=a;
    }
    public void Display()
    {
        Console.WriteLine("name:{0}",name);
        Console.WriteLine("sex:{0}",sex);
        Console.WriteLine("age:{0}",age);
    }
}
```

处在大括号内部的是类体。类体中包含 3 个私有数据成员 name（姓名）、sex（性别）和 age（年龄）3 个公有函数成员。其中两个与类同名的函数为构造函数，另一个为方法。构造函数用来对对象进行初始化，在创建新对象时将自动调用。

2. 为类指定命名空间

在定义类时，可以为其指定命名空间。默认情况下，使用与项目同名的命名空间。

命名空间就像在文件系统中一个文件夹容纳多个文件一样，可以看做某些类的一个容器。通过把类放入命名空间可以把相关的类组织起来，并且可以避免命名冲突。命名空间既用作程序的“内部”组织系统，也用作“外部”组织系统（一种向其他程序公开自己拥有的程序元素的方法）。命名空间声明如下：

```
namespace name1[.name2] ...]
{
```

```
    类型声明
}
```

其中，name1、name2 为命名空间名，可以是任何合法的标识符，之间用“.”分隔，表明命名空间的层次关系。例如，对于上面的类，可以为其指定命名空间。

```
namespace SampleNamespace
{
    public class Person
    {
        …
    }
}
```

命名空间可以包含其他的命名空间，这种划分方法类似于文件夹。与文件夹不同的是，命名空间只是一种逻辑上的划分，而不是物理上存储分类。例如：

```
namespace N1.N2
{
    class A{}
    class B()
}
```

等同于：

```
namespace N1
{
    namespace N2
    {
        class A{}
        class B()
    }
}
```

3. 创建对象

定义完类之后，就可以创建类的实例，即对象。创建类的实例需要使用new关键字。类的实例相当于一个变量，创建类实例的格式如下：

```
类名 对象名 = new 构造函数(参数类表);
```

例如，下面创建了两个Person对象。

```
Person  person1 = new Person(); //使用无参的构造函数
Person  person2 = new Person("刘磊",'男',18); //使用带参的构造函数
```

创建对象后，就可调用它的方法。例如：

```
person1.Display();
```

如果不在同一命名空间中的类要建立Person类的实例，需要指明命名空间。例如：

```
SampleNamespace.Person p = new SampleNamespace.Person();
```

为了简单起见，可以用 using 指令引用给定的命名空间，也可以为命名空间或类创建别名（using 别名）。格式如下：

```
using [别名 = ]类或命名空间名;
```

下面的示例显示了如何为类定义using指令和using别名。

```
using SampleNamespace; //using 指令
using APerson = SampleNamespace.Person; //using别名
namespace OtherNameSpace
{
    public class MyClass
```

```
    {
        public void method()
        {
            Person p = new Person();
            APerson p1 =  new APerson();
        }
    }
}
```

2.4.2 类的成员

1. 类的成员概述

在C#中，按照类成员的来源可以把类成员分成：类本身声明的成员和从基类继承的成员。按照类的成员是否为函数将其分为数据成员（包括常量、域）和函数成员（包括方法、属性、事件、索引器、运算符、实例构造函数、析构函数、静态构造函数等）。按照类的成员是否属于类分为类成员和实例成员，使用了 static 修饰符的方法称为类成员（也称静态成员），反之则称为实例成员（也称非静态成员）。对于类成员可以通过类来使用，也可以通过实例来使用，但提倡通过类来使用。而实例成员只能通过实例来使用。

成员是有访问属性的，可以使用访问修饰符 public、protected、internal 或 private 声明类成员的可访问性，如表 2-4 所示。

表 2-4 类成员的可访问性

声明的可访问性	意　义
public	访问不受限制
protected	访问仅限于本身或派生类
internal	访问仅限于本身或当前程序集中的类
protected internal	访问仅限于本身或当前程序集中的派生类
private	访问仅限于本身

2. 域

域又称字段，它是类的一个成员，这个成员代表与对象或类相关的变量。一个域相当于 C++ 类中的简单成员变量。域的声明格式为

[域修饰符] 域类型 域名;

与变量定义一样，域也可以在定义的时候赋初值，如

```
string model= "Nisan";
```

域修饰符可以是 new、public、protected、internal、private、static、readonly 等。

3. 属性

属性是对现实世界中实体特征的抽象，它提供了一种对类或对象特征进行访问的机制。例如，字体、颜色、标题等都可以作为属性。与域相比，属性具有良好的封装性。属性不允许直接操作数据内容，而是通过访问器进行访问。

给属性赋值时使用 set 访问器，set 访问器始终使用 value 设置属性值。获取属性值时使用 get 访问器，get 访问器通过 return 返回属性值。

例如，下面的示例定义了一个属性。

```
private String _Name;
```

```
public String Name
{
    get {return _Name;}
    set {_Name = value; }
}
```

4. 方法

在 C#中，数据和操作均封装在类中，数据是以数据成员的形式出现，而操作主要体现在方法的使用上。在类中，方法的一般格式为

```
[方法修饰符] 返回值类型 方法名([参数列表])
{
    方法体
}
```

C#方法的参数有 4 种类型：值参数、引用参数、输出参数和参数数组。

- 未用任何修饰符声明的参数为值参数。值参数在调用时创建，通过复制原自变量的值来初始化。
- 用 ref 修饰符声明的参数为引用参数。引用参数就是调用者提供的自变量的别名，对引用参数的修改将直接影响相应自变量的值。在方法调用中，引用参数必须被赋初值。
- 用 out 修饰符定义的参数称为输出参数。与引用参数类似，不同之处在于：输出参数在调用方法前无须对变量进行初始化。
- 用 params 修饰符声明的变量称为参数数组，它允许向方法传递个数变化的参数。

下面的示例演示了各种参数的使用。

```
using System;
class Class1
{
    static void Swap(int a, int b) //a,b 为值参数
    {
        int t;
        t=a;a=b;b=t;
    }
    static void Swap1(ref int a, ref int b) //a,b 为引用参数
    {
        int t;
        t=a;a=b;b=t;
    }
    static void OutMultiValue(int a,out int b) //不为输出参数
    {
        b=a*a;
    }
    static void MutiParams(params int []a) //a 为参数数组
    {
       for(int i=0;i<a.Length;i++)
       {
           Console.WriteLine("a[{0}]={1}",i,a[i]);
        }
    }
    static void Main(string[] args)
    {
        int x=10,y=20;
        int []b={10,20,30};
```

```
            int v;
            Swap(x,y);
            Console.WriteLine("x={0},y={1}",x,y);
            Swap1(ref x,ref y);
            Console.WriteLine("x={0},y={1}",x,y);
            OutMultiValue(10,out v);
            Console.WriteLine("v={0}",v);
            MutiParams(b);
        }
    }
```

上述代码运行的结果为

```
x=10,y=20
x=20,y=10
v=100
a[0]=10
a[1]=20
a[2]=30
```

类中可以包含同名的方法，但要求参数类型或者参数个数不同，编译器可以知道在何种情况下应该调用哪个方法，这种情况称为方法的重载。

2.4.3 继承

继承是面向对象程序设计的一个重要特征，它允许在现有类的基础上创建新类，新类从现有类中继承类的成员，而且可以重新定义或加进新的成员，从而形成类的层次或等级。一般称被继承的类为基类、父类或超类，而继承后产生的新类为派生类或子类。

通过继承可以更有效地组织程序结构，明确类之间关系，并充分利用已有的类来完成更复杂、深入的开发。C#中不支持多继承，通过接口可弥补这方面的一些缺陷。

派生类的声明格式如下：

```
类修饰符 class 派生类类名: 基类类名
 { 类体 }
```

在类的声明中，通过在类名的后面加上冒号和基类名表示继承。

例如，下面的示例从 Person 类派生一个新类 Employee。Employee 类的构造函数通过 base 调用基类的构造函数，该关键字也可以用于在派生类中访问基类成员。Employee 类自已定义了 Display 方法，并使用了 new 关键字，从而隐藏了基类的 Display 方法。

```
using System;
class Employee:Person
{
    private string department;
    private decimal salary;
    public Employee(string n,char s,int a,string d,decimal sa):base(n,s,s)
    {
        department=d;
        salary=sa;
    }
    new public void Display()
    {
        base.Display();
        Console.WriteLine("Department:{0}",department);
        Console.WriteLine("Salary:{0}",salary);
    }
}
```

2.4.4　案例 2-3 网络书城中的实体模型类设计

实体是应用程序操作的对象。书城项目中涉及的实体主要有图书分类、图书、订单、订单细目、用户及购物车。在 Web 应用中一般将实体的数据和实体的业务方法分别放在两个类中，前者称为实体数据模型类（简称为实体模型类），后者称为实体业务逻辑类（简称为业务逻辑类）。本案例先设计网络书城中的实体模型类。

【技术要点】

- 在网络书城项目中实体模型类主要用于存放数据，类中只有域、构造函数及属性的定义。
- 实体模型类放在 App_Code/Model 文件夹中。

【设计步骤】

（1）设计图书分类实体模型类，其代码如下：

```
public class BsCategory
{
    private int _ID; //分类号
    private string _Name; //分类名
    public BsCategory()
    { }
    public BsCategory(int id, string name)
    {
        _ID = id;
        _Name = name;
    }
    public int ID
    {
        get { return _ID; }
        set { _ID = value; }
    }
    public string Name
    {
        get { return _Name; }
        set { _Name = value; }
    }
}
```

（2）设计图书实体模型类，其代码如下：

```
public class BsBook
{
    private int _ID; //书号
    private int _CatID; //分类号
    private BsCategory _BsCategory; //分类
    private string _Name;  //书名
    private string _Image;  //图像
    private decimal _Price;  //价格
    private string _Summary;  //简介
    private string _Author;  //作者
    public BsBook()
    {
```

```
        _BsCategory = new BsCategory();
    }
    public BsBook(string catName,int id, int catID, string name, string image,
decimal price, string summary, string author)
    {
        _BsCategory = new BsCategory();
        _BsCategory.ID = catID;
        _BsCategory.Name = catName;
        _ID = id;
        _CatID = catID;
        _Name = name;
        _Image = image;
        _Price = price;
        _Summary = summary;
        _Author = author;
    }
    public int ID
    {
        get { return _ID; }
        set { _ID = value; }
    }
    public int CatID
    {
        get { return _CatID; }
        set { _CatID = value; }
    }
    public BsCategory BsCategory
    {
        get { return _BsCategory; }
        set { _BsCategory = value; }
    }
    public string Name
    {
        get { return _Name; }
        set { _Name = value; }
    }
    public string Image
    {
        get { return _Image; }
        set { _Image = value; }
    }
    public decimal Price
    {
        get { return _Price; }
        set { _Price = value; }
    }
    public string Summary
    {
        get { return _Summary; }
        set { _Summary = value; }
    }
    public string Author
    {
        get { return _Author; }
        set { _Author = value; }
    }
}
```

（3）设计用户实体模型类，其代码如下：

```
public class BsUser
{
    private Guid  _ID; //用户号
    private String _Username; //用户名
    private String _Password; //密码
    private String _Realname; //真实名
    private String _Email; //邮件地址
    private String _Phone; //电话
    private String _Address; //地址
    private String _Zipcode; //邮政编码
    private int _Role; //角色
    public BsUser()
    { }
    public BsUser(Guid id, string username, string password, string realname,
 string email, string phone, string address, string zipcode, int role)
    {
        _ID = id;
        _Username = username;
        _Password = password;
        _Realname = realname;
        _Email = email;
        _Phone = phone;
        _Address = address;
        _Zipcode = zipcode;
        _Role = role;
    }
    public Guid ID
    {
        get { return _ID; }
        set { _ID = value; }
    }
    public String Username
    {
        get { return _Username; }
        set { _Username = value; }
    }
    public String Password
    {
        get { return _Password; }
        set { _Password = value; }
    }
    public String Realname
    {
        get { return _Realname; }
        set { _Realname = value; }
    }
    public String Email
    {
        get { return _Email; }
        set { _Email = value; }
    }
    public String Phone
```

```
    {
        get { return _Phone; }
        set { _Phone = value; }
    }
    public String Address
    {
        get { return _Address; }
        set { _Address = value; }
    }
    public String Zipcode
    {
        get { return _Zipcode; }
        set { _Zipcode = value; }
    }
    public int Role
    {
        get { return _Role; }
        set { _Role = value; }
    }
}
```

（4）设计购物车条目实体模型类，其代码如下：

```
public class BsCartItem
{
    private int _ID; //书号
    private string _Name; //书名
    private int _Quantity; //数量
    private decimal _Price; //价格
    public BsCartItem()
    { }
    public BsCartItem(int id, string name, int quantity, decimal price)
    {
        _ID = id;
        _Name = name;
        _Quantity = quantity;
        _Price = price;
    }
    public int ID
    {
        get { return _ID; }
        set { _ID = value; }
    }
    public string Name
    {
        get { return _Name; }
        set { _Name = value; }
    }
    public int Quantity
    {
        get { return _Quantity; }
        set { _Quantity = value; }
    }
    public decimal Price
    {
        get { return _Price; }
        set { _Price = value; }
```

```
        }
        public decimal Total
        {
            get { return _Price * _Quantity; }
        }
    }
```

（5）设计订单实体模型类，其代码如下：

```
public class BsOrder
{
    private int _ID; //订单号
    private string _UserID; //用户号
    private DateTime _Date; //订货时间
    private int _State;  //状态
    public BsOrder()
    { }
    public BsOrder(int id, string userID, DateTime date, int state)
    {
        _ID = id;
        _UserID = userID;
        _Date = date;
        _State = state;
    }
    public int ID
    {
        get { return _ID; }
        set { _ID = value; }
    }
    public string UserID
    {
        get { return _UserID; }
        set { _UserID = value; }
    }
    public DateTime Date
    {
        get { return _Date; }
        set { _Date = value; }
    }
    public int State
    {
        get { return _State; }
        set { _State = value; }
    }
}
```

（6）设计订单细目实体模型类，其代码如下：

```
public class BsDetail
{
    private int _OrderID; //订单号
    private int _BookID; //书号
    private int _Quantity; //数量
    private decimal _Price; //价格
    public BsDetail()
    { }
    public BsDetail(int orderID, int bookID, int quantity, decimal price)
```

```
    {
        _OrderID = orderID;
        _BookID = bookID;
        _Quantity = quantity;
        _Price = price;
    }
    public int OrderID
    {
        get { return _OrderID; }
        set { _OrderID = value; }
    }
    public int BookID
    {
        get { return _BookID; }
        set { _BookID = value; }
    }
    public int Quantity
    {
        get { return _Quantity; }
        set { _Quantity = value; }
    }
    public decimal Price
    {
        get { return _Price; }
        set { _Price = value; }
    }
}
```

2.4.5　抽象类、接口与多态性

1. 抽象类

当创建一个类时，有时需要包含一些特殊的方法，该类对这些方法不提供具体实现，而是由其派生类去实现，这些方法称为抽象方法。抽象方法是一个没有被实现的空方法。包含抽象方法的类称为抽象类。注意，抽象类中也可以包含非抽象方法。

抽象类不能直接被外部程序实例化，而且也不能被密封。

声明抽象方法的基本语法为

```
[访问修饰符] abstract 返回类型 方法名([参数列表]);
```

声明抽象类的基本语法为

```
[访问修饰符] abstract 类名{ }
```

例如，下面的示例声明一个动物抽象类。

```
public abstract class Anmial {
    protected double weight;
    public abstract void Eat(); //抽象方法
}
```

下面的 Cat 类继承了 Animal 类，实现了 Eat 方法。

```
public  class Cat:Animal {
    public double weight{
        set{ weight = value;}
        get{ return weight;}
    }
    public void Eat(){
```

```
        System.Conole.WriteLine("吃老鼠");
    }
}
```

2. 接口

接口（interface）是一种与类相似的结构。一个接口定义一个协定，实现接口的类必须遵守其协定。接口可以定义方法、属性、事件等，但是，接口不提供成员的实现。实现接口的任何类都必须提供接口中所声明的抽象成员的实现，否则只能定义成抽象类。接口的定义格式为

```
[访问修饰符] interface 接口名 [: 基接口] { }
```

例如，下面的示例代码定义了 3 个接口。

```
interface Ifunction1 {
    float Addition(float x,float y);
}
interface Ifunction2 {
    float Subtraction(float x, float y);
}
interface Ifunction3: Ifunction1 { //接口可以继承
    float Multiplication(float x, float y);
}
interface Ifunction4:Ifunction1, Ifunction2 {  //接口可以继承多个接口
    float Division(float x, float y);
}
```

下面的类实现了接口 Ifunction1 和 Ifunction2。

```
class MyTest:Ifunction1, Ifunction2 { //类可以同时实现多个接口
    public int Addition(int x,int y) {
        return x+y;
    }
public int Subtraction(int x,int y) {
        return x-y;
    }
}
```

接口与抽象类的区别如下。

- 抽象类可提供某些方法的实现，而接口的方法都是抽象的。
- 抽象类中的成员可以有多种权限，而接口中的成员只能是 public（定义时不写）。
- 抽象类中增加一个具体的方法，则子类都具有此具体方法，而接口中新增加方法，则子类必须实现此方法。
- 子类最多只能继承一个抽象类，而接口可以继承多个接口，一个类也可以实现多个接口。
- 抽象类和它的子类之间应该是一般和特殊的关系，而接口仅仅是它的子类应该实现的一组规则，无关的类也可以实现同一接口。

接口的作用主要体现在以下几个方面。

- 接口可以规范类的方法，使实现接口的类具有相同的方法声明。任何实现了接口的类都必须实现接口所规定的方法，否则必须定义为抽象类。
- 接口提供了一种抽象的机制，通过接口，可以把功能设计和实现分离。接口只告诉用户方法的特征是什么，它并不关注是如何实现的，接口指出如何使用一个对象，而不说明它如何实现。
- 接口能更好地体现多态性，通过接口实现不相关类的相同行为，而无须考虑这些类之间的关系。任何实现接口的类的实例，都可以通过接口来调用。通过抽象的接口来操纵具体的对象，可以极大地减少子系统实现之间的相互依赖关系，使对象之间彼此独立，并可以在运行时替换有

相同接口的对象，动态改变它们相互的关系，实现多态。

3. 多态性

多态性是指不同的对象收到相同的消息时，会产生不同动作，从而实现"一个接口，多个方法"。它允许以相似的方式来对待所有的派生类，尽管这些派生类是各不相同的。

C#支持两种类型的多态性。

- 编译时的多态性是通过重载实现的，系统在编译时，根据传递的参数个数、类型信息决定实现何种操作。
- 运行时的多态性是指在运行时，根据实际情况决定实现何种操作。

运行时的多态性基于这样的机制：子类对象可存储在父类变量或接口变量中。

- 如果 a 是类 A 的引用变量（对象变量），那么 a 可以指向类 A 的一个实例，或者指向类 A 的一个子类的实例。
- 如果 a 是接口 IA 的引用变量，那么 a 可以指向 IA 实现类的实例，或者指向 IA 实现类的子类的实例，或者指向 IA 子接口的实现类的实例。

C#通过将下属类（子类或实现接口的类）对象的引用赋值给父类变量或接口变量来实现动态方法调用。如果通过父类变量存储子类对象来实现多态，要求父类中要定义相关的方法（可以定义成抽象的）前要加上了 virtual 修饰符，子类重写相关的虚方法，在方法前使要加 override 关键字，并且子类中重写的方法必须与被重写方法具有相同的方法签名，即方法名、参数列表以及返回值都必须与被重写方法完全一致。

在程序设计中，提倡使用更抽象的变量来存储实例，这样不仅便于程序的维护和扩展，也给程序设计带来方便，而这正依赖于多态性。用接口变量或父类变量存储下属类的实例，也能通过这样的变量动态调用实例的方法。

2.4.6 案例 2-4 网络书城中的接口设计

网络书城项目中的接口包括数据访问层接口和业务逻辑层接口。

【技术要点】

- 数据访问层接口放在 App_Code/IDAL 文件夹下，业务逻辑层接口放在 App_Code/IDAL 文件夹下。
- 数据访问层接口定义了数据库访问的方法，业务逻辑层接口定义了实体的业务方法。
- 查询单条记录返回的是实体模型对象，查询多条记录返回的是集合对象，集合中存放的是实体模型对象。
- 订单细目随订单操作，所以没有单独定义其数据访问层接口。购物车在内存中存储，因此也没有定义其数据访问层接口。

【设计步骤】

1. 数据访问接口设计

（1）图书分类数据访问接口设计，其代码如下：

```
using System;
using System.Collections.Generic;
public interface IBsCategoryDAL
{
```

```
    int AddBsCategory(BsCategory bsCategory); //添加分类
    int DeleteBsCategory(int id); //删除分类
    int EditBsCategory(BsCategory bsCategory); //修改分类
    IList<BsCategory> FindBsCategories(); //查所有分类
}
```

（2）图书数据访问接口设计，其代码如下：

```
using System;
using System.Collections.Generic;
public interface IBsBookDAL
{
    int AddBsBook(BsBook bsBook); //添加图书
    int DeleteBsBook(int id); //删除图书
    int EditBsBook(BsBook bsBook); //修改图书
    BsBook FindBsBook(int id); //按 ID 查询图书
    IList<BsBook> FindBsBooks(int catID, string name, string author,
 string sortExpression, int startRowIndex, int maximumRows); //分页查询图书
    int FindCount(int catID, string name, string author);//查询记录数
}
```

（3）用户数据访问接口设计，其代码如下：

```
using System;
using System.Collections.Generic;
public interface IBsUserDAL
{
    int AddBsUser(BsUser bsUser); //添加用户
    void DeleteBsUser(int id); //删除用户
    int EditBsUser(BsUser bsUser); //修改用户
    BsUser FindBsUser(int id); //按 ID 查询用户
    BsUser FindBsUser(string username, string password); //按用户名和密码查询
    IList<BsUser> findBsUsers(string username); //查询用户
}
```

（4）订单数据访问接口设计，其代码如下：

```
using System;
using System.Collections.Generic;
public interface IBsOrderDAL
{
    int AddBsOrder(BsOrder bsOrder, ICollection<CartItem> items); //添加订单
    int DeleteBsOrder(int id); //删除订单
    int EditBsOrder(BsOrder order); //修改订单
    BsOrder FindBsOrder(int id); //按 ID 查询订单
    IList<BsOrder> FindBsOrders(string username, int state); //查询订单
}
```

2. 业务逻辑层接口设计

（1）图书分类业务逻辑接口设计，其代码如下：

```
using System;
using System.Collections.Generic;
public interface IBsCategoryBLL
{
    int AddBsCategory(BsCategory bsCategory); //添加分类
```

```
    int DeleteBsCategory(int id); //删除分类
    int EditBsCategory(BsCategory bsCategory); //修改分类
    IList<BsCategory> FindBsCategories(); //查所有分类
}
```

（2）图书业务逻辑接口设计，其代码如下：

```
using System;
using System.Collections.Generic;
public interface IBsBookBLL
{
    int AddBsBook(BsBook bsBook); //添加图书
    int DeleteBsBook(int id); //删除图书
    int EditBsBook(BsBook bsBook); //修改图书
    BsBook FindBsBook(int id); //按ID查询图书
    IList<BsBook> FindBsBooks(int catID, string name, string author,
 string sortExpression, int startRowIndex, int maximumRows); //分页查询图书
    int FindCount(int catID, string name, string author);//查询记录数
}
```

（3）用户业务逻辑接口设计，其代码如下：

```
using System;
using System.Collections.Generic;
public interface IBsUserBLL
{
    int AddBsUser(BsUser bsUser); //添加用户
    void DeleteBsUser(int id); //删除用户
    int EditBsUser(BsUser bsUser); //修改用户
    BsUser FindBsUser(int id); //按ID查询用户
    BsUser FindBsUser(string username, string password); //按用户名和密码查询
    IList<BsUser> findBsUsers(string username); //查询用户
}
```

（4）购物车业务逻辑接口设计，其代码如下：

```
using System;
using System.Collections.Generic;
public interface IBsCartBLL
{
    void AddItem(CartItem cartItem); //添加条目
    void DeleteAll(); //清空
    void DeleteItem(int id); //删除条目
    void EditItem(int id, int quantity); //修改数量
    ICollection<CartItem> FindItems(); //查询所有条目
    decimal FindTotal(); //查询总价
}
```

（5）订单业务逻辑接口设计，其代码如下：

```
using System;
using System.Collections.Generic;
public interface IBsOrderBLL
{
    int AddBsOrder(BsOrder bsOrder, ICollection<CartItem> items); //添加订单
    int DeleteBsOrder(int id); //删除订单
```

```
    int EditBsOrder(BsOrder bsOrder); //修改订单
    BsOrder FindBsOrder(int id); //按ID查询订单
    IList<BsOrder> FindBsOrders(string username, int state); //查询订单
IList<BsDetail> FindBsDetails(int orderID); //查询订单细目
}
```

2.5 数组和集合

2.5.1 声明与访问数组

1. 数组的概念

数组类型是从抽象基类型 System.Array 派生的引用类型。它是一种数据结构，包含若干称为数组元素的变量。C#数组索引从零开始。所有数组元素必须为同一类型，该类型称为数组的元素类型。数组元素可以是任何类型，包括数组类型。数组可以是一维数组、多维数组或交错数组。

C#中数组的工作方式与在大多数其他流行语言中的工作方式类似。但还有一些差异应引起注意。声明数组时，方括号“[]”必须跟在类型后面，而不能写在标识符后面，此外，在定义数组时，不能指定大小。

2. 一维数组

有一个下标的数组称为一维数组，其定义格式为

```
类型[] 数组名;
```

其中，类型可以为C#中任意的数据类型，包括基本类型和引用类型。例如：

```
int[] intArray = {1,2,3,4}; //定义时赋值，数组直接创建
int[] charArray = new char[20]; //定义同时创建数组
String[] stringArray;  //定义一个字符串数组，只定义
stringArray = new String[2]; //定义之后创建
s[0] = new String("Good");
s[1] = new String("bye");
```

一维数组元素的引用：

```
数组名[索引]
```

其中，索引为数组的下标，它可以为整型的常数或表达式，下标从0开始。

3. 多维数组

在C#语言中，多维数组是指有多个下标的数组。以二维数组为例，定义格式为

```
类型[,] 数组名;
```

例如：

```
int[,] numbers1 = {{1, 2},{3, 4},{5, 6}};
string[,] siblings = new string[2, 2] {{"Mike","Amy"}, {"Mary","Albert"} };
int[,] numbers2 = new int[,] {{1, 2}, {3, 4}, {5, 6}};
```

4. 交错数组（数组的数组）

在C#语言中，交错数组可以看成是数组的数组，定义格式为

```
类型[][] 数组名;
```

例如：

```
int[][] numbers1 = new int[2][]{ new int[]{2,3,4}, new int[]{5,6,7,8,9} };
int[][] numbers2 = new int[][]{ new int[]{2,3,4}, new int[]{5,6,7,8,9} };
int[][] numbers3 = {new int[]{2,3,4}, new int[]{5,6,7,8,9} };
```

5. 数组的属性和方法

- Length 属性：获得数组的元素个数。
- Clear 方法：将 Array 中的一系列元素设置为零、false 或 null，具体取决于元素类型。
- Clone 方法：创建 Array 的浅表副本。
- Copy 方法：将一个 Array 的一部分元素复制到另一个 Array 中，并根据需要执行类型强制转换和装箱。
- CopyTo 方法：将当前一维 Array 的所有元素复制到指定的一维 Array 中。
- Reverse 方法：反转一维 Array 或部分 Array 中元素的顺序。
- Sort 方法：对一维 Array 对象中的元素进行排序。

2.5.2 集合

1. 集合概述

集合是一组组合在一起的类似的类型化对象，将紧密相关的数据组合到一个集合中，能够更有效地处理这些紧密相关的数据。集合与数组的主要区别如下。

- 数组是固定大小的，不能伸缩，而集合却是可变长的。
- 数组要声明元素的类型，集合类的元素类型都是对象类型。
- 数组可读可写不能声明只读数组，集合类提供 ReadOnly 方法以只读方式使用集合。

集合是基于 System.Collection.ICollection，System.Collections.IList 或 System.Collections.IDictionary 接口来实现。IList 接口和 IDictionary 接口都是从 ICollection 接口派生的。因此，所有集合都直接或间接地实现了 ICollection 接口。对于基于 IList 接口的集合（称为索引集合，如 Array，ArraryList，List）或者直接基于 ICollection 接口的集合（称为顺序集合，如 Queue，Stack，LinkedList）来说，每个元素都包含一个值。对于基于 IDictionary 接口的集合（称为键/值对集合，如 Hashtable 和 SortedList）来说，每个元素包含一个键和一个值。

上述接口或类都在 System.Collections 命名空间。为了提供更高类型安全性和性能，在命名空间 System.Collections.Generic 中还包含了一些基于泛型的集合类。非泛型集合类与泛型集合类对应的关系如表 2-5 所示。

表 2-5　非泛型集合类与泛型集合类对应表

非泛型集合类	泛型集合类
ArrayList	List<T>
HashTable	Dictionary<T>
Queue	Queue<T>
Stack	Stack<T>
SortedList	SortedList<T>

2. ArrayList 与 List

ArrayList 与 List<T>都是大小可按需要动态增加的数组，后者支持范型。

ArrayList 的主要属性如下。

- Count：获取 ArrayList 中实际包含的元素数。
- Item：获取或设置指定索引处的元素。

ArrayList 的主要方法如下。

- void Add（Object obj）：将对象添加到 ArrayList 的结尾处。
- void Clear()：从 ArrayList 中移除所有元素。
- bool Contains（Object item）：确定某元素是否在 ArrayList 中。
- ArrayList GetRange（int index，int count）：返回 ArrayList 中元素的子集。
- void Remove（Object obj）：从 ArrayList 中移除特定对象的第一个匹配项。
- void RemoveAt（int index）：移除 ArrayList 的指定索引处的元素。
- Object[] ToArray()：将 ArrayList 的元素复制到新数组中。
- void TrimToSize()：将容量设置为 ArrayList 中元素的实际数目。

例如，下面的示例演示了 ArrayList 的使用。

```
ArrayList AL = new ArrayList();
AL.Add("Hello");
AL.Add(" World");
foreach(Object obj in AL) {
   Console.Write(obj);
}
Console.WriteLine();
Console.WriteLine("个数:" + AL.Count);
AL.Insert(1, " c#。");
AL.RemoveAt(2);//移除 3 号索引的元素
foreach(Object obj in AL) {
   Console.Write(obj);
}
Console.WriteLine();
Console.WriteLine("个数:" + AL.Count);
Console.WriteLine("容量: " + AL.Capacity);
AL.TrimToSize(); //缩减容量
Console.WriteLine("实际容量: " + AL.Capacity);
AL.Remove(" c#。");//移除集合中的" c#。"元素
string[] ar = (string[])AL.ToArray(typeof(string) );//转换为 string 类型数组
foreach(string a in ar) { //遍历数组
   Console.Write(a + "   ");
}
Console.WriteLine();
AL.Clear();
Console.WriteLine("清除全部元素后: ");
Console.WriteLine("个数:" + AL.Count);
```

上述代码段运行的结果为

```
Hello World
个数:2
Hello c#。
个数:2
容量: 4
实际容量: 2
Hello
清除全部元素后:
个数:0
```

List<T>类是 ArrayList 类的泛型等效类。例如：

```
List<string> dinosaurs = new List<string>();
dinosaurs.Add("Tyrannosaurus");
dinosaurs.Add("Amargasaurus");
dinosaurs.Add("Mamenchisaurus");
dinosaurs.Add("Deinonychus");
dinosaurs.Add("Compsognathus");
foreach(string dinosaur in dinosaurs) {
    Console.WriteLine(dinosaur);
}
```

3. Hashtable 与 Dictionary

Hashtable 是 System.Collections 命名空间提供的一个容器，表示键/值对的集合，这些键/值对根据键的哈希代码进行组织。

Hashtable 的主要属性如下。

- Count：获取包含在 Hashtable 中的键/值对的数目。
- Item：获取或设置与指定的键相关联的值。
- Keys：获取包含 Hashtable 中的键的 ICollection。
- Values：获取包含 Hashtable 中的值的 ICollection。

Hashtable 的主要方法如下。

- void Add（Object key，Object value）：将指定键和值添加到 Hashtable 中。
- void Clear()：从 Hashtable 中移除所有元素。
- bool Contains（Object key）：确定 Hashtable 是否包含特定键。
- bool ContainsKey（Object key）：确定 Hashtable 是否包含特定键。
- bool ContainsValue（Object value）：确定 Hashtable 是否包含特定值。
- void Remove（Object key）：从 Hashtable 中移除带有指定键的元素。
- Hashtable Synchronized（Hashtable table）：返回 Hashtable 的同步包装。

例如，下面的示例演示了 Hashtable 的使用。

```
Hashtable ht = new Hashtable(); //创建一个Hashtable实例
ht.Add("E", "e"); //添加key/value键值对
ht.Add("A", "a");
ht.Add("C", "c");
ht.Add("B", "b");
string s = (string)ht["A"];
if (ht.Contains("E")) //判断哈希表是否包含特定键,其返回值为true或false
   Console.WriteLine("the E key:exist");
ht.Remove("C"); //移除一个key/value键值对
Console.WriteLine(ht["A"]); //此处输出a
foreach (DictionaryEntry de in ht) {
   Console.Write(de.Key + ":"); //de.Key对应于key/value键值对key
   Console.WriteLine(de.Value); //de.Key对应于key/value键值对value
}
ArrayList akeys = new ArrayList(ht.Keys);
akeys.Sort(); //按字母顺序进行排序
foreach (string skey in akeys) {
   Console.Write(skey + ":");
   Console.WriteLine(ht[skey]); //排序后输出
}
```

```
ht.Clear(); //移除所有元素
Console.WriteLine(ht["A"]); //此处将不会有任何输出
```

上述代码段运行的结果为

```
the E key:exist
a
A:a
B:b
E:e
A:a
B:b
E:e
```

Dictionary<TKey，TValue>类是 HashTable 的泛型等效类。例如：

```
Dictionary<string, string> myDic = new Dictionary<string, string>();
myDic.Add("aaa", "111");
myDic.Add("bbb", "222");
myDic.Add("ccc", "333");
myDic.Add("ddd", "444");
//遍历键值对
foreach (KeyValuePair<string, string> kvp in myDic) {
   Console.WriteLine("key={0},value={1}", kvp.Key, kvp.Value);
}
//获取值的集合
foreach (string s in myDic.Values) {
   Console.WriteLine("value={0}", s);
}
//获取值的另一种方式
foreach (string s in myDic.Values) {
   Console.WriteLine("value={0}", s);
}
```

2.5.3 案例 2–5 网络书城中的购物车类设计

设计一个内存购物车，能够存储用户购买的图书。

【技术要点】

- 条目类 CartItem 表示购物车中的单个条目，包括书号、书名、价格及数量。
- 购物车类 CartBLL 用 Dictionary 来存储条目。
- 添加图书时，要看购物车里是否已经有该图书，如果有只修改数量，如果没有则添加新的条目。

【设计步骤】

（1）在 App_Code/BLL 文件夹建立类文件 CartBLL.cs。

（2）打开 CartBLL.cs 文件，编写代码如下：

```
using System;
using System.Data;
using System.Collections.Generic;
public class BsCartBLL:IBsCartBLL
{
   private Dictionary<int, CartItem> cartItems = new Dictionary<int,
CartItem>();
   public void AddItem(CartItem cartItem)
```

```
        {
            CartItem cartItem1;
            if (!cartItems.TryGetValue(cartItem.ID, out cartItem1))
            {
                cartItems.Add(cartItem.ID, cartItem);
            }
            else
            {
                cartItem1.Quantity += cartItem.Quantity;
            }
        }
        public void EditItem(int id, int quantity)
        {
            CartItem cartItem1;
            if (!cartItems.TryGetValue(id, out cartItem1))
            {
                if (quantity > 0)
                    cartItem1.Quantity = quantity;
                else
                    DeleteItem(id);
            }
        }
        public void DeleteItem(int id)
        {
            cartItems.Remove(id);
        }
        public ICollection<CartItem> FindItems()
        {
            return cartItems.Values;
        }
        public void DeleteAll()
        {
            cartItems.Clear();
        }
        public decimal FindTotal()
        {
            decimal total = 0;
            foreach (CartItem item in cartItems.Values)
                total += item.Price * item.Quantity;
            return total;
        }
    }
```

2.6 C# 3.5 的新特征

C#在经历几个版本的变革后，虽然在大的编程方向和设计理念上没有引起太多的变化，但每次版本的更新都带来一些新的特性，这些新特性使程序开发更加方便，如 C# 3.5 中引入 LINQ 技术，以及 var 关键字，这些都在很大程度上提高了程序开发的自由度。

2.6.1 隐型局部变量

C#是强类型，在声明变量时必须指明变量的类型，而 JavaScript、VB 等语言则是弱类型的，就是在声明变量时不必指明变量类型，而是通过初始化这个变量的表达式来推导这个变量的类型，这就是隐型局部变量，这种声明变量的方式比较自由，方便程序开发。C# 3.5 引入了关键字 var，也使得在 C#中声明变量时不必声明变量类型。例如：

```
var num = 1;
var str = "您好！";
var f = 1.0;
```

C# 3.5 通过本地类型推断功能，根据表达式对变量的赋值来判断变量的类型，这样可以保护类型安全，而且也可以实现更为自由的编码。依据这个本地类型推断功能，使用 var 定义的变量在编译期间就推断出变量的类型，而在编译后的 IL 代码中就会包含推断出的类型，这样可以保证类型安全。

隐型局部变量的声明规则如下。

- 声明变量时必须对变量进行初始化。
- 必须使用表达式对变量进行初始化。
- 表达式不可以是空类型。
- 如果局部变量中包含多个声明符，这些声明符必须具备同样的编译期类型。

2.6.2 扩展方法

扩展方法用来为现有类型添加方法，以扩展现有的类型，这些类型可以是基本数据类型（如 int、string 等），也可以是自己定义的类型。扩展方法是通过指定关键字 this 修饰方法的第一个参数而声明的。扩展方法只可以声明在静态类中。下面通过两个例子来介绍扩展方法的声明。

下面的示例利用扩展方法对基本类型 string 进行扩展，通过静态类 Extensions 为基本类型 string 声明了一个扩展方法 TestMethod，该方法可以用来获得字符串的长度。代码如下:

```
public static class Extensions
{
    public static int TextMethod(this string s)
    {
        return s.Length;
    }
}
```

在上面的代码中为基本类型 string 提供了一个扩展方法 TestMethod，就可以像使用其他方法一样使用这个方法了。例如：

```
string s = "您好！";
int length = s.TextMethod();
```

2.6.3 Lambda 表达式

Lambda 表达式和 C# 2.0 中的匿名方法具有相同的功能，它们的作用都是实现内联（in-line）方法，只是它们的语法表现形式不同，而且 Lambda 表达式为编写匿名方法提供了更简明的函数式的句法，而且这种结果使得在编写 LINQ 查询表达式时变得极其容易，因为它们提供了一个非常紧凑的而且类安全的方式来编写函数。

一个 Lambda 表达式在句法上的形式是："参数列表" + "=>" + "调用时要运算的表达式或语句块"，即

```
(parameters) => expression
```

其中，parameters 为参数列表，expression 为表达式或语句块。只有在 Lambda 有一个输入参数时，括号才是可选的，否则括号是必需的。两个或更多输入参数由括在括号中的逗号分隔，例如：

```
(x,y) => x*y
```

要了解 Lambda 需要先来看看匿名函数，什么是匿名函数？匿名函数是一个内联语句或表达式，可在需要委托类型的任何地方使用。委托是一种包装方法调用的类型。就像类型一样，可以在方法之间传递委托实例，并且可以像方法一样调用委托实例。在 C# 2.0 以前声明委托的唯一方法是使用命名方法，也就是说通过使用在代码中其他位置定义的方法显式初始化委托来创建委托的实例。例如：

```
delegate void TestDelegate(string s);
class TestClass
{
    static void Main()
    {
        TestDelegate testdelA = new TestDelegate(TestClass.DoWork);
        testdelA("Hello.");
    }
    static void DoWork(string k)
    {
        System.Console.WriteLine(k);
    }
}
```

到了 C# 2.0 引入了匿名方法的概念，作为一种编写可在委托调用中执行的未命名内联语句块的方式，也就是说可以不需要事先创建单独的方法，因此减少了实例化委托所需的编码系统开销。例如：

```
delegate void TestDelegate(string s);
class TestClass
{
    static void Main()
    {
        TestDelegate testDelB = delegate(string s) { Console.WriteLine(s); };
        testDelB("Hello 2 ");
    }
}
```

C#3.0 引入了 Lambda 表达式，这种表达式与匿名方法的概念类似，但更具表现力并且更简练。Lambda 表达式逐渐取代了匿名方法，作为编写内联代码的首选方式。例如：

```
delegate void TestDelegate(string s);
class TestClass
{
    static void Main()
    {
        TestDelegate testDelC = (x) => { Console.WriteLine(x); };
        testDelC("Hello 3 .");
    }
}
```

下面是一些 Lambda 表达式的例子：

```
(x, y) => x * y //多参数，隐式类型=> 表达式
x => x * 10 //单参数，隐式类型=>表达式
x => { return x * 10; } //单参数，隐式类型=>语句块
(int x) => x * 10 //单参数，显式类型=>表达式
(int x) => { return x * 10; } //单参数，显式类型=>语句块
() => Console.WriteLine() //无参数
```

2.6.4　对象和集合初始化

要初始化一个对象，在 C# 2.0 及其以前的版本中都是使用构造函数，或者声明对象后对公有属性赋值。而在 C# 3.0 以后，出现了对象和集合初始化器，可以使对象和集合的初始化变得简单。例如，存在一个类 Point，定义代码如下：

```
public class Point
{
    private int _x, _y;
    public int X
    {
        get { return _x;}
        set { _x = value;}
    }
    public int Y
    {
        get { return _y; }
        set { _y = value; }
    }
}
```

在 C# 2.0 中可以这样的方式对类 Point 的对象进行初始化，代码如下：

```
Point p = new Point();
p.X = 1;
p.Y = 2;
```

而现在可以利用对象初始化器来直接对声明的对象进行初始化，代码如下：

```
Point p = new Point {X = 1,Y = 2};
```

对象初始化器用来指定一个或多个对象的域或属性的值。对象初始化器由一系列成员初始化器组成，封闭于符号“{”和“}”之中，它们之间用逗号隔开。每个成员初始化必须指出正在初始化的对象的域或属性的名字，后面是等号和表达式或者是对象、集合的初始化器。

集合初始化器用来指定集合的元素，它由一系列元素初始化器组成，封闭在“{”和“}”内，以逗号间隔。例如：

```
List<int> list1 = new List<int>{1,2,3,4,6,7};
```

2.6.5　匿名类型

匿名类型是从对象初始化器自动推断和生成的元组类型。这样就可以在不声明一个类型的情况下而直接声明一个对象，利用初始化器指明的对象属性来推断这个对象的类型，例如：

```
var p = new {X = 1,Y = 2}
```

以上代码并不存在对象 p 的类型，但却直接声明了该对象，并通过初始化器{X=1，Y=2}对该对象进行初始化，这就是匿名类型。

本 章 小 结

C#是微软公司推出的一种全新的，简单、安全、面向对象的程序设计语言。它是专门为.NET 的应用而开发的语言。它继承了 C/C++的优良传统，又借鉴了 Java 的很多特点。C#提供了丰富的数据类型和运算。C#语言的数据类型按内置和自定义划分有内置类型和构造类型。按数据的存储方式划分，有值类型和引用类型。

除基本流程结构（顺序结构、分支结构和循环结构）外，C#语言提供了独特的异常处理机制，为提高程序的健壮性提供了保证。C#中的结构化异常处理是通过 try…catch…finnally 语句实现的。

C#.NET 是一种面向对象的程序设计语言，它支持面向对象程序设计的许多新特性。面向对象编程的主要思想是将数据以及处理这些数据的相应方法封装到类中。使用类创建的实例称为对象。类类型支持继承，派生的类可以对基类进行扩展和特殊化。

数组类型是从抽象基类型 System.Array 派生的引用类型。所有数组元素必须为同一类型。集合是一组组合在一起的类似的类型化对象，与数组不同的是集合的大小是可变长的。

集合是基于 System.Collection.ICollection，System.Collections.IList 或 System.Collections.IDictionary 接口来实现的，存放在 System.Collections 命名空间。为了提供更高类型的安全性和性能，在命名空间 System.Collections.Generic 中还提供了一些基于泛型的集合类。

习题与实验

一、习题

1. 面向对象程序设计的 4 个基本特征是什么？
2. 什么是类？类的基本成员有哪几种？
3. C#的访问控制符有哪些？它们对类成员分别有哪些访问控制限制作用？
4. 什么是构造函数？构造函数有什么作用？
5. 类的静态成员和非静态成员有什么区别？
6. 什么是继承？
7. 什么是抽象类？什么是接口？接口与抽象类有什么不同？
8. 什么是多态性？C#是如何实现多态的？
9. 数组和集合有什么区别？C#有哪些集合类型？
10. Hashtable 与 Dictionary 有什么区别？

二、实验题

设计新闻发布网站的实体模型类、数据访问层接口和业务逻辑层接口。

第3章 ASP.NET网页

本章要点

- ASP.NET 网页及其存储模式
- ASP.NET 网页的生命周期
- ASP.NET 网页的内置对象
- Web 服务器控件及验证控件的使用
- 页面切换与数据传递的方法

ASP.NET 网页是应用程序的主体，它在任何浏览器或客户端设备中向用户提供信息，并使用服务器端代码来实现应用程序逻辑。ASP.NET 提供了服务器控件来组建 ASP.NET 网页，服务器控件以对象的形式被创建和配置，它们运行在服务器端并能自动生成与自身对应的 HTML。此外，服务器控件能够像 Windows 控件一样保持状态和触发事件。

3.1 概 述

ASP.NET 网页是 Web 应用程序的可编程用户接口，用于为 Web 应用程序创建用户界面。它提供了一种强大而直接的编程模型，该模型使用常见的快速应用程序开发（RAD）技术来生成基于 Web 的复杂用户界面。

3.1.1 ASP.NET网页及其存储模式

1. 什么是 ASP.NET 网页

ASP.NET 网页也称为 Web 窗体，它的扩展名为 aspx，如果有代码隐藏文件，代码隐藏文件的扩展名为 aspx.cs。ASP.NET 网页由两部分组成：可视元素和页的逻辑。可视元素由 HTML 标记、服务器控件和静态文本组成。页的逻辑由代码组成，这些代码可以驻留在网页的 script 块中或者单独的类中，用于与页进行交互。

每个 ASP.NET 网页都直接或间接地继承 System.Web.UI.Page 类。由于在 Page 类中已经定义了网页所需要的基本属性、事件和方法，因此只要新网页生成，就从它的基类中继承了这些成员，因而也就具备了网页的基本功能。表 3-1 所示为 Page 类的基本属性。

ASP.NET 网页有下列特点。

- 基于 Microsoft ASP.NET 技术。在该技术中，在服务器上运行的代码动态地生成到浏览器或客户端设备的 Web 页输出。
- 兼容所有浏览器或移动设备。ASP.NET 网页自动为样式、布局等功能呈现正确的、符合浏览器的 HTML。此外，还可以将 ASP.NET 网页设计为在特定浏览器（如 Microsoft Internet Explorer 7）上运行并利用浏览器特定的功能。
- 兼容.NET 公共语言运行库所支持的任何语言，其中包括 Microsoft Visual Basic、Microsoft Visual C# 和 Microsoft JScript.NET。
- 基于 Microsoft .NET Framework 生成。它提供了该框架的所有优点，包括托管环境、类型安全性和继承。
- 提供强大的快速应用程序开发（RAD）工具 Visual Studio，该工具用于对窗体进行设计和编程。
- 具有灵活性，可以向 ASP.NET 网页添加用户创建的控件和第三方控件。

表 3-1　Page 类的基本属性

名　称	说　明
Application	为当前 Web 请求获取 HttpApplicationState 对象
Cache	获取与该页驻留的应用程序关联的 Cache 对象
EnableViewState	获取或设置一个值，该值指示当前页请求结束时该页是否保持其视图状态以及它包含的任何服务器控件的视图状态
IsPostBack	获取一个值，该值指示该页是否正为响应客户端回发而加载，或者它是否正被首次加载和访问
PreviousPage	获取向当前页传输控件的页
Request	获取请求页的 HttpRequest 对象
Response	获取与该 Page 对象关联的 HttpResponse 对象。该对象使用户得以将 HTTP 响应数据发送到客户端，并包含有关该响应的信息
Server	获取 Server 对象，它是 HttpServerUtility 类的实例
Session	获取 ASP.NET 提供的当前 Session 对象
Theme	获取或设置页主题的名称
Title	获取或设置页的标题
User	获取有关发出页请求的用户的信息
ViewState	获取状态信息的字典，这些信息使用户可以在同一页的多个请求间保存和还原服务器控件的视图状态

2. ASP.NET 网页的存储模式

ASP.NET 提供了两个用于管理可视元素和代码的模型，即单文件模型和代码隐藏模型。这两个模型功能相同，两种模型中可以使用相同的控件和代码。

❑ 单文件模型

在这种模型中，页的标记及其编程代码位于同一个物理.aspx 文件中。编程代码位于 script 块中，该块包含 runat="server"属性，此属性将其标记为 ASP.NET 应执行的代码。

下面的代码示例演示一个单文件网页，此网页中包含一个 Button 控件和一个 Label 控件，script 块中包含了 Button 控件的 Click 事件处理程序。

```
<%@ Page Language="C#" %>
<script runat="server">
```

```
    void Button1_Click(object sender, EventArgs e)
    {
        Label1.Text = "Clicked at " + DateTime.Now.ToString();
    }
</script>
<html>
<head>
    <title>单文件模式</title>
</head>
<body>
    <form runat="server">
      <div>
          <asp:Label id="Label1"  runat="server" Text="Label"/><br />
          <asp:Button id="Button1"  runat="server"
           onclick="Button1_Click"
           Text="Button"/>
      </div>
   </form>
</body>
</html>
```

在对该页进行编译时，编译器将生成和编译一个从 Page 基类派生新类。在生成页之后，生成的类将编译成程序集，并将该程序集加载到应用程序域，然后对该页的类进行实例化并执行，以将输出呈现到浏览器。

❑ **代码隐藏模型**

在这种模型中，用于显示的代码和用于逻辑处理的代码分别放在不同的文件中。用于显示的代码放在后缀为.aspx 的文件中，而用于逻辑处理的代码放在后缀为 aspx.cs 的文件中。前者称为页面文件，后者称为代码隐藏文件。页面文件包含静态 HTML 和 ASP.NET 组件，主要用于展示 Web 页的可视外观。代码隐藏文件只包含代码，主要由事件处理程序构成。

例如，对于上面的例子，用代码隐藏模型，页面文件代码如下：

```
<%@ Page Language="C#" CodeFile="SamplePage.aspx.cs" Inherits="SamplePage"
AutoEventWireup="true" %>
<html>
<head runat="server" >
    <title>代码隐藏模式</title>
</head>
<body>
    <form id="form1" runat="server">
      <div>
          <asp:Label id="Label1" runat="server" Text="Label" /><br />
          <asp:Button id="Button1" runat="server" onclick="Button1_Click"
              Text="Button"/>
      </div>
    </form>
</body>
</html>
```

在单文件模型和代码隐藏模型之间，.aspx 页有两处差别。在代码隐藏模型中，不存在具有 runat="server"属性的 script 块。第二个差别是，代码隐藏模型中的@Page 指令包含了 CodeFile（引用外部文件 SamplePage.aspx.cs）和 Inherits（指明继承的代码隐藏类）属性。

下面是代码隐藏文件的内容。

```
using System;
using System.Web;
```

```
using System.Web.UI;
using System.Web.UI.WebControls;
public partial class SamplePage : System.Web.UI.Page
{
   protected void Button1_Click(object sender, EventArgs e)
   {
      Label1.Text = "Clicked at " + DateTime.Now.ToString();
   }
}
```

在编译时，所有代码隐藏文件编译为一个项目 DLL 文件，然后把 aspx 文件编译成为另一个 DLL，此 DLL 中的类从被编译成项目 DLL 文件的代码隐藏类继承。这样代码隐藏文件和 aspx 文件就被动态合并在一起了。最后，在服务器端运行此 DLL 文件，由它处理客户端的请求，响应相应的事件，并把处理的结果生成 HTML，然后返回到客户端浏览器。

在建立 ASP.NET 网页（Web 窗体）时，可以通过选择【将代码放在单独的文件中(P)】复选框，选择所用的模式，如图 3-1 所示。

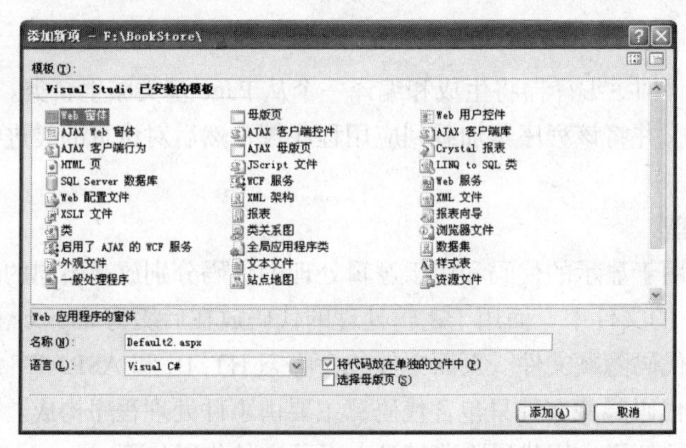

图 3-1 新建 Web 窗体

3.1.2 ASP.NET 网页生命周期

了解 ASP.NET 网页的生命周期，能在生命周期的合适阶段编写代码，以达到预期的效果。此外，如果要开发自定义控件，就必须熟悉网页的生命周期，以便正确进行控件初始化，使用视图状态数据填充控件属性以及运行任何控件行为代码。

常规网页的生命周期一般经历请求、开始、初始化、加载、验证、回发、呈现、卸载等过程。在网页生命周期的每个阶段中，将引发相应的事件，如表 3-2 所示。

表 3-2 ASP.NET 网页生命周期中的事件

页 事 件	典 型 使 用
PreInit	使用该事件来执行下列操作 ● 检查 IsPostBack 属性来确定是不是第一次处理该页 ● 创建或重新创建动态控件 ● 动态设置主控页 ● 动态设置 Theme 属性 ● 读取或设置配置文件属性值
Init	在所有控件都已初始化且已应用所有外观设置后引发。使用该事件来读取或初始化控件属性

续表

页 事 件	典 型 使 用
InitComplete	由 Page 对象引发。使用该事件来处理要求先完成所有初始化工作的任务
PreLoad	如果需要在 Load 事件之前对页或控件执行处理，请使用该事件。在 Page 引发该事件后，它会为自身和所有控件加载视图状态，然后会处理 Request 实例包括的任何回发数据
Load	使用 OnLoad 事件方法来设置控件中的属性并建立数据库连接
控件事件	使用这些事件来处理特定控件事件，如 Button 控件的 Click 事件或 TextBox 控件的 TextChanged 事件。在回发请求中，如果页包含验证程序控件，请在执行任何处理之前检查 Page 和各个验证控件的 IsValid 属性
LoadComplete	对需要加载页上的所有其他控件的任务使用该事件
PreRender	在该事件发生前 ● Page 对象会针对每个控件和页调用 EnsureChildControls ● 设置了 DataSourceID 属性的每个数据绑定控件会调用 DataBind 方法 页上的每个控件都会发生 PreRender 事件。使用该事件对页或其控件的内容进行最后更改
SaveStateComplete	在该事件发生前，已针对页和所有控件保存了 ViewState。将忽略此时对页或控件进行的任何更改。使用该事件执行满足以下条件的任务：要求已经保存了视图状态，但未对控件进行任何更改
Render	在处理的这个阶段，Page 对象会在每个控件上调用此方法。所有 ASP.NET Web 服务器控件都有一个用于写出发送给浏览器的控件标记的 Render 方法。如果创建自定义控件，通常要覆盖此方法以输出控件的标记
Unload	该事件首先针对每个控件发生，继而针对该页发生。在控件中，使用该事件对特定控件执行最后清理，如关闭控件特定数据库连接。对于页自身，使用该事件来执行最后清理工作，如关闭打开的文件和数据库连接，或完成日志记录或其他请求特定任务

3.1.3　内置对象

在 Web 应用程序运行时，ASP.NET 将维护有关当前应用程序、每个用户会话、当前 HTTP 请求、请求的网页等方面的信息。ASP.NET 包含一系列类，用于封装这些上下文信息，并将这些类的实例作为内部对象提供。

- Response：提供对当前页的输出流的访问，可以使用它将文本插入页中、编写 Cookie、跳转页面等。
- Request：提供对当前页请求的访问，其中包括请求标题、Cookie、客户端证书、查询字符串等，可以使用它读取浏览器提交的内容。
- Context：提供对整个当前上下文（包括请求对象）的访问，可以使用它共享页之间的信息。
- Server：提供用于在页之间传输控制的实用工具方法，可以使用它获取有关最新错误的信息，对 HTML 文本进行编码和解码，定位路径等。
- Application：提供对所有会话的应用程序范围的方法和事件的访问，还提供对可用于存储信息的应用程序范围的缓存的访问。
- Session：为当前用户会话提供信息，还提供对可用于存储信息的会话范围的缓存的访问，以及控制如何管理会话的方法。

这里先介绍 Response、Request 和 Server，其他的内置对象将在状态管理中介绍。

1. Response

Response 对象是 HttpResponse 类的一个实例，可以动态地响应客户端的请求，并可将动态生成的响应结果返回给客户端浏览器。Response 对象可以实现很多功能，如向客户端输出数据、跳转网页等。通过 HttpApplication、HttpContext、Page 和 UserControl 类的 Response 属性可获得 Response 对象。

❑ **主要的属性**

- Buffer：获取或设置是否缓冲输出。
- ContentType：获取或设置输出流的 HTTP MIME 类型。
- Cookies：获取响应 Cookie 集合。
- Expires：获取或设置在浏览器上缓存的页过期之前的分钟数。
- ExpiresAbsolute：获取或设置从缓存中移除缓存信息的绝对日期和时间。
- Headers：获取响应头的集合。
- Status：设置返回到客户端的 Status 栏。

❑ **主要的方法**

- void BinaryWrite（byte[] buffer）：将一个二进制字符串写入 HTTP 输出流。
- void Clear()：清除缓冲区流中的所有内容输出。
- void Close()：关闭到客户端的套接字连接。
- void End()：将当前所有缓冲的输出发送到客户端，停止该页的执行。
- void Flush()：向客户端发送当前所有缓冲的输出。
- void Redirect（String url）：将客户端重定向到新的 URL。
- void SetCookie（HttpCookie cookie）：更新 Cookie 集合中的一个现有 Cookie。
- void Write（String s）：将文本写入 HTTP 响应输出流。
- void WriteFile（string filename）：将指定的文件直接写入 HTTP 响应输出流。

在实际开发中，比较常用是 Redirect 方法。例如：

```
Response.Redirect("http://www.microsoft.com/gohere/look.htm");
```

2. Request

Request 对象是 HttpRequest 类的一个实例，用于在 HTTP 请求期间，检索客户端浏览器传递给服务器的信息，如获取客户存储的 Cookies 信息，获取 URL 串中参数的值等。通过 HttpApplication、HttpContext、Page 和 UserControl 类的 Request 属性可获得 Request 对象。

❑ **主要的属性**

- AcceptTypes：获取客户端支持的 MIME 接受类型的字符串数组。
- ApplicationPath：获取服务器上 ASP.NET 应用程序的虚拟应用程序根路径。
- Browser：获取或设置有关正在请求的客户端的浏览器功能的信息。
- Cookies：获取客户端发送的 Cookie 的集合。
- Form：获取表单变量集合。
- Headers：获取 HTTP 头集合。
- InputStream：获取传入的 HTTP 主体内容的输入流。
- Path：获取当前请求的虚拟路径。
- PhysicalPath：获取与请求的 URL 相对应的物理文件系统路径。
- QueryString：获取 HTTP 查询字符串变量集合。
- ServerVariables：获取 Web 服务器变量的集合。
- Url：获取有关当前请求的 URL 的信息。

❑ **主要的方法**

- byte[] BinaryRead（int count）：执行对当前输入流进行指定字节数的二进制读取。
- void SaveAs（string filename，bool includeHeaders）：将 HTTP 请求保存到磁盘。

Request 主要的用途是获得用户提交的数据，代码如下：

```
string id = Request.QueryString["ID"]; //获得以 GET 方式提交的数据
string name = Request.Form["name"]; //获得以 POST 方式提交的数据
```

类似地，可以获取 Cookies、SeverVaiables 的值。一般的调用格式为

```
string variable = Request.Collection["Variable"];
```

Collection 可以是 QueryString、Form、Cookies、SeverVaiables 之一，Variable 为要查询的关键字。例如，获得远程客户端的 IP，代码如下：

```
string ip = Request.SeverVaiables["REMOTE_ADDR"];
```

使用的方式也可以是 Request["Variable"]，与 Request.Collection["Variable"]的效果是一样的。如果省略了 Collection，Request 对象就会依照 QueryString、Form、Cookies、SeverVaiables 的顺序查找，直至发现 Variable 所指的关键字并返回其值，如果没有发现其值，则返回空值。

3. Server

Server 对象又称为服务器对象，是 HttpServerUtility 类的一个实例，它提供了对服务器信息的封装，提供对服务器的方法和属性的访问。

❑ **主要的属性**

- MachineName：获取服务器的计算机名称。
- ScriptTimeout：获取和设置请求超时值（以秒计）。

❑ **主要的方法**

- void ClearError()：清除前一个异常。
- string HtmlEncode（string s）：对要在浏览器中显示的字符串进行编码。
- string HtmlDecode（string s）：对已被编码的字符串进行解码。
- string MapPath（string path）：返回与 Web 服务器上的指定虚拟路径相对应的物理文件路径。
- void Transfer（string path）：终止当前页的执行，并为当前请求开始执行新页。
- string UrlEncode（string s）：编码字符串，以便通过 URL 从 Web 服务器到客户端进行可靠的 HTTP 传输。
- string UrlDecode（string s）：对字符串进行解码，该字符串针对 HTTP 传输进行了编码并在 URL 中发送到服务器。

Server 的主要用途之一是进行编码。HtmlEncode 方法有助于确保用户提供的所有字符串输入将作为静态文本显示在浏览器中，而不是作为可执行脚本或 HTML 元素进行呈现。UrlEncode 方法对 URL 进行编码，以便在 HTTP 流中正确传输它们。

例如，对 URL 编码确保所有浏览器均正确地传输 URL 字符串中的文本：

```
string MyURL = "http://www.contoso.com/articles.aspx?title=" +
Server.UrlEncode("ASP.NET Examples");//参数中有空格，因此需要编码
Response.Write("<a href=" + MyURL + "> ASP.NET Examples </a>");
```

当服务端获得提交的数据时需要解码：

```
string title = Server.UrlDecode(Request["title"]);
```

再如，下面的代码是按钮的单击事件，单击按钮后，希望能在标签中显示出文本框输入的文本和请求的 Url。

```
protected void Button1_Click(object sender, EventArgs e) {
    if (!String.IsNullOrEmpty(TextBox1.Text)) {
        Label1.Text = "Welcome, " + Server.HtmlEncode(TextBox1.Text) +
    ".<br/> The url is " + Server.UrlEncode(Request.Url.ToString());
    }
}
```

Server 的另一个主要用途是，用来获得指定虚拟路径的物理文件路径。例如：

```
string FilePath;
FilePath = Server.MapPath("/MyWebSite");
```

3.2 ASP.NET Web 服务器控件

ASP.NET 提供了一系列服务器控件，这些控件不仅增强了 ASP.NET 的功能，同时将以往由开发人员完成的许多重复工作都交由控件去完成，大大提高了开发人员的工作效率。创建 Web 页面时，可使用的服务器控件类型有 HTML 服务器控件、Web 服务器控件、验证控件和用户控件 4 种。其中，Web 服务器控件是 ASP.NET 的精华所在。Web 服务器控件功能全面，极大地简化和方便了开发人员的开发工作。

3.2.1 ASP.NET 服务器控件类型

在创建 ASP.NET 网页时，开发人员可以使用 HTML 服务器控件、Web 服务器控件、验证控件和 ASP.NET 用户控件。

1. HTML 服务器控件

HTML 服务器控件是以 HTML 标记为基础而衍生出来的控件，对服务器公开 HTML 元素，可对其进行编程。默认情况下，服务器无法使用 Web 窗体页上的 HTML 元素。但是，通过将 HTML 元素转换为 HTML 服务器控件，可将其公开为可在服务器上编程的元素。网页上 HTML 元素通过添加 runat="server"属性，就可转换为 HTML 服务器控件。如果要在代码中作为成员引用该控件，则还应当为控件分配 ID 属性。另外，可在 Web 窗体设计视图状态下，先在窗体上添加 HTML 控件，再在 HTML 控件上单击鼠标右键，在弹出的快捷菜单中选择【作为服务器控件运行】命令，就可以将其变成 HTML 服务器控件。

2. Web 服务器控件

这些控件比 HTML 服务器控件具有更多内置功能。Web 服务器控件不仅包括 Web 窗体控件（如按钮和文本框），而且还包括特殊用途的控件（如日历、树形控件）。

与 HTML 服务器控件的各种属性相比，Web 服务器控件的属性更容易掌握。Web 服务器控件的一个目标是通过一致的名称，使控件属性的设置更加容易掌握，并且不需要担心 Web 服务器控件如何转化为 HTML 代码。Web 服务器控件有很多优点，例如：

- 功能丰富的对象模型，该模型具有类型安全编程功能。
- 控件可以检测浏览器的功能，并为基本型和丰富型（HTML 4.0）浏览器创建适当的输出。
- 对于某些控件，可以使用模板来自定义控件的外观。
- 对于某些控件，可以指定控件的事件是立即发送到服务器，还是先缓存然后在提交窗体时引发。
- 可将事件从嵌套控件（如表单中的按钮）传递到容器控件。

3. 验证控件

验证控件用于检验用户输入的信息是否有效。验证控件为所有常用类型的标准验证（例如，测试在某一范围之内有效的日期或值）提供了一种易于使用的机制，另外还提供了自定义编写验证的方法。

验证控件总是在服务器代码中执行输入检查。如果用户使用支持 DHTML 的浏览器，则验证控件还可以使用客户端脚本执行验证。但是要注意，即使验证控件已在客户端执行验证，页框架仍然在服务器上执行它，以便用户可以在基于服务器的事件处理程序中测试有效性。此外，它还有助于防止用户通过禁用或更改客户端脚本来避开验证。

4. 用户控件

作为 ASP.NET 网页创建的控件，ASP.NET 用户控件可以嵌入到其他 ASP.NET 网页中，这是一种创建工具栏和其他可重用元素的捷径。创建用户控件，所采用的方法与开发 ASP.NET 页面的方法相同，在用户控件上可以使用与标准的 ASP.NET 网页上相同的 HTML 元素和 Web 控件。与 ASP.NET 网页不同的是：

- 不能独立地请求用户控件，用户控件必须包括在 ASP.NET 网页内才能使用；
- 用户控件的扩展名必须为.ascx，而且用户控件在内容周围不包括 <html>、<body> 和 <form> 元素。

3.2.2 Web 服务器控件概述

ASP.NET 提供了丰富的 Web 服务器控件，所有的控件类都在 System.Web.UI.WebControls 命名空间下。Web 服务器控件有两大类：Web 控件和数据绑定控件。

Web 控件包括文本类控件、图像控件、选择类控件、日历控件、命令类控件、超链接等，这些控件可以组成与用户交互的界面。数据绑定控件用来实现数据的绑定和显示，这类控件包括网格视图、数据列表、表单视图等，还有用于导航的菜单控件、树形控件等。

表 3-3 所示为常用的 Web 服务器控件。

表 3-3　常用的 Web 服务器控件

功　能	控　件	说　明
文本	Label	显示文本，添加<span>标记
	TextBox	创建一个文本域、文本区或密码域
	Literal	显示文本而不添加任何 HTML 元素
图像	Image	显示图像
选择	CheckBox	创建一个复选框
	CheckBoxList	创建一组复选框
	RadioButton	创建一个单选按钮
	RadioButtonList	创建一组单选按钮，在该组中，只能选择一个按钮
	DropDownList	创建下拉列表，允许用户从单击按钮时显示的列表中选择
	ListBox	创建列表，允许多重选择（可选）
日历	Calendar	显示图形日历以允许用户选择日期
命令	Button	创建一个提交按钮
	LinkButton	与 Button 控件相同，但具有超级链接的外观
	ImageButton	与 Button 控件相同，但包含图像而不是文本

续表

功　能	控　件	说　明
超链接	HyperLink	创建一个 Web 超链接
表格	Table	创建表格
容器	Panel	用作其他控件的容器，对应 HTML<div>标记
	PlaceHolder	作为占位容器，在运行时动态添加内容
数据绑定控件	GridView	在表中显示数据源的值，其中每列表示一个字段，每行表示一条记录。提供选择、排序、编辑、分页等功能
	Repeater	一个数据绑定列表控件，允许通过为列表中显示的每一项重复指定的模板来自定义布局
	DataList	用可自定义的格式显示各行数据，可以为项、交替项、选定项和编辑项创建模板。也可以使用标题、脚注和分隔符模板自定义整体外观
	DetailsView	在表中显示来自数据源的单条记录，其中每个数据行表示该记录的一个字段，允许编辑、删除和插入记录
	FormView	使用用户定义的模板显示数据源中单个记录，可编辑、删除和插入记录
	ListView	使用用户定义的模板显示数据源的数据，可选择、排序、删除、编辑和插入记录
数据源	SqlDataSource	表示绑定到 SqlServer 数据库的数据源
	ObjectDataSource	为多层 Web 应用程序体系结构中的数据绑定控件提供数据的业务对象

在 ASP.NET 中，Web 控件是使用相应的标记来编写控件的。Web 控件的标记有特定的格式：以“<asp:类型名>”开头，以“</asp:类型名>”结尾，在其间可以设置各种属性。例如，这里定义了一个 TextBox 控件：

```
<asp:TextBox ID="Text1" runat="Server"></asp:TextBox>
```

标记内不包含内容，也可写成：

```
<asp:TextBox ID="Text1" runat="Server"/>
```

控件的常用属性如下。

- BackColor：控件的背景色。
- BorderColor：控件的边框颜色。
- BorderWidth：控件边框（如果有的话）的宽度（以像素为单位）。
- BorderStyle：控件的边框样式（如果有的话）。
- CssClass：分配给控件的级联样式表（CSS）类。
- Style：作为控件的外部标记上的 CSS 样式属性呈现的文本属性集合。
- Enabled：是否禁用控件。
- EnableTheming：是否启用主题。
- EnableViewState：是否启用视图状态。
- Font：字体属性，此属性包含子属性。
- ForeColor：控件的前景色。
- Height：控件的高度。
- SkinID：要应用于控件的外观。
- TabIndex：Tab 键顺序。
- ToolTip：当用户将鼠标指针定位在控件上方时显示的文本。

● Width：控件的宽度。

3.2.3 常用的 Web 控件

下面介绍一些常用的 Web 控件。

1. 文本类控件

❑ 标签

标签（Label）用于显示文本，生成 HTML 中的<span>标记。其主要的属性是 Text。例如：

```
<asp:Label id="Label1" runat="server">Label</asp:Label>
<asp:Label id="Label2" runat="server" Text="Label" />
```

❑ 文本框

文本框（TextBox）用于输入文本，生成 HTML 中的文本域、文本区或密码域。例如：

```
<asp:TextBox id="TextBox1" runat="server" Width="296px" Height="40px" >
</asp:TextBox>
```

文本框的主要属性如下。

● AutoPostBack：设置是否自动提交。

● TextMode：用于设置类型。可取值有 MultiLine（多行输入模式）、Password（密码输入模式）和 SingleLine（单行输入模式），默认为 SingleLine。

● Columns：决定文本框的显示宽度（以字符为单位）。

● Rows：多行输入模式时设置显示的行数。

● MaxLength：限制可输入到此控件中的字符数。

● ReadOnly：是否为只读。

❑ 文字

文字（Literal）用于显示静态文本，只生成文本，不包含 HTML 标记。其主要的属性是 Text。

2. 命令类控件

命令类控件允许用户发送命令。包括 3 种类型：标准按钮（Button 控件，简称为按钮）、链接按钮（LinkButton 控件）和图形按钮（ImageButton 控件）。这 3 种控件提供类似的功能，但具有不同的外观。

命令类控件的主要属性如下。

● PostBackUrl：提交的目标网页的 URL。

● Text：标题。

● CausesValidation：是否执行验证。

● CommandName：指定与控件关联的命令名。

● CommandArgument：提供有关执行命令的附加信息。

命令类控件的主要事件是 Click 事件，Click 事件能直接识别发生事件的控件。例如，下面的代码示例声明一个提交按钮，并为其注册了单击事件。

```
<asp:Button id="SubmitButton" Text="Submit"  OnClick=" SubmitButton_Click"
    runat="server"></asp:Button>
```

命令类控件的另一事件是 Command 事件。多个命令控件可引发一个事件处理程序。在事件处理程序中，通过 CommandName 属性识别发生事件的控件，通过 CommandArgument 获得关联的数据。例如，下面的代码示例演示如何为 Command 事件指定和编写事件处理程序，模拟单击按钮控件时进行排序。

```
<%@ Page Language="C#" AutoEventWireup="True" %>
<!DOCTYPE html PUBLIC "-//W3C//DTD XHTML 1.0 Transitional//EN"
"http://www.w3.org/TR/xhtml1/DTD/xhtml1-transitional.dtd">
<html xmlns="http://www.w3.org/1999/xhtml" >
<head runat="server">
    <title>Button CommandName Example</title>
    <script runat="server">
        void CommandBtn_Click(object sender, CommandEventArgs e)
        {
            switch(e.CommandName)
            {
                case "Sort":
                    Sort_List((String)e.CommandArgument);
                    break;
                case "Submit":
                    Message.Text = "单击了提交按钮";
                    if((String)e.CommandArgument == "")
                    {
                        Message.Text += ".";
                    }
                    else
                    {
                        Message.Text += ", 但是参数不可识别.";
                    }
                    break;
                default:
                    Message.Text = "命令名不可识别.";
                    break;
            }
        }
        void Sort_List(string commandArgument)
        {
            switch(commandArgument)
            {
                case "Ascending":
                    Message.Text = "你单击了升序按钮.";
                    break;
                case "Descending":
                    Message.Text = "你单击了降序按钮.";
                    break;
                default:
                    Message.Text = "命令参数不可识别.";
                    break;
            }
        }
    </script>
</head>
<body>
    <form id="form1" runat="server">
        <h3>按钮的 CommandName 示例</h3>
        请单击其中一个按钮. <br /><br />
        <asp:Button id="Button1" Text="升序排序" CommandName="Sort"
            CommandArgument="Ascending" OnCommand="CommandBtn_Click"
```

```
            runat="server"/> 
        <asp:Button id="Button2" Text="降序排序" CommandName="Sort"
            CommandArgument="Descending" OnCommand="CommandBtn_Click"
            runat="server"/><br /><br />
        <asp:Button id="Button3" Text="提交" CommandName="Submit"
            OnCommand="CommandBtn_Click" runat="server"/> 
        <asp:Button id="Button4" Text="未知的命令名" CommandName="UnknownName"
            CommandArgument="UnknownArgument"  OnCommand="CommandBtn_Click"
            runat="server"/> 
        <asp:Button id="Button5" Text="提交未知的参数" CommandName="Submit"
            CommandArgument="UnknownArgument" OnCommand="CommandBtn_Click"
            runat="server"/><br /><br />
        <asp:Label id="Message" runat="server"/>
    </form>
</body>
</html>
```

3. 图像控件

图像控件（Image）用于在 Web 窗体上显示图像。例如：

```
<asp:Image id="Image1"  runat="server" ImageUrl="pic.jpg"></asp:Image>
```

图像控件的主要属性如下。

- ImageUrl：指定所显示的图像。
- AlternateText：指定在图像不可用时代替图像而显示的文本。
- ImageAlign：指定图像相对于 Web 窗体上其他元素的对齐方式。

4. 超链接控件

超链接控件（HyperLink）用于生成超级链接。例如：

```
<asp:HyperLink id="hyperlink1"  ImageUrl="images/pict.jpg"
   NavigateUrl="http://www.microsoft.com" Text="Microsoft Official Site"
   Target="_blank" runat="server"/>
```

超级链接控件的主要属性如下。

- NavigateUrl：指定要链接到的网页。
- Text：超链接文本标题。文本也可放置在 HyperLink 控件的开始和结束标记之间来设置。
- ImageUrl：要显示图像，用这个属性设置图像路径。如果同时设置了 Text 和 ImageUrl 属性，则 ImageUrl 属性优先。如果图像不可用，则显示 Text 属性中的文本。在支持“工具提示”功能的浏览器上，当将鼠标指针放在 HyperLink 控件上时将显示 Text 属性的值。
- Target：指定显示链接页的目标框架或窗口。

5. 选择控件

❑ 单选按钮

单选按钮（RadioButton）允许用户从多个选项中选择一项。例如：

```
<asp:RadioButton id="RadioButton1"     runat="server" Text="男" Checked="True"
    GroupName="Sex"></asp:RadioButton>
<asp:RadioButton id="RadioButton2" runat="server" Text="女"
    GroupName="Sex"></asp:RadioButton>
```

单选按钮的主要属性如下。

- Checked：设置或获取是否选中。
- TextAlign：设置文本位置。可以取值 Left、Right。

- GroupName：设置组的名字。
- AutoPostBack：设置是否自动提交。可以取值 True、False。

单选按钮的常用事件是 OnCheckedChanged。

❑ **单选按钮列表**

单选按钮列表（RadioButtonList）提供多个单选按钮选项，并可以指定排列方式。与单选按钮不同的是，该控件用组的方法来管理各个选项，因此不需要逐一判断，提高了效率。例如：

```
<asp:RadioButtonList id="RadioButtonList1" RepeatDirection="Horizontal"
    runat="server">
    <asp:ListItem Value="男">男</asp:ListItem>
    <asp:ListItem Value="女">女</asp:ListItem>
</asp:RadioButtonList>
```

单选按钮列表的主要属性如下。

- RepeatColumns：设置布局的列数。
- RepeatDirection：设置按钮的排列方向。
- RepeatLayout：设置是以表格方式还是以浮动的方式排列。
- AutoPostBack：设置是否自动提交。可以取值 True、False。
- DataTextField：指定将数据源中的哪个字段绑定到控件中每个列表项的 Text。
- DataValueField：指定将数据源中的哪个字段绑定到控件中每个列表项的 Value。
- SelectedIndex：获取或设置列表中选定项的最低序号索引。
- SelectedItem：获取列表控件中索引最小的选定项。
- SelectedValue：获取列表控件中选定项的值，或选择列表控件中包含指定值的项。

❑ **复选框**

复选框（CheckBox）用于复选多个选项。与单选按钮不同的是能同时选多个选项。例如：

```
<asp:CheckBox id="CheckBox1" runat="server" Text="体育" />
<asp:CheckBox id="CheckBox2" runat="server" Text="音乐" />
<asp:CheckBox id="CheckBox3" runat="server" Text="美术" />
```

❑ **复选框列表**

复选框列表（CheckBoxList）与 RadioBoxList 类似，所不同的是能同时选多个选项。例如：

```
<asp:CheckBoxList id="CheckBoxList1" runat="server" >
    <asp:ListItem Value="音乐">音乐</asp:ListItem>
    <asp:ListItem Value="体育">体育</asp:ListItem>
    <asp:ListItem Value="美术">美术</asp:ListItem>
</asp:CheckBoxList>
```

❑ **下拉列表**

下拉列表（DropDownList）以下拉的方式呈现选项，一次只能选一项。例如：

```
<asp:DropDownList id="DropDownList1 runat="server" >
    <asp:ListItem Value="音乐">音乐</asp:ListItem>
    <asp:ListItem Value="体育">体育</asp:ListItem>
    <asp:ListItem Value="美术">美术</asp:ListItem>
</asp:DropDownList>
```

❑ **列表**

列表（ListBox）与下拉列表的功能基本相同，不同的是 ListBox 控件一次可以显示多个选项。另外，列表允许用户多选（将 SelectionMode 属性设为 Mutiple 即为多选，默认是 Single）。例如：

```
<asp:ListBox  id="ListBox1"  runat="server" >
    <asp:ListItem Value="音乐">音乐</asp:ListItem>
    <asp:ListItem Value="体育">体育</asp:ListItem>
    <asp:ListItem Value="美术">美术</asp:ListItem>
</asp:DropDownList>
```

3.2.4　案例 3–1 图书反馈网页的设计

在销售图书的过程中，经常需要得到反馈信息，即了解读者对图书的评价，购买图书原因，以及对售后服务的评价等，以便更好地为读者服务。设计一个图书反馈信息征集网页，运行效果如图 3-2 所示。输入信息后，单击【提交】按钮后的显示效果如图 3-3 所示。

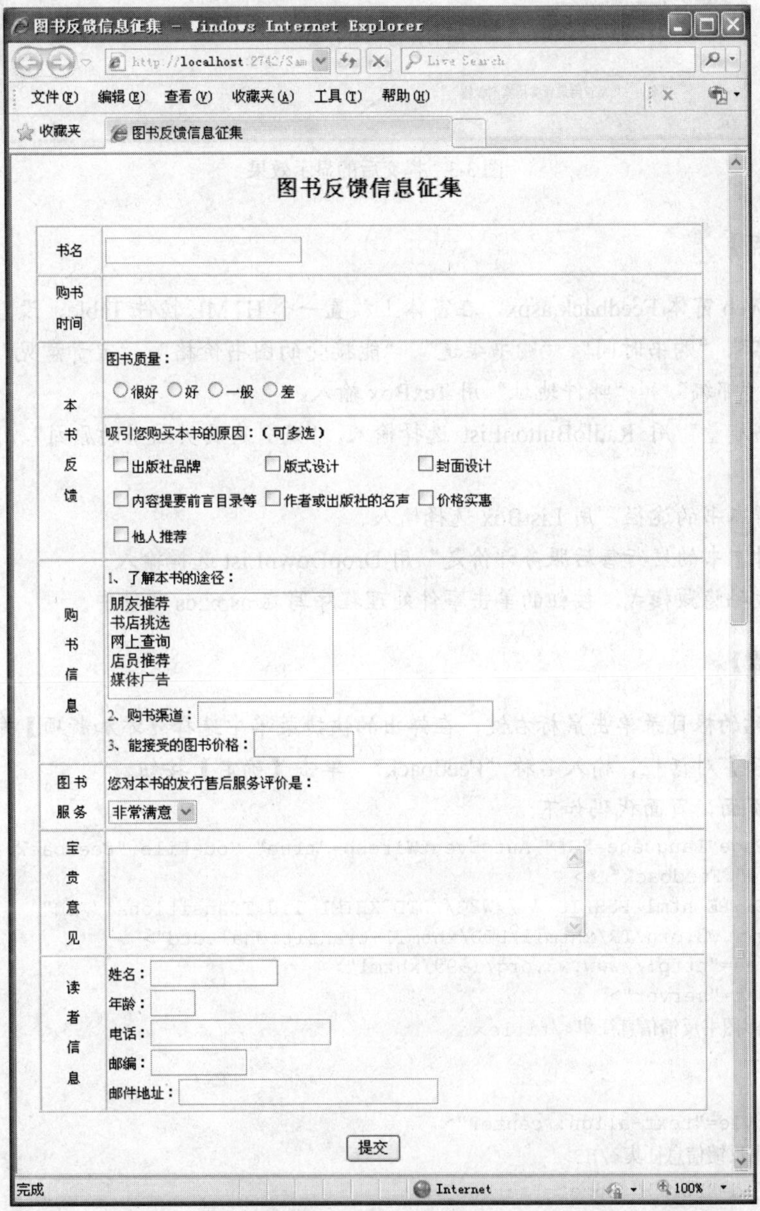

图书反馈信息征集 - Windows Internet Explorer
http://localhost:2742/Sam
Live Search
文件(F)　编辑(E)　查看(V)　收藏夹(A)　工具(T)　帮助(H)
收藏夹　图书反馈信息征集

图书反馈信息征集

书名
购书时间
本书反馈
图书质量：
○很好 ○好 ○一般 ○差
吸引您购买本书的原因：（可多选）
□出版社品牌　□版式设计　□封面设计
□内容提要前言目录等　□作者或出版社的名声　□价格实惠
□他人推荐
购书信息
1、了解本书的途径：
朋友推荐
书店挑选
网上查询
店员推荐
媒体广告
2、购书渠道：
3、能接受的图书价格：
图书服务
您对本书的发行售后服务评价是：
非常满意
宝贵意见
读者信息
姓名：
年龄：
电话：
邮编：
邮件地址：
提交
完成　Internet　100%

图 3-2　图书反馈信息征集

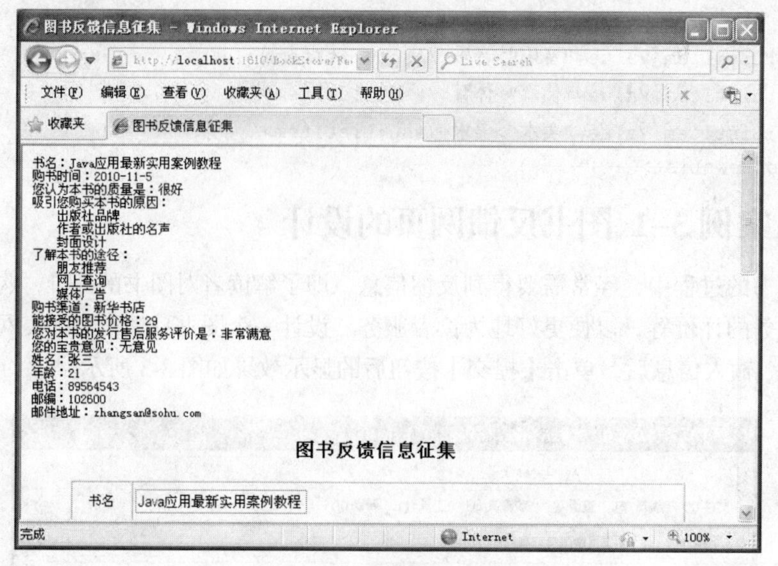

图 3-3　提交后的显示效果

【技术要点】

- 建立 Web 窗体 Feedback.aspx，在窗体上放置一个 HTML 控件 Table，设置 7 行 2 列。
- “书名”、“购书时间”、“购书渠道”、“能接受的图书价格”、“宝贵意见”、“姓名”、“年龄”、“电话”、“邮编”和“邮件地址”用 TexBox 输入。
- “图书质量”用 RadioButtonList 选择输入，“吸引您购买图书的原因”用 CheckBoxList 选择输入。
- “了解本书的途径”用 ListBox 选择输入。
- “您对本书的发行售后服务评价是”用 DropDownList 选择输入。
- 采用代码隐藏模式，按钮的单击事件处理程序写在 aspx.cs 文件中。

【设计步骤】

（1）在网站的根目录单击鼠标右键，在弹出的快捷菜单中选择【添加新项】命令，打开【添加新项】对话框，输入名称“Feedback”，单击【确定】按钮。

（2）设计页面，页面代码如下：

```
    <%@ Page Language="C#" AutoEventWireup="true" CodeFile="Feedback.aspx.cs"
 Inherits=" Feedback" %>
    <!DOCTYPE html PUBLIC "-//W3C//DTD XHTML 1.0 Transitional//EN"
"http://www.w3.org/TR/xhtml1/DTD/xhtml1-transitional.dtd">
<html xmlns="http://www.w3.org/1999/xhtml">
<head runat="server">
    <title>图书反馈信息征集</title>
</head>
<body>
    <h3 style="text-align: center">
        图书反馈信息征集</h3>
    <form id="Form1" runat="server">
    <table border="1" cellpadding="2" cellspacing="0" width="577"
align="center" style="font-size: 12px;
```

```
line-height: 25px;">
<tr>
    <td bgcolor="#f7fdf3" height="36" width="10%" align="center">
        书名
    </td>
    <td height="36">
        <asp:TextBox ID="TextBox1" runat="server" Width="163px">
       </asp:TextBox>
    </td>
</tr>
<tr>
    <td bgcolor="#f7fdf3" width="10%" align="center">
        购书<br />时间
    </td>
    <td>
        <asp:TextBox ID="TextBox2" runat="server"></asp:TextBox>
    </td>
</tr>
<tr>
    <td bgcolor="#f7fdf3" rowspan="2" width="10%" align="center">
        本<br />书<br />反<br />馈
    </td>
    <td height="50">
        图书质量：<asp:RadioButtonList ID="RadioButtonList1"
            runat="server" RepeatDirection="Horizontal">
            <asp:ListItem>很好</asp:ListItem>
            <asp:ListItem>好</asp:ListItem>
            <asp:ListItem>一般</asp:ListItem>
            <asp:ListItem>差</asp:ListItem>
        </asp:RadioButtonList>
    </td>
</tr>
<tr>
    <td height="73">
        吸引您购买本书的原因：(可多选)
        <asp:CheckBoxList ID="CheckBoxList1" runat="server"
            RepeatColumns="3">
            <asp:ListItem>出版社品牌</asp:ListItem>
            <asp:ListItem>内容提要前言目录等</asp:ListItem>
            <asp:ListItem>他人推荐</asp:ListItem>
            <asp:ListItem>版式设计</asp:ListItem>
            <asp:ListItem>作者或出版社的名声</asp:ListItem>
            <asp:ListItem>封面设计</asp:ListItem>
            <asp:ListItem>价格实惠</asp:ListItem>
        </asp:CheckBoxList>
    </td>
</tr>
<tr>
    <td bgcolor="#f7fdf3" height="117" width="10%" align="center">
        购<br />书<br />信<br />息
    </td>
    <td height="117">
```

```
            1、了解本书的途径：<br />
            <asp:ListBox ID="ListBox1" runat="server" Height="90px"
               Width="195px" SelectionMode="Multiple">
               <asp:ListItem>朋友推荐</asp:ListItem>
               <asp:ListItem>书店挑选</asp:ListItem>
               <asp:ListItem>网上查询</asp:ListItem>
               <asp:ListItem>店员推荐</asp:ListItem>
               <asp:ListItem>媒体广告</asp:ListItem>
            </asp:ListBox>
            <br />
            2、购书渠道：<asp:TextBox ID="TextBox3" runat="server"
               Width="248px"></asp:TextBox>
            <br />
            3、能接受的图书价格：<asp:TextBox ID="TextBox4" runat="server"
               Width="80px"></asp:TextBox>
         </td>
      </tr>
      <tr>
         <td bgcolor="#f7fdf3" height="40" width="10%" align="center">
            图书<br />服务
         </td>
         <td height="40">
            您对本书的发行售后服务评价是：<br />
            <asp:DropDownList ID="DropDownList1" runat="server">
               <asp:ListItem>非常满意</asp:ListItem>
               <asp:ListItem>满意</asp:ListItem>
               <asp:ListItem>一般</asp:ListItem>
               <asp:ListItem>不满意</asp:ListItem>
            </asp:DropDownList>
         </td>
      </tr>
      <tr>
         <td bgcolor="#f7fdf3" height="75" width="10%" align="center">
            宝<br />贵<br />意<br />见
         </td>
         <td height="75">
            <asp:TextBox ID="TextBox5" runat="server" Height="70px"
               TextMode="MultiLine" Width="405px"></asp:TextBox>
         </td>
      </tr>
      <tr>
         <td bgcolor="#f7fdf3" height="104" width="10%" align="center">
            读<br />者<br />信<br />息
         </td>
         <td height="104">
            姓名：<asp:TextBox ID="TextBox6" runat="server" Width="104px">
           </asp:TextBox>
            <br />
            年龄：<asp:TextBox ID="TextBox7" runat="server" Width="33px">
           </asp:TextBox>
            <br />
            电话：<asp:TextBox ID="TextBox8" runat="server">
```

```
            </asp:TextBox>
             <br />
             邮编: <asp:TextBox ID="TextBox9" runat="server" Width="77px">
            </asp:TextBox>
             <br />
             邮件地址: <asp:TextBox ID="TextBox10" runat="server"
            Width="217px"></asp:TextBox>
         </td>
      </tr>
   </table>
   <center>
      <br />
      <asp:Button ID="Button1" runat="server" Text="提交"
         OnClick="Button1_Click" /></center>
   </form>
</body>
</html>
```

（3）双击【提交】按钮，为按钮添加 Click 事件处理程序。

（4）打开代码隐藏文件 Feedback.aspx.cs，编写代码如下：

```
using System;
using System.Collections;
using System.Configuration;
using System.Data;
using System.Linq;
using System.Web;
using System.Web.Security;
using System.Web.UI;
using System.Web.UI.HtmlControls;
using System.Web.UI.WebControls;
using System.Web.UI.WebControls.WebParts;
using System.Xml.Linq;
public partial class Feedback : System.Web.UI.Page
{
   protected void Page_Load(object sender, EventArgs e)
   {
   }
   // 这里没有进行保存，只是把输入的信息显示出来
   protected void Button1_Click(object sender, EventArgs e)
   {
      Response.Write("书名: " + TextBox1.Text + "<br/>");
      Response.Write("购书时间: " + TextBox2.Text+ "<br/>"

      Response.Write("您认为本书的质量是: "
   + RadioButtonList1.SelectedValue + "<br/>");
      string str1 = "吸引您购买本书的原因: ";
      foreach (ListItem item in CheckBoxList1.Items)
         if (item.Selected) str1 += "<br/>        " + item.Value;
      Response.Write("吸引您购买本书的原因: " + str1 + "<br/>");
      string str2 = "了解本书的途径: ";
      foreach (ListItem item in ListBox1.Items)
         if (item.Selected) str2 += "<br/>        " + item.Value;
      Response.Write(str2 + "<br/>");
      Response.Write("购书渠道: " + TextBox3.Text + "<br/>");
```

```
        Response.Write("能接受的图书价格：" + TextBox4.Text + "<br/>");
        Response.Write("您对本书的发行售后服务评价是："
    + DropDownList1.SelectedValue + "<br/>");
        Response.Write("您的宝贵意见：" + TextBox5.Text + "<br/>");
        Response.Write("姓名：" + TextBox6.Text + "<br/>");
        Response.Write("年龄：" + TextBox7.Text + "<br/>");
        Response.Write("电话：" + TextBox8.Text + "<br/>");
        Response.Write("邮编：" + TextBox9.Text + "<br/>");
        Response.Write("邮件地址：" + TextBox10.Text + "<br/>");
    }
}
```

3.2.5 验证控件

验证控件用于检验用户输入的信息是否有效。验证控件为所有常用类型的标准验证（例如，测试在某一范围之内有效的日期或值）提供了一种易于使用的机制，另外还提供了自定义编写验证的方法。

1. 验证控件的类型及基本属性

表 3-4 所示为可用的验证控件类型及其使用方法。

表 3-4 验证控件类型及其使用方法

验证类型	使用的控件	说明
必输入验证	RequiredFieldValidator	确保用户必须输入值
比较验证	CompareValidator	用户输入与常量或另一控件的属性值做比较
范围检查验证	RangeValidator	检查用户输入的值是否在指定的范围内
模式匹配验证	RegularExpressionValidator	检查项与正则表达式定义的模式是否匹配
自定义验证	CustomValidator	使用自己定义的验证逻辑检查用户输入
验证汇总	ValidationSummary	将验证信息汇总在列表中

各种验证控件的功能虽然不同，但有一些是共同的，表 3-5 所示为所有验证控件具有的基本属性。

表 3-5 验证控件的基本属性

属性	说明
ControlToValidate	通过设置该属性为某控件的 ID 来把验证控件绑定到需要验证的控件上
Display	指定的验证控件的显示行为。此属性可以取下列值之一 ● None：验证控件从不内联显示。如果希望仅在 ValidationSummary 控件中显示错误信息，则使用此选项 ● Static：如果验证失败，验证控件显示错误信息。即使输入控件通过了验证，也在 Web 页中为每个错误信息分配空间。当验证控件显示其错误信息时，页面布局不变。由于页面布局是静态的，同一输入控件的多个验证控件必须占据页上的不同物理位置 ● Dynamic：如果验证失败，验证控件显示错误信息。当验证失败时，在页上动态分配错误信息的空间。这允许多个验证控件共享页面上的同一个物理位置
EnableClientScript	指示是否启用客户端验证。通过将 EnableClientScript 属性设置为 false，可在支持此功能的浏览器上禁用客户端验证

续表

属　性	说　明
Enabled	指示是否启用验证控件。通过将该属性设置为 false 以阻止验证控件验证输入控件
ErrorMessage	当验证失败时在 ValidationSummary 控件中显示的错误信息。如果未设置验证控件的 Text 属性，则验证失败时，验证控件中仍显示此文本。ErrorMessage 属性通常用于为验证控件和 ValidationSummary 控件提供各种消息
ForeColor	指定当验证失败时用于显示内联消息的颜色
IsValid	指示 ControlToValidate 属性所指定的输入控件是否被确定为有效
Text	此属性设置后，验证失败时会在验证控件中显示此消息。如果未设置此属性，则在控件中显示 ErrorMessage 属性中指定的文本

2. CompareValidator 控件

可使用此控件将用户的输入与某个常数值或其他控件的值进行比较，还可以使用此控件确定输入到输入控件中的值是否可以转换为 Type 属性所指定的数据类型。

- 通过设置 ControlToValidate 属性指定要验证的输入控件。若希望将被验证的输入控件与另一个输入控件相比较，要使用 ControlToCompare 属性设置被比较的控件。
- 可以将一个输入控件的值同某个常数值相比较，而不是比较两个输入控件的值，通过设置 ValueToCompare 属性指定要比较的常数值。
- Operator 属性允许指定要执行的比较类型，如 GreaterThan（大于）、Equal（等于）等。如果将 Operator 属性设置为 ValidationCompareOperator.DataTypeCheck，CompareValidator 控件将同时忽略 ControlToCompare 属性和 ValueToCompare 属性，而仅指示输入到输入控件中的值是否可以转换为 Type 属性所指定的数据类型。

例如，如下代码验证文本框 TextBox2 和文本框 TextBox1 输入的数据是否相等。

```
<asp:CompareValidator id="Compare1" ControlToValidate="TextBox2"
    ControlToCompare="TextBox1" Type="String"  EnableClientScript="false"
    Text="数据不一致" runat="server"/>
```

再如，如下代码验证文本框 TextBox3 中输入的数据是否为整数。

```
<asp:CompareValidator id="Compare2"  ControlToValidate="TextBox3"
    Operator="DataTypeCheck"  EnableClientScript="false"
    Type="Integer" Text="无效的数据类型" runat="server"/>
```

3. RangeValidator 控件

可使用该控件检查用户输入的值是否在指定的范围内，可以检查数字、字母和日期。

- MinimumValue 和 MaximumValue 属性分别指定有效范围的最小值和最大值。
- Type 属性用于指定要比较的值的数据类型。在执行任何比较之前，先将要比较的值转换为该数据类型。

4. RegularExpressionValidator 控件

可使用此控件检查用户输入的值是否与某个正则表达式所定义的模式相匹配。该验证类型允许检查可预知的字符序列，如身份证号码、电子邮件地址、电话号码、邮政编码等。

使用 ValidationExpression 属性指定用于验证输入控件的正则表达式。客户端的正则表达式验证语法和服务器端略有不同。在客户端，使用的是 JScript 正则表达式语法，而在服务器端使用的则是 Regex 语法。由于 JScript 正则表达式语法是 Regex 语法的子集，所以最好使用 JScript 正则表达式语法，以便在客户端和服务器端得到同样的结果。

例如，如下代码验证文本框 TextBox4 中输入的电话号码格式是否正确。

```
<asp:RegularExpressionValidator id="RegularExpressionValidator1"
    ControlToValidate="TextBox4"
    ValidationExpression="(\(\d{3}\)|\d{3}-)?\d{8}"
    Text="电话号码无效"/>
```

5. RequiredFieldValidator 控件

可使用此控件确保用户不会略过某个输入。当验证执行时，如果输入控件包含的值仍为初始值而未更改，则该输入控件验证失败。注意：请在执行验证之前移除输入值前后的多余空格，这样可防止在输入控件中输入的空格通过验证。

有时，可能希望初始值不为空字符串。当输入控件具有默认值而且希望用户选择其他值时，这将非常有用。例如，默认情况下，可能有一个具有选定输入的 ListBox 控件，其中包含用户从列表中选择项的说明。用户必须从控件中选择一项，但不希望用户选择包含说明的项。可通过将该项的值指定为初始值来防止用户选择该项。如果用户选择该项，RequriedFieldValidator 将显示它的错误信息。若要指定关联输入控件的起始值，请设置 InitialValue 属性。

注意：InitialValue 属性不设置输入控件的默认值，甚至不需要与输入控件的默认值匹配，它仅指示不希望用户在输入控件中输入的值。当验证执行时，如果输入控件包含该值，则其验证失败。

例如，如下代码验证文本框 TexBox1 中是否输入数据。

```
<asp:RequiredFieldValidator id="RequiredFieldValidator1"
    ControlToValidate="TextBox1"  Text="Required Field!" runat="server"/>
```

前面介绍的几个控件 CompareValidator、RangeValidator 和 RegularExpressionValidator，一般需要配合使用 RequiredFieldValidator 控件，以防止用户跳过输入。因为，如果输入控件为空，则不调用任何验证函数且验证成功。

6. ValidationSummary 控件

该控件显示页上所有验证控件的所有验证错误摘要。允许在单个位置概述 Web 页上所有验证控件的错误信息。

基于 DisplayMode 属性的值，该摘要可显示为列表、项目符号列表或单个段落。ValidationSummary 控件中为页面上每个验证控件显示的错误信息，是由每个验证控件的 ErrorMessage 属性指定的。如果没有设置验证控件的 ErrorMessage 属性，则在 ValidationSummary 控件中将不为该验证控件显示错误信息。通过设置 HeaderText 属性，可以在 ValidationSummary 控件的标题部分指定一个自定义标题。

通过设置 ShowSummary 属性，可以控制是显示还是隐藏 ValidationSummary 控件。还可通过将 ShowMessageBox 属性设置为 true，在消息框中显示摘要。

例如，如下代码定义了 ValidationSummary 控件。

```
<asp:ValidationSummary id="valSum"  DisplayMode="BulletList"
    EnableClientScript="true"
    HeaderText="在下列域中必须输入值："
    runat="server"/>
```

7. CustomValidator 控件

可以使用此控件创建自定义服务器和客户端验证代码。允许使用自定义的验证逻辑创建验证控件。例如，可以创建一个验证控件，该控件检查在文本框中输入的值是否为偶数。

ControlToValidate 指定被验证控件的 ID。ErrorMessage、Text 和 Display 这些属性指定验证失

败时要显示的错误的文本和位置。

为控件的 ServerValidate 事件创建一个基于服务器的事件处理程序，这一事件将被调用来执行验证。事件处理方法的格式如下：

```
    protected void ValidationFunctionName(object source,
ServerValidateEventArgs args)
    {
    }
```

source 参数是对引发此事件的自定义验证控件的引用。属性 args.Value 将包含要验证的用户输入内容。如果值是有效的，设置 args.IsValid 为 true；否则设置 args.IsValid 为 false。

例如，下面的代码给出的自定义验证控件的事件处理程序，确定用户的输入是否为偶数。

```
protected void TextValidate(object source, ServerValidateEventArgs args)
{
   try
   {
      int i = Convert.ToInt32(args.Value);
      if (i % 2 == 0)
      {
         args.IsValid = true;
      }
      else
      {
         args.IsValid = false;
      }
   }
   catch
   {
      args.IsValid = false;
   }
}
```

使用如下代码将事件绑定到方法。

```
<asp:textbox id="TextBox1" runat="server"></asp:textbox>
<asp:CustomValidator id="CustomValidator1" runat="server"
   OnServerValidate="TextValidate"  ControlToValidate="TextBox1"
    Text="必须输入偶数"></asp:CustomValidator>
```

3.2.6　案例 3-2 实现图书反馈网页的数据验证

用户在输入反馈信息时要求除“吸引您购买本书的原因”及“宝贵意见”以外，其他各项均不能为空，而且要求“购书时间”、“电话”、“邮编”、“邮件地址”等项格式要正确，“年龄”必须是整数，并且在 1～100 岁范围内。

【技术要点】

- 除“吸引您购买本书的原因”、“宝贵意见”和“您对本书的发行售后服务评价是”以外，其他各项均使用 RequriedFieldValidator 控件进行数据验证，以保证各项均必须输入或选择。
- “购书时间”和“能接受的图书价格”使用 CompareValidator 控件进行数据验证。
- “年龄”使用 RangeValidator 控件进行数据验证。
- “电话”、“邮编”、“邮件地址”使用 RegularExpressionValidator 控件进行数据验证。

【设计步骤】

（1）打开案例 3-1 设计的网页 Feedback.asp，切换到【设计】视图，在 TextBox1 控件的右侧添加一个 RequiredFieldValidator 控件。

（2）将 RequiredFieldValidator1 控件和 TextBox1 绑定，即设置该控件的 ControlToValidate 属性为 TextBox1，并设置 ErrorMessage 属性为“书名不能为空!”。

（3）类似地在 TextBox2、TextBox3、TextBox4、TextBox6、TextBox7、TextBox8、TextBox9、TextBox10、RadioButtonList1 和 ListBox1 控件的右侧各添加 RequiredFieldValidator 控件，并进行绑定。

（4）在 TextBox4 文本框的右侧再添加一个 CompareValidator 控件，设置 CompareValidator1 的 ControlToValidate 属性为 TextBox4，Type 属性为 Double，ErrorMessage 属性为“必须是数值型!”。

（5）在 TextBox7 文本框的右侧再添加一个 CompareValidator 控件，设置 CompareValidator2 的 ControlToValidate 属性为 TextBox7，Type 属性为 Integer，ErrorMessage 属性为“年龄要在 1 和 100 之间!”。

（6）在 TextBox8 的右侧再添加一个 RegularExpressionValidator 控件，设置 RegularExpression Validator1 的 ControlToValidate 属性为 TextBox8、ValidationExpression 为“(\(\d{3}\)|\d{3}-)?\d{8}”，ErrorMessage 属性为“电话号码格式不正确!”。

（7）类似地在 TextBox9 和 TextBox10 的右侧各添加一个 RegularExpressionValidator 控件，并设置 ControlToValidate、ValidationExpression 和 ErrorMessage 属性。

最后的页面代码如下：

```
<%@ Page Language="C#" AutoEventWireup="true" CodeFile="Feedback.aspx.cs"
Inherits="Feedback" %>
<!DOCTYPE html PUBLIC "-//W3C//DTD XHTML 1.0 Transitional//EN" "http://www.w3.org/
TR/xhtml1/DTD/xhtml1-transitional.dtd">
<html xmlns="http://www.w3.org/1999/xhtml">
<head runat="server">
    <title>图书反馈信息征集</title>
</head>
<body>
    <h3 style="text-align: center">
      图书反馈信息征集</h3>
    <form id="Form1" runat="server">
    <table border="1" cellpadding="2" cellspacing="0" width="577"
align="center" style="font-size: 12px;line-height: 25px;">
        <tr>
            <td bgcolor="#f7fdf3" height="36" width="10%" align="center">
                书名
            </td>
            <td height="36">
                <asp:TextBox ID="TextBox1" runat="server" Width="163px">
                </asp:TextBox>
                <asp:RequiredFieldValidator ID="RequiredFieldValidator1"
                    runat="server" ControlToValidate="TextBox1"
                     ErrorMessage="书名不能为空! ">
               </asp:RequiredFieldValidator>
            </td>
        </tr>
```

```
<tr>
    <td bgcolor="#f7fdf3" width="10%" align="center">
        购书<br />时间
    </td>
    <td>
        <asp:TextBox ID="TextBox2" runat="server"></asp:TextBox>
        <asp:RequiredFieldValidator ID="RequiredFieldValidator2"
            runat="server" ControlToValidate="TextBox2"
             ErrorMessage="购书时间不能为空！">
       </asp:RequiredFieldValidator>
    </td>
</tr>
<tr>
    <td bgcolor="#f7fdf3" rowspan="2" width="10%" align="center">
        本<br />书<br />反<br />馈
    </td>
    <td height="50">
        图书质量：<asp:RadioButtonList ID="RadioButtonList1"
            runat="server" RepeatDirection="Horizontal">
            <asp:ListItem>很好</asp:ListItem>
            <asp:ListItem>好</asp:ListItem>
            <asp:ListItem>一般</asp:ListItem>
            <asp:ListItem>差</asp:ListItem>
        </asp:RadioButtonList>
        <asp:RequiredFieldValidator ID="RequiredFieldValidator3"
            runat="server" ControlToValidate="RadioButtonList1"
             ErrorMessage="必须选择图书质量！">
        </asp:RequiredFieldValidator>
    </td>
</tr>
<tr>
    <td height="73">
        吸引您购买本书的原因：（可多选）
        <asp:CheckBoxList ID="CheckBoxList1" runat="server"
            RepeatColumns="3">
            <asp:ListItem>出版社品牌</asp:ListItem>
            <asp:ListItem>内容提要前言目录等</asp:ListItem>
            <asp:ListItem>他人推荐</asp:ListItem>
            <asp:ListItem>版式设计</asp:ListItem>
            <asp:ListItem>作者或出版社的名声</asp:ListItem>
            <asp:ListItem>封面设计</asp:ListItem>
            <asp:ListItem>价格实惠</asp:ListItem>
        </asp:CheckBoxList>
    </td>
</tr>
<tr>
    <td bgcolor="#f7fdf3" height="117" width="10%" align="center">
        购<br />书<br />信<br />息
    </td>
    <td height="117">
        1、了解本书的途径：<br />
```

```
            <asp:ListBox ID="ListBox1" runat="server" Height="90px"
                Width="195px" SelectionMode="Multiple">
                <asp:ListItem>朋友推荐</asp:ListItem>
                <asp:ListItem>书店挑选</asp:ListItem>
                <asp:ListItem>网上查询</asp:ListItem>
                <asp:ListItem>店员推荐</asp:ListItem>
                <asp:ListItem>媒体广告</asp:ListItem>
            </asp:ListBox>
            <asp:RequiredFieldValidator ID="RequiredFieldValidator4"
                runat="server" ControlToValidate="ListBox1"
                 ErrorMessage="必须选择了解本书的途径！">
            </asp:RequiredFieldValidator>
            <br />
            2、购书渠道：<asp:TextBox ID="TextBox3" runat="server"
                Width="248px"></asp:TextBox>
            <asp:RequiredFieldValidator ID="RequiredFieldValidator5"
                runat="server" ControlToValidate="TextBox3"
                 ErrorMessage="购书途径不能为空！">
            </asp:RequiredFieldValidator>
            <br />
            3、能接受的图书价格：<asp:TextBox ID="TextBox4" runat="server"
                Width="80px"></asp:TextBox>
            <asp:RequiredFieldValidator ID="RequiredFieldValidator6"
                runat="server" ControlToValidate="TextBox4"
                 ErrorMessage="能接受的图书价格不能为空！">
            </asp:RequiredFieldValidator>
            <asp:CompareValidator ID="CompareValidator1" runat="server"
                 ControlToValidate="TextBox4"
                 ErrorMessage="必须是数值型！" Type="Double">
            </asp:CompareValidator>
        </td>
    </tr>
    <tr>
        <td bgcolor="#f7fdf3" height="40" width="10%" align="center">
            图 书<br />服 务
        </td>
        <td height="40">
            您对本书的发行售后服务评价是：<br />
            <asp:DropDownList ID="DropDownList1" runat="server">
                <asp:ListItem>非常满意</asp:ListItem>
                <asp:ListItem>满意</asp:ListItem>
                <asp:ListItem>一般</asp:ListItem>
                <asp:ListItem>不满意</asp:ListItem>
            </asp:DropDownList>
        </td>
    </tr>
    <tr>
        <td bgcolor="#f7fdf3" height="75" width="10%" align="center">
            宝<br />贵<br />意<br />见
        </td>
        <td height="75">
```

```
            <asp:TextBox ID="TextBox5" runat="server" Height="70px"
                TextMode="MultiLine" Width="405px"></asp:TextBox>
        </td>
    </tr>
    <tr>
        <td bgcolor="#f7fdf3" height="104" width="10%" align="center">
            读<br />者<br />信<br />息
        </td>
        <td height="104">
            姓名: <asp:TextBox ID="TextBox6" runat="server"
                Width="104px"></asp:TextBox>
            <asp:RequiredFieldValidator ID="RequiredFieldValidator7"
                runat="server" ControlToValidate="TextBox6"
                 ErrorMessage="姓名不能为空! ">
            </asp:RequiredFieldValidator>
            <br />
            年龄: <asp:TextBox ID="TextBox7" runat="server"
                Width="33px"></asp:TextBox>
            <asp:RequiredFieldValidator ID="RequiredFieldValidator8"
                runat="server" ControlToValidate="TextBox7"
                 ErrorMessage="年龄不能为空! ">
            </asp:RequiredFieldValidator>
            <asp:RangeValidator ID="RangeValidator1" runat="server"
                ControlToValidate="TextBox7"
                ErrorMessage="年龄要在 1 和 100 之间! " MaximumValue="100"
                MinimumValue="1" Type="Integer"></asp:RangeValidator>
            <br />
            电话: <asp:TextBox ID="TextBox8" runat="server">
            </asp:TextBox>
            <asp:RequiredFieldValidator ID="RequiredFieldValidator9"
                runat="server" ControlToValidate="TextBox8"
                ErrorMessage="电话不能为空! ">
            </asp:RequiredFieldValidator>
            <asp:RegularExpressionValidator
                ID="RegularExpressionValidator1" runat="server"
                ControlToValidate="TextBox8"
                 ErrorMessage="电话号码格式不正确! "
                ValidationExpression="(\(\d{3}\)|\d{3}-)?\d{8}">
            </asp:RegularExpressionValidator>
            <br />
            邮编: <asp:TextBox ID="TextBox9" runat="server"
                Width="77px"></asp:TextBox>
            <asp:RequiredFieldValidator ID="RequiredFieldValidator10"
                runat="server" ControlToValidate="TextBox9"
                 ErrorMessage="邮编不能为空! ">
            </asp:RequiredFieldValidator>
            <asp:RegularExpressionValidator
                 ID="RegularExpressionValidator2" runat="server"
                 ControlToValidate="TextBox9"
                ErrorMessage="邮政编码格式不正确! "
                 ValidationExpression="\d{6}">
            </asp:RegularExpressionValidator>
            <br />
```

```
            邮件地址：<asp:TextBox ID="TextBox10" runat="server"
                Width="217px"></asp:TextBox>
            <asp:RequiredFieldValidator ID="RequiredFieldValidator11"
               runat="server" ControlToValidate="TextBox10"
               ErrorMessage="邮件地址不能为空！">
            </asp:RequiredFieldValidator>
            <asp:RegularExpressionValidator
               ID="RegularExpressionValidator3" runat="server"
               ControlToValidate="TextBox10"
               ErrorMessage="邮件地址格式不正确！"
               ValidationExpression="\w+([-+.']\w+)*@\w+([-.]\w+)*\.\w
           +([-.]\w+)*">
           </asp:RegularExpressionValidator>
        </td>
     </tr>
   </table>
   <center>
      <br />
      <asp:Button ID="Button1" runat="server" Text="提交"
         OnClick="Button1_Click" /></center>
   </form>
</body>
</html>
```

3.3 页面切换与数据传递

一个 ASP.NET 项目，往往由多个 ASP.NET 网页组成，页面间经常需要切换，有时也需要传递数据。

3.3.1 页面切换

在 ASP.NET 应用程序中，有多种网页切换方法，其中最常用的有以下几种。

- 利用超链接切换，即使用<a>标记或者 HyperLink 控件直接链接到其他网页。
- 利用 Button、ImageButton 或 LinkButton 控件的 PostBackUrl 属性切换到新网页。
- 使用 Response.Redirect()方法切换到新的网页。
- 使用 Server.Transfer()方法切换到新的网页。

1. 使用超链接

从一个网页切换到另一个网页最简单的方法就是使用超链接。有两种使用超连接的方法，一种是使用<a>标记链接到新网页。例如：

```
<a href="Page2.aspx">进入页面 2</a>
```

另一种是使用 HyperLink 控件链接到新网页。例如：

```
<asp:HyperLink id="HyperLink1" runat="server" NavigateUrl="~/Page2.aspx">
    进入网页 2
</asp:HyperLink>
```

两种方法链接到新网页的效果相同，使用 HyperLink 控件的好处是，可以使用“～”定位网页，而且可以在服务器端动态地设置 NavigateUrl 属性。例如：

```
protected void Page_Load(object sender, EventArgs e)
{
    if(userName.Length>0)
    {
        HyperLinkl.NavigateUrl= "NewPage.aspx";
    }
    else
    {
        HyperLinkl.NavigateUrl = "";
    }
}
```

超链接方式的特点是，当用户单击超链接时，客户端浏览器会直接请求目标网页，服务器不会将与源网页有关的信息传递到目标网页，除非在目标网页的 URL 上指定查询字符串。

2. 使用命令控件的 PostBackUrl 属性

在 Button、LinkButton 和 ImageButton 控件中有一个 PostBackUrl 属性，可以利用该属性切换到另一个网页，这种切换方式称为跨页发送。

在跨页发送中，服务器会将源网页上控件的值发送到目标网页，相当于提交给目标网页。如果源网页和目标网页属于同一个 Web 应用程序，目标网页还可以访问源网页的公共属性。

3. 利用代码切换

代码切换有两种方法，一种是使用 Response.Redirect()方法，另一种是使用 Server.Transfer()方法。前者是重定向，后者是转发。重定向不把数据转到目标网页，浏览器的网址会改变成新的地址；转发是把数据转给目标网页，浏览器的地址不变。

4. 使用导航控件

ASP.NET 提供的导航控件有 SiteMapPath 控件、Menu 控件和 TreeView 控件。利用站点地图和 SiteMapPath 控件可实现自动导航，利用 Menu 控件或者 TreeView 控件可实现自定义导航。这部分内容将在第 4 章详细介绍。

3.3.2 页面间的数据传递

在页面间传递数据有以下 5 种方式。

1. 通过查询字符串传递

这种方式是将参数附加在网址的后面，传递数据简单，但容易暴露，一般用于传递一些简单的数据。

例如，在 Default1.aspx 上的按钮单击事件如下：

```
protected void Button1_Click(object sender, EventArgs e)
{
    Request.Redirect("Default2.aspx?id=3");
}
```

在 Default2.aspx 可以按如下方式获得数据。

```
string id = Request.QueryString["id"];//获得参数值
```

2. 通过 POST 方式

这种方式采用表单提交数据。

例如，在 Default1.aspx 包含如下代码：

```
<form id="form1" runat="server">
    <div>
        <asp:TextBox ID="username" runat="server"></asp:TextBox>
```

```
        <asp:Button ID="Button1" runat="server" Text="Button"
            PostBackUrl="Default2.aspx" />
    </div>
</form>
```

在 Default2.aspx 中可以按如下方式获得数据。

```
string username = Request.Form["username"];//获得表单域的数据
```

3. 通过 Session

这种方式一般是传递会话级共享数据。

例如，在 Default1.aspx 上的按钮单击事件如下：

```
protected void Button1_Click(object sender, EventArgs e)
{
    Session["username"] = "honge";
    Request.Redirect("Default2.aspx");
}
```

在 Default2.aspx 中可以按如下方式获得数据。

```
string username = (string)Session["username"];//获得 Session 中的数据
```

4. 通过 Application

这种方式一般是传递应用级共享数据。

例如，在 Default1.aspx 上的按钮单击事件如下：

```
protected void Button1_Click(object sender, EventArgs e)
{
    Application["username"] = "honge";
    Request.Redirect("Default2.aspx");
}
```

在 Default2.aspx 中可以按如下方式获得数据。

```
string username = Application["username"]; //获得 Application 中的数据
```

5. 通过 PreviousPage

如果两个 ASP.NET 网页属于同一个应用程序，当在源网页中利用 Server.Transfer()或者按钮控件的 PostBackUrl 属性切换到目标网页时，目标网页可以使用 PreviousPage 属性来获取源网页中的公共属性或控件值。

如果要获取源网页中的公共属性，需要在目标网页的页面代码中添加如下代码：

```
<%@PreviousPageType VirtualPath="~/SourcePage.aspx" %>
```

如果仅仅获取源网页中的控件值，则不需要添加这行代码。

例如，在 Default1.aspx.cs 包含如下代码：

```
public string Name
{
    get { return "honge"; }
}
protected void Button1_Click(object sender, EventArgs e)
{
    Server.Transfer("Default2.aspx");
}
```

在 Default2.aspx 页面中如果增加了如下代码：

```
<%@PreviousPageType VirtualPath="~/Default1.aspx" %>
```

那么，在 Default2.aspx 中就可按如下方式获得数据：

```
string name = PreviousPage.Name;
```

本 章 小 结

ASP.NET 网页也称为 Web 窗体，它的扩展名为 aspx，如果有代码隐藏文件，代码隐藏文件的扩展名为 aspx.cs。ASP.NET 提供两个用于管理可视元素和代码的模型，即单文件模型和代码隐藏模型。这两个模型功能相同，两种模型中可以使用相同的控件和代码。

在 Web 应用程序运行时，ASP.NET 将维护有关当前应用程序、每个用户会话、当前 HTTP 请求、请求的网页等方面的信息。ASP.NET 包含一系列类用于封装这些上下文信息，并将这些类的实例作为内部对象提供。这些对象有 Response、Request、Context、Server、Application 和 Session。

ASP.NET 提供了一系列服务器控件，这些控件不仅增强了 ASP.NET 的功能，同时将以往由开发人员完成的许多重复工作都交由控件去完成，大大提高了开发人员的工作效率。创建 Web 页面时，可使用的服务器控件类型有 HTML 服务器控件、Web 服务器控件、验证控件和用户控件 4 种。其中，Web 服务器控件是 ASP.NET 的精华所在。

在 ASP.NET 应用程序中，有多种网页切换方法，其中最常用的有：利用超链接，利用命令类控件的 PostBackUrl 属性，利用 Response.Redirect()方法和利用 Server.Transfer()方法。

通过查询字符串、POST 方式、Session、Application、PreviousPage 等可以传递数据。

习题与实验

一、习题

1. ASP.NET 网页由哪些部分组成？有几种存储模式，区别是什么？
2. ASP.NET 的内置对象 Response、Request 和 Server 的主要用途是什么？
3. ASP.NET 的服务器控件有哪几类？举例说明怎样为控件添加事件。
4. 简述几种验证控件的作用。
5. 如何使页面上的验证信息集中显示？
6. 在 ASP.NET 应用程序中，有哪些网页切换方法？
7. 在 ASP.NET 应用程序中，页面间可通过哪些方法传递数据？

二、实验题

设计新闻发布网站的用户注册界面和新闻发布界面，并实现数据验证。

第4章 用户界面设计

本章要点

- 主题及其在书城网站中的应用
- 母版页的创建和使用方法
- 书城网站的母版页设计
- 用户控件的原理及书城网站的用户控件设计
- 网站地图与页面导航及其在书城网站中的应用

界面设计是网站设计的重要部分之一。ADO.NET 为用户界面设计提供了强大的支持。ASP.NET 提供的主题、母版及站点地图等，可以使设计者站在全局的角度设计和维护网站，能大大节省时间，提高开发效率。ASP.NET 提供的用户控件技术，可以使设计者利用现有的控件组合成新的控件，使程序更便于重用，也使界面的结构设计更加清晰。

4.1 主 题

ASP.NET 的主题和外观特性，使开发者能够把样式和布局信息存放到一组独立的文件中，统称为主题（Theme）。通过改变主题的内容，而不用改变站点的单个页面，就可以轻易地改变站点的样式。

4.1.1 概述

ASP.NET 主题是定义网站中页面和控件的外观的属性集合。主题可以包括外观文件（定义 ASP.NET Web 服务器控件的属性设置），还可以包括级联样式表文件（.css 文件）、图形资源等。通过应用主题，可以为网站中的页面提供一致的外观。

1. 外观文件

外观文件具有文件扩展名.skin，它包含各类控件（例如，Button、Label、TextBox 或 Calendar 控件等）的属性设置。控件外观设置类似于控件标记本身，但除了 runat 属性外，只包含控制外观的属性。例如，下面是 Button 控件的控件外观代码：

```
<asp:Button runat="server" BackColor="lightblue" ForeColor="black" />
```

一个.skin 文件可以包含一个或多个控件类型的一个或多个控件外观。有两种类型的控件外观：默认外观和已命名外观。如果控件外观没有 SkinID 属性，则是默认外观。默认外观自动应用于同一类型的所有控件。例如，如果为 Calendar 控件创建一个默认外观，则该控件外观适用于使用本主题页面上的所有 Calendar 控件。已命名外观是设置了 SkinID 属性的控件外观。已命名外观不会自动按类型应用于控件，而应当通过设置控件的 SkinID 属性将已命名外观显式应用于控件。通过创建已命名外观，可以为应用程序中同一控件的不同实例设置不同的外观。

2. 级联样式表

主题还可以包含级联样式表（.css 文件）。将.css 文件放在主题文件夹中，样式表自动作为主题的一部分加以应用。尽管样式表可以作为主题的一部分，但由于主题中还包含着外观文件及其他资源，因此，主题与样式表是不同的。

- 主题可以定义控件或页的许多属性，而不仅仅是样式属性。
- 主题可以包括图形。
- 每页只能应用一个主题，但可以应用多个样式表。

3. 主题中的图形和其他资源

主题还可以包含图形和其他资源。例如，若页面主题中包含 TreeView 控件的外观，可以在主题中包括用于表示展开按钮和折叠按钮的图形。

通常，主题的资源文件与该主题的外观文件位于同一个文件夹中，但它们也可以位于 Web 应用程序中的其他地方，如主题文件夹的某个子文件夹中。如果主题的资源放在应用程序的其他文件夹中，则可以使用格式为“~/子文件夹/文件名”的路径来引用这些资源文件。

4.1.2 创建主题

创建主题的步骤如下。

（1）用鼠标右键单击要为之创建主题的网站项目，在弹出的快捷菜单中选择【添加 ASP.NET 文件夹】→【主题】命令，此时就会在该网站项目下添加一个名为 App_Themes 的文件夹，并在该文件夹中自动添加一个待命名的主题。为主题命名，这里命名为“MyTheme”。

（2）用鼠标右键单击上一步添加的主题，在弹出的快捷菜单中选择【添加新项】命令，打开【添加新项】对话框。在该对话框中选择【外观文件】模板，并为外观文件命名，这里命名为“MySkinFile.skin”，如图 4-1 所示，单击【添加】按钮，就会创建外观文件。

（3）建好的外观文件，有如下所示的一段注释代码，是外观文件编写的说明性文字，告诉程序员以何种格式来编写控件的外观属性定义。

```
<%--
默认的外观模板。以下外观仅作为示例提供。
1. 命名的控件外观。SkinId 的定义应唯一，因为在同一主题中不允许一个控件类型有重复的
SkinId。
<asp:GridView runat="server" SkinId="gridviewSkin" BackColor="White" >
   <AlternatingRowStyle BackColor="Blue" />
</asp:GridView>
2. 默认外观。未定义 SkinId。在同一主题中每个控件类型只允许有一个默认的控件外观。
<asp:Image runat="server" ImageUrl="~/images/image1.jpg" />
--%>
```

（4）按照说明格式编写控件的外观，这里编写两个按钮控件的外观，其中一个定义了 SkinID 属性，代码如下：

```
<asp:Button runat="server" BackColor="#FFFFC0" />
<asp:Button runat="server" SkinID="greenBtn" BackColor="#00FF00" />
```

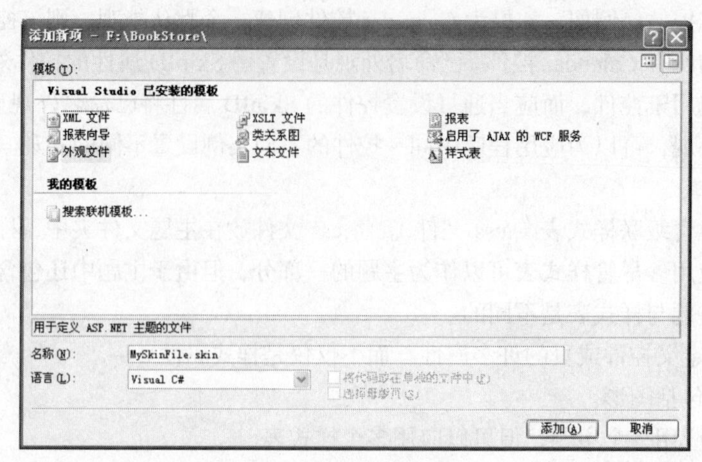

图 4-1　添加外观文件

4.1.3　应用主题

主题可以应用到单个 ASP.NET 网页，也可以应用到站内所有 ASP.NET 网页。

1. 将主题应用到个别网页

定义主题之后，可以使用@Page 指令的 Theme 或 StyleSheetTheme 属性将该主题应用到个别 ASP.NET 网页上。例如，将主题 MyTheme 应用到 Index.aspx 上，可以按如下设置：

```
<%@ Page Language="C#" Theme="MyTheme" … %>
```

2. 将主题应用到网站中的所有页

设置配置文件（Web.config）中的 pages 节，可将主题应用到网站中的所有页。例如：

```
<configuration>
   <system.web>
      <pages theme="MyTheme" />
   </system.web>
</configuration>
```

在这种情况下，如果希望某个页面不使用主题，可将@Page 指令的 EnableTheming 属性设置为 false。例如：

```
<%@ Page EnableTheming="false" %>
```

3. 把指定的外观应用到控件

如果主题文件中某类控件外观是已命名外观（例如，SkinID 属性为 greenBtn），那么，在网页中使用该类控件时，就可设置控件的 SkinID 属性，以表明控件使用这个已命名外观。例如：

```
<asp:Button runat="server" ID="Button1" SkinID="greenBtn" />
```

如果页面主题中没有包括与 SkinID 属性相匹配的控件外观，控件就会使用为该类型控件所定义的默认外观。

4. 主题应用的优先级

可以通过指定主题的应用方式来指定主题设置相对于本地控件设置的优先级。

- 如果主题是通过设置@Page 指令或配置的<pages/>节的 Theme 属性应用的，则主题中的外观属性将重写页面中目标控件的同名属性。
- 如果主题是通过设置@Page 指令或配置的<pages/>节的 StyleSheetTheme 属性应用的，可以将主题定义作为服务器端样式来应用。主题中的外观属性可被页面中的控件属性重写。

● 如果应用程序既应用 Theme 又应用 StyleSheetTheme，则按以下顺序应用控件的属性：首先应用 StyleSheetTheme 属性，然后应用页中的控件属性（重写 StyleSheetTheme），最后应用 Theme 属性（重写控件属性和 StyleSheetTheme）。

5. 以编程方式应用页面主题

在网页的 PreInit 事件中，可以用代码设置页面的 Theme 属性。例如，下面的代码，演示如何根据查询字符串中传递的值按条件设置页面主题。

```
protected void Page_PreInit(object sender, EventArgs e)
{
    switch(Request.QueryString["theme"])
    {
        case "Blue":
            Page.Theme = "BlueTheme";
            break;
        case "Pink":
            Page.Theme = "PinkTheme";
            break;
    }
}
```

也可以通过编程来应用样式表单主题，这需要在页面的代码中重载 StyleSheetTheme 属性的 get 访问器，以返回样式表单主题的名称。例如：

```
public override String getStyleSheetTheme
{
    get{ return "BlueTheme"; }
}
```

4.1.4　案例 4-1　书城网站的主题设计

书城网站的主界面如图 4-2 所示，界面的结构分 5 个区，即题头区、主菜单区、分类菜单区，左区，导航区，内容区和页脚区，如图 4-3 所示。设计主题使书城网站的页面具有统一的风格。

图 4-2　书城网站主界面

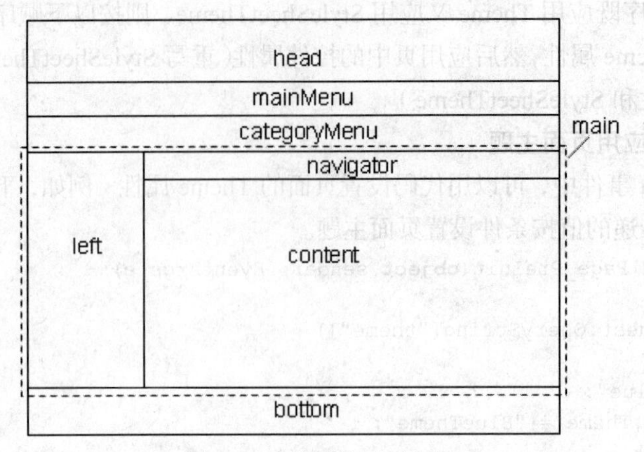

图 4-3　书城网站页面布局

【技术要点】

- 界面布局通过 div 实现，按图 4-3 所示命名各部分 div 的名字。
- 建立网站的主题，将网站的界面素材复制到主题目录下。
- 在主题中添加外观文件 SkinFile.skin，定义按钮的外观。
- 在主题中添加样式表文件 All.css，定义各 div 的样式。

【操作步骤】

为书城网站设计主题的步骤如下。

（1）在书城项目中添加主题文件夹，并将主题命名为 BookStoreTheme。

（2）将网站用的素材图像复制到 BookStoreTheme 文件夹下。

（3）在 BookStoreTheme 下建立外观文件 SkinFile.skin 和样式表文件 All.css。目录结构如图 4-4 所示。

图 4-4　主题文件夹结构

（4）编写外观文件 SkinFile.skin。该文件只包含一个按钮的外观，其代码如下：

```
<asp:Button runat="server" BackColor="#00FFCC" ForeColor="#000066"/>
```

（5）编写样式表文件 All.css，其代码如下：

```
body {
   margin: 0;
   font-size: 12px;
   font-family: 宋体,arial;
   overflow:auto;
}
a {
   color: #000080;
   text-decoration: none;
}
a:hover {
```

```
        color: #0000ff;
    }
    p {
        clear: both;
        margin: 5px 0 0 0;
    }
    #head {
        height: 65px;
        background: url(images/head.jpg) 0 0 repeat-x;
    }
    #log {
        height: 65px;
        background: url(images/log.jpg) 0 0 no-repeat;
        padding-left: 130px;
        line-height: 65px;
        font-size: 30px;
    }
    #mainMenu {
        background-color: #00FFFF;
        height: 28px;
        width: 100%;
        line-height: 28px;
        text-align: center;
    }
    #categoryMenu {
        background-color: #00FFCC;
        height: 28px;
        width: 100%;
        line-height: 28px;
        text-align: center;
    }
    #main {
        clear: both;
        font-size: 12px;
        min-height: 200px;
        height: 350px;
        width: 100%;
    }
    #left {
        background-color: #00FFFF;
        float: left;
        line-height: 25px;
        text-align: center;
        height: 350px;
        width: 190px;
    }
    #left div div {
        padding: 10px 0 0 0;
    }
    #navigator {
        margin-left: 190px;
        text-align: left;
        line-height:25px;
        background-color:#FFCCCC;
    }
    #content {
```

```
    margin-left: 190px;
    padding-top: 10px;
    text-align: left;
    min-height:200px;
}
#bottom {
    background-color: #00FFCC;
    font-family: Arial,宋体;
    clear: both;
    text-align: center;
    line-height: 150%;
    width: 100%;
    height: 60px;
}
```

（6）为了在整个网站应用主题，在配置文件 Web.config 中增加如下配置：

```
<configuration>
    ......
    <system.web>
        ......
        <pages theme="BookStoreTheme" />
        ......
    </system.web>
    ......
</configuration>
```

4.2 母 版 页

母版页是用来使同一系列的网页具有一致外观的工具，使用母版页可以为应用程序中的网页创建一致的布局，可以很好地实现界面设计的模块化和重用。

4.2.1 母版页的基础知识

1. 什么是母版页

母版页是 ASP.NET 提供的一种重用技术，可以帮助整个网站进行统一的布局。在这种技术中，网页被分成两类，描述一致外观的网页称为母版页（Master Page），引用母版页的网页称为内容页（Content Page）。单个母版页可以为应用程序中的所有页（或一组页）定义所需的外观和标准行为。当用户请求内容页时，这些内容页与母版页合并，将母版页的布局与内容页的内容组合在一起输出。

母版页是具有扩展名为.master 的 ASP.NET 文件，它具有可以包括静态文本、HTML 元素和服务器控件的预定义布局。母版页由特殊的@Master 指令识别，该指令替换了用于普通.aspx 页的@Page 指令。该指令看起来类似于以下代码：

```
<%@ Master Language="C#" CodeFile="Master1.master.cs" Inherits="Master1"%>
```

与一般页面不同，母版页包括一个或多个 ContentPlaceHolder（内容占位控件）。这些占位控件定义可替换内容出现的区域。可替换内容是在内容页中定义的，所谓内容页就是绑定到特定母版页的 ASP.NET 页，通过创建各个内容页来定义母版页的占位控件的内容，从而实现页面的内容设计。

在内容页的@Page 指令中，通过使用 MasterPageFile 属性来指向要使用的母版页，从而建立内容页和母版页的绑定。例如，一个内容页可能包含下面的@Page 指令，该指令将该内容页绑定到 Master1.mHster 页。在内容页中，通过添加 Content 控件，并将这些控件映射到母版页上的 ContentPlaceHolder 控件来创建内容。

```
<%@ Page Language="C#" MasterPageFile="~/Master1.master" Title="内容页 1" %>
<asp:Content ID="Content1" ContentPlaceHolderID="Main" Runat="Server">
  主要内容
</asp:Content>
```

2. 母版的执行原理

母版页仅仅是一个页面模板，单独的母版页是不能被用户访问的。单独的内容页也不能够使用。母版页和内容页有着严格的对应关系。母版页中包含多少个 ContentPlaceHolder 控件，那么内容页中也必须设置多少个与其相对应的 Content 控件。当客户端浏览器向服务器发出请求，要求浏览某个内容页面时，ASP.NET 引擎将同时执行内容页和母版页的代码，并将组合后的最终结果发送给客户端浏览器。

母版页和内容页的运行过程可以概括为以下 5 个步骤。

（1）用户通过键入内容页的 URL 来请求该页。

（2）获取内容页后，读取@ Page 指令。如果该指令引用一个母版页，则也读取该母版页。如果是第一次请求这两个页，则两个页都要进行编译。

（3）母版页合并到内容页的控件树中。

（4）各个 Content 控件的内容合并到母版页中相应的 ContentPlaceHolder 控件中。

（5）呈现得到结果页。

母版页和内容页的事件顺序如下。

（1）母版页中控件 Init 事件。

（2）内容页中 Content 控件 Init 事件。

（3）母版页 Init 事件。

（4）内容页 Init 事件。

（5）内容页 Load 事件。

（6）母版页 Load 事件。

（7）内容页中 Content 控件 Load 事件。

（8）内容页 PreRender 事件。

（9）母版页 PreRender 事件。

（10）母版页控件 PreRender 事件。

（11）内容页中 Content 控件 PreRender 事件。

4.2.2　创建母版页和内容页

1. 创建母版页

母版页中包含的是页面公共部分，因此，在创建应用之前，必须判断哪些内容是页面公共部分，这就需要从分析页面结构开始。以一个简单的新闻网站为例，其页面结构如图 4-5 所示。

由图 4-5 可以看出，该页面由 3 部分组成，即页头、内容和页脚。其中页头和页脚是公共部分，网站中许多页面都包含相同的页头和页脚，而内容是页面的非公共部分。可以按照以下步骤创建一个母版页 MasterPage.master 和一个内容页 Index.aspx。

（1）用鼠标右键单击项目名称，在弹出的快捷菜单中单击【添加新项】命令，打开【添加新项】对话框，如图 4-6 所示。

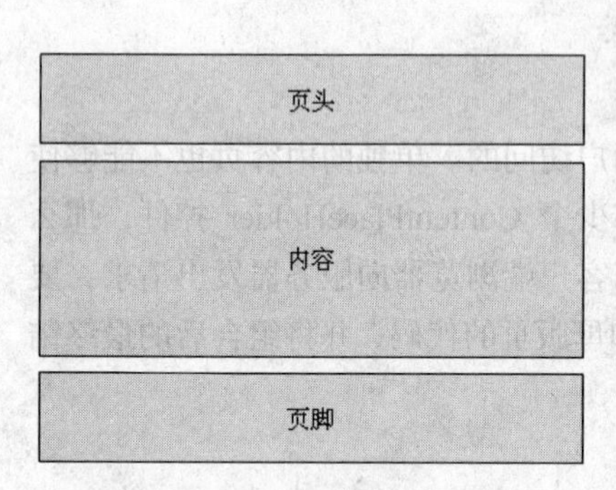

图 4-5 页面结构图

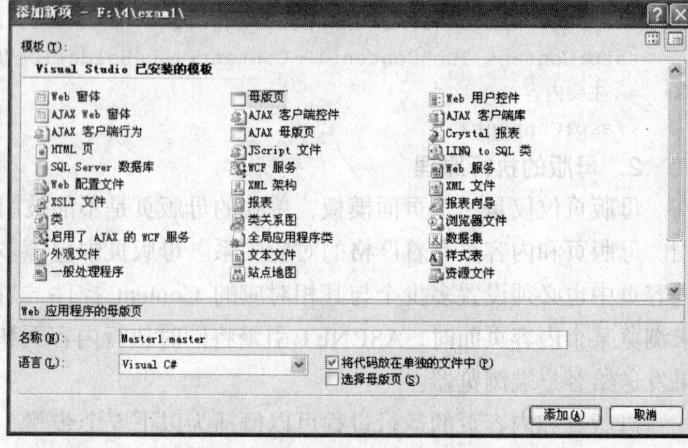

图 4-6 【添加新项】对话框

（2）在【添加新项】对话框中选择【母版页】模板，并为该母版命名，这里命名为“Master1.master”，在【语言】下拉列表中选择“Visual C#”选项，单击【添加】按钮，即可创建母版页文件。

（3）对所添加的母版页进行设计。设计方法与普通网页的设计方法相同，只是多了一个 ContentPlaceHolder 控件，即内容占位控件。设计后的代码如下：

```
<%@ Master Language="C#" AutoEventWireup="true"
CodeFile="Master1.master.cs" Inherits="web_Master1" %>
<html xmlns="http://www.w3.org/1999/xhtml">
<head runat="server">
    <title>母版应用例子</title>
</head>
<body>
    <form id="form1" runat="server">
    <table width="100%" border="0" cellpadding="0" cellspacing="0">
        <tr>
            <td height="80">
                <asp:Image ID="Image1" runat="server" ImageUrl="~/news.jpg" />
                     
                <asp:HyperLink ID="HyperLink1" runat="server">体育
                </asp:HyperLink>
                 
                <asp:HyperLink ID="HyperLink2" runat="server">军事
                </asp:HyperLink>
                 
                <asp:HyperLink ID="HyperLink3" runat="server">娱乐
                    </asp:HyperLink>
            </td>
        </tr>
        <tr>
            <td height="200" valign="top" align="left">
               <asp:ContentPlaceHolder ID="ContentPlaceHolder1" runat="server">
```

```
            </asp:ContentPlaceHolder>
            </td>
        </tr>
        <tr>
            <td height="50" align="center">
                版权所有
            </td>
        </tr>
    </table>
    </form>
</body>
</html>
```

2. 创建内容页

母版页要通过内容页来使用。创建内容页的方法有两种，第 1 种是基于母版页创建内容页，第 2 种是在建立新网页时选择母版页。

基于母版页建立内容页的步骤如下。

（1）打开母版页。

（2）用鼠标右键单击 ContentPlaceHolder 控件，在弹出的快捷菜单中选择【添加内容页】命令。

（3）用鼠标右键单击新网页视图，在弹出的快捷菜单中选择【编辑主表】命令，即可以编辑该网页。

在建立新网页时选择母版页的步骤如下。

（1）新建网页时，在【添加新项】对话框中选中【选择母版页】复选框。

（2）单击【添加】按钮，在弹出的对话框中选择项目中存在的母版页。

（3）单击【确定】按钮后，新网页即为内容页。

这里建立的内容页为 Index.aspx，其代码如下：

```
    <%@ Page Language="C#" MasterPageFile="~/Master1.master"
AutoEventWireup="true" CodeFile="Index.aspx.cs" Inherits="Index"
Title="新闻网站" %>
    <asp:Content ID="Content1" ContentPlaceHolderID="ContentPlaceHolder1"
        runat="Server">
        <p>这是内容区</p>
    </asp:Content>
```

Index.aspx 的运行效果如图 4-7 所示。

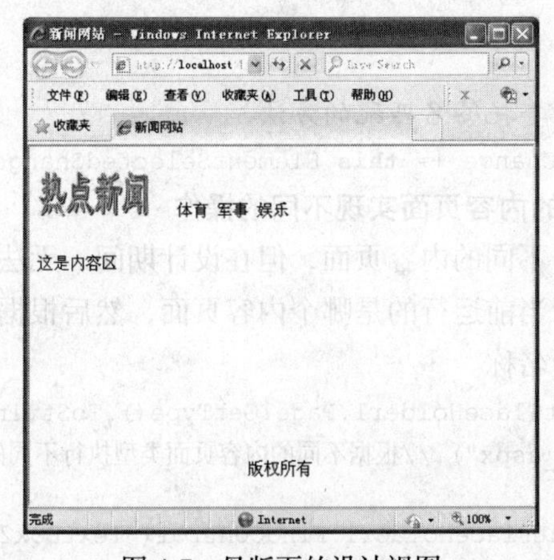

图 4-7　母版页的设计视图

4.2.3 内容页和母版页的交互

1. 内容页访问母版页上的公共成员

在内容页中有个 Master 对象，它是 MasterPage 类型，代表当前内容页的母版页。通过这个对象的 FindControl 方法，可以找到母版页中的控件，这样就可以在内容页中操作母版页中的控件了。例如，下面代码是将内容页的文本框 txtContent1 的内容送到母版页的文本框 txtMaster 中。

```
TextBox txt = (TextBox)((MasterPage)Master).FindControl("txtMaster");
txt.Text = this.txtContent1.Text;
```

在内容页中编写代码访问母版页中的属性和方法，也可通过 Master 对象。例如，将母版页中名为 CompanyName 的公共属性的值赋给内容页上的一个文本框：

```
txtContent1.Text = ((MasterPage)Master).CompanyName
```

在内容页中添加@MasterType 指令，在该指令中，用 VirtualPath 属性设置母版页的位置。例如：

```
<%@ MasterType VirtualPath="~/Master1.master" %>
```

此指令使内容页的 Master 属性被强类型化。这样，代码就可简化为

```
txtContent1.Text = Master.CompanyName
```

2. 在母版页中访问内容页中的公共成员

在母版页中可以通过调用 ContentPlaceHolder 控件的 FindControl 方法来取得内容页控件。例如：

```
    ((TextBox)this.ContentPlaceHolder1.FindControl("txtContent")).Text =
txtMaster.Text;
```

母版页中调用内容页的方法可以通过事件机制实现，步骤如下。

（1）在母版页中定义委托。

```
public delegate void ElementSelectedChangeHandler(EventArgs e);
```

（2）在母版页中实例化委托（事件）。

```
public event ElementSelectedChangeHandler ElementSelectedChange;
```

（3）在母版页中需要的地方调用委托（激活事件）。

```
protected void Button1_Click(object sender, EventArgs e)
{
    if(ElementSelectedChange != null)
    {
       ElementSelectedChange(e);
    }
}
```

（4）内容页中指定一个与委托签名匹配的方法。

```
Master.ElementSelectedChange += this.ElementSelectedChange;
```

3. 在母版页中根据不同的内容页面实现不同的操作

在母版页中可以加入多个不同的内容页面，但在设计期间，无法知道当前运行的是哪个内容页面，所以只能通过分支判断当前运行的是哪个内容页面，然后根据判断执行不同的操作。可通过如下语句取出内容页的类型名称。

```
string s = this.ContentPlaceHolder1.Page.GetType().ToString();
if (s == "ASP.default1_aspx") //根据不同的内容页面类型执行不同的操作
{
  ((TextBox)this.ContentPlaceHolder1.FindControl("TextBox2")).Text =
"MastPage";
```

```
}
else if (s == "ASP.default2_aspx")
{
  ((TextBox)this.ContentPlaceHolder1.FindControl("TextBox2")).Text =
"Hello MastPage";
}
```

4. 内容页动态地附加母版页

除了以声明方式指定母版页（在@Page 指令或配置文件中）外，还可以动态地将母版页附加到内容页。因为母版页和内容页会在页处理的初始化阶段合并，所以必须在此前分配母版页。通常，在 PreInit 阶段动态地分配母版页。例如：

```
protected void Page_PreInit(object sender, EventArgs e)
{
    this.MasterPageFile = "~/NewMaster.master";
}
```

4.2.4　案例 4–2 书城网站的母版页设计

本案例设计书城网站的母版页 MasterPage.master。书城网站中的页面分 5 个区：题头区、主菜单区、分类菜单区，左区，导航航区，内容区和页脚区。这些区域中，除内容区外，其他区域是网站的公共部分。测试页运行效果如图 4-8 所示。

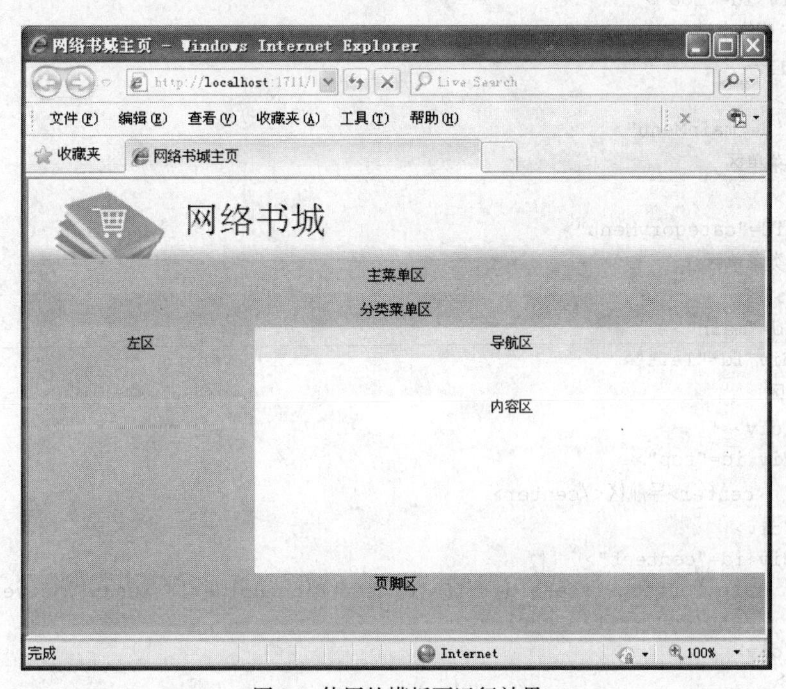

图 4-8 使用的模板页运行效果

【技术要点】

- 建立母版页，利用 div 进行布局。
- 公共部分包括题头、主菜单区、分类菜单区、左区、导航区和页脚区。除题头，其他区的具体设计将在后面的知识中介绍。
- 内容区为变化部分，放置一个内容占位控件，以便被内容页替换。

- 使用 4.1.4 小节设计的主题。

【设计步骤】

（1）用鼠标右键单击 BookStore 项目中 Web/Common 文件夹（将母版存在该文件夹下），在弹出的快捷菜单中选择【添加新项】命令，打开【添加新项】对话框。

（2）在【添加新项】对话框中选择【母版页】模板，并将母版页命名为“MasterPage.master”，在【语言】下拉列表中选择“Visual C#”选项，单击【添加】按钮，即可创建母版页文件。

（3）打开母版页文件进行设计，母版页的代码如下：

```
   <%@ Master Language="C#" AutoEventWireup="true"
CodeFile="MasterPage.master.cs" Inherits="MasterPage" %>
   <html xmlns="http://www.w3.org/1999/xhtml">
   <head runat="server">
       <title>网络书城</title>
   </head>
   <body style="margin: 0;">
       <form id="form1" runat="server">
       <div id="head">
       <div id="log">
           网络书城
       </div>
    </div>
    <div id="mainMenu">
        主菜单区
    </div>
    <div id="categoryMenu">
        分类菜单区
    </div>
  <div id="main">
        <div id="left">
        左区
        </div>
        <div id="top">
            <center>导航区</center>
        </div>
        <div id="content">
            <asp:ContentPlaceHolder ID="ContentPlaceHolder1" runat="server">
            </asp:ContentPlaceHolder>
        </div>
    </div>
    <div id="footer">
        页脚区
    </div>
    </form>
</body>
</html>
```

（4）建立一个测试页 Default.aspx，该网页为内容页，放在根目录下，其代码如下：

```
   <%@ Page Language="C#" MasterPageFile="~/web/MasterPage.master"
AutoEventWireup="true" CodeFile="Default.aspx.cs" Inherits="web_Default"
```

```
Title="网络书城主页" %>
    <asp:Content ID="Content1" ContentPlaceHolderID="ContentPlaceHolder1"
      Runat="Server">
      <center><br/><br/>内容区</center>
</asp:Content>
```

4.3 用 户 控 件

在开发网站的时候，程序员经常希望把现有的控件组合起来，设计成可重复利用的功能块，从而可以提高开发效率。ASP.NET 提供了一种称为用户控件的技术，可以让程序员根据自己的需要来开发出自定义的控件，并把这种自定义的控件称为用户控件。

4.3.1　用户控件简介

用户控件的扩展名为.ascx，其结构与 ASP.NET 网页相似，功能与普通 Web 控件类似。可以采取与创建 ASP.NET 页相似的方式来创建用户控件，然后向用户控件中添加子控件。但用户控件只能嵌入到 aspx 页面中使用，或嵌入到其他用户控件中使用，不能单独作为页使用。

关于用户控件要注意以下几点。

- 用户控件的扩展名为.ascx，而不是.aspx。
- 用户控件中没有@Page 指令，取而代之的是@Control 指令，该指令用于对控件的配置进行定义。
- 用户控件不能独立运行，必须嵌入到 ASP.NET 页面中才能运行。
- 用户控件中没有 html、 head 或 body 元素，这些元素必须位于宿主页中。
- 可以在用户控件上使用那些在 ASP.NET 网页上使用的 HTML 元素（html、body 或 from 元素除外）和 Web 控件。

在一个大系统中，有时候只能用几个.aspx 页面，其余的都做成用户控件，如网站的导航、网页的头部和底部，这样可以降低页面之间的耦合性。一个用户控件都作为一个独立的功能块，修改某一功能时，只需要修改相应的.ascx 文件。

4.3.2　用户控件的创建

下面以一个简单的用户控件为例，来说明创建用户控件的步骤。

（1）创建用户控件文件。用鼠标右键单击网站项目名称或者网站项目名称下某个文件夹的名字，在弹出的快捷菜单中选择【添加新项】命令，打开【添加新项】对话框，在该对话框中选择【Web 用户控件】模板，其默认文件名为“WebUserControl.ascx”，这里将其修改为“MyControl.ascx”，单击【添加】按钮，即可创建用户控件文件。

（2）设计用户控件。设计用户控件和普通的 ASP.NET 网页没有什么区别。这里设计一个用于搜索的用户控件，包含一个文本框和一个按钮，其代码如下：

```
<%@ Control Language="C#" AutoEventWireup="true"
CodeFile="MyControl.ascx.cs" Inherits="MyControl" %>
    <asp:TextBox ID="TextBox1" runat="server" Width="193px">请输入搜索内容
    </asp:TextBox>
    <asp:Button ID="Button1" runat="server" Text="搜索" />
```

（3）为用户控件定义属性。打开代码隐藏文件 MyControl.aspx.cs，为用户控件添加属性代码如下：

```
public string FindText
{
    get { TextBox1.Text; }
    set { TextBox1.Text = value; }
}
```

（4）为用户控件定义事件。在代码隐藏文件 MyControl.aspx.cs 中定义单击事件委托 ClickEventHandler，并在 Button1 控件的单击事件中引发 ClickEventHandler 事件。代码如下：

```
public event EventHandler ClickEventHandler;//定义事件委托
protected void Button1_Click(object sender, EventArgs e)
{
    if (ClickEventHandler != null)
    {
        ClickEventHandler(this, EventArgs.Empty);
    }
}
```

4.3.3 用户控件的使用

这里建立一个测试页 UseMyControl.aspx 来说明如何使用上述定义的用户控件。

（1）新建一个名为 UseMyControl.aspx 的网页，将用户控件文件 MyContorl.ascx 从【解决方案资源管理器】拖到页面中，再在其下面放一个标签。切换到【源】视图，就会看到代码中出现了 Register 指令。Register 指令用于进行用户控件的注册，它有 3 个属性：TagPrefix 表示前缀，TagName 表示用户控件的类名，Src 表示用户控件所在的位置。页面代码如下：

```
    <%@ Page Language="C#" AutoEventWireup="true"
CodeFile="UseMyControl.aspx.cs" Inherits="UseMyControl" %>
    <%@ Register Src="MyControl.ascx" Tagname="MyControl" TagPrefix="uc1"%>
    <html xmlns="http://www.w3.org/1999/xhtml">
    <head runat="server">
        <title>使用用户控件实例</title>
    </head>
    <body>
        <form id="form1" runat="server">
        <div>
            <uc1:MyControl ID="MyControl1" runat="server" />
        </div>
        </form>
    </body>
    </html>
```

（2）在代码中添加用户控件的事件句柄，代码如下：

```
<uc1:MyControl ID="MyControl1" runat="server"
    OnClickEventHandler="MyControl1_Click"/>
```

（3）打开 UseMyControl.aspx.cs 文件，添加事件处理代码：

```
protected void MyControl1_Click(object sender, EventArgs e)
{
    Label1.Text = MyControl1.FindText;
}
```

（4）运行 UseMyControl.aspx 页面，效果如图 4-9 所示。在文本框中输入“嫦娥二号”，单击【搜索】按钮后在标签上显示“嫦娥二号”。

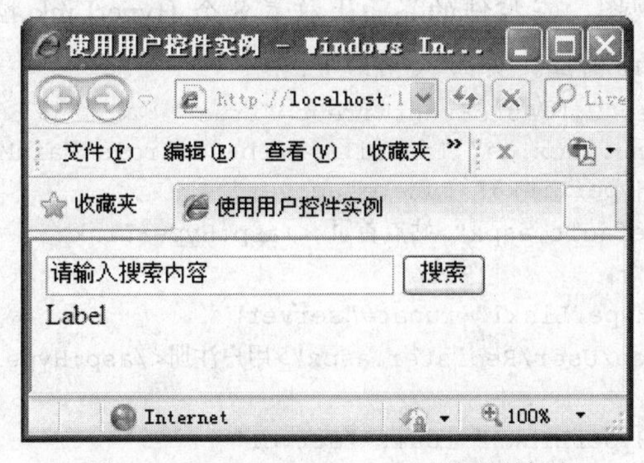

图 4-9　UseMyControl.aspx 的运行效果

4.3.4　案例 4-3 书城网站的用户控件设计

设计书城网站的主菜单、用户状态及图书查询 3 个用户控件。其中用户状态控件根据用户是否登录显示不同的状态，用户没有登录时，显示用户名和密码文本框，允许用户登录；用户已登录时，显示欢迎词，并允许注销或修改个人信息。运行界面如图 4-10 和图 4-11 所示。

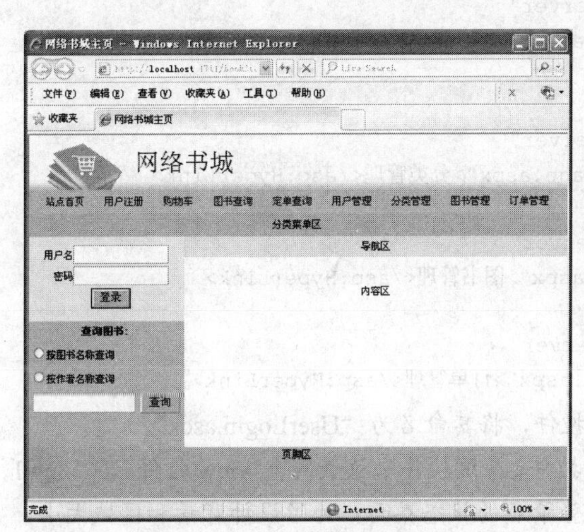

图 4-10　用户登录之前的界面

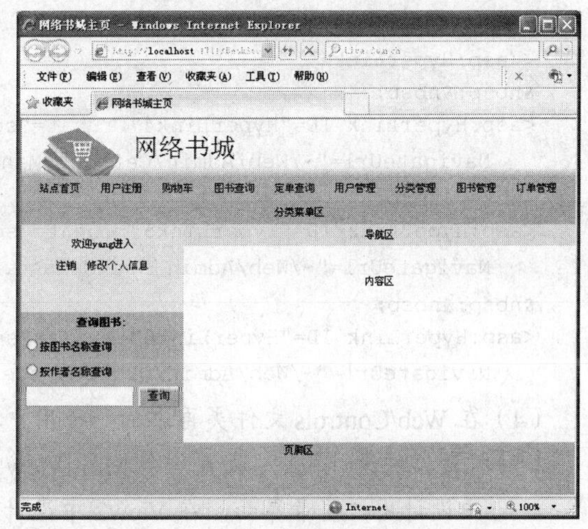

图 4-11　用户登录之后的界面

【技术要点】

- 建立 3 个用户控件文件：MainMenu.ascx、UserLogin.ascx 和 FindBook.ascx。
- MainMenu.ascx 中使用 HyperLink 控件进行导航。
- UserLogin.ascx 中使用 MultiView 控件来呈现不同的状态。

【设计步骤】

（1）在 BookStore 项目中的 Web/Controls 文件夹上单击鼠标右键，在弹出的快捷菜单中选择【添加新项】命令，打开【添加新项】对话框。

（2）在【添加新项】对话框中选择【Web 用户控件】模板，并将控件命名为“MainMenu.ascx”，单击【添加】按钮，创建控件。

（3）切换到【设计】视图，在控件的界面上放置 8 个 HyperLink 控件，设置每个控件的 Text 属性和 NavigateUrl 属性。页面代码如下：

```
<%@ Control Language="C#" AutoEventWireup="true"
   CodeFile="MainMenu.ascx.cs" Inherits="Web_Controls_MainMenu" %>
<asp:HyperLink ID="HyperLink8" runat="server"
   NavigateUrl="~/Default.aspx">站点首页 </asp:HyperLink>
  
<asp:HyperLink ID="HyperLink1" runat="server"
   NavigateUrl="~/Web/User/Register.aspx">用户注册</asp:HyperLink>
  
<asp:HyperLink ID="HyperLink2" runat="server"
   NavigateUrl="~/Web/User/CartBrowse.aspx">购物车</asp:HyperLink>
  
<asp:HyperLink ID="HyperLink7" runat="server"
   NavigateUrl="~/Web/User/BookFind.aspx">图书查询</asp:HyperLink>
  
<asp:HyperLink ID="HyperLink3" runat="server"
   NavigateUrl="~/Web/Member/OrderFind.aspx">定单查询</asp:HyperLink>
  
<asp:HyperLink ID="HyperLink9" runat="server"
   NavigateUrl="~/Web/Admin/UserManage.aspx"  Target="_blank">用户管理
</asp:HyperLink>
  
<asp:HyperLink ID="HyperLink4" runat="server"
   NavigateUrl="~/Web/Admin/CategoryManage.aspx">分类管理</asp:HyperLink>
  
<asp:HyperLink ID="HyperLink5" runat="server"
   NavigateUrl="~/Web/Admin/BookManage.aspx">图书管理</asp:HyperLink>
  
<asp:HyperLink ID="HyperLink6" runat="server"
   NavigateUrl="~/Web/Admin/OrderManage.aspx">订单管理</asp:HyperLink>
```

（4）在 Web/Controls 文件夹再添加一个用户控件，将其命名为“UserLogin.ascx”。

（5）打开控件设计视图，放置一个 MultiView 控件，在该控件中放置两个 View 控件。在 View1 中设计用户登录界面，在 View2 中设计登录后的状态界面。为了设计背景和区域大小，在每个 View 中添加了一个 Panel 控件。设计视图如图 4-12 所示。页面代码如下所示。

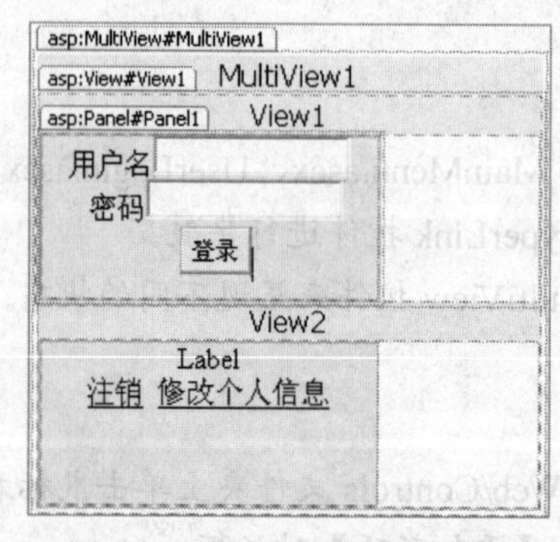

图 4-12　用户控件的设计视图

```
<%@ Control Language="C#" AutoEventWireup="true"
CodeFile="UserLogin.ascx.cs" Inherits="web_controls_UserLogin" %>
<asp:MultiView ID="MultiView1" runat="server" ActiveViewIndex="0">
    <asp:View ID="View1" runat="server">
        <asp:Panel ID="Panel1" runat="server" BackColor="#E6E2D8"
            Height="90px" Width="190px"
            HorizontalAlign="Center">
            用户名<asp:TextBox ID="TxtUserName" runat="server"
                Width="110"></asp:TextBox><br />
              密码<asp:TextBox ID="TxtUserPwd" runat="server"
                TextMode="Password" Width="110"></asp:TextBox><br />
             <asp:Button ID="LoginButton" runat="server" Text="登录"
                OnClick="LoginButton_Click" /><br />
        </asp:Panel>
    </asp:View>
    <asp:View ID="View2" runat="server">
        <asp:Panel ID="Panel2" runat="server" BackColor="#E6E2D8"
            Height="90px" Width="190px" HorizontalAlign="Center">
            <asp:Label ID="Label1" runat="server" Text="Label"></asp:Label>
            <br />
            <asp:LinkButton ID="LogoutButton" runat="server"
                OnClick="LogoutButton_Click">注销</asp:LinkButton>
             
            <asp:HyperLink ID="HyperLink2" runat="server"
                NavigateUrl="~/Web/User/UserEdit.aspx">
                 修改个人信息
            </asp:HyperLink><br /><br />
        </asp:Panel>
    </asp:View>
</asp:MultiView>
```

（6）双击页面空白处，打开代码隐藏文件，编写 Page_Load 事件处理代码如下：

```
protected void Page_Load(object sender, EventArgs e)
{
    if (Session["user"] != null)
    {
        BsUser user = (BsUser)Session["user"];
        Label1.Text = "欢迎" + user.Realname + "进入";
        MultiView1.ActiveViewIndex = 1;
    }
    else
    {
        MultiView1.ActiveViewIndex = 0;
    }
}
```

（7）选择 UserLogin.ascx，切换到【设计】视图，双击【登录】按钮，打开代码隐藏文件，编写 LoginButton_Click 事件处理代码如下：

```
protected void LoginButton_Click(object sender, EventArgs e)
{
    //这里暂时没有使用数据库验证
    if (TxtUserName.Text == "yang" && TxtUserPwd.Text == "1234")
    {
        BsUser user = new BsUser();
```

```
            user.Realname = "yang";
            Session["user"] = user;
            Response.Redirect("~/Default.aspx");
        }
    }
```

（8）再次选择 UserLogin.ascx，切换到【设计】视图，双击【注销】按钮，打开代码隐藏文件，编写 LogoutButton_Click 事件处理代码如下：

```
protected void LogoutButton_Click(object sender, EventArgs e)
{
    Session.Abandon();
    Response.Redirect("~/Default.aspx");
}
```

（9）类似地建立图书查询控件 FindBook.ascx，页面代码如下：

```
    <%@ Control Language="C#" AutoEventWireup="true" CodeFile="BookFind.ascx.cs"
Inherits="Web_Controls_BookFind" %>
    <b>查询图书:</b><br />
    <asp:RadioButtonList ID="RadFindFlag" runat="server">
        <asp:ListItem Value="0">按图书名称查询</asp:ListItem>
        <asp:ListItem Value="1">按作者名称查询</asp:ListItem>
    </asp:RadioButtonList>
    <asp:TextBox ID="TxtFindText" runat="server" Width="120"
        Height="18"></asp:TextBox>
    <asp:Button ID="FindButton" runat="server" Text="查询"
        PostBackUrl="~/web/Book/BookBrowse.aspx" />
    <br />
```

（10）选择 FindBook.ascx，切换到【设计】视图，双击【查询】按钮，打开隐藏代码文件，编写 FindButton_Click 事件处理代码如下：

```
protected void FindButton_Click(object sender, EventArgs e)
{
    if (RadFindFlag.SelectedValue == "0")
    {
        Session["name"] = TxtFindText.Text;
        Session["author"] = "";
    }
    else
    {
        Session["name"] = "";
        Session["author"] = TxtFindText.Text;
    }
    Response.Redirect("~/Web/User/BookFind.aspx");
}
```

（11）打开 4.2.4 小节设计的母版页，切换到【设计】视图，删除主菜单区中的内容，将 MainMenu.ascx 拖曳到主菜单区，删除左区中的内容，将 UserLogin.ascx 控件和 BoodFind.ascx 控件拖曳到左区。

4.4 网站地图与页面导航

为了方便用户在网站中进行页面导航，几乎每个网站都会使用页面导航控件。有了页面导航的功能，用户可以很方便地在一个复杂的网站中进行页面之间的跳转。ASP.NET 提供了 3 种导航控件，即 TreeView 控件、Menu 控件和 SiteMapPath 控件，同时提供了一个用于连接数据源的 SiteMapDataSource 控件。利用 3 种导航控件与 SiteMapDataSource 控件相结合，可以很轻松地实现强大的页面导航功能。

4.4.1　网站地图

若要使用 ASP.NET 站点导航，必须描述站点结构，以便站点导航 API 和站点导航控件可以正确公开站点结构。

默认情况下，站点导航系统使用一个包含站点层次结构的 XML 文件，名为 Web.sitemap，称为站点地图。该文件按站点的分层形式组织页面。ASP.NET 的默认站点地图提供程序自动选取此站点地图。该文件必须位于应用程序的根目录中。

创建站点地图的基本步骤如下。

（1）分析网站的结构，按层次结构描述站点的布局。例如，一家虚拟在线计算机商店的站点共有 8 页，其布局如下：

```
商店
   产品
      硬件
      软件
   服务
      培训
      咨询
      技术支持
```

（2）建立站点地图文件。用鼠标右键单击网站项目名，在弹出的快捷菜单中选择【添加新项】命令，打开【添加新项】对话框，在该对话框中选择【站点地图】模板，单击【添加】按钮，即可创建站点地图文件 Web.sitemap。该文件的初始内容如下：

```
<?xml version="1.0" encoding="utf-8" ?>
<siteMap xmlns="http://schemas.microsoft.com/AspNet/SiteMap-File-1.0" >
    <siteMapNode url="" title=""  description="">
        <siteMapNode url="" title=""  description="" />
        <siteMapNode url="" title=""  description="" />
    </siteMapNode>
</siteMap>
```

（3）编写站点地图文件，下面是在线计算机商店的站点地图文件。

```
<?xml version="1.0" encoding="utf-8" ?>
<siteMap xmlns="http://schemas.microsoft.com/AspNet/SiteMap-File-1.0" >
    <siteMapNode title="商店" description="Home" url="~/default.aspx">
        <siteMapNode title="产品" description="Our products"
  url="~/Products.aspx">
            <siteMapNode title="硬件" description="Hardware choices"
      url="~/Hardware.aspx" />
            <siteMapNode title="软件" description="Software choices"
      url="~/Software.aspx" />
        </siteMapNode>
        <siteMapNode title="服务" description="Services we offer"
```

```
url="~/Services.aspx">
        <siteMapNode title="培训" description="Training classes"
    url="~/Training.aspx" />
        <siteMapNode title="咨询" description="Consulting services"
    url="~/Consulting.aspx" />
        <siteMapNode title="技术支持" description="Supports plans"
    url="~/Support.aspx" />
    </siteMapNode>
  </siteMapNode>
</siteMap>
```

在 Web.sitemap 文件中，根元素是<siteMap>，其子元素<siteMapNode>用来描述站点中的页。可以通过嵌套 siteMapNode 元素创建层次结构。siteMapNode 元素的 url 属性值不允许重复。

4.4.2 使用导航地图实现网站导航

ASP.NET 提供了 3 种导航，即 TreeView、Menu 和 SiteMapPath，这些控件都基于站点地图实现导航。

1. 使用 TreeView

TreeView 控件以树形结构来对网站进行导航。

下面根据前面建立的站点地图，来设计树形导航条，步骤如下。

（1）向站点添加一个 ASP.NET 网页，命名为 UseSiteMap.aspx，向该网页的界面上添加一个 SiteMapDataSource 控件和一个 TreeView 控件。

（2）设置 TreeView1 的 DataSourceID 属性为 SiteMapDataSource1，页面代码如下:

```
<%@ Page Language="C#" AutoEventWireup="true" CodeFile="UseSiteMap.aspx.cs"
Inherits="UseSiteMap" %>
<html xmlns="http://www.w3.org/1999/xhtml">
<head runat="server">
    <title>树形导航实例</title>
</head>
<body>
    <form id="form1" runat="server">
    <div>
        <asp:SiteMapDataSource ID="SiteMapDataSource1" runat="server" />
        <asp:TreeView ID="TreeView1" runat="server"
            DataSourceID="SiteMapDataSource1">
        </asp:TreeView>
    </div>
    </form>
</body>
</html>
```

（3）浏览 UseSiteMap.aspx，运行效果如图 4-13 所示。

2. 使用 Menu

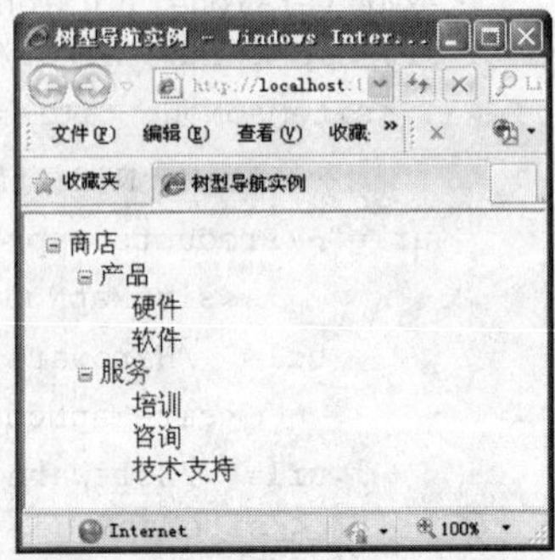

图 4-13 使用 TreeView 控件

Menu 控件以菜单的结构形式来对网站进行导航，可以采用水平方向或竖直方向的形式导航。设计步骤类似于 TreeView。需要注意的是该控件对于 IE 8 浏览器不兼容，可以加入<meta http-equiv="X-UA-Compatible" content="IE=EmulateIE7" />强制 IE 解析为与 IE 7 兼容。

UseMenu.aspx 的页面代码如下，运行效果如图 4-14 所示。

```
    <%@ Page Language="C#" AutoEventWireup="true" CodeFile="UseMenu.aspx.cs"
Inherits="UseMenu" %>
    <head runat="server">
        <title>菜单导航实例</title>
        <meta http-equiv="X-UA-Compatible" content="IE=EmulateIE7" />
    </head>
    <body>
        <form id="form1" runat="server">
        <div>
            <asp:SiteMapDataSource ID="SiteMapDataSource1" runat="server" />
            <asp:Menu ID="Menu1" runat="server"
                DataSourceID="SiteMapDataSource1"
                Orientation="Horizontal" StaticDisplayLevels="2">
            </asp:Menu>
        </div>
        </form>
    </body>
    </html>
```

3. 使用 SiteMapPath

SiteMapPath 控件显示一个导航路径，此路径为用户显示当前页的位置，并显示返回到主页的路径链接。SiteMapPath 控件使用起来非常简单，直接将它放置到页面上即可，不像 TreeView 和 Menu 控件，它不需要 SiteMapDaraSource。

例如，在 Hardware.aspx 上放置一个 SiteMapPath 控件，运行效果如图 4-15 所示。

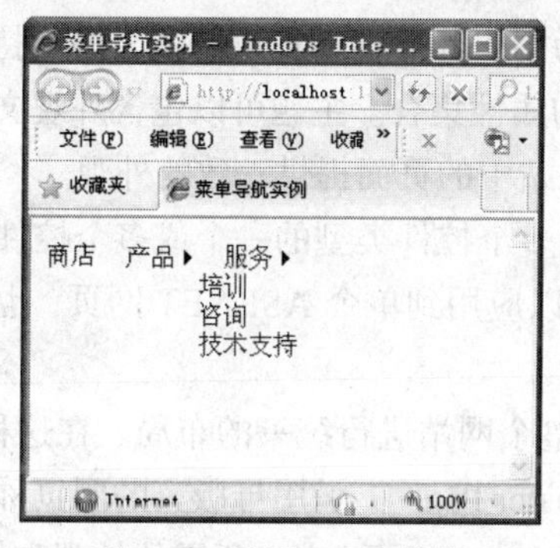

图 4-14　使用 Menu 控件

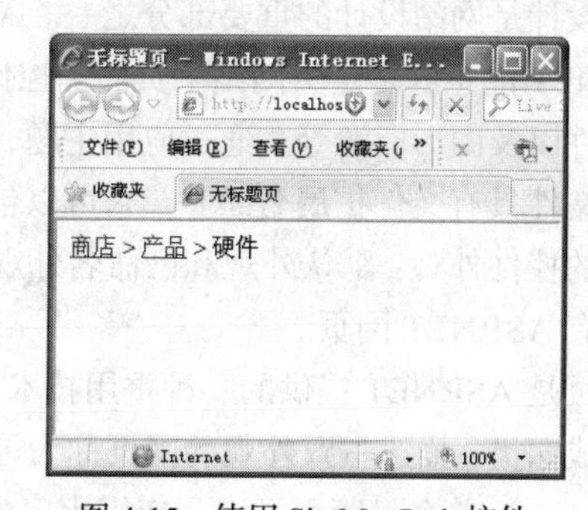

图 4-15　使用 SiteMapPath 控件

4.4.3　案例 4–4　书城的网站站点导航设计

在母版页的导航区实现站点导航，界面效果如图 4-16 所示。

书城首页 > 图书管理

图 4-16　站点导航

【技术要点】

- 在站点的根目录下建立一个站点地图文件 Web.sitemap。
- 在母版页的导航区放置一个 SiteMapPath 控件。

【设计步骤】

（1）用鼠标右键单击网站项目名，在弹出的快捷菜单中选择【添加新项】命令，打开【添加新项】对话框，在该对话框中选择【站点地图】模板，单击【添加】按钮，即可创建站点地图文件 Web.sitemap。打开 Web.sitemap 文件，编写代码如下：

```
<?xml version="1.0" encoding="utf-8" ?>
<siteMap xmlns="http://schemas.microsoft.com/AspNet/SiteMap-File-1.0" >
    <siteMapNode title="书城首页"  url="~/Default.aspx">
        <siteMapNode title="购物车" url="~/Web/User/CartBrowse.aspx"/>
        <siteMapNode title="图书查询" url="~/Web/User/BookFind.aspx"/>
        <siteMapNode title="订单查询" url="~/Web/Member/OrderFind.aspx"/>
        <siteMapNode title="用户管理" url="~/Web/Admin/UserManage.aspx"/>
        <siteMapNode title="分类管理" url="~/Web/Admin/CategoryManage.aspx"/>
        <siteMapNode title="图书管理"  url="~/Web/Admin/BookManage.aspx"/>
        <siteMapNode title="订单管理"  url="~/Web/Admin/OrderManage.aspx"/>
    </siteMapNode>
</siteMap>
```

（2）打开母版页 MasterPage.master，在 id 为 navigator 的 div 中添加一个 SiteMapPath 控件。

本 章 小 结

界面设计是网站设计的重要部分之一。ASP.NET 为用户界面设计提供了强大的支持。

ASP.NET 的主题是定义网站中页面和控件的外观的属性集合。主题可以包含外观文件、级联样式表文件以及图形资源等。通过应用主题，可以为网站中的页面提供一致的外观。

外观文件具有文件扩展名.skin，它可以包含一个或多个控件类型的一个或多个控件外观。有两种类型的控件外观：默认外观和已命名外观。主题可以应用到单个 ASP.NET 网页，也可以应用到站内所有 ASP.NET 网页。

母版页是 ASP.NET 提供的一种重用技术，可帮助整个网站进行统一的布局。在这种技术中，网页被分成两类，描述一致外观的网页称为母版页（Master Page），引用母版页的网页称为内容页（Content Page）。单个母版页可以为应用程序中的所有页（或一组页）定义所需的外观和标准行为。当用户请求内容页时，内容页与母版页组合在一起输出。

ASP.NET 提供了一种称为用户控件的技术，可以让程序员根据自己的需要来开发出自定义的控件，并把这种开发出来自定义的控件称为用户控件。用户控件的扩展名为.ascx，其结构与 ASP.NET 网页相似，但它不能单独使用。

ASP.NET 提供了 3 种导航控件，即 TreeView 控件、Menu 控件和 SiteMapPath 控件，同时还提供了一个用于连接数据源的 SiteMapDataSource 控件，利用 3 种导航控件与 SiteMapDataSource 控件相结合，可以很轻松地实现强大的页面导航功能。

习题与实验

一、习题

1. 什么是主题？主题与样式表有什么区别与联系？

2. 举例说明外观文件中可以使用哪两种类型的控件外观。
3. 简述主题应用的方法及主题应用的优先级。
4. 什么是母版页？其执行的原理如何？
5. 简述如何建立内容页。
6. 在内容页中如何访问母版页中的控件？
7. 简述用户控件与 ASP.NET 网页的区别与联系。
8. 简述 TreeView 控件、Menu 控件和 SiteMapPath 控件的作用。

二、实验题

设计新闻发布网站的主题、母版及用户控件。

第5章 数据库访问技术

本章要点

- 数据库访问的基础知识
- 应用程序结构与数据操作
- 数据绑定与数据绑定控件
- 其他数据绑定控件

ADO.NET 是对 Microsoft ActiveX Data Object（ADO）一个十分有意义的改进，它为各种 Web 应用程序提供了在不同数据库之间的数据访问技术。尤其在 ASP.NET 3.5 应用程序上增加了很多新特性，使得面向对象的数据访问技术被提升到一个新的层次。

5.1 数据库访问基础

.NET 框架为数据库应用程序的开发提供了强大的支持，借助于 ADO.NET 可以方便地实现数据的库访问。

5.1.1 ADO.NET 简介

ADO.NET 是一组向.NET 程序员公开数据访问服务的类。ADO.NET 为创建分布式数据共享应用程序提供了一组丰富的组件。它提供了对关系数据、XML 和应用程序数据的访问，它是.NET Framework 中不可缺少的一部分。ADO.NET 体系结构如图 5-1 所示，其中包含两个核心组件，即.NET Framework 数据提供程序和 DataSet，所有相关的类都位于 System.Data 命名空间下。

.NET Framework 数据提供程序是专门为数据库连接、数据操作以及快速、只进、只读访问数据而设计的组件，主要的对象有以下几种。

- Connection：连接对象，用于建立一个与数据源的连接。
- Command：命令对象，可以访问用于返回数据、修改数据、运行存储过程以及发送或检索参数信息的数据库命令。
- DataReader：只读对象，用来读取数据，只读/只向前移动游标。这种方式获取数据的速度比较快。
- DataAdapter：适配器对象，在 DataSet 对象和数据源之间起到桥梁作用。DataAdapter 使用 Command 对象在数据源中执行 SQL 命令以向 DataSet 中加载数据，并将对 DataSet 中数据的更改解析回数据源。

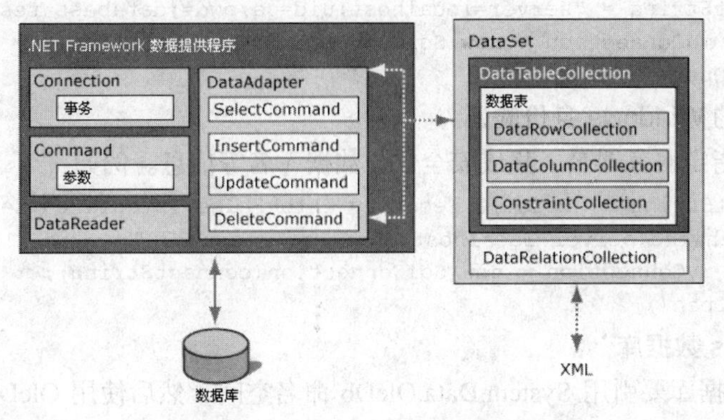

图 5-1　ADO.NET 体系结构

.NET Framework 的主要数据提供程序如表 5-1 所示。

表 5-1　.NET Framework 的主要数据提供程序

提 供 程 序	命 名 空 间	说　明
SQL Server 提供程序	System.Data.SqlClient	适用于 SQL Server 数据源
OLE DB 提供程序	System.Data.OleDb	适用于用 OLE DB 公开的数据源
ODBC 提供程序	System.Data.Odbc	适用于用 ODBC 公开的数据源
Oracle 提供程序	System.Data.OracleClient	适用于 Oracle 数据源

DataSet 是专门为独立于任何数据源的数据访问而设计的，因此，它可以用于多种不同的数据源，用于 XML 数据，或用于管理应用程序本地的数据。DataSet 包含一个或多个 DataTable 对象的集合，这些对象由数据行（DataRow）和数据列（DataColumn）以及有关 DataTable 对象中数据的主键、外键、约束和关系信息组成。此外，DataView 允许在一个 DataTable 上创建视图，一个 DataTable 上可以定义多个视图。

5.1.2　数据库的连接

应用程序在对数据库进行操作之前，首先需要做的工作是和数据库进行连接，连接要通过 ADO.NET 的 Connection 对象完成。Connection 对象常用的方法有 Open 方法和 Close 方法，分别用来打开和关闭连接。Connection 对象的常用属性如下。

- ConnecitonString：用来指定连接的字符串。
- DataSource：用来获取数据源的服务器名或文件名。
- Database：用来指定要连接的数据库名称。
- Provider：用来提供数据库驱动程序。

在 ADO.NET 中，根据数据源的不同，连接对象有 4 种，即 SqlConneciton、OleDbConneciton、OdbcConneciton 和 OracleConneciton，这里主要介绍前两种。

1．连接 SQL Server 数据库

连接 SQL Server 数据库，要先引用 System.Data.SqlClient 命名空间，然后使用 SqlConnection 对象进行连接，一般有以下两种形式。

❑ 采用 SQL Server 身份验证

连接字符串中指定服务器名、用户 ID、用户口令、数据库名等信息。例如：

```
string connectString = "server=localhost;uid=sa;pwd=;database=test";
SqlConnection myConnection = new SqlConnection(connectString);
myConnection.Open();
```

❑ 采用集成的 Windows 身份验证

连接字符串中指定服务器名、集成安全性、数据库名等信息。例如：

```
string connectString = "Persist Security Info=False;Integrated Security=
SSPI;database=northwind;server=localhost;Connect Timeout=30";
SqlConnection myConnection = new SqlConnection(connectString);
myConnection.Open();
```

2. 连接 Access 数据库

连接 Access 数据库要引用 System.Data.OleDb 命名空间，然后使用 OleDbConnection 对象进行连接。例如：

```
string connectString = "Provider=Microsoft.Jet.OLEDB.4.0;Data Source=
|DataDirectory|pho.mdb";
OleDbConnection con = new OleDbConnection(connectString);
con.Open();
```

5.1.3 案例 5-1 连接书城数据库

本案例设计一个 ConnectDB 类用于连接 SQL Server 中的书城数据库 BookStore，并设计一个 ASP.NET 网页测试 ConnectDB 的使用。连接成功显示如图 5-2 所示界面。

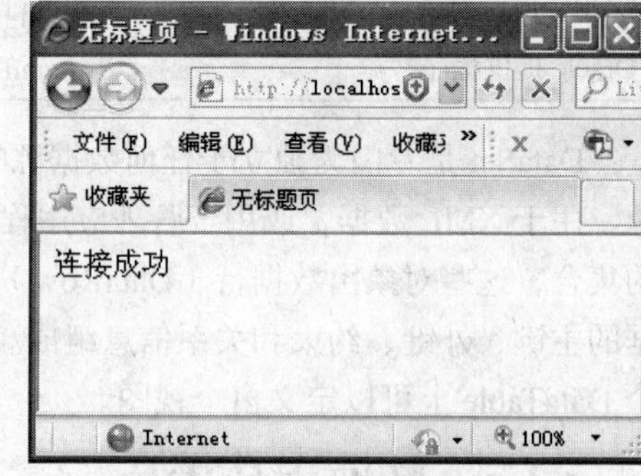

图 5-2 连接成功界面

【技术要点】

- 将连接字符串配置在 Web.config 文件中。
- 借助 ConfigurationManager 取得连接字符串。
- 利用 SqlConnection 建立连接。

【设计步骤】

（1）在 Web.config 中的配置数据连接字符串。注意，要根据用户自己的系统进行配置。

```
<?xml version="1.0"?>
<configuration>
   ......
   <connectionStrings>
      <add name="connectString" connectionString="server=WWW-E2BDCCB29F0\
  SQLEXPRESS;uid=yang;pwd=1234;database=bookstore"
  providerName="System.Data.SqlClient"/>
   </connectionStrings>
   ......
</configuration>
```

（2）在 App_Code/Common 文件夹下建立 ConnectDB.cs，编写代码如下：

```
public class ConnectDB
{
    private static String connectString = ConfigurationManager.ConnectionStri
```

```
ngs["connectString"].ConnectionString;
    public static SqlConnection Connect()
    {
        SqlConnection con = new SqlConnection(connectString);
        return con;
    }
}
```

（3）在网站根目录下建立网页 TestConnectDB.aspx，在页面上放置一个 Label 控件。编写 Page_Load 事件代码如下：

```
protected void Page_Load(object sender, EventArgs e)
{
    SqlConnection con = ConnectDB.Connect();
    try
    {
        con.Open();
        Label1.Text = "连接成功";
        con.Close();
    }
    catch
    {
        Label1.Text = "连接失败";
    }
}
```

（4）将 TestConnectDB.aspx 设为起始页，运行网站。

5.1.4 数据更新操作

数据更新操作是指对数据表中的数据进行增加、修改或删除，一般采用命令对象来完成。

1. 命令对象

命令对象可直接执行 SQL 语句或存储过程，主要有 OleDbCommand、SqlCommand、OdbcCommand 和 OracleCommand。

以 SqlCommand 为例，其构造方法如下。

- SqlCommand()。
- SqlCommand（string cmdText）。
- SqlCommand（string cmdText，SqlConnection con）。
- SqlCommand（string cmdText，SqlConnection con，SqlTransaction trans）。

其中，cmdText 为命令文本，con 为连接对象，trans 为事务对象。

SqlCommand 的主要属性如下。

- Connection：指定命令对象所使用的连接。
- CommandType：指定命令类型，有 StoredProcedure（存储过程）、TableDirect（表）和 Text（SQL 文本命令）（默认）3 种。只有 OLE DB 提供程序支持 TableDirect。对于更新操作执行 SQL 语句，所以指定为 Text。
- CommandText：指定命令文本，随 CommandType 不同，指定的内容不一样，可以是存储过程名、表名或 SQL 语句。对于数据更新操作一般指定为 SQL 语句。
- Parameters：一个集合对象，用于设置参数。如果数据命令的 CommandType 属性设置为 Text，且 SQL 语句中包含参数（SQL Server.NET 数据提供程序使用命名参数，用参数名前冠以@

指定；OLE DB.NET 数据提供程序使用位置参数，用？占位符指定），就需要为每个参数创建一个 Parameter 对象，并使用参数集合对象的 Add 方法将其添到参数集合中。

2. 数据更新操作的基本步骤

以对 SQL Server 数据库操作为例，数据更新操作的基本步骤如下。

（1）建立并打开连接。

（2）建立命令对象。

（3）设置命令对象的属性。

（4）调用 ExecuteNonQuery 方法执行命令。该方法返回一个整数，表明所影响的行数。

（5）关闭连接。

下面示例中的代码用于删除用户号为 2 的记录。

```
SqlConnection con = ConnectDB.Connect(); //这里使用自定义的类建立连接
string sql = "delete from BsUser where id = @ID";//定义 SQL 语句
SqlCommand cmd = new SqlCommand();  //建立命令对象
cmd.Connection = con; //指定连接对象
cmd.CommandType = CommandType.Text; // 指定命令类型为 SQL 文本命令
cmd.CommandText = sql;  //指定 SQL 语句
cmd.Parameters.add(new SqlParameter("@ID",2)); //设置参数
con.Open(); //打开连接
int n = cmd.ExecuteNonQuery(); //执行
con.Close(); //关闭连接
```

由于命令对象的 CommandType 属性默认为 Text，因此，上面 3 ~ 6 行可以简化为

```
SqlCommand cmd = new SqlCommand(con,sql);
```

5.1.5 数据查询操作

数据查询就是执行 SELECT 语句，主要有 3 种方法。

1. 使用 ExecuteScalar 方法获得单值

Command 对象的 ExecuteScalar 方法返回单值，该方法用来执行聚合函数。这种查询也称为标量查询。下面的示例代码用于查询用户总数。

```
SqlConnection con = ConnectDB.Connect(); //这里使用自定义的类建立连接
string sql="select count(*) from BsUser";
SqlCommand cmd = new SqlCommand(sql,con);  //建立命令对象
con.Open(); //打开连接
int count=(int)cmd.ExecuteScalar();//执行
con.Close();
```

2. 使用 DataReader 对象读取数据

调用命令对象的 ExecuteReader 方法返回一个数据读取器（DataReader）。DataReader 对象很简单，它一次只读取一条数据，而且是向前只读，所以效率很高，并可以降低网络负载。DataReader 对象只能配合 Command 对象使用，而且 DataReader 对象在操作的时候 Connection 对象是保持连接的状态。

DataReader 的主要属性如下。

- FieldCount：获取当前行中的列数。
- RecordsAffected：被更改、插入或删除的行数。

- IsClosed：指示是否可关闭数据读取器。

DataReader 的主要方法如下。

- void Close()：关闭 DataReader 对象。
- String GetName（int i）：获取指定列的名称，参数为列号。
- int GetOrdinal（String name）：在给定列名称的情况下获取列序号。
- XXX GetXXX（int i）：用于读取数据集的当前行的某一列的数据，参数为列号。
- bool NextResult()：当读取批处理 SQL 语句的结果时，使数据读取器前进到下一个结果。在查询多表时很有用，多表之间的 SQL 语句用分号分隔。
- bool Read()：使 DataReader 前进到下一条记录。

使用 DataReader 对象读取数据的基本步骤如下。

（1）建立连接。

（2）建立命令对象。

（3）设置命令对象的属性。

（4）打开连接。

（5）调用 ExecuteReader 方法返回 DataReader。

（6）使用 DataReader 对象读取数据表中的数据，并保存到实体对象中。

（7）关闭 DataReader 对象。

（8）关闭连接。

查询单条记录，可将查询结果放到一个实体对象中。下面的示例查询用户号为 3 的用户。

```
SqlConnection con = ConnectDB.Connect(); //这里使用自定义的类建立连接
string sql = "select * from BsUser where id=@ID";
SqlCommand cmd = new SqlCommand(sql,con); //建立命令对象
cmd.Parameters.add(new SqlParameter("@ID",3)); // 设置参数
con.Open(); //打开连接
SqlDataReader dr = cmd.ExecuteReader(); //执行查询，获得数据读取器
BsUser user = null;
if (dr.Read())
{
    user = new BsUser();
    user.ID = rdr.GetInt(0);
    user.Username = rdr.GetString(1);
    user.Password = rdr.GetString(2);
    user.Realname = rdr.GetString(3);
    user.Email = rdr.GetString(4);
    user.Phone = rdr.GetString(5);
    user.Address = rdr.GetString(6);
    user.Zipcode = rdr.GetString(7);
    user.Role = rdr.GetInt(8);
}
rs.Close();
con.Close();
```

在上面的示例中使用了参数查询。在规模较大的系统中，使用参数查询结合缓存机制可以提高查询的效率。对于规模较小的系统，可采用 String.Format()方法来生成 SQL 语句。例如：

```
string sql = String.Format("select * from BsUser where id={0}",3);
```

若查询多条件记录，可通过循环将结果放到集合对象中。下面的示例查询所有用户。

```
IList<BsUser> users = new List<BsUser>(); //建立一个列表集合对象，用于存放用户
SqlConnection con = ConnectDB.Connect(); //这里使用自定义的类建立连接
string sql = "select * from BsUser";
SqlCommand cmd = new SqlCommand(sql,con);  //建立命令对象
con.Open(); //打开连接
SqlDataReader dr = cmd.ExecuteReader();  //执行查询，获得数据读取器
User user = null;
while (dr.Read())
{
    user = new User();
    user.ID = rdr.GetInt(0);
    user.Username = rdr.GetString(1);
    user.Password = rdr.GetString(2);
    user.Realname = rdr.GetString(3);
    user.Email = rdr.GetString(4);
    user.Phone = rdr.GetString(5);
    user.Address = rdr.GetString(6);
    user.Zipcode = rdr.GetString(7);
    user.Role = rdr.GetInt(8);
    users.Add(user);
}
rs.Close();
con.Close();
```

3. 使用 DataSet 获得数据

DataSet（数据集）是数据的一种内存驻留表示形式，无论它包含的数据来自什么数据源，它都会提供一致的关系编程模型。在进行查询时，使用数据适配器（DataAdapter）将从数据源获得的数据填充到数据集对象（DataSet），然后可以断开和数据源的连接。使用数据集模型具有以下优越性。

- 一个数据集可以包含多个结果表，它将这些表作为离散对象维护。
- 操作来自多个源的数据，如来自不同数据库、XML 文件、电子表格等的数据。
- 在分布式应用程序中，方便层间移动数据。
- 便于与其他应用程序进行数据交换。
- 使用窗体可以将控件绑定到数据集内的数据。
- 便于编程。

使用数据集也有不足之处，因为 Web 窗体页进行往返过程时都重新创建该页及其控件和组件，所以每次都创建并填充数据集通常是效率低下的，除非用户想要在往返过程间将数据集放入缓存。

使用 DataSet 进行查询的基本步骤如下。

（1）连接数据库。

（2）建立命令对象。

（3）设置命令对象的属性。

（4）创建数据适配器（DataAdapter）对象。

（5）创建数据集（DataSet）对象。

（6）使用数据适配器填充数据集。

下面的示例代码查询所有用户，并将数据存放在数据集中。

```
SqlConnection con = ConnectDB.Connect();
string sql = "select * from users";
SqlCommand cmd = new SqlCommand(sql,con);  //建立命令对象
SqlDataAdapter sda = new SqlDataAdapter(cmd); //建立数据适配器
DataSet ds = new DataSet(); //建立数据集
sda.Fill(ds,"user"); //将数据表填充到数据集
```

有了数据集以后，可以将数据集与数据控件绑定。例如：

```
GridView1.DataSource = ds.Tables["user"].DefaultView;
```

如果只有一个数据表，可以直接建立 DataTable 对象，将数据填到 DataTable 对象中。例如：

```
DataTable ds = new DataTable(); //建立数据表
sda.Fill(dt); //将数据表填充到数据表
```

可以将数据表与数据控件绑定。例如：

```
GridView1.DataSource = dt.DefaultView;
```

5.2　应用程序结构与数据操作

从 ASP.NET2.0 开始，就引入了一种新型的 Web 控件，即数据源控件。在数据源控件中，对一些数据访问、数据存储和对数据所执行的一些操作代码，都进行了封装。使用数据绑定控件的 DataSourceID 属性，可以设置其与相应的数据源控件进行关联。使用数据源控件，可以访问不同类型的数据源，如数据库、XML 文件或中间层业务对象。

5.2.1　两层应用结构

1．直接使用数据源控件操作

这种结构的应用程序主要通过数据绑定控件和数据源控件配合来实现。首先使用数据源控件连接和访问数据源中的数据，在获取数据之后，将这些数据直接传递给数据绑定控件，最后，由数据绑定控件实现数据的显示等工作。这种应用程序使用 ADO.NET 直接与数据源进行通信。除 ADO.NET 之外，在应用程序和数据库之间没有任何其他层，因此结构简单，适用于规模较小的开发任务，属于较简单的两层应用结构，如图 5-3 所示。数据源控件用于和数据库打交道，数据绑定控件用于呈现数据，提供操作数据的界面。

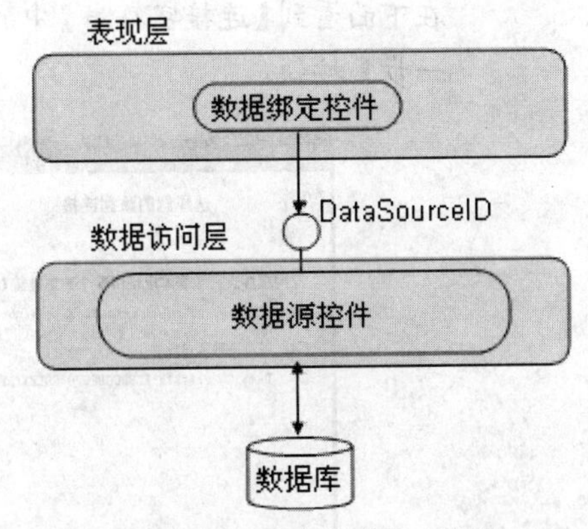

图 5-3　数据绑定控件与数据源控件配合

ASP.NET 提供了 SqlDataSource、AccessDataSource、XmlDataSource、SiteMapDataSource 等数据源控件。使用这些控件能够快速实现连接和访问各种数据源。

下面利用 SqlDataSource 结合 GridView 控件来实现对图书分类的管理。

（1）在 Web/Admin 文件夹新建一个内容页 CategoryManage.aspx，在页面上添加 SqlDataSource 控件，控件的名字为 SqlDataSource1。

（2）用鼠标右键单击 SqlDataSource1 控件，在弹出的快捷菜单中选择【配置数据源】命令，打开如图 5-4 所示的【配置数据源】对话框。

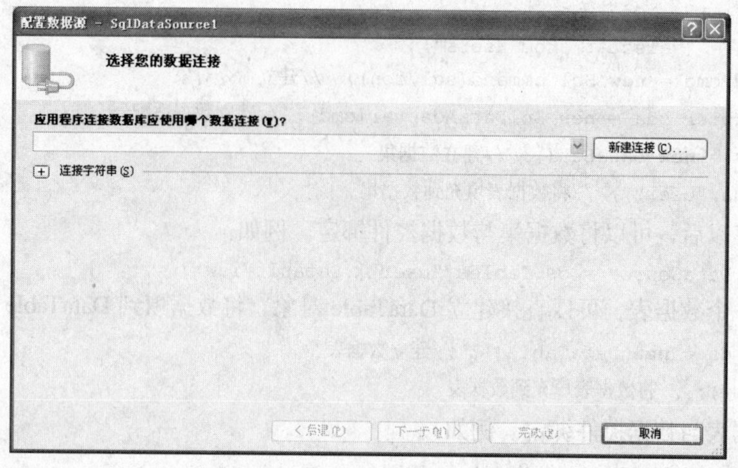

图 5-4 【配置数据源】对话框

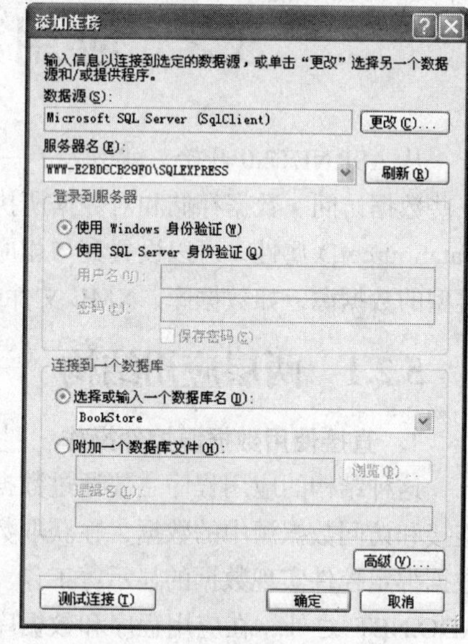

图 5-5 【添加连接】对话框

（3）在【配置数据源】对话框中，如果已经配置了连接字符串，只需在下拉列表中选择现有的数据连接。否则，单击【新建连接】按钮，打开【添加连接】对话框。

（4）在图 5-5 所示的【添加连接】对话框中，先选择想要连接的数据库服务器，然后选择一种登录方式。如果设置正确，就可以在【选择或输入一个数据库名】下拉列表中出现可供选择的数据库，这里选择数据库 BookStore。

（5）单击【测试连接】按钮，测试该连接是否有效。如果成功，单击【确定】按钮。

（6）出现如图 5-6 所示对话框，可以看到下拉列表框选项已经选中了刚才建立的连接，此时可以在下面看到【连接字符串】中的信息，单击【下一步】按钮。

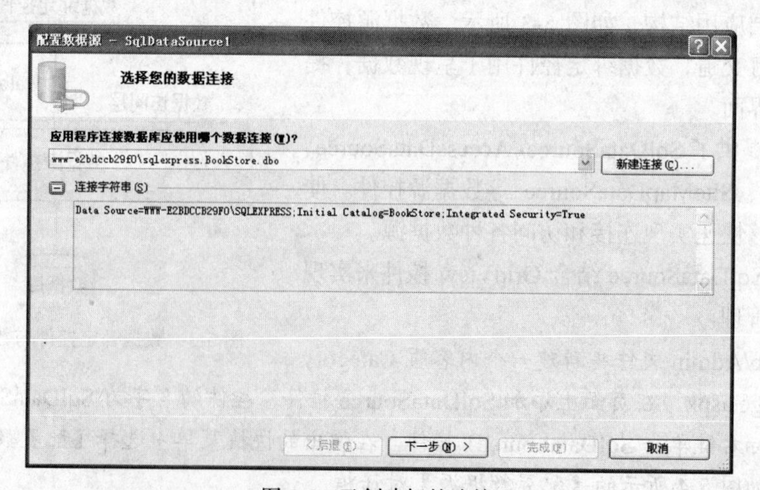

图 5-6 已创建好的连接

（7）出现如图 5-7 所示对话框，选中【是，将此连接另存为】复选框，输入将该连接添加到配置文件时使用的名称，然后单击【下一步】按钮。

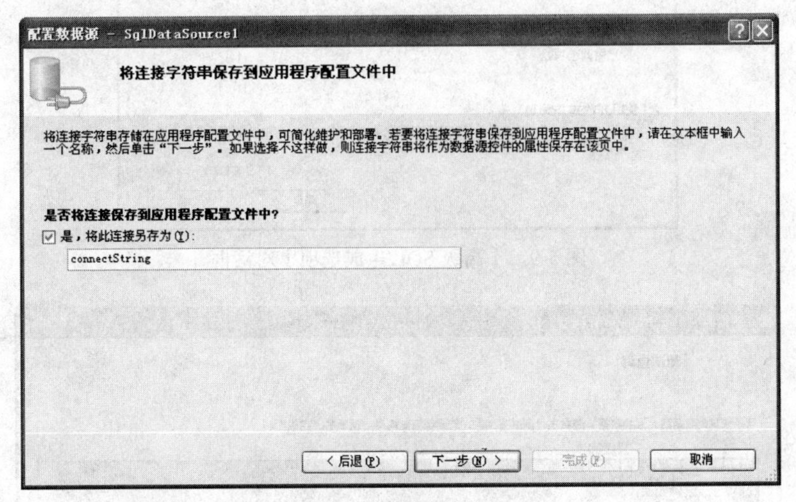

图 5-7　保存连接

（8）此时打开【配置 Select 语句】对话框，选中【指定来自表或视图的列】单选按钮，再选择表和所需要的列，这里表选"BsCategory"，列选"*"（所有列），如图 5-8 所示。

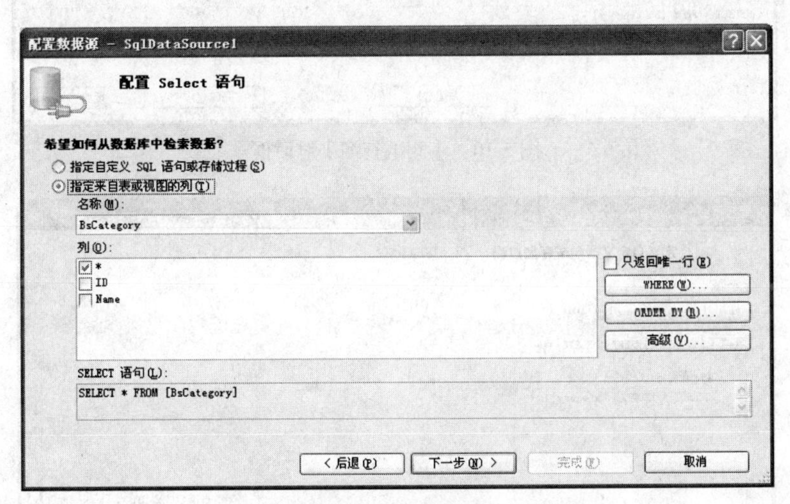

图 5-8　【配置 Select 语句】对话框

（9）单击【高级】按钮，出现【高级 SQL 生成选项】对话框，选中【生成 INSERT、UPDATE 和 DELETE 语句】复选框，如图 5-9 所示，单击【确定】按钮。这一步的目的是为了能利用数据源控件进行增、删、改操作。

（10）单击【下一步】按钮，进入【测试查询】对话框。再次单击【测试查询】按钮，进行效果预览，如图 5-10 所示。单击【完成】按钮，就完成了对数据源的基本配置。

（11）若需要修改 SQL 语句，可再次打开【配置数据源】对话框，单击【下一步】按钮直接打开【配置 Select 语句】对话框，在该对话框中选择【指定自定义 SQL 语句或存储过程】单选按钮，单击【下一步】按钮，出现如图 5-11 所示的对话框。

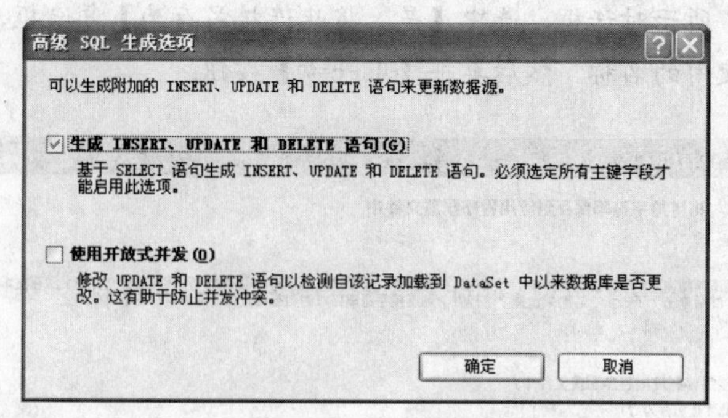

图 5-9 【高级 SQL 生成选项】对话框

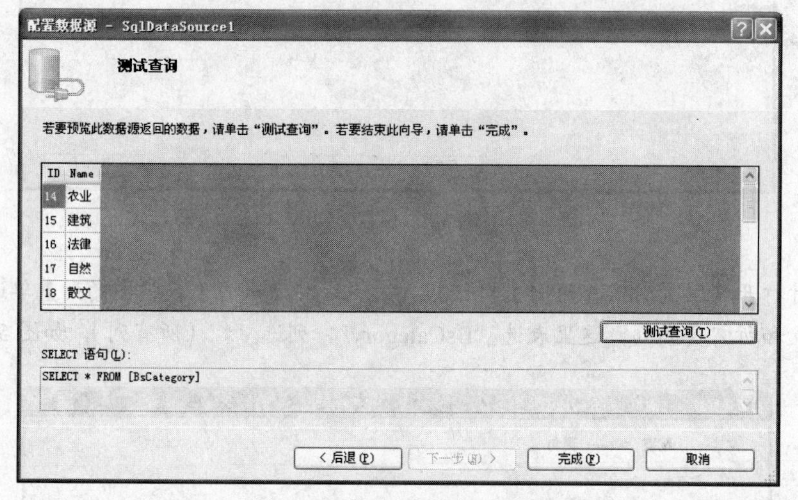

图 5-10 【测试查询】对话框

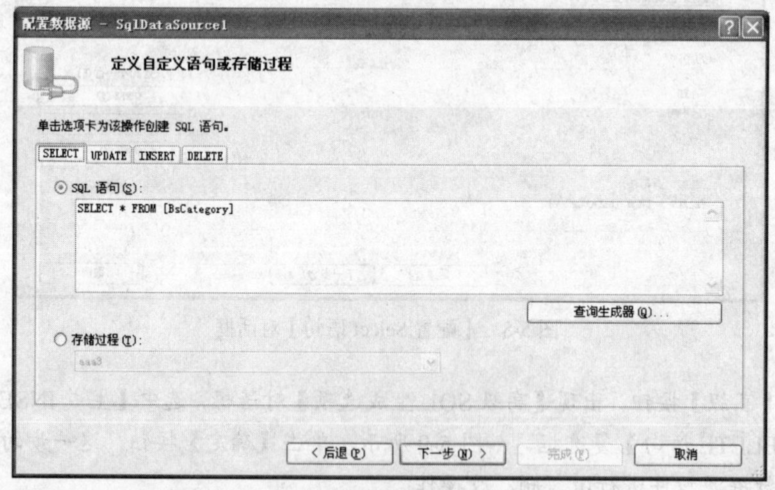

图 5-11 【定义自定义语句或存储过程】对话框

（12）根据需要对 SELECT、UPDATE、INSERT 和 DELETE 语句进行修改。修改完 SQL 语句之后，单击【下一步】按钮，打开【测试查询】对话框，单击【完成】按钮。

（13）在页面中添加一个 GridView 控件，然后单击该控件右上角的【>】，出现【GridView 任务】菜单，单击【自动套用格式】，打开【自动套用格式】对话框，选择【彩色型】，单击【确定】按钮。

（14）在【GridView 任务】菜单中，【选择数据源】设为“SqlDataSource1”，然后选中【启用分页】、【启用编辑】和【启用删除】复选框，如图 5-12 所示。

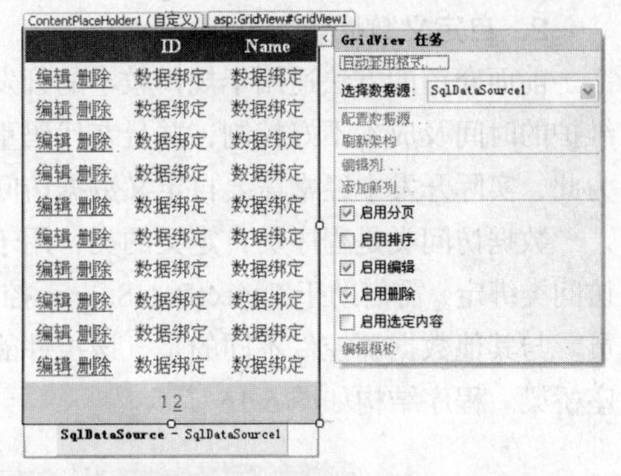

图 5-12　【GridView 任务】菜单

（15）单击【编辑列】，打开【字段】对话框，将 CommandField 字段移到最下面，设置各字段的 HeaderText 属性值，如图 5-13 所示。

（16）浏览 CategroyManage.aspx，显示如图 5-14 所示的界面。单击某行【编辑】超链接，就可以对该行进行编辑，如图 5-15 所示。编辑之后，单击【更新】超链接，就可完成数据的更新。在图 5-14 所示界面中单击【删除】超链接，就可删除该行数据。

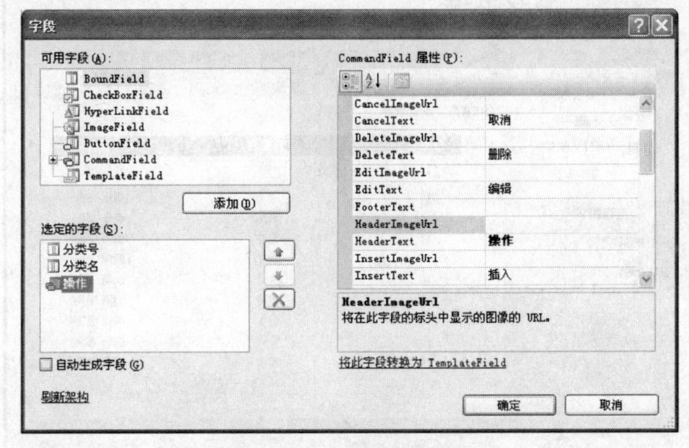

图 5-13　【字段】对话框

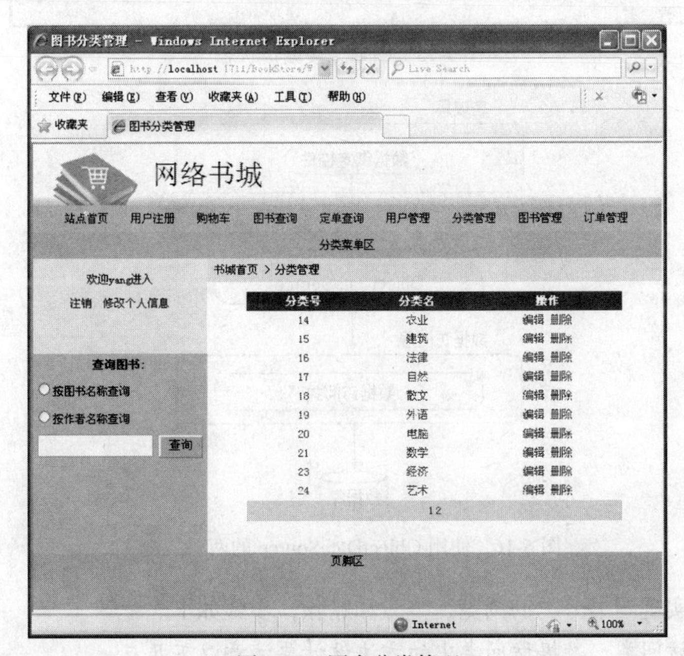

图 5-14　图书分类管理

2. 自定义数据访问类

前面介绍的方法适用于规模较小的开发任务，对于开发企业级应用不太适合，因为其开发和维护的时间及成本不好控制，并且在代码重用、灵活性、可维护性等方面都表现得不尽如人意。为此，实际开发中经常需要自定义数据访问类。

数据访问类是程序员自定义的类，用于封装访问数据库的方法。要实现数据绑定控件和数据访问类绑定，需借助于 ObjectDataSource 控件。ObjectDataSource 控件属于数据源控件家族中的一员。与其他数据源控件不同的是，该控件能够帮助开发人员在表示层与数据访问对象之间构建一座桥梁。程序结构如图 5-16 所示。

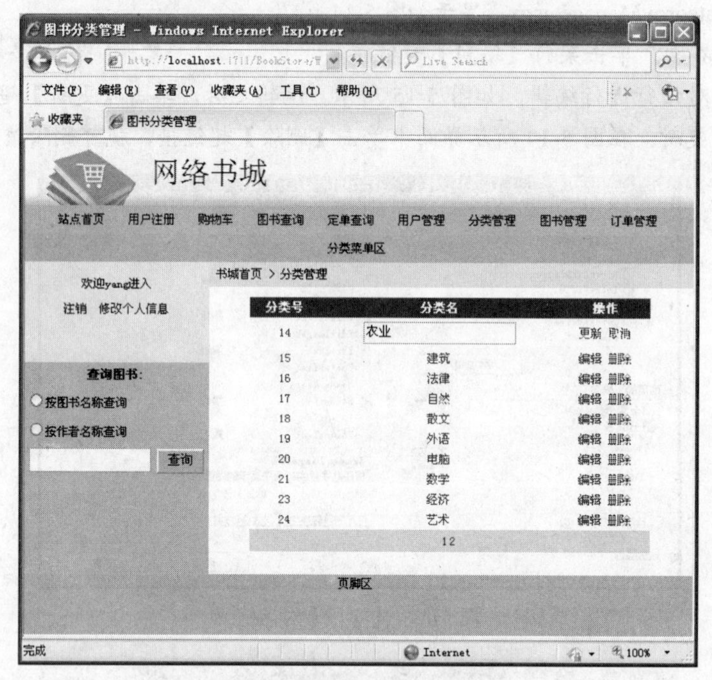

图 5-15 图书分类编辑状态

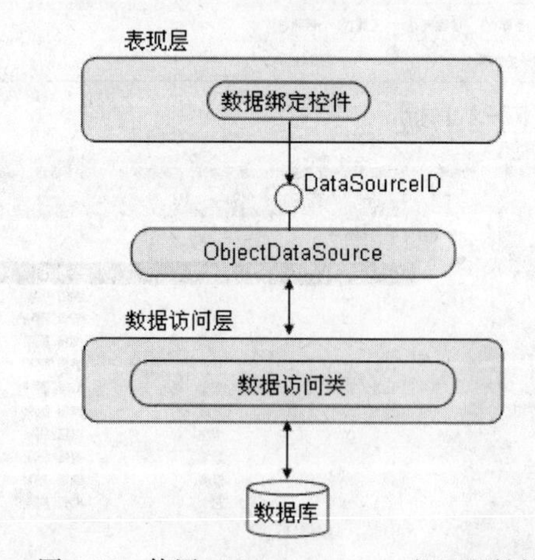

图 5-16 使用 ObjectDataSource 的两层结构

按照这种方式实现图书分类的浏览、修改和删除，步骤如下。

（1）设计数据访问类。数据访问类中的方法设计要注意以下几点。

- 增、删、改方法返回整数（影响记录的行数）。
- 查询方法返回的类型必须是 DataSet、DataReader 或强类型集合。
- 参数的类型和名称要与数据表中的字段一致。

编写代码如下：

```
using System;
using System.Data;
using System.Data.SqlClient;
public class BsCategoryDao{
    public int AddBsCategory(string name)
    {
        SqlConnection con = ConnectDB.Connect();
        string sql = String.Format("insert into BsCategory(name)
    values('{0}')", name);
        SqlCommand cmd = new SqlCommand(sql, con);
        con.Open();
        int num = cmd.ExecuteNonQuery();
        con.Close();
        return num;
    }
    public int EditBsCategory(int id, string name)
    {
        SqlConnection con = ConnectDB.Connect();
        string sql = String.Format("update BsCategory set name='{0}' where
    id={1}", name, id);
        SqlCommand cmd = new SqlCommand(sql, con);
        con.Open();
        int num = cmd.ExecuteNonQuery();
        con.Close();
        return num;
    }
    public int DeleteBsCategory(int id)
    {
        SqlConnection con = ConnectDB.Connect();
        string sql = String.Format("delete from BsCategory where id={0}", id);
        SqlCommand cmd = new SqlCommand(sql, con);
        con.Open();
        int num = cmd.ExecuteNonQuery();
        con.Close();
        return num;
    }
    public DataSet FindBsCategories()
    {
        SqlConnection con = ConnectDB.Connect();
        string sql = "select * from BsCategory";
        SqlCommand cmd = new SqlCommand(sql, con);
        SqlDataAdapter da = new SqlDataAdapter(cmd);
        DataSet ds = new DataSet();
        da.Fill(ds);
        return ds;
    }
}
```

（2）建立图书分类管理网页，在页面上添加 ObjectDataSource 控件 ObjectDataSource1。

（3）用鼠标右键单击 ObjectDataSource1 控件，在弹出的快捷菜单中选择【配置数据源】命令，打开【选择业务对象】对话框，如图 5-17 所示。【选择业务对象】为“BsCategoryDao”，单击【下一步】按钮。

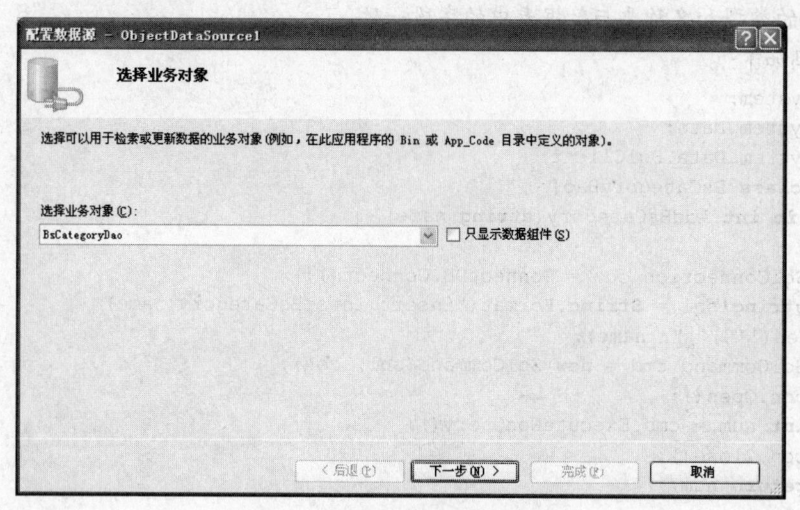

图 5-17 【选择业务对象】对话框

（4）出现如图 5-18 所示的【定义数据方法】对话框，在该对话框中分别为 SELECT、UPDATE、INSERT 和 DELETE 选择数据方法 FindBsCategories、EditBsCategory、AddBsCategory 和 DeleteBsCategory，然后单击【完成】按钮。

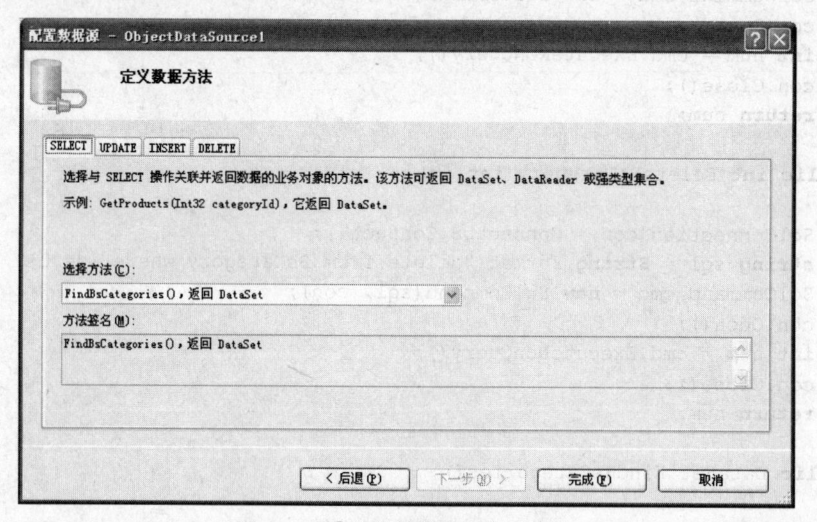

图 5-18 【定义数据方法】对话框

（5）在页面中添加一个 GridView 控件，然后单击该控件右上角的【>】，出现【GridView 任务】菜单，单击【自动套用格式】，打开【自动套用格式】对话框，选择【彩色型】，单击【确定】按钮。

（6）在【GridView 任务】菜单中，【选择数据源】设为“ObjectDataSource1”，并选中【启用分页】、【启用编辑】和【启用删除】复选框。

（7）单击【编辑列】，打开【字段】对话框，将 CommandField 字段移到最下面，设置各字段的 HeaderText 属性值为中文。

（8）设置 GridView1 的属性 DataKeyNames 为 id。

（9）浏览 CategroyManage.aspx。

5.2.2　三层应用结构

在上述的两层结构中，查询方法返回 DataSet 对象，DataSet 与数据库结构耦合较多，它本身也是弱类型（其值都是以 System.Object 形式返回），设计和编译时不易发现错误；其次它是非面向对象的。而且，由于表现层与数据访问层直接打交道，耦合性较大，程序的代码重用、可维护和可扩展性仍然不尽人意。要解决上述问题，可增加一层，即业务逻辑层，业务逻辑层只关心业务功能；数据访问层负责对数据库的访问。这种结构就是第 1 章所介绍的三层应用结构，具体实现如图 5-19 所示。

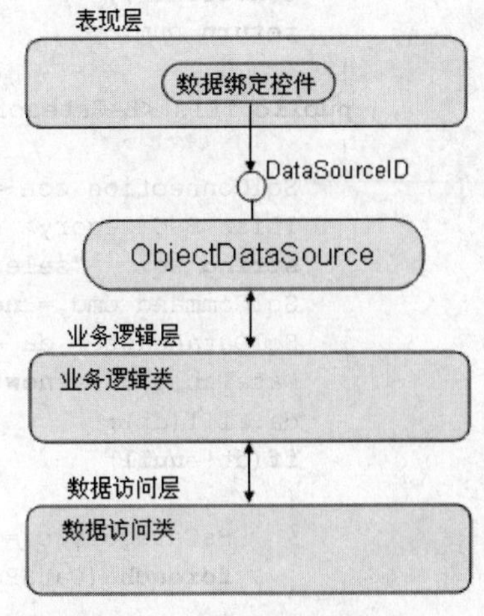

图 5-19　三层应用结构

按照这种程序结构，重新实现图书分类管理，基本步骤如下。

（1）设计图书分类的实体模型类 BsCategory（参见第 2 章）。

（2）设计图书分类的数据访问层接口 IBsCategoryDAL（参见第 2 章）。

（3）设计图书分类的业务层接口 IBsCategoryBLL（参见第 2 章）。

（4）设计图书分类的数据访问类 BsCategoryDAL，该类实现 IBsCategoryDAL 接口。编写代码如下：

```
using System;
using System.Data;
using System.Collections.Generic;
using System.Data.SqlClient;
public class BsCategoryDAL:IBsCategoryDAL
{
    public int AddBsCategory(BsCategory bsCategory)
    {
        SqlConnection con = ConnectDB.Connect();
        string sql = String.Format("insert into BsCategory(name)
    values('{0}')", bsCategory.Name);
        SqlCommand cmd = new SqlCommand(sql, con);
        con.Open();
        int num = cmd.ExecuteNonQuery();
        con.Close();
        return num;
    }
    public int EditBsCategory(BsCategory bsCategory)
    {
        SqlConnection con = ConnectDB.Connect();
        string sql = String.Format("update BsCategory set name='{0}' where
    id={1}", bsCategory.Name, bsCategory.ID);
        SqlCommand cmd = new SqlCommand(sql, con);
        con.Open();
        int num = cmd.ExecuteNonQuery();
        con.Close();
        return num;
    }
```

```
    public int DeleteBsCategory(int id)
    {
        SqlConnection con = ConnectDB.Connect();
        string sql = String.Format("delete from BsCategory where id={0}", id);
        SqlCommand cmd = new SqlCommand(sql, con);
        con.Open();
        int num = cmd.ExecuteNonQuery();
        con.Close();
        return num;
    }
    public IList<BsCategory> FindBsCategories()
    {
        SqlConnection con = ConnectDB.Connect();
        IList<BsCategory> list = new List<BsCategory>();
        string sql = "select * from BsCategory";
        SqlCommand cmd = new SqlCommand(sql, con);
        SqlDataAdapter da = new SqlDataAdapter(cmd);
        DataTable dt = new DataTable();
        da.Fill(dt);
        if(dt!=null)
        {
            BsCategory c = null;
            foreach (DataRow row in dt.Rows)
            {
                c = new BsCategory();
                c.ID = Int32.Parse(row["id"].ToString());
                c.Name = row["name"].ToString();
                list.Add(c);
            }
        }
        return list;
    }
}
```

（5）设计图书分类的业务逻辑类 BsCategoryBLL，该类实现 IBsCategoryBLL 接口，编写代码如下：

```
using System;
using System.Data;
using System.Collections.Generic;
using System.Data.SqlClient;
public class BsCategoryBLL:IBsCategoryBLL
{
    private IBsCategoryDAL bsCategoryDAL = new BsCategoryDAL();
    public int AddBsCategory(BsCategory bsCategory)
    {
        return bsCategoryDAL.AddBsCategory(bsCategory);
    }
    public int EditBsCategory(BsCategory bsCategory)
    {
        return bsCategoryDAL.EditBsCategory(bsCategory);
    }
    public int DeleteBsCategory(int id)
    {
        return bsCategoryDAL.DeleteBsCategory(id);
    }
    public IList<BsCategory> FindBsCategories()
```

```
        {
            return bsCategoryDAL.FindBsCategories();
        }
}
```

（6）建立图书分类管理网页，在页面上添加一个 ObjectDataSource 控件。

（7）用鼠标右键单击 ObjectDataSource1 控件，在弹出的快捷菜单中单击【配置数据源】命令，打开【选择业务对象】对话框，如图 5-20 所示，【选择业务对象】为“BsCategoryBLL”，单击【下一步】按钮。

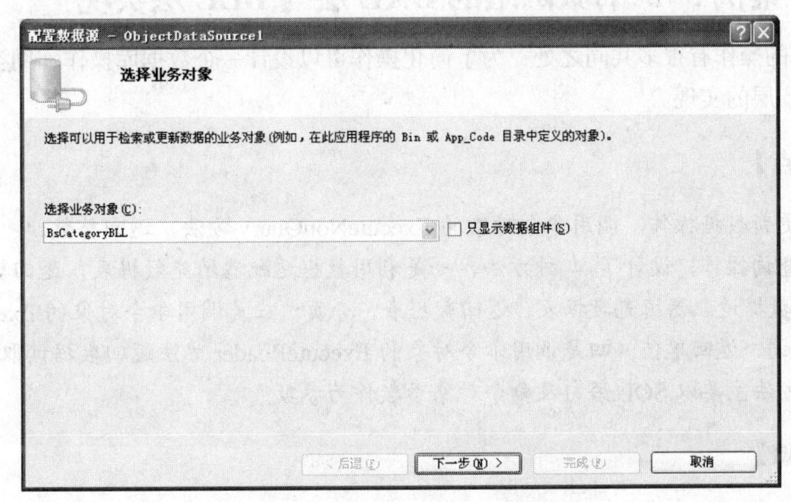

图 5-20 【选择业务对象】对话框

（8）出现如图 5-21 所示【定义数据方法】对话框，在该对话框分别为 SELECT、UPDATE、INSERT 和 DELETE 选择数据方法 FindBsCategories、EditBsCategory、AddBsCategory 和 DeleteBsCategory，然后单击【完成】按钮。

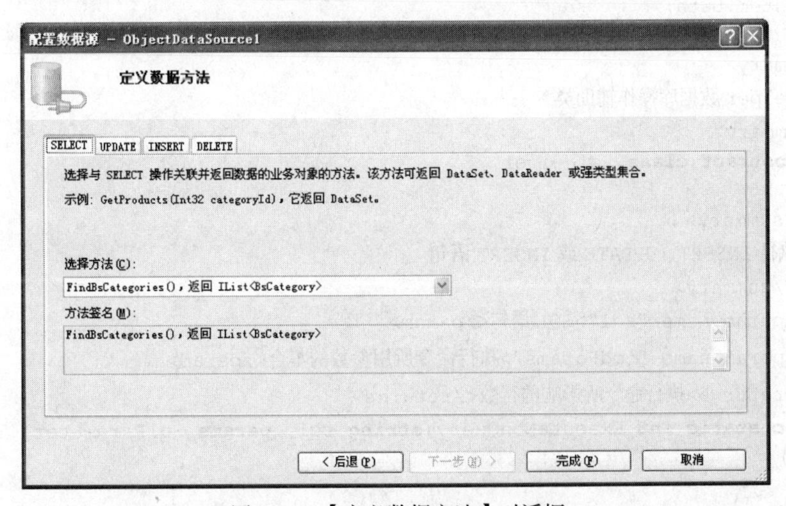

图 5-21 【定义数据方法】对话框

（9）在页面中添加一个 GridView 控件，然后单击该控件右上角的【>】，出现【GridView 任务】菜单，单击【自动套用格式】，打开【自动套用格式】对话框，选择【彩色型】，单击【确定】按钮。

（10）在【GridView 任务】菜单中，【选择数据源】设为"ObjectDataSource1"，并选中【启用分页】、【启用编辑】和【启用删除】复选框。

（11）单击【编辑列】，打开【字段】对话框，将 CommandField 字段移到最下面，设置各字段的 HeaderText 属性值为中文。

（12）设置 GridView1 的属性 DataKeyNames 为 ID。

（13）浏览 CategroyManage.aspx。

5.2.3 案例 5-2 书城网站的 DAL 层与 BLL 层实现

各数据表的操作有很多共同之处，为了简化操作可以设计一个数据库操作辅助类 SqlHelper，从而简化 DAL 层的实现。

【技术要点】

- 对于更新数据操作，调用命令对象的 ExecuteNonQuery 方法，返回整数。
- 对于查询操作，设计了 4 种方法，一是利用数据适配器填充数据表，返回数据表，不分页；二是利用数据适配器填充数据表，返回数据表，分页；三是调用命令对象的 ExecuteScalar 方法执行标量查询，返回单值；四是调用命令对象的 ExecuteReader 方法返回数据读取器。
- 各种方法主要以 SQL 语句及命令对象参数作为参数。

【设计步骤】

1. SqlHelper 类设计

（1）在 Web.config 中配置连接字符串。如果已经配置，这一步可省略。

（2）在 App_Code/Common 文件夹下建立如下类。

```
using System;
using System.Configuration;
using System.Data;
using System.Data.SqlClient;
/// <summary>
/// SqlHelper 数据库操作辅助类
/// </summary>
public abstract class SqlHelper
{
    /// <summary>
    /// 执行 INSERT、UPDATE 或 INSERT 语句
    /// </summary>
    /// <param name="sql">SQL 语句</param>
    /// <param name="cmdParams">执行命令所用参数的集合</param>
    /// <returns>执行命令所影响的行数</returns>
    public static int ExecuteNonQuery(string sql, params SqlParameter[]
cmdParms)
    {
        SqlConnection con = ConnectDB.Connect();
        SqlCommand cmd = new SqlCommand(sql, con);
        foreach (SqlParameter parm in cmdParms)
        {
            cmd.Parameters.Add(parm);
        }
```

```
try
{
   con.Open();
   num = cmd.ExecuteNonQuery();
   return num;
}
catch
{
   return 0;
}
finally
{
   cmd.Dispose();
   con.Close();
   con.Dispose();
}
}
/// <summary>
/// 执行 SELECT 语句
/// </summary>
/// <param name="sql">SQL 语句</param>
/// <param name="cmdParams">执行命令所用参数的集合</param>
/// <returns>数据表</returns>
public static DataTable ExecuteQuery(string sql, params SqlParameter[]
cmdParms)
{
   SqlConnection con = ConnectDB.Connect();
   SqlCommand cmd = new SqlCommand(sql, con);
   foreach (SqlParameter parm in cmdParms)
   {
      cmd.Parameters.Add(parm);
   }
   DataSet dt = new DataTable();
   SqlDataAdapter da = new SqlDataAdapter(cmd);
   try
   {
      da.Fill(dt);
   }
   catch
   {
      return 0;
   }
   finally
   {
      da.Dispose();
      cmd.Dispose();
   }
   return dt;
}
/// <summary>
/// 执行 SELECT 语句
/// </summary>
/// <param name="sql">SQL 语句</param>
/// <param name="startRowIndex">记录的起始位置</param>
```

```
    /// <param name="maximumRows">读取的最大记录个数</param>
    /// <param name="cmdParams">执行命令所用参数的集合</param>
    /// <returns>数据表</returns>
    public static DataTable ExecuteQuery(string sql, int startRowIndex,
int maximumRows, params SqlParameter[] cmdParms)
    {
        SqlConnection con = ConnectDB.Connect();
        SqlCommand cmd = new SqlCommand(sql, con);
        foreach (SqlParameter parm in cmdParms)
        {
            cmd.Parameters.Add(parm);
        }
        DataTable dt = new DataTable();
        SqlDataAdapter da = new SqlDataAdapter(cmd);
        try
        {
            da.Fill(startRowIndex, maximumRows, dt);
        }
        catch
        {
            return null;
        }
        finally
        {
            da.Dispose();
            cmd.Dispose();
        }
        return dt;
    }
    /// <summary>
    /// 执行 SELECT 语句
    /// </summary>
    /// <param name="sql">SQL 语句</param>
    /// <param name="cmdParams">执行命令所用参数的集合</param>
    /// <returns>包含结果的读取器</returns>
    public static SqlDataReader ExecuteReader(string sql,
params SqlParameter[] cmdParms)
    {
        SqlConnection con = ConnectDB.Connect();
        SqlCommand cmd = new SqlCommand(sql, con);
        foreach (SqlParameter parm in cmdParms)
        {
            cmd.Parameters.Add(parm);
        }
        try
        {
            con.Open();
            SqlDataReader dr = cmd.ExecuteReader(CommandBehavior.
        CloseConnection);
            return dr;
        }
        catch
        {
            return null;
```

```
        }
    }
    /// <summary>
    /// 执行聚合查询，返回单值
    /// </summary>
    /// <param name="sql">SQL 语句</param>
    /// <param name="cmdParams">执行命令所用参数的集合</param>
    /// <returns>对象</returns>
    public static object ExecuteScalar(string sql,  params SqlParameter[]
cmdParms)
    {
        SqlConnection con = ConnectDB.Connect();
        SqlCommand cmd = new SqlCommand(sql, con);
        try
        {
            con.Open();
            object val = cmd.ExecuteScalar();
            return val;
        }
        catch
        {
            return null;
        }
        finally
        {
            cmd.Dispose();
            con.Close();
            con.Dispose();
        }
    }
}
```

2. DAL 层实现

有了上述类以后，DAL 的设计就变得简单了。这里只给出图书分类、图书及用户的数据访问类设计。

（1）实现图书分类数据访问类（BsCategoryDAL），其代码如下所示：

```
using System;
using System.Data;
using System.Collections.Generic;
public class BsCategoryDAL:IBsCategoryDAL
{
    public int AddBsCategory(BsCategory bsCategory)
    {
        string sql = String.Format("insert into BsCategory(name)
    values('{0}')", bsCategory.Name);
        return SqlHelper.ExecuteNonQuery(sql);
    }
    public int EditCategory(BsCategory bsCategory)
    {
        string sql = String.Format("update BsCategory set name='{0}' where
   id={1}", bsCategory.Name, bsCategory.ID);
        return SqlHelper.ExecuteNonQuery(sql);
    }
    public int DeleteBsCategory(int id)
```

```
    {
        string sql = String.Format("delete from BsCategory where id={0}", id);
        return SqlHelper.ExecuteNonQuery(sql);
    }
    public IList<BsCategory> FindBsCategories()
    {
        IList<BsCategory> list = new List<BsCategory>();
        string sql = "select * from BsCategory";
        DataTable dt = SqlHelper.ExecuteQuery();
        if (dt != null)
        {
            BsCategory c = null;
            foreach (DataRow row in dt.Rows)
            {
                c = new BsCategory();
                c.ID = Int32.Parse(row["id"].ToString());
                c.Name = row["name"].ToString();
                list.Add(c);
            }
        }
        return list;
    }
}
```

上面的类中直接使用 String.Format()方法生成 SQL 语句，因此没有传递命令参数。如果传递命令参数，可按如下方法（这里只给出 EditBsCategory）实现。

```
public int EditBsCategory(BsCategory bsCategory)
{
    string sql = "update BsCategory set name=@name where id=@id";
    SqlParameter[] parameters = new SqlParameter[]{
        new SqlParameter("@name",SqlDbType.VarChar,50),
        new SqlParameter("@id",SqlDbType.Int)};
    parameters[0].Value = category.Name;
    parameters[1].Value = category.ID;
    return SqlHelper.ExecuteNonQuery(sql,parameters);
}
```

（2）实现图书数据访问类（BsBookDAL），其代码如下所示:

```
using System;
using System.Text;
using System.Data;
using System.Collections.Generic;
using System.Data.SqlClient;
public class BsBookDAL:IBsBookDAL
{
    public int AddBsBook(BsBook bsBook)
    {
        string sql = String.Format("insert into BsBook(catID,name,image,
    price,summary,author) values ({0},'{1}','{2}',{3},'{4}','{5}')",
    bsBook.CatID, bsBook.Name, bsBook.Image, bsBook.Price, bsBook.Summary,
    bsBook.Author);
        return SqlHelper.ExecuteNonQuery(sql);
    }
    public int EditBsBook(BsBook bsBook)
    {
        string sql = String.Format("update BsBook set catID={0},name='{1}',
   price={2},summary='{3}',author='{4}' where id={5}", bsBook.CatID,
```

```
bsBook.Name, bsBook.Price, bsBook.Summary, bsBook.Author, bsBook.ID);
        return SqlHelper.ExecuteNonQuery(sql);
    }
    public int DeleteBsBook(int id)
    {
        string sql = String.Format("delete from BsBook where id={0}", id);
        return SqlHelper.ExecuteNonQuery(sql);
    }
    public BsBook FindBsBook(int id)
    {
        BsBook bsBook = null;
        string sql = String.Format("select a.name as CatName,b.* from
BsCategory a, BsBook b where a.id=b.catID and b.id={0}", id);
        SqlDataReader sdr = SqlHelper.ExecuteReader(sql);
        if (sdr.Read())
        {
            bsBook = new BsBook(sdr.GetString(0),sdr.GetInt32(1),
        sdr.GetInt32(2),sdr.GetString(3),sdr.GetString(4),sdr.GetDecimal(5),
        sdr.GetString(6),sdr.GetString(7));
        }
        sdr.Close();
        return bsBook;
    }
    public IList<BsBook> FindBsBooks(int catID, string name, string author,
string sortExpression, int startRowIndex, int maximumRows)
    {
        IList<BsBook> list = new List<BsBook>();
        string sort = "";
        if (!String.IsNullOrEmpty(sortExpression))
        {
            sort = string.Format("order by b.{0}", sortExpression);
        }
        string sql = String.Format("select a.name as CatName,b.* from
BsCategory a,BsBook b where a.id=b.catID and {0} b.catID like '%{1}%'
and b.author like '%{2}%' {3}", (catID==0?"":"b.catID=" + catID + " and"),
name, author, sort);
        DataTable dt = SqlHelper.ExecuteQuery(sql,startRowIndex,maximumRows);
        if (dt != null)
        {
            BsBook bsBook = null;
            foreach (DataRow row in dt.Rows)
            {
                bsBook = new BsBook();
                bsBook.BsCategory.Name = row["CatName"].ToString();
                bsBook.ID = Int32.Parse(row["id"].ToString());
                bsBook.CatID = Int32.Parse(row["catID"].ToString());
                bsBook.Name = row["name"].ToString();
                bsBook.Image = row["image"].ToString();
                bsBook.Price = decimal.Parse(row["price"].ToString());
                bsBook.Summary = row["summary"].ToString();
                bsBook.Author = row["author"].ToString();
                list.Add(bsBook);
            }
        }
        return list;
    }
```

```
    public int FindCount(int catID, string name, string author)
    {
        string sql = String.Format("select count(*) from BsBook where {0} catID
  like '%{1}%' and author like '%{2}%'", (catID == 0 ? "" : "catID="
  + catID + " and"), name, author);
        return (int)SqlHelper.ExecuteScalar(sql);
    }
}
```

（3）实现用户数据访问类（UserDAL），其代码如下所示：

```
using System;
using System.Collections.Generic;
using System.Text;
using System.Data;
using System.Data.SqlClient;
public class BsUserDAL: IBsUserDAL
{
    public int AddBsUser(BsUser bsUser)
    {
        string sql = String.Format("insert into BsUser(username,password,
  realname,email,phone,address,zipcode) values('{0}', '{1}', '{2}', '{3}',
   '{4}', '{5}', '{6}')", bsUser.Username, bsUser.Password, bsUser.Realname,
  bsUser.Email,bsUser.Phone, bsUser.Address, bsUser.Zipcode);
        return SqlHelper.ExecuteNonQuery(sql);
    }
    public int EditBsUser(BsUser bsUser)
    {
        string sql = String.Format("update BsUser set username='{0}',
   password='{1}',realname='{2}',email='{3}',phone='{4}',address='{5}',
   zipcode='{6}',role={7} where id={8}", bsUser.Username, bsUser.Password,
   bsUser.Realname, bsUser.Email, bsUser.Phone, bsUser.Address, bsUser.Role,
   bsUser.Zipcode, bsUser.ID);
        return SqlHelper.ExecuteNonQuery(sql);
    }
    public void DeleteBsUser(int id)
    {
        string sql = String.Format("delete BsUser where id={0}", id);
        SqlHelper.ExecuteNonQuery(sql);
    }
    public BsUser FindBsUser(string username, string password)
    {
        BsUser bsUser = null;
        string sql = String.Format("select * from BsUser where username='{0}'
   and password='{1}'", username, password);
        SqlDataReader sdr = SqlHelper.ExecuteReader(sql);
        if (sdr.Read())
        {
            bsUser = new BsUser(sdr.GetGuid(0), sdr.GetString(1),
      sdr.GetString(2), sdr.GetString(3), sdr.GetString(4),
      sdr.GetString(5), sdr.GetString(6), sdr.GetString(7),
      sdr.GetInt32(8));
        }
        sdr.Close();
        return bsUser;
    }
```

```
    public BsUser FindBsUser(int id)
    {
        BsUser bsUser = null;
        string sql = String.Format("select * from BsUser where id={0}", id);
        SqlDataReader sdr = SqlHelper.ExecuteReader(sql);
        if (sdr.Read())
        {
            bsUser = new BsUser(sdr.GetGuid(0), sdr.GetString(1),
       sdr.GetString(2), sdr.GetString(3), sdr.GetString(4),
       sdr.GetString(5), sdr.GetString(6), sdr.GetString(7),
       sdr.GetInt32(8));
        }
        sdr.Close();
        return bsUser;
    }
    public IList<BsUser> findBsUsers(string username)
    {
        IList<BsUser> list = new List<BsUser>();
        string sql = String.Format("select * from BsUser where username like
  '{0}'", "%" + username + "%");
        DataTable dt = SqlHelper.ExecuteQuery(sql);
        if (dt != null)
        {
            BsUser bsUser = null;
            foreach (DataRow row in dt.Rows)
            {
                bsUser = new BsUser();
                bsUser.ID = (Guid)row["id"];
                bsUser.Username = row["username"].ToString();
                bsUser.Password = row["password"].ToString();
                bsUser.Realname = row["realname"].ToString();
                bsUser.Email = row["email"].ToString();
                bsUser.Phone = row["phone"].ToString();
                bsUser.Address = row["address"].ToString();
                bsUser.Zipcode = row["zipcode"].ToString();
                bsUser.Role = Int32.Parse(row["role"].ToString());
                list.Add(u);
            }
        }
        return list;
    }
}
```

3. BLL 层实现

这里只给出图书分类、图书及用户的业务逻辑类的设计。

（1）实现图书分类业务逻辑类（BsCategoryBLL）和 5.2.1 小节中的一样，这里不再给出。

（2）实现图书业务逻辑类（BsBookBLL），其代码如下所示:

```
using System;
using System.Data;
using System.Data.SqlClient;
using System.Collections.Generic;
public class BsBookBLL:IBsBookBLL
{
    private IBsBookDAL bsBookDAL = new BsBookDAL();
```

```
    public int AddBsBook(BsBook bsBook)
    {
        return bsBookDAL.AddBsBook(bsBook);
    }
    public int EditBsBook(BsBook bsBook)
    {
        return bsBookDAL.EditBsBook(bsBook);
    }
    public int DeleteBsBook(int id)
    {
        return bsBookDAL.DeleteBsBook(id);
    }
    public BsBook FindBsBook(int id)
    {
        return bsBookDAL.FindBsBook(id);
    }
    public IList<BsBook> FindBsBooks(int catID, string name, string author, string
sortExpression, int startRowIndex,int maximumRows)
    {
        return bsBookDAL.FindBsBooks(catID, name, author, sortExpression,
    startRowIndex, maximumRows);
    }
    public int FindCount(int catID, string name, string author)
    {
        return bsBookDAL.FindCount(catID, name, author);
    }
}
```

（3）实现用户业务逻辑类（BsUserBLL），其代码如下所示：

```
using System;
using System.Data;
using System.Data.SqlClient;
using System.Collections.Generic;
public class BsUserBLL:IBsUserBLL
{
    private IBsUserDAL bsUserDAL = new BsUserDAL();
    public int AddBsUser(BsUser bsUser)
    {
        return bsUserDAL.AddBsUser(bsUser);
    }
    public int EditBsUser(BsUser bsUser)
    {
        return bsUserDAL.EditBsUser(bsUser);
    }
    public void DeleteBsUser(int id)
    {
        bsUserDAL.DeleteBsUser(id);
    }
    public BsUser FindBsUser(string username, string password)
    {
        return bsUserDAL.FindBsUser(username,password);
    }
    public BsUser FindBsUser(int id)
    {
        return bsUserDAL.FindBsUser(id);
    }
```

```
    public IList<BsUser> findBsUsers(string username)
    {
        return bsUserDAL.findBsUsers(username);
    }
}
```

5.3　数据绑定与数据绑定控件

数据绑定是 ASP.NET 提供的一种快速实现数据显示和操作界面的方法，数据绑定控件支持数据绑定。

5.3.1　数据绑定简介

ASP.NET 数据绑定具有两种类型：单值绑定和多值绑定。

单值绑定其实就是实现动态文本显示的一种方式。为了实现单值绑定，可以向 ASP.NET 页面文件中添加特殊的数据绑定表达式，主要有以下 4 种。

- <%=xxx %>：它是内联引用方式，可以引用 C#代码。
- <%# xxx %>：可以引用.cs 文件中的代码的字段，但这个字段必须初始化，在 Load 事件中使用 Page.DataBind()方法来实现。
- <%#S xxx %>：可以引用 Web.config 文件中预定义的字段。
- <%# Eval（XXX）%>：在数据绑定控件内使用，获得所绑定数据源的当前字段值。

多值绑定用于数据绑定控件，通过设置数据绑定控件的数据源和数据的显示格式，就可以把数据按照所需的格式显示出来。多值绑定使程序员不用编写循环语句就可把 List 或 DataTable 中的数据添加到控件中，并且支持复杂格式和模板选择。

ASP.NET 提供了一系列数据绑定控件。

- 列表控件，诸如 ListBox、DropDownList、CheckBoxList、RadioButtonList 等。
- HtmlSelect，它是一个 HTML 控件，类似 ListBox 控件。
- GirdView、DetailsView、FormView、ListView 等复杂的数据控件。

数据绑定控件可以与数据源控件直接绑定（通过 DataSourceID 属性）。在后台也可以通过设置控件的 DataSource 属性来绑定数据，设置后要调用控件的 DataBind 方法。

5.3.2　GridView 控件

GridView 控件以表格的形式显示数据。这些数据可以来自数据库，也可来自 XML 文件，还可以来自数据的业务对象。使用 GridView 控件，不但可以对这些数据进行编辑、删除，还可以很方便地进行分页、排序、选择等操作。另外，该控件还提供了多种套用格式，只需要简单选择，就可以轻松完成一个漂亮的页面。

1. GridView 控件的数据绑定

GridView 控件提供了两种数据绑定方式。

- 使用数据源控件绑定。通过 DataSourceID 属性可以将 GridView 控件绑定到数据源控件。使用此方法，允许 GridView 控件利用数据源控件的功能并提供了内置的排序、分页和更新功能。在 5.3 节中的案例都是使用此种方式。

● 使用代码绑定。在代码中设置 GridView 控件的 DataSource 属性来进行数据绑定。使用此方法需要为所有附加功能（如排序、分页和更新）编写代码。在 7.1.4 小节中采用的就是代码绑定方法。

例如，下面的代码将 GridView1 绑定到数据表的默认视图。

```
GridView1.DataSource = dt.DefaultView; //dt 为数据表（DataTable）
GridView1.DataBind();
```

2. GridView 控件的列

当 GridView 控件的属性 AutoGenerateColumn 为 true 时，控件将自动生成数据列。根据需要可自定义 GridView 控件的列，这时需要将属性 AutoGenerateColumn 设置为 false。GridView 控件的列类型如表 5-2 所示。

表 5-2　GridView 控件列的类型

列字段类型	说　明
BoundField	显示数据源中某个字段的值，是默认列类型
ButtonField	可以创建一列自定义按钮控件
CheckBoxField	创建复选框，此列字段类型通常用于显示具有布尔值的字段
CommandField	创建用来执行选择、编辑或删除操作的预定义命令按钮
HyperLinkField	创建超级链接列，可以将另一个字段绑定到超链接的 URL
ImageField	为 GridView 控件中的每一项显示一个图像
TemplateField	根据指定的模板为 GridView 控件中的每一项显示用户定义的内容

GridView 控件的列可以通过【字段】对话框来进行编辑（如果程序员对 GridView 熟悉的话也可以直接在源文件中编辑），进入【字段】对话框的方式有以下两种。

● 选中要编辑的 GridView 控件，单击右上角的【>】，在弹出的菜单中选择【编辑列】命令，即可打开【字段】对话框。

● 选中要编辑的 GridView 控件，在【属烂】窗口中找到 Column 属性，选中该属性，单击在该属性最右边出现的按钮即可打开【字段】对话框。

一般的数据列是 BoundField 类型，主要的属性如下。

● DataField：指定要显示的数据列，如果是实体类指定属性名，如果是数据表指定字段名。

● HeaderText：指定列标题。

● HeaderStyle：定义列标题样式。

● ItemStyle：定义列数据行样式。

● DataFormatString：设置数据格式字符串，占位符由用冒号分隔的两部分组成并用大括号括起，格式为 {A : Bxx}。冒号前的值指定参数列表中的字段值的索引（从 0 开始），该冒号以及冒号后面的值是可选的。冒号后的字符指定值的显示格式。例如，格式化字符串“{0:F2}”将显示带两位小数的定点数。

● ReadOnly：是否不允许对绑定的字段进行编辑。

● SortExpression：与字段关联的排序表达式，用于排序。

3. GridView 控件分页

GridView 控件有一个内置分页功能，把 AllowPaging 属性设置为 true 即可启用 GridView 控件的分页功能。启用分页功能后，可通过如下属性来对分页效果进行设置。

- PageIndex：获取或设置当前页索引，默认为 0。
- PageSize：获取或设置页的大小，默认为 10。
- PageStyle：设置分页导航按钮的样式。
- PagerSettings：设置分页导航行的外观，包含一组属性，如表 5-3 所示。

表 5-3　PagerSettings 的属性

名　称	说　明
FirstPageImageUrl	获取或设置为第一页按钮显示的图像的 URL
FirstPageText	获取或设置为第一页按钮显示的文字
LastPageImageUrl	获取或设置为最后一页按钮显示的图像的 URL
LastPageText	获取或设置为最后一页按钮显示的文字
Mode	获取或设置支持分页的控件中的页导航控件的显示模式
NextPageImageUrl	获取或设置为下一页按钮显示的图像的 URL
NextPageText	获取或设置为下一页按钮显示的文字
PageButtonCount	获取或设置在 Mode 属性设置为 Numeric 或 NumericFirstLast 值时页导航中显示的页按钮的数量
Position	获取或设置一个值，该值指定页导航的显示位置
PreviousPageImageUrl	获取或设置为上一页按钮显示的图像的 URL
PreviousPageText	获取或设置为上一页按钮显示的文字
Visible	获取或设置一个值，该值指示是否在支持分页的控件中显示分页控件

可以通过设置 PagerSettings 的 Mode 属性来自定义分页模式，分页模式如下。

- NextPrevious：上一页和下一页按钮模式。
- NextPreviousFirstLast：上一页、下一页、第一页和最后一页按钮模式。
- Numeric：带编号的链接按钮模式。
- NumericFirstLast：带编号的链接、第一页链接和最后一页链接按钮模式。

使用数据源控件绑定时，不需要编写分页代码。但如果使用代码绑定，需要编写分页事件代码。例如：

```
proetected void GridView1_PageIndexChanging(object sender, GridViewPageEventArgs e)
{
    GridView1.PageIndex = e.NewPageIndex;
    GridView1.DataBind();
}
```

4. GridView 控件排序

在定义列时，对需要排序的列设置 SortExpression 属性，即设置排序表达式，一般为字段的名字。最后将 GridView 控件的 AllowSorting 属性设为 true，即启用排序。

GridView 控件如果直接绑定数据源控件，不需要编写排序代码，但如果采用代码绑定，需要编写排序事件代码。例如：

```
protected void Page_Load(object sender, EventArgs e)
{
    if(!PostBack)
    {
        ViewState["SordE"] = "Name"; //默认的排序字段
```

```
            ViewState["SordD"] = "ASC"; //默认为升序
            Bind();
        }
    }
    private void Bind()
    {
        ……
        DataView dv=dt.DefautView;
        dv.Sort=(String)ViewState["SortE"])+" "+(String)ViewState["SortD"])
    }
    proetected void GridView1_Sortting(object sender, GridViewSortEventArgs e){
        string se = e.SortExpresion;
        if(ViewState["SortE"].ToString()==se)
        {
            if(ViewState["SordD"].ToString()=="ASC")
            {
                ViewState["SordD"] = "Desc";
            }
            else
            {
                ViewState["SordD"] = "ASC";
            }
        }
        else
        {
            ViewState["SortE"].ToString()=se;
        }
    }
```

5. 更新和删除数据

GridView 控件如果直接绑定数据源控件，不需要编写代码，只要启用编辑和启用删除即可。但如果采用代码绑定，需要编写代码，这里不再介绍，读者可查阅官方帮助文档。

5.3.3 DetailsView 控件与 FormView 控件

与 GridView 控件不同的是，DetailsView 控件与 FormView 用于一条记录。

1. DetailsView 控件

DetailsView 控件使用基于表格的布局，在这种布局中，数据记录的每个字段都显示为控件中的一行。它一次显示、编辑、插入或删除一条记录。DetailsView 控件通常用于更新和插入新记录，并且通常在主/详细方案中使用，在这些方案中，主控件（如 GridView）选中的记录在 DetailsView 控件中显示。

❑ **数据绑定**

DetailsView 控件的绑定方法和 GridView 控件类似。选中 DetailsView 控件，单击右上角的【>】，即可弹出【DetailsView 任务】菜单，在该菜单中选择数据源，如图 5-22 所示。

❑ **编辑界面**

在【DetailsView 任务】菜单中选择【编辑字段】命令，打开如图 5-23 所示的【字段】对话框。字段的设置方法类似于 GridView。如果想用可视界面调整格式，可单击【将此字段转换为 TemplateField】,将字段转换成模板字段，然后编辑模板。可以使用 HeaderStyle、RowStyle、AlternatingRowStyle、CommandRowStyle、FooterStyle、PagerStyle、EmptyDataRowStyle 等属性自定义界面样式。

图 5-22　为 DetailsView 选择数据源

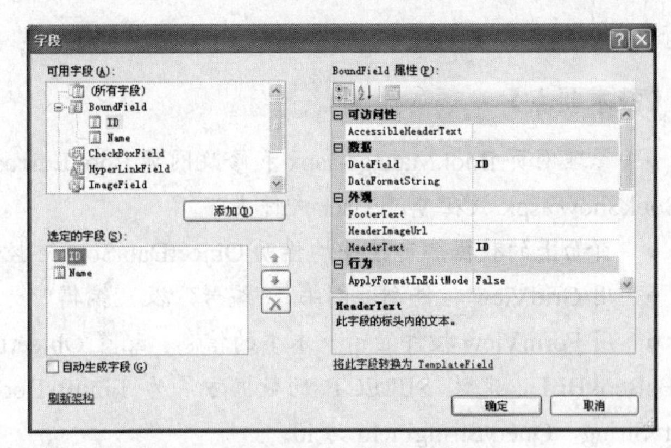

图 5-23　【字段】对话框

❑　DetailsView 分页

DetailsView 控件不支持排序，但可以分页。DetailsView 控件可以自动对其关联数据源中的数据进行分页，但前提是数据由支持 ICollection 接口的对象表示或基础数据源支持分页。若要启用分页，只需将 AllowPaging 属性设置为 true。

❑　DetailsView 的状态

DetailsView 的状态有 3 种，即 Read Only（只读）、Edit（编辑）和 Insert（插入），默认状态可使用 DefaultMode 属性设置。

2. FormView 控件

FormView 控件与 DetailsView 控件非常相似。两者的差别在于 DetailsView 控件使用预定义的表格布局，而 FormView 控件没有预定义布局。FormView 控件具有极强的自定义功能，通过模板定义各种模式的用户界面。

❑　显示模板

FormView 控件的主要显示模板是 ItemTemplate 模板。该模板以只读模式显示绑定的数据，一般包含只显示数据的控件（如 Label 控件），并使用单向数据绑定的 Eval 方法进行数据绑定。模板中也可以包含命令控件（如 LinkButton），用于切换模式或删除记录。单击命令控件时，基于 CommandName 属性值更改 FormView 控件的模式。CommandName 值为 New 时切换到插入模式，为 Edit 时切换到编辑模式，为 Delete 时删除当前记录。

除 ItemTemplate 模板外，FormView 控件的显示模板还有 EmptyDataTemplate（空数据模板）、HeaderTemplate（头模板）和 FooterTemplate（脚注模板）。

❑　编辑和插入模板

EditItemTemplate 模板用于编辑记录，InsertItemTemplate 模板用于插入新记录。这两个模板通常包含输入控件，如 TextBox、CheckBox 等，也可以包含显示只读信息的控件，或用于切换模式的命令控件。模板中使用双向数据绑定的 Bind 方法绑定数据。

5.3.4　案例 5-3 实现书城网站的图书管理

图书管理是指对图书的浏览、显示、添加、修改和删除。由于图书的添加涉及图像的上传，这里只给出浏览、显示、修改和删除的实现，图书的添加将在 7.5.4 小节介绍。图书管理网页运行效果如图 5-24 所示。在图书管理页面，单击图书的编号，可打开图书显示网页，如图 5-25 所示。在图书管理页面，单击“删除”即可删除所在行的记录；单击“编辑”即可打开图书修改网页，运行效果如图 5-26 所示。

【技术要点】

● 管理网页 BookManage.aspx 和修改网页 BookEdit.aspx 放在 Web/Admin 文件夹下，显示网页 BookShow.aspx 放在 Web/User 文件夹下。

● 页面上的数据绑定控件均借助 ObjectDataSource 控件绑定到业务对象。

● 用 GridView 控件浏览图书，“编号”及“编辑”为超级链接列，“类别”为模板列。

● 用 FormView 控件显示一本书的信息，配置 ObjectDataSource 控件数据源时，选择业务对象 BsBookBLL，定义 SELECT 的数据方法为 FindBsBook，并定义 SELECT 参数，参数源为 QueryString，QueryStringField 为 id。

● 用 DetailsView 控件修改图书，配置 ObjectDataSource 控件数据源时，选择业务对象 BsBookBLL，定义 SELECT 和 UPDATE 的数据方法分别为 FindBsBook 和 EditBsBook，定义参数同上。DetailsView 控件的 DefaultMode 属性设为 Edit。

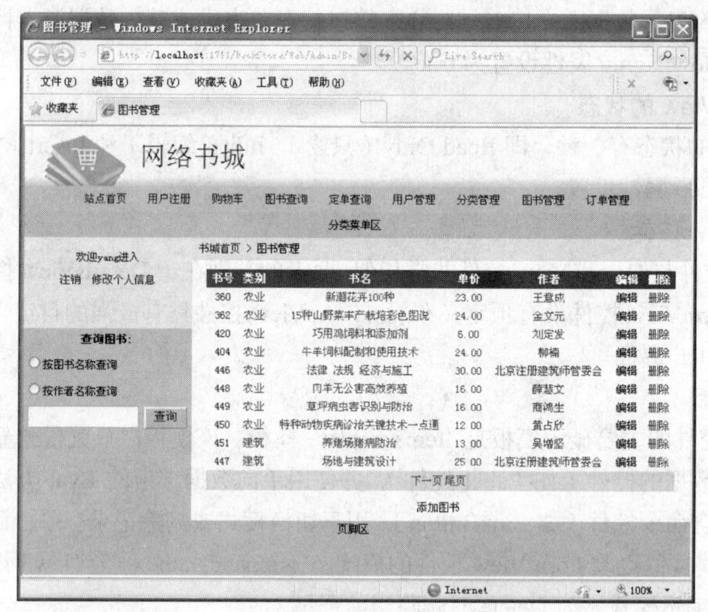

图 5-24 图书管理界面

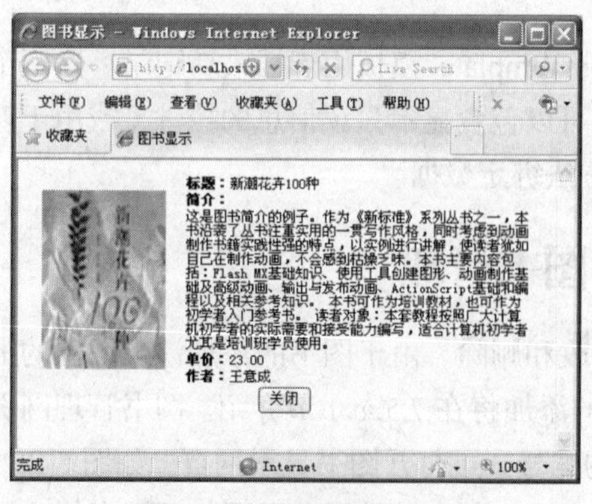

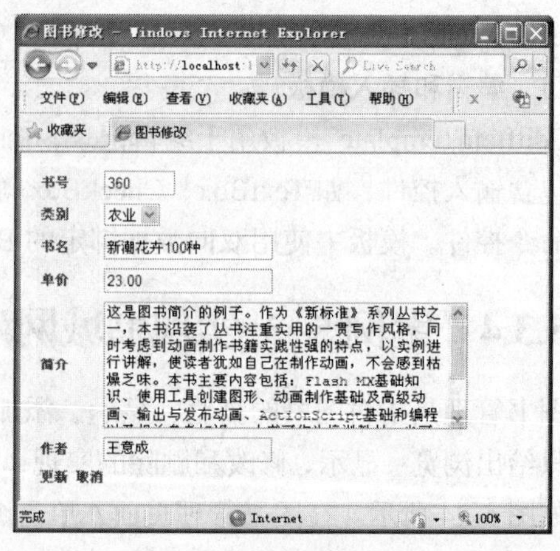

图 5-25 图书显示界面

图 5-26 图书修改界面

【设计步骤】

1. 建立图书管理页

（1）在 Web/Admin 文件夹下建立一个内容页 BookManage.aspx，设置标题为“图书管理”。

（2）在 BookManage.aspx 页面上放置一个 GridView 控件和一个 ObjectDataSource 控件。

（3）为 ObjectDataSource1 配置数据源，选择业务对象 BsBookBLL，定义 SELECT 和 DELETE 的数据方法分别为 FindBsBooks 和 DeleteBsBook。为 SELECT 配置参数，catID 的【参数源】设为 none，【DefaultValue】设为 0; name 的【参数源】设为 Session，【SessionField】设为 name，【DefaultValue】不设置（保留空字符串）; author 的【参数源】设为 Session，【SessionField】设为 author，【DefaultValue】不设置。

（4）切换到【源】视图，从 ObjectDataSource1 中删除 sortExpression、startRowIndex 和 maximumRows 3 个参数。

（5）切换到【设计】视图，设置 ObjectDataSource1 控件的 EnablePaging 属性设为 true，SelectCountMethod 属性设为 FindCount，SortParameterName 属性设为 sortExpression。

（6）选中 GridView1 控件，单击右上角的【>】，弹出【GridView 任务】菜单，【选择数据源】设为“ObjectDataSource1”，选中【启用删除】和【启用分页】复选框。

（7）单击【自动套用格式】，打开【自动套用格式】对话框，选择【彩色型】，如图 5-27 所示，单击【确定】按钮。

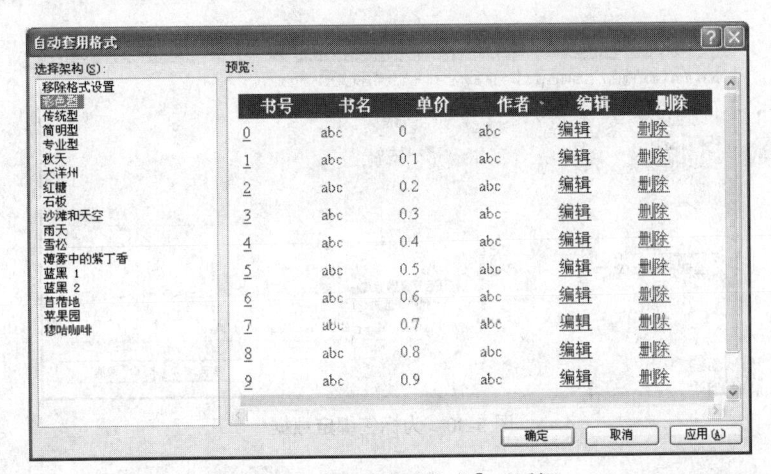

图 5-27 【自动套用格式】对话框

（8）在【GridView 任务】菜单中单击【编辑列】，打开【字段】对话框。在该对话框中，不选择【自动生成字段】复选框，删除 ID、Image 和 Summary 列，剩余各列的标题改成中文，如图 5-28 所示。

（9）添加一个 HyperLinkField 列，移到最前面，设置 DataNavigateUrlFields 为“ID”，DataNavigateUrlFormatString 为“~/Web/User/BookShow.aspx?id={0}”（DataNavigateUrlFields 指定的字段值用于替换{0}），DataTextField 为 ID，设置 HeaderText 为“书号”。

（10）添加一个 BoundField 列，移到第 2 个位置，将 HeaderText 设为“类别”，单击【将此字段转换为 TemplateField】，将此字段就转换成模板字段，单击【确定】按钮。

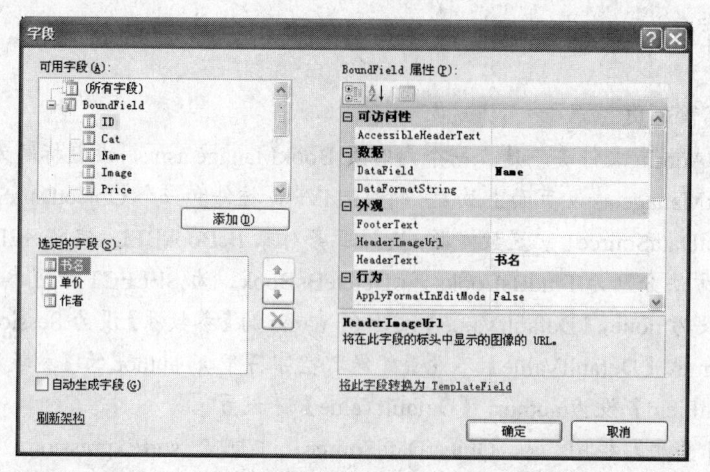

图 5-28　编辑 GridView1 的列

（11）在【GridView 任务】菜单中，单击【编辑模板】，打开如图 5-29 所示界面。

（12）选中 Label1，单击其右上角的【>】，弹出【Label 任务】菜单，单击【编辑 DataBindings…】，打开【Label1 DataBindings】对话框。为 Text 属性设置自定义绑定，如图 5-30 所示，单击【确定】按钮。

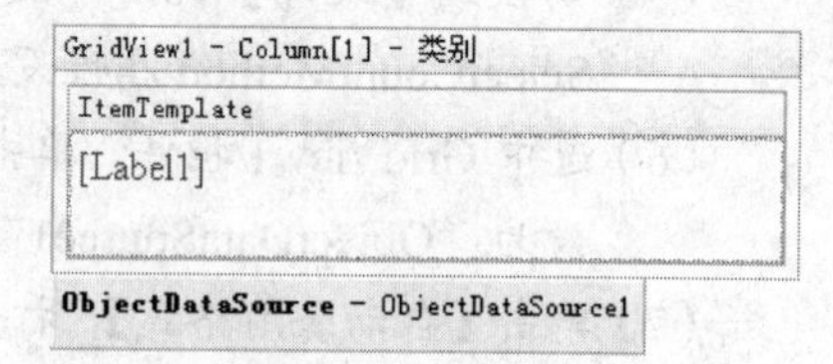

图 5-29　编辑模板列

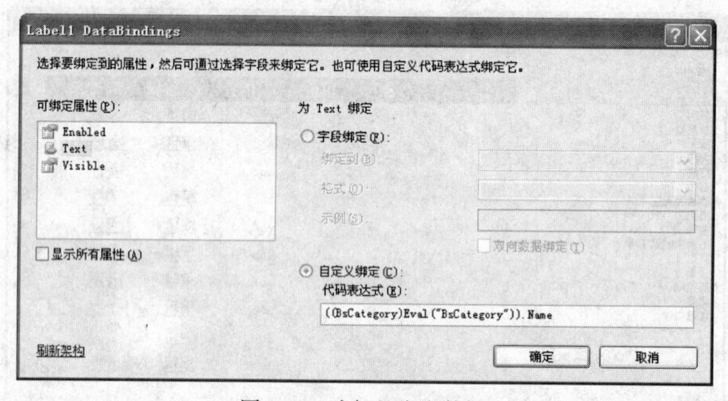

图 5-30　为标签绑定数据

（13）在【GridView 任务】菜单中，单击【结束模板编辑】，结束模板编辑。

（14）在【GridView 任务】菜单中单击【编辑列】，再次打开【字段】对话框，添加一个 HyperLinkField 类型的列，设置 DataNavigateUrlFields 为 ID，设置 DataNavigateUrlFormatString 为“~/Web/Admin/BookEdit.aspx?id={0}”，不设置 DataTextField，设置 Text 为“编辑”，HeaderText 为“编辑”。再添加一个【删除】列，并设置 HeaderText 为“删除”。

（15）设置各列的 HeaderStyle 中的 Width，以调整各列的宽度。

（16）单击【确定】按钮，关闭【字段】对话框。

（17）设置 GridView1 属性。PagerSettings 中的 Mode（分页模式）设为 NextPreviousFirstLast，FirstPageText 设为“首页”，LastPageText 设为“尾页”，NextPageText 设为“下一页”，PreviousPageText 设为“前一页”，DataKeyNames 为 ID。设置 AllowSorting 属性为 true

（启用排序），HorizontalAlign 属性为 Center（居中）。

（18）浏览 BookManage.aspx，运行效果如图 5-24 所示。

2. 建立图书显示页

（1）在 Web/User 文件夹下建立网页 BookShow.aspx，设置标题为“图书显示”。

（2）在 BookShow.aspx 页面上放置一个 FormView 控件、一个 ObjectDataSource 控件和一个 HTML 按钮。

（3）为 ObjectDataSource1 配置数据源，选择业务对象 BsBookBLL，定义 SELECT 的数据方法为 FindBsBook，并定义 SELECT 参数，id 的【参数源】设为 QueryString，【QueryStringField】设为 id，【DefaultValue】不设置。

（4）选中 FormView1 控件，单击右上角的【>】，弹出【FormView 任务】菜单，【选择数据源】设为“ObjectDataSource1”。

（5）单击【编辑模板】，进入模板编辑状态。在 ItemTemplate 中添加一个 5 行 2 列的 HTML 表格，合并第 1 列的单元格。在第 1 列添加一个 Image 控件，在第 2 列的 1、3、4、5 行各添加一个 Literal 控件，如图 5-31 所示。

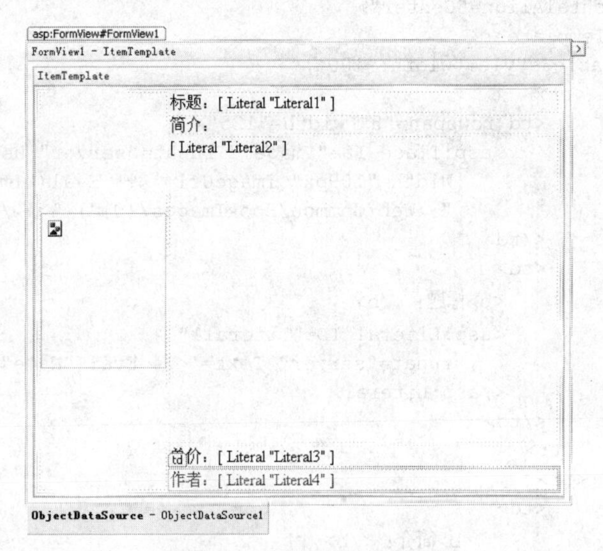

图 5-31　在模板中添加控件

（6）对各控件设置数据绑定，以 Literal1 为例，绑定表达式为 Bind ("ID")。

（7）结束模板编辑。

（8）设置 FormView1 控件的 HorizontalAlign 属性为 Center。

（9）选择 Button1，将其标题设为“关闭”，双击该按钮，编写客户端代码如下：

```
<script language="javascript" type="text/javascript">
// <!CDATA[
function Button1_onclick() {
   window.close();
}
// ]]>
</script>
```

最后的页面代码如下：

```
<%@ Page Language="C#" AutoEventWireup="true" CodeFile="BookShow.aspx.cs"
```

```
Inherits="Web_Book_BookShow" %>
<!DOCTYPE html PUBLIC "-//W3C//DTD XHTML 1.0 Transitional//EN"
"http://www.w3.org/TR/xhtml1/DTD/xhtml1-transitional.dtd">
<html xmlns="http://www.w3.org/1999/xhtml">
<head runat="server">
    <title>图书显示</title>
    <script language="javascript" type="text/javascript">
        // <!CDATA[
        function Button1_onclick() {
            window.close();
        }
        // ]]>
    </script>
</head>
<body>
    <form id="form1" runat="server">
    <div>
        <br />
        <asp:FormView ID="FormView1" runat="server"
            DataSourceID="ObjectDataSource1" Width="433px"
            HorizontalAlign="Center">
            <ItemTemplate>
                <table style="width: 100%;">
                    <tr>
                        <td rowspan="5" width="125">
                            <asp:Image ID="Image1" runat="server" Height="152px"
                                Width="109px" ImageUrl='<%# Eval("Image",
                                "~/Web/Common/BookImages/{0}") %>' />
                        </td>
                        <td>
                            <b>标题: </b>
                            <asp:Literal ID="Literal1"
                                runat="server" Text='<%# Eval("Name") %>'>
                            </asp:Literal>
                        </td>
                    </tr>
                    <tr>
                        <td>
                               <b>简介: </b>
                        </td>
                    </tr>
                    <tr>
                        <td valign="top">
                            <asp:Literal ID="Literal2" runat="server"
                                 Text='<%# Eval("Summary") %>'></asp:Literal>
                        </td>
                    </tr>
                    <tr>
                        <td>
                            <b>单价: </b>
                            <asp:Literal ID="Literal3" runat="server"
                                 Text='<%# Eval("Price","{0:F2}") %>'>
                            </asp:Literal>
                        </td>
                    </tr>
                    <tr>
```

```
                    <td>
                        <b>作者: </b>
                        <asp:Literal ID="Literal4" runat="server"
                             Text='<%# Eval("Author") %>'></asp:Literal>
                    </td>
                </tr>
            </table>
        </ItemTemplate>
    </asp:FormView>
    <asp:ObjectDataSource ID="ObjectDataSource1" runat="server"
        SelectMethod="FindBook"  TypeName="BookService">
        <SelectParameters>
            <asp:QueryStringParameter Name="id" QueryStringField="id"
                Type="Int32" />
        </SelectParameters>
    </asp:ObjectDataSource>
    <center>
        <input id="Button1" type="button" value="关闭"
            onclick="return Button1_onclick()" /></center>
    </div>
    </form>
</body>
</html>
```

（10）浏览图书管理网页，在界面上单击图书编号，即可打开图书显示网页，运行效果如图 5-25 所示。

3. 建立图书修改网页

（1）在 Web/Admin 文件夹下建立一个网页 BookEdit.aspx，设置标题为“图书修改”。

（2）在 BookEdit.aspx 页面上放置一个 DetailsView 控件和一个 ObjectDataSource 控件。

（3）为 ObjectDataSource1 配置数据源，选择业务对象 BsBookBLL，定义 SELECT 和 UPDATE 的数据方法分别为 FindBsBook 和 EditBsBook。为 SELECT 方法设置参数 id，【参数源】设为 QueryString，【QueryStrinField】设为 id，【DefaultValue】不设置。

（4）选中 DetailsView1，单击右上角的【>】，弹出【DetailsView 任务】菜单，设置【自动套用格式】为【彩色型】，【选择数据源】为“ObjectDataSource1”，选中【启用编辑】、【启用排序】和【启用删除】3 个复选框。

（5）单击【编辑字段】，打开【字段】对话框。在该对话框中删除 Image 字段（对该字段不进行修改），将其他各字段的 HeaderText 改成中文，如图 5-32 所示。

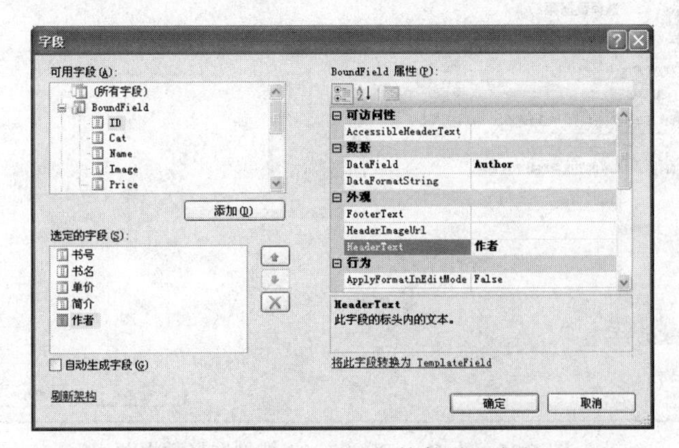

图 5-32 为 DetailsView 控件设置字段

（6）选择【简介】字段，单击【将此字段转换为 TemplateField】，将其转换成模板字段。

（7）再添加一个 BoundField 列，标题设为“类别”，移到【书名】前，并转换为模板字段。单击【确定】按钮，关闭【字段】对话框。

（8）在【DetailsView 任务】菜单中单击【编辑模板】，进入模板编辑状态，选择【简介】的 EditItemTemplate，设置文本框的 TextMode 属性为 MultiLine（即修改成多行文本），调整文本框的大小，如图 5-33 所示。

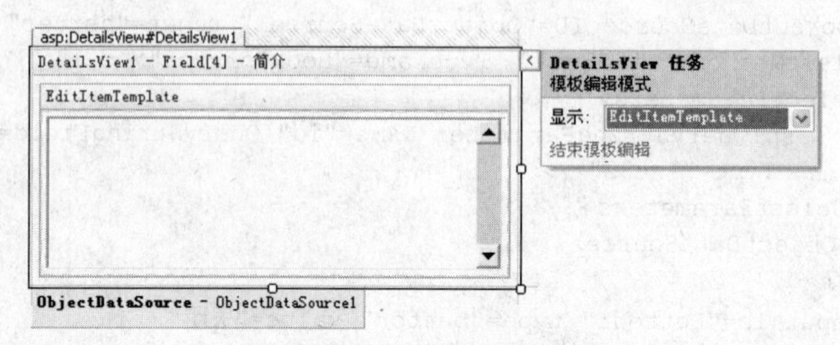

图 5-33 “简介”字段的编辑模板

（9）编辑【类别】列的 EditItemTemplate，添加一个 DropDownList 控件和一个 ObjectDataSource 控件 ObjectDataSource2，如图 5-34 所示。

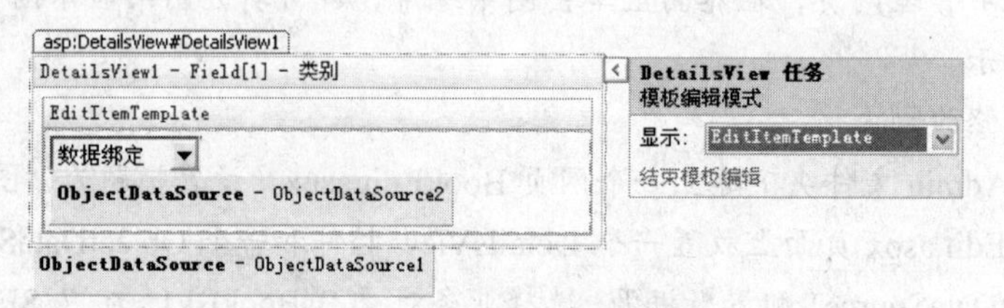

图 5-34 “类别”字段的编辑模板

（10）为 ObjectDataSource2 配置数据源，选择业务对象 BsCategoryBLL，定义 SELECT 的数据方法为 FindBsCategories。选中 DropDownList1 控件，单击右上角的【>】，弹出【DropDownList 任务】菜单，单击【选择数据源】，打开【选择数据源】对话框，为其选择数据源，如图 5-35 所示，单击【确定】按钮。

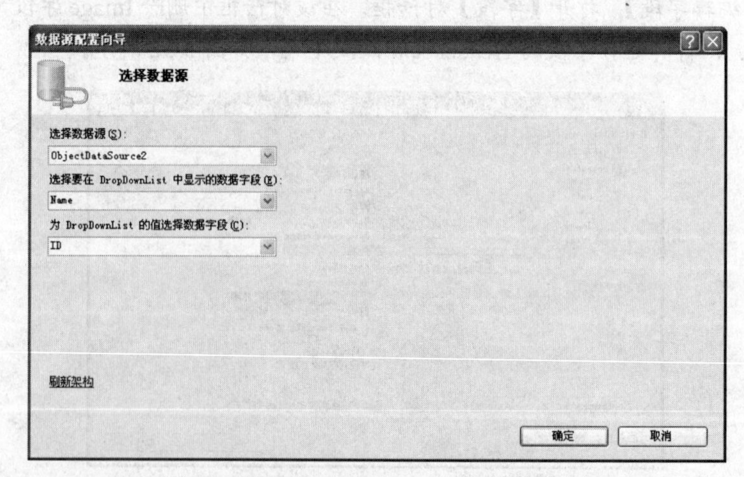

图 5-35 为 DropDownList1 控件选择数据源

（11）在【DropDownList 任务】菜单中单击【编辑 DataBindings…】,打开【DropDownList1 DataBindings】对话框,编辑数据绑定,设置 SelectedValue 的绑定表达式为 Bind("CatID")。

（12）结束模板编辑。

（13）设置 DetailsView1 的属性。FieldHeaderStyle.Width 设为 50px，DefaultMode 设为 Edit，HorizontalAlign 设为 Center。

（14）为 ObjectDataSource1 添加 Updated 事件，并编写如下事件处理代码，以获得影响记录的行数。

```
protected void ObjectDataSource1_Updated(object sender, bjectDataSourceStatusEventArgs e)
{
    e.AffectedRows = (int)e.ReturnValue;
}
```

（15）为 DetailsView1 添加 ItemUpdated 事件，并编写如下事件处理代码。

```
protected void DetailsView1_ItemUpdated(object sender, DetailsViewUpdatedEventArgs e)
{
    if (e.Exception == null)
    {
        if (e.AffectedRows > 0)
        {
            this.ClientScript.RegisterClientScriptBlock(this.GetType(), "",
    "alert('修改成功');window.location.href='BookManage.aspx'", true);
            return;
        }
    }
    this.ClientScript.RegisterClientScriptBlock(this.GetType(), "",
"alert('修改失败');", true);
 }
 protected void DetailsView1_ModeChanging(object sender,
DetailsViewModeEventArgs e)
{
    if (e.CancelingEdit)
    {
        Response.Redirect("BookManage.aspx");
    }
}
```

5.4 其他数据绑定控件

除了上一节介绍的数据绑定控件外，还有 DataList、Reapter 和 ListView 也是数据绑定控件。

5.4.1 DataList 控件与 Repeater 控件

DataList 控件和 Reapter 控件用于显示多条记录，但与 GridView 控件不同的是，它们必须编辑模板列。DataList 控件有内置的布局，而 Repeat 控件没有。

1. DataList 控件

DataList 控件用自定义的格式显示数据。显示数据的格式在创建的模板中定义。可以为项、交替项、选定项和编辑项创建模板，也可以使用标题、脚注和分隔符模板自定义 DataList 的整体外观。DataList 控件的模板如表 5-4 所示。

表 5-4　DataList 控件的模板

模板属性	说　明
ItemTemplate	包含一些 HTML 元素和控件，将为数据源中的每一行呈现一次这些 HTML 元素和控件
AlternatingItemTemplate	包含一些 HTML 元素和控件,将为数据源中的每两行呈现一次这些 HTML 元素和控件。通常，用户可以使用此模板来为交替行创建不同的外观，如指定一个与在 ItemTemplate 属性中指定的颜色不同的背景色
SelectedItemTemplate	包含一些元素，当选择 DataList 控件中的某一项时将呈现这些元素。通常，用户可以使用此模板来通过不同的背景色或字体颜色直观地区分选定的行，还可以通过显示数据源中的其他字段来展开该项
EditItemTemplate	指定当某项处于编辑模式中时的布局。此模板通常包含一些编辑控件，如 TextBox 控件
HeaderTemplate 和 FooterTemplate	包含在列表的开始和结束处分别呈现的文本和控件
SeparatorTemplate	包含在每项之间呈现的元素。典型的示例可能是一条直线（使用 HR 元素）

DataList 控件允许使用多种方法显示控件中的项。可以指定控件以流模式或以表模式呈现项。流模式不使用表格，适合于简单布局。表模式以表格形式显示项，可提供控制更为精确的布局，还允许使用 CellPadding 等表属性。

将 DataList 控件的 RepeatLayout 属性设置为 Flow 或 Table，可指定是流模式或表模式，默认是表模式。此外，通过 RepeatColumns 属性可指定列数，通过 RepeatDirection 属性可设置排列方向。

2. Repeater 控件

Repeater 控件与 DataList 控件类似，但它不提供内置的布局，需使用模板创建 Repeater 控件的布局。当该页运行时，Repeater 控件依次呈现数据源中的记录，并为每个记录呈现一个项。Repeater 控件支持的模板如表 5-5 所示。

表 5-5　Repeater 控件支持的模板

模板属性	说　明
ItemTemplate	包含要为数据源中每个数据项都要呈现一次的 HTML 元素和控件
AlternatingItemTemplate	包含要为数据源中每个数据项都要呈现一次的 HTML 元素和控件。通常，可以使用此模板为交替项创建不同的外观，如指定一种与在 ItemTemplate 中指定的颜色不同的背景色
HeaderTemplate 和 FooterTemplate	包含在列表的开始和结束处分别呈现的文本和控件
SeparatorTemplate	包含在每项之间呈现的元素。典型的示例可能是一条直线（使用 HR 元素）

5.4.2　案例 5-4 实现书城网站图书分类菜单

将图书分类数据表的数据读取出来，以菜单的方式列出，当用户单击分类时，可显示相应分类的图书。运行界面如图 5-36 所示。

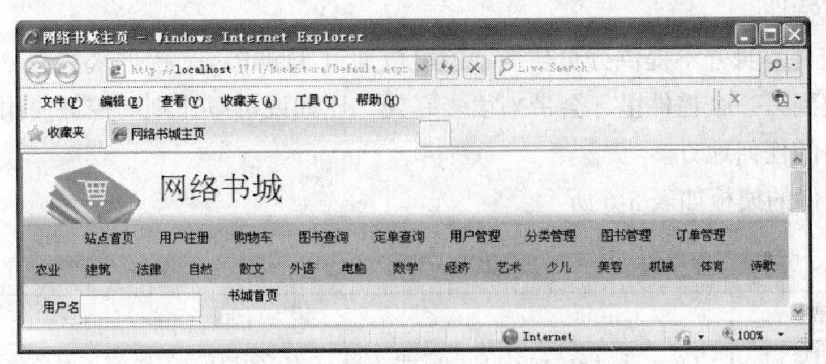

图 5-36　增加分类菜单后的界面

【技术要点】

- 在 Web/Common/Controls 下建立一个用户控件 CatMenu.ascx。
- 在用户控件上用 DataList 控件显示图书分类，其属性 RepeatDirection 设为 Horizontal，Width 设为 100%。
- 每个图书分类用一个 LinkButton 来显示。

【设计步骤】

（1）在 Web/Common/Controls 文件下添加一个 Web 用户控件 CatMenu.ascx。

（2）在 CatMenu.ascx 页面上添加一个 DataList 控件和一个 ObjectDataSource1 控件。

（3）为 ObjectDataSource1 配置数据源，选择业务对象 BsCategoryBLL，定义 SELECT 的数据方法为 FindBsCategories。

（4）选中 DataList1 控件，单击右上角的【>】，弹出【DataList 任务】菜单，【选择数据源】设为“ObjectDataSource1”。

（5）在【DataList 任务】菜单中，单击【编辑模板】进入模板编辑状态。删除 ItemTemplate 中的内容，添加一个 LinkButton，并设置数据绑定，CommandArgument 绑定 ID 字段，Text 绑定 Name 字段。

（6）为 LinkButton1 添加 Command 事件，并编写事件处理程序，代码如下：

```
protected void LinkButton1_Command(object sender, CommandEventArgs e)
{
    Session["catID"] = e.CommandArgument;
    Response.Redirect("~/Default.aspx");
}
```

（7）结束编辑模板。

（8）设置 DataList1 的属性，RepeatDirection 设为 Horizontal，Width 设为 100%。

（9）将 CatMenu.ascx 控件拖曳到母版页中。

5.4.3　ListView 控件与 DataPager 控件

ListView 是一个功能更加丰富的数据绑定控件，DataPager 控件用来配合 ListView 实现分页。

1. ListView 控件

ListView 控件可以看成是 DataGrid 和 Repeater 的结合体，它既有 Repeater 控件的开放式模板，又具有 DataGrid 控件的编辑特性。相比 DataGird，它提供更加丰富的布局手段，同时又具有

DataGrid 的所有特性。

ListView 控件本身并不提供分页功能，但可以通过 DataPager 控件来实现分页的特性。把分页的特性单独放到另一个控件里，会带来很多好处，比如说可以让别的控件使用它，又比如说可以把它放在页面的任何地方。

ListView 控件的模板如表 5-6 所示。

表 5-6　　ListView 控件的模板

模板类型	说　明
LayoutTemplate	定义容器对象（如 table、div 或 span 元素）的根模板，该容器对象将包含 ItemTemplate 或 GroupTemplate 模板中定义的内容。它还可能包含一个 DataPager 对象
ItemTemplate	定义为各项显示的数据绑定内容
ItemSeparatorTemplate	定义在各项之间呈现的内容
GroupTemplate	定义容器对象，如表行（tr）、div 或 span 元素，其中将包含 ItemTemplate 和 EmptyItem Template 模板中定义的内容。组中显示的项数由 GroupItemCount 属性指定
GroupSeparatorTemplate	定义在项组之间呈现的内容
EmptyItemTemplate	定义在使用 GroupTemplate 模板时为空项呈现的内容。例如，如果 GroupItemCount 属性设置为 5，从数据源返回的总项数为 8，则 ListView 控件显示的最后一组数据将包含 ItemTemplate 模板指定的 3 个项和 EmptyItemTemplate 模板指定的 2 个项
EmptyDataTemplate	定义在数据源未返回数据时呈现的内容
SelectedItemTemplate	定义为所选数据项呈现的内容，用以区分所选项和其他项
AlternatingItemTemplate	定义为交替项呈现的内容，以便更容易区分连续项
EditItemTemplate	定义在编辑项时呈现的内容。对于正在编辑的数据项，将呈现 EditItemTemplate 模板以取代 ItemTemplate 模板
InsertItemTemplate	定义要呈现以便插入项的内容。将在 ListView 控件显示的项的开始或末尾处呈现 InsertItemTemplate 模板，以取代 ItemTemplate 模板。可以使用 ListView 控件的 InsertItemPosition 属性指定在何处呈现 InsertItemTemplate 模板

2. DataPager 控件

DataPager 控件用于对数据进行分页以及为实现 IPageableItemContainer 接口的数据绑定控件显示导航控件。ListView 控件就是实现 IPageableItemContainer 接口的一个示例。

可以通过使用 PagedControlID 属性将 DataPager 控件与数据绑定控件关联起来。也可以选择将 DataPager 控件置于数据绑定控件层次结构的内部。例如，在 ListView 控件中，可以将 DataPager 控件置于 LayoutTemplate 模板内部。

为了使 DataPager 控件显示导航控件，必须向该控件添加页导航字段。页导航字段派生自 DataPagerField 类。表 5-7 所示为 DataPager 的页导航字段类型。

表 5-7　　DataPager 的页导航字段类型

页导航字段类型	说　明
NextPreviousPagerField	使用户能够逐页浏览页面，或跳到第一页或最后一页
NumericPagerField	使用户能够按照页码选择页面
TemplatePagerField	使用户可以创建自定义分页 UI

5.4.4 案例 5–5 实现书城网站的主界面

书城网站的主界面分页显示图书，每本书要显示图像、书名、作者及加入购物车。单击书名可查看图书的详细信息。运行界面如图 5-37 所示。

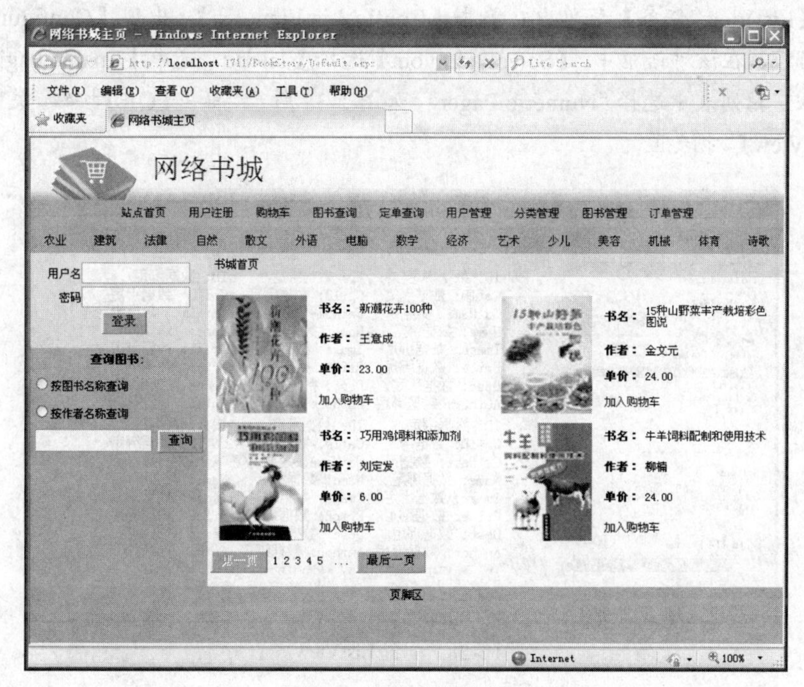

图 5-37 网络书城主界面

【技术要点】

- 在站点根目录下建立内容页 Default.ascx。
- 使用 ListView 控件显示图书，配合 DataPager 控件实现分页。

【设计步骤】

（1）在站点根目录上单击鼠标右键，在弹出的快捷菜单中选择【添加新项】命令，选择【Web 窗体】模板，名称设为 Default.aspx，选中【选择母版页】复选框，单击【添加】按钮。

（2）在打开的【选择母版页】对话框中，选择 Web/Common/MasterPage.master 母版，单击【确定】按钮，即建立内容页 Default.aspx。

（3）在 Default.aspx 页面上添加一个 ListView 控件和一个 ObjectDataSource1 控件。

（4）为 ObjectDataSource1 配置数据源，选择业务对象为 BsBookBLL，定义 SELECT 的数据方法为 FindBsBooks。为 SELECT 配置参数，catID 的【参数源】设为 none，【DefaultValue】设为 0；name 的【参数源】设为 Session，【SessionField】设为 name，【DefaultValue】不设置（保留空字符串）；author 的【参数源】设为 Session，【SessionField】设为 author，【DefaultValue】不设置。

（5）切换到【源】视图，从 ObjectDataSource1 中删除 sortExpression、startRowIndex 和 maximumRows 3 个参数。

（6）切换到【设计】视图，设置 ObjectDataSource1 控件的 EnablePaging 属性设为 true，SelectCountMethod 属性设为 FindCount，SortParameterName 属性设为 sortExpression。

（7）选中 ListView1 控件，单击右上角的【>】，弹出【ListView 任务】菜单，【选择数据源】设为“ObjectDataSource1”。

（8）在【ListView 任务】菜单中，单击【Config ListView ...】，出现【Configure ListView】对话框，在该对话框中，【Select a Layout】选择【Tiled】，选中【Enable Paging】复选框，并从下拉列表中选择“Numeric Pager”，如图 5-38 所示，单击【OK】按钮，关闭【Configure ListView】对话框。

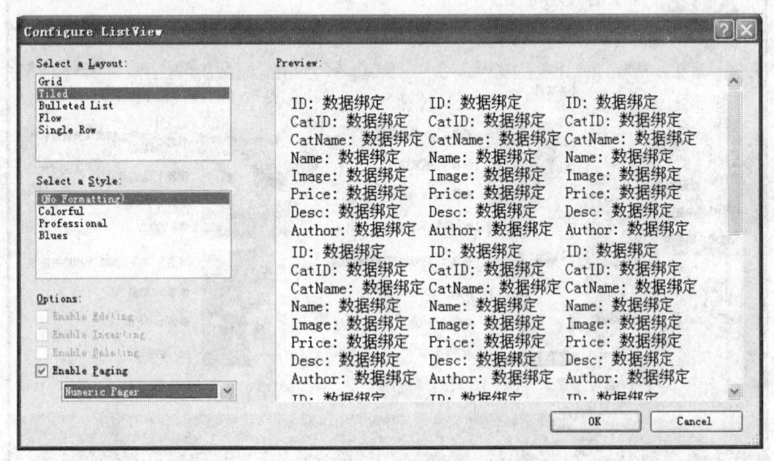

图 5-38 配置 ListView

（9）在【ListView 任务】菜单中，从【Current View】下拉列表中选择“ItemTemplate”，进入模板设计状态。如图 5-39 所示。

（10）将<td>中的内容删除，重新设计内容。添加一个 4 行 3 列的 HTML 表格，合并第 1 列各单元格，第 2 列第 4 行和第 3 列第 4 行的两个单元格合并。在第 1 列添加 1 个 Image 控件；在第 3 列的第 1 行添加 1 个 HyperLink 控件，第 2、3 行各放置 1 个 Literal 控件。第 4 行放置 1 个 HyperLink 控件。对各控件设置数据绑定。HyperLink1 的 Target 属性设为“_blank”。修改后的 Itme Template 模板如图 5-40 所示。

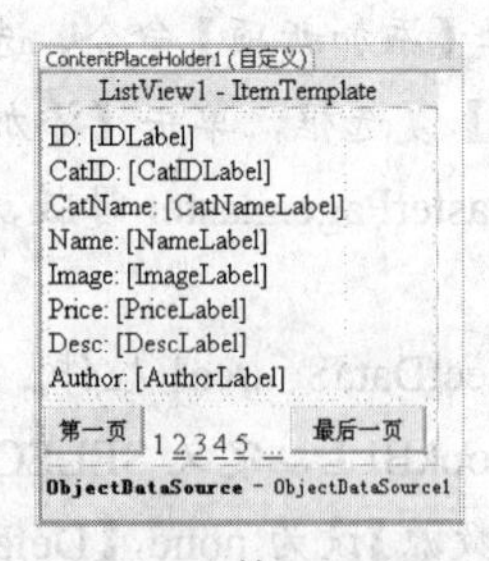

图 5-39 ListView1 的 ItemTemplate 模板

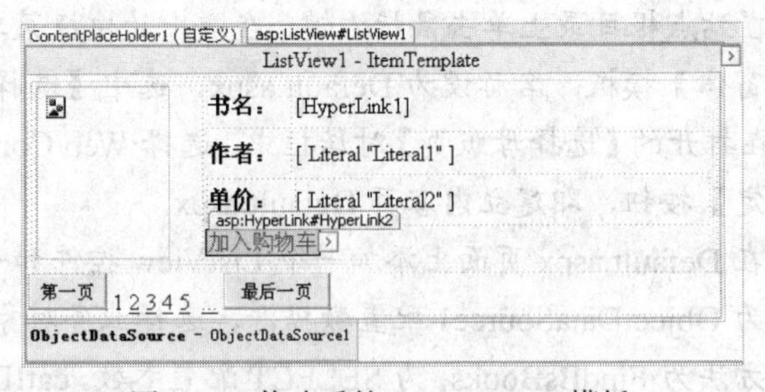

图 5-40 修改后的 ItemTemplate 模板

（11）切换到【源】视图，删除不需要的 AlternatingItemTemplate、InsertItemTemplate、EditItemTemplate 和 SelectedItemTemplate 模板。

（12）切换到【设计】视图，设置 ListView1 属性，GroupItemCount 设为 2，HorizontalAlign 设为 Center。

（13）选中 DataPager1 控件，单击右上角的【>】，弹出【DataPager 任务】菜单，选择【Choose Pager Style】为【Next/Previous Pager】。单击【Edit Pager Fields】，出现如图 5-41 所示的对话框，选择【ButtonType】为 Link 类型（超级连接类型）。

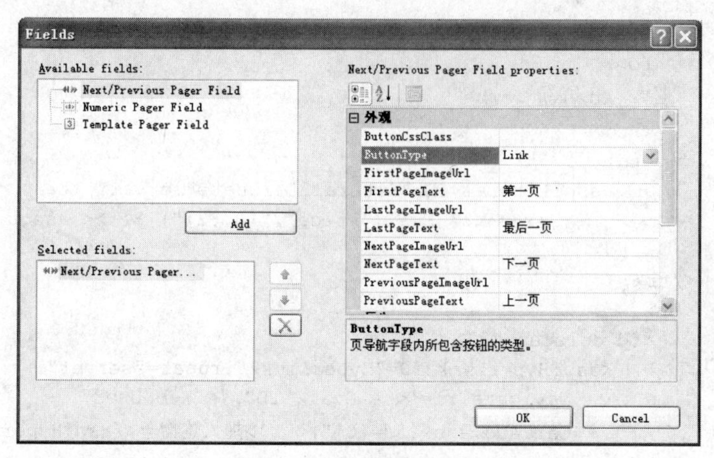

图 5-41　设置分页字段

（14）设置 DataPager1 的 PageSize 属性为 4。最后的页面代码如下：

```
<%@ Page Language="C#" MasterPageFile="~/Web/Common/MasterPage.master" AutoEventWireup=
"true" CodeFile="Default.aspx.cs" Inherits="web_Default"Title="网络书城主页" %>
<asp:Content ID="Content1" ContentPlaceHolderID="ContentPlaceHolder1"
    runat="Server">
   <asp:ListView ID="ListView1" runat="server"
       DataSourceID="ObjectDataSource1" GroupItemCount="2">
     <EmptyItemTemplate>
         <td runat="server" />
     </EmptyItemTemplate>
     <ItemTemplate>
        <td runat="server">
          <table style="width: 100%;">
            <tr>
                <td rowspan="4" width="120">
                    <asp:Image ID="Image1" runat="server" Height="124px"
                         ImageUrl='<%# Eval("Image","~/Web/Common/BookImages
                         /{0}")%>' Width="97px" />
                </td>
                <td width="60">
                    <b>书名：</b>
                </td>
                <td width="300">
                    <asp:HyperLink ID="HyperLink1" runat="server"
                          NavigateUrl='<%# Eval("ID","~/Web/User/BookShow.asp
                          x?id={0}") %>' Target="_blank"
                          Text='<%# Eval("Name") %>'></asp:HyperLink>
                </td>
            </tr>
            <tr>
                <td>
                    <b>作者：</b>
                </td>
```

```
                <td>
                    <asp:Literal ID="Literal1" runat="server"
                        Text='<%# Eval("Author") %>'></asp:Literal>
                </td>
            </tr>
            <tr>
                <td>
                    <b>单价: </b>
                </td>
                <td>
                    <asp:Literal ID="Literal2" runat="server"
                        Text='<%# Eval("Price","{0:F2}") %>'></asp:Literal>
                </td>
            </tr>
            <tr>
                <td colspan="2">
                    <asp:HyperLink ID="HyperLink2" runat="server"
                        NavigateUrl='<%# Eval("ID","~/Web/User/
                        CartAdd.aspx?id={0}") %>'>加入购物车</asp:HyperLink>
                </td>
            </tr>
        </table>
    </td>
</ItemTemplate>
<LayoutTemplate>
    <table runat="server">
        <tr runat="server">
            <td runat="server">
                <table id="groupPlaceholderContainer" runat="server"
                    border="0">
                    <tr id="groupPlaceholder" runat="server"></tr>
                </table>
            </td>
        </tr>
        <tr runat="server">
            <td runat="server">
                <asp:DataPager ID="DataPager1" runat="server" PageSize="4">
                    <Fields>
                        <asp:NextPreviousPagerField ButtonType="Button"
                            ShowFirstPageButton="True"
                            ShowNextPageButton="False"
                            ShowPreviousPageButton="False" />
                        <asp:NumericPagerField />
                        <asp:NextPreviousPagerField ButtonType="Button"
                            ShowLastPageButton="True"
                            ShowNextPageButton="False"
                            ShowPreviousPageButton="False" />
                    </Fields>
                </asp:DataPager>
            </td>
        </tr>
    </table>
</LayoutTemplate>
<GroupTemplate>
    <tr id="itemPlaceholderContainer" runat="server">
```

```
        <td id="itemPlaceholder" runat="server"></td>
      </tr>
    </GroupTemplate>
  </asp:ListView>
  <asp:ObjectDataSource ID="ObjectDataSource1" runat="server"
      SelectMethod="FindBsBooks"  TypeName="BsBookBLL" EnablePaging="True"
      SortParameterName="sortExpression" SelectCountMethod="FindCount">
    <SelectParameters>
      <asp:SessionParameter DefaultValue="0" Name="catID"
          SessionField="catID" Type="Int32" />
      <asp:SessionParameter Name="name" SessionField="name" Type="String"/>
      <asp:SessionParameter Name="author" SessionField="author"
           Type="String" />
     </SelectParameters>
   </asp:ObjectDataSource>
</asp:Content>
```

本 章 小 结

.NET 框架为数据库应用程序的开发提供了强大的支持，借助于 ADO.NET 可以方便地实现数据的库访问。ADO.NET 体系结构中包含两个核心组件：.NET Framework 数据提供程序和 DataSet。

数据更新操作的基本步骤如下。

（1）建立并打开连接。

（2）建立命令对象。

（3）设置命令对象的属性。

（4）调用 ExecuteNonQuery 方法执行命令。

（5）关闭连接。

数据查询主要有 3 种方法：使用 ExecuteScalar()方法获得单值，使用 DataReader 对象读取数据，使用 DataSet 获得数据。

规模较小的 Web 应用程序，可以采用较简单的两层应用结构，即通过数据绑定控件和数据源控件配合来实现数据库访问。改进的方法是，自定义数据访问类，然后将 ObjectDataSource 控件作为表示层与数据访问对象之间的桥梁，来实现数据库访问。对于规模较大的应用，需采用三层应用结构。

ASP.NET 提供了多种数据绑定控件，这些控件可与数据源控件直接绑定（通过 DataSourceID 属性）。也可以通过设置控件的 DataSource 属性来绑定数据，设置后要调用控件的 DataBind 方法。

GridView 控件以表格的形式显示数据。这些数据可以来自数据库，也可来自 XML 文件，还可以来自数据的业务对象。使用 GridView 控件，不但可以对这些数据进行编辑、删除操作，还可以很方便地进行分页、排序、选择等操作。

DetailsView 控件与 FormView 控件用于一条记录。DetailsView 控件使用基于表格的布局，在这种布局中，数据记录的每个字段都显示为控件中的一行。它一次显示、编辑、插入或删除一条记录。FormView 控件与 DetailsView 控件非常相似，但它没有预定义布局。

DataList 控件与 Reapter 控件用于显示多条记录，但与 GridView 控件不同的是，它们必须编辑模板列。DataList 控件有内置的布局，Repeat 控件没有。

ListView 是一个功能更加丰富的数据绑定控件，它既有 Repeater 控件的开放式模板，又具有 DataGrid 控件的编辑特性。相比 DataGird 控件，它提供更加丰富的布局手段，同时又具有 DataGrid 控件的所有特性。DataPager 控件用来配合 ListView 控件实现分页。

习题与实验

一、习题

1. .NET Framework 数据提供程序的主要对象有哪些？
2. 简述数据更新操作的基本步骤。
3. 简述使用 DataReader 对象读取数据的基本步骤。
4. 简述使用 DataSet 进行查询的基本步骤。
5. 简述两层应用结构与三层应用结构的区别。
6. ASP.NET 数据绑定具有哪些类型？如何进行数据绑定？
7. 试比较 GridView、DataList、Repeater 和 ListView 4 个控件的区别与联系。
8. 试比较 DetailsView 控件与 FormView 控件的区别与联系。
9. DataPager 控件的作用是什么？怎样与其他控件关联？

二、实验题

实现新闻发布网站的新闻分类管理和新闻管理。

第6章 状态管理与数据缓存

本章要点

- ASP.NET 状态管理及其类型。
- 基于客户端的状态管理和基于服务器的状态管理的使用。
- 在登录验证中使用 Session 和 Cookie。
- 使用 Application 和 Session 统计访问人数和在线人数。
- 利用数据缓存技术优化网站的性能。

在 Web 开发中，数据都是通过 HTTP 来传输的。但 HTTP 是一个无状态协议，不会保留数据的状态和信息。为了解决传统的 Web 编程的固有限制，ASP.NET 包括了几个选项：视图状态、控件状态、隐藏域、Cookie、查询字符串、应用程序状态、会话状态和配置文件属性，可按页保留数据和在整个应用程序范围内保留数据。

6.1 ASP.NET 状态管理概述

状态（State）是指任何一项会影响 Web 应用程序行为模式的信息或者数据。例如，购物车中所选购的商品，在问卷调查中所做的选择，登录的身份，目前在线上人数等。状态的维护需要状态管理。

6.1.1 什么是状态管理

状态管理是在同一页或不同页的多个请求发生时，维护状态和页信息的过程。因为 Web 应用程序的通信协议使用了无状态的 HTTP，所以当客户端每次请求页面时，ASP.NET 服务器端都会重新生成一个网页的新实例。此时旧网页的任务已经完成了，旧网页实例也随之消失。

这种无状态，意味着客户端用户在浏览器中的一些状态，或者是对数据的一些修改都将丢失。例如，一个客户管理系统，用户在很多文本框中输入了内容，当单击“提交”按钮将请求发到服务器后，从服务器返回的是一个全新的网页，用户所添加的内容将全部丢失。用户可能感觉不到数据丢失，因为用户看到的网页已经进行了状态管理，都保存了用户填写的数据。

为了解决传统 Web 编程中固有的限制，ASP.NET 提供了按页面保留数据和在整个应用程序范围内保留数据的功能。

6.1.2 状态管理的类型

根据状态数据的保存位置，状态管理可以分为基于客户端的状态管理和基于服务器的状态管理。

1. 基于客户端的状态管理

这类状态管理是在页中或客户端计算机上存储信息。客户端状态管理不使用服务器资源来存储状态信息，安全性比较低，但提供了较高的服务器性能。

- 视图状态（ViewState）。ViewState 提供一个字典对象，用于对同一页的多个请求之间保留值。这是页用来在往返行程之间保留页和控件属性值的默认方法。
- 控件状态（ControlState）。保持特定于某个控件的属性信息，不能像 ViewState 属性那样允许被关闭。这种方法一般用在页视图状态被关闭的情况下。
- 隐藏域（HiddenField）。在客户端呈现为一个标准的 HTML 隐藏域，用来存储安全性不高的数据。
- Cookie。用来存储一些少量的数据，这些数据或者存储在客户端文件系统的文本文件中，或者存储在客户端浏览器会话的内存中。
- 查询字符串（QueryString）。用于显式传递参数的方法，也是各种 Web 开发语言常用的状态管理方法，如“http://www.google.com.cn/index.aspx?serach=张三”中“search=张三”就是参数。

2. 基于服务器的状态管理

使用服务器资源来存储状态信息，安全性会比客户端高。

- 应用程序状态（Application）。一种全局存储机制，用来保存每个活动的 Web 应用程序的值，可在所有 Web 应用程序间共享。
- 会话状态（Session）。保存每个活动 Web 应用程序会话的值，会话状态的范围限于当前的浏览器会话。每个用户会话都将有一个不同的会话状态。
- 配置文件属性（Profile）。用于存储特定用户或应用程序的数据。此功能与会话状态类似，所不同的是，在用户的会话过期时，配置文件数据不会丢失。

6.2 基于客户端的状态管理

6.2.1 视图状态

在 ASP.NET 中，各种服务器端的 Web 控件也需要保存其状态，以便它的值不会丢失，默认使用视图状态（ViewState）来管理。ViewState 属性提供一个字典对象，用于在对同一页的多个请求之间保留值。它是页用来在往返行程之间保留页和控件属性值的默认方法。当将页面回发至服务器时，页面会在页的初始化阶段分析视图状态字符串和原页中的属性信息。也可以使用视图状态来存储值。

1. 什么是 ViewState

ASP.NET 中的 ViewState 是 ASP.NET 中用来保存 Web 控件回传时状态值一种机制。在 Web 窗体（form）设置为 runat="server"时，这个窗体会被附加一个隐藏的属性_VIEWSTATE。_VIEWSTATE 中存放了所有控件在 ViewState 中的状态值。

ViewState是类Control中的一个域，其他所有控件通过继承Control来获得了ViewState功能。它的类型是system.Web.UI.StateBag，是一个名称/值的对象集合。

当请求某个页面时，ASP.NET把所有控件的状态序列化成一个字符串，然后作为窗体的隐藏属性送到客户端。当客户端把页面回传时，ASP.NET分析回传的窗体属性，并赋给控件对应的值。当然这些全部是由ASP.NET负责的。

使用视图状态有以下优点。

- 不需要任何服务器资源，视图状态包含在页代码内的结构中。
- 实现简单。视图状态无须使用任何自定义编程。默认情况下对控件启用状态数据的维护。
- 增强的安全功能。视图状态中的值经过哈希计算和压缩，并且针对Unicode实现进行编码，其安全性要高于使用隐藏域。

使用视图状态有以下缺点。

- 性能问题。由于视图状态存储在页本身，因此如果存储较大的值，用户在显示页和发布页时的速度可能会减慢。尤其是对移动设备，其带宽通常是有限的。
- 设备限制。移动设备可能没有足够的内存容量来存储大量的视图状态数据。
- 潜在的安全风险。视图状态存储在页上的一个或多个隐藏域中，虽然视图状态以哈希格式存储数据，但它可以被篡改。如果直接查看页输出源，可以看到隐藏域中的信息，这导致潜在的安全性问题。

2. 使用ViewState

如果要使用ViewState，则在ASP.NET页面中必须有一个服务器端窗体标记(<form runat="server">)，并且Page的EnableViewState属性值要为true（默认为true），而且需要保存状态的控件的EnableViewState属性值也要为true（默认为true）。

使用ViewState存值和取值的基本格式为

```
ViewState["变量名"] = 值;  //存值
变量 = (类型)ViewState["变量"];  //取值
```

下面的示例演示如何利用ViewState存储和检索text属性。

```
public String Text
{
    get
    {
        object o = ViewState["text"];
        return (o == null)? String.Empty : (String)o;
    }
    set
    {
        ViewState["Text"] = value;
    }
}
```

可以将下列类型的对象存储到视图状态中：字符串、整数、布尔值、Array对象、ArrayList对象、哈希表、自定义类型转换器以及其他序列化类的对象。

使用ViewState要注意以下几个问题。

- 视图状态不能用于网页间保留状态。
- 为提高性能，不需要维持状态的，要设置EnableViewState为false。
- 如果隐藏字段中的数据量过大，某些代理和防火墙将禁止访问包含这些数据的页。可以在 Web.Config 文件中设置分块大小，通过 MaxPageStateFieldLength 属性进行设置。例如：

```
<pages enableViewState="true" maxPageStateFieldLength="100"></pages>
```

- 由于视图状态是作为隐藏字段发送的，因此直到发生 PreRenderComplete 事件之前，都可以对视图状态进行更改。
- 可以通过将@Page 指令中的 viewStateEncryptionMode 属性设置为 Always，来加密视图状态，以提高安全性。
- 某些移动设备根本不允许使用隐藏字段，因此，视图状态对于这些设备无效。

6.2.2 控件状态

有时，为了让控件正常工作，需要按顺序存储控件状态数据。例如，如果编写了一个自定义控件，其中使用了不同的选项卡来显示不同的信息，如 TabTrip、FormView 等控件，为了让自定义控件按预期的方式工作，该控件需要知道在往返行程之间选择了哪个选项卡。可以使用 ViewState 属性来达到这一目的，然而，开发人员可以在页级别关闭视图状态，从而使控件无法正常工作。为了解决此问题，ASP.NET 增加了一项新的存储功能，即控件状态（ControlState）。

1．什么是 ControlState

ControlState 是提供给自定义控件的一个属性，该属性允许保持特定于某个控件的属性信息，且不能像 ViewState 属性那样被关闭。简单地说，当禁用视图状态时，ControlState 能够完成 ViewState 不能够完成的任务。开发人员可通过重写 SaveControlState 和 LoadControlState 两个关键方法，以实现对自定义服务器控件状态数据的管理和控制。与视图状态相同，在控件状态中同样支持存储多种数据类型对象，并且其默认支持的类型范围更加广泛。

控件状态有如下优点。

- 节省服务器资源。控件状态存储在隐藏字段中，不占用服务器资源。
- 比视图状态更可靠。控件状态功能推出的一个重大原因是，当视图状态被禁用时，它依然可以有效。
- 自定义存储位置。在 Load 和 Save 方法中可以自定义其存储位置。

控件状态有如下缺点。

- 性能问题。由于其存储到页面 HTML 代码结构中，因此传输数据量大时，会严重影响性能。
- 自定义编程。视图状态可以用 System.Web.UI.StateBag 类型的 ViewState 来存储，也可以自定义编程。控件状态只能自定义编程。

2．使用 ControlState

使用 ControlState 的基本步骤如下。

（1）在初始化过程中（OnInit 事件）调用 RegisterRequiresControlState 方法，以启用并指示服务器控件使用控件状态。

（2）重写 SaveControlState 和 LoadControlState 方法，用于维护控件状态数据。

下面通过一个简单的示例说明控件状态的应用方法。具体代码如下：

```
public class Sample:Control
{
    private int currentIndex = 0;
    protected override void OnInit(EventArgs e)
    {
      Page.RegisterRequiresControlState(this);
```

```
        base.OnInit(e);
    }
    protected override object SaveControlState()
    {
        return currentIndex != 0 ? (object)currentIndex : null;
    }
    protected override void LoadControlState(object state)
    {
        if (state != null) { currentIndex = (int)state; }
    }
}
```

如上代码所示，自定义服务器控件 Sample 继承自 Control，其重写了 3 个重要方法：OnInit、SaveControlState 和 LoadControlState。在重写 OnInit 方法过程中，首先调用 Page 类的 RegisterRequiresControlState 方法，以指示自定义控件使用控件状态，然后再调用基类方法。SaveControlState 方法用于保存自页回发到服务器后发生的任何服务器控件状态更改，其中参数 state 表示要还原的控件状态的 Object。重写该方法主要实现了确定内部属性 currentIndex 是否设置为非默认值，如果是，则将值保存到控件状态。LoadControlState 方法用于从 SaveControlState 方法保存的上一个页请求还原控件状态信息。重写该方法主要实现了确定以前是否为控件保存过控件状态，如果保存过，则将内部属性 currentIndex 设置为保存的值。

6.2.3 隐藏域

ASP.NET 允许将信息存储在隐藏域(HiddenField)控件中，此控件将呈现为一个标准的 HTML 隐藏域。隐藏域在浏览器中不可见，但可以像对待标准控件一样设置其属性。当向服务器提交页时，隐藏域的内容将在 HTTP 窗体集合中随同其他控件的值一起发送。隐藏域可用作一个储存库，可以将希望直接存储在页中的任何特定于页的信息放置到其中。

隐藏域的优点如下。

- 不需要任何服务器资源，隐藏域在页上存储和读取。
- 广泛的支持。几乎所有浏览器和客户端设备都支持具有隐藏域的窗体。
- 实现简单。隐藏域是标准的 HTML 控件，不需要复杂的编程逻辑。

隐藏域的缺点如下。

- 潜在的安全风险。隐藏域可以被篡改。如果直接查看页输出源，可以看到隐藏域中的信息，这导致潜在的安全性问题。虽然可以手动加密和解密隐藏域的内容，但这需要额外的编码和开销。
- 简单的存储结构。隐藏域不支持复杂数据类型。隐藏域只提供一个字符串值域存放信息，若要存储多个值，必须实现分隔的字符串以及用来分析那些字符串的代码。
- 性能问题。由于隐藏域存储在页本身，因此如果存储较大的值，用户显示页和发布页时的速度可能会减慢。
- 存储限制。如果隐藏域中的数据量过大，某些代理和防火墙将阻止对包含这些数据的页的访问。因为最大数量会随所采用的防火墙和代理的不同而不同，较大的隐藏域可能会出现偶发性问题。如果用户需要存储大量的数据项，请考虑执行下列操作之一：将每个项放置在单独的隐藏域中；使用视图状态并打开视图状态分块，这样会自动将数据分割到多个隐藏域；不将数据存储在客户端上，将数据保留在服务器上。向客户端发送的数据越多，用户的应用程序的表面响应时间越慢，因为浏览器需要下载或发送更多的数据。

通常情况下，Web 窗体页的状态由视图状态、会话状态和 Cookie 来维持。但是，如果这些方法被禁用或不可用，则可以使用 HiddenField 控件来存储状态值。

若要指定 HiddenField 控件的值，请使用 Value 属性。

在向服务器的每次发送过程中，当 HiddenField 控件的值更改时，将引发 ValueChanged 事件。

6.2.4 Cookie

Cookie 用来保存少量的数据，因为都是保存在客户端，所以保存的数据安全性都不是很高。

1. 什么是 Cookie

Cookie 储存在客户端文件系统的文本文件中，或是客户端浏览器会话内的内存中，且只能含少量信息。伴随着用户请求和页面，在 Web 服务器和浏览器之间传递。Cookie 包含每次用户访问站点时 Web 应用程序都可以读取的信息。

例如，如果在用户请求站点中的页面时应用程序发送给该用户的不仅仅是一个页面，还有一个包含日期和时间的 Cookie，用户的浏览器在获得页面的同时还获得了该 Cookie，并将它存储在用户硬盘上的某个文件夹中。以后，如果该用户再次请求站点中的页面，当该用户输入 URL 时，浏览器便会在本地硬盘上查找与该 URL 关联的 Cookie。如果该 Cookie 存在，浏览器便将该 Cookie 与页面请求一起发送到服务器。然后，应用程序便可以确定该用户上次访问站点的日期和时间。可以使用这些信息向用户显示一条消息，也可以检查到期日期。

Cookie 与网站关联，而不是与特定的页面关联。因此，无论用户请求站点中的哪一个页面，浏览器和服务器都将交换 Cookie 信息。用户访问不同站点时，各个站点都可能会向用户的浏览器发送一个 Cookie，浏览器会分别存储所有 Cookie。

使用 Cookie 有以下优点。

- 可配置到期规则。Cookie 可以在浏览器会话结束时到期，或者可以在客户端计算机上无限期存在，这取决于客户端的到期规则。
- 不需要任何服务器资源。Cookie 存储在客户端并在发送后由服务器读取。
- 简单性。Cookie 是一种基于文本的轻量结构，包含简单的键值对。
- 数据持久性。客户端计算机上 Cookie 的持续时间取决于客户端上的 Cookie 过期处理和用户干预，Cookie 通常是客户端上持续时间最长的数据保留形式。

使用 Cookie 有以下缺点。

- 大小受到限制。大多数浏览器对 Cookie 的大小有 4 096 字节的限制，尽管在当今新的浏览器和客户端设备版本中，支持 8 192 字节的 Cookie 大小已愈发常见。
- 用户配置为禁用。有些用户禁用了浏览器或客户端设备接收 Cookie 的能力，因此限制了这一功能。
- 潜在的安全风险。Cookie 可能会被篡改。用户可能会操纵其计算机上的 Cookie，这意味着会对安全性造成潜在风险或者导致依赖于 Cookie 的应用程序失败。另外，虽然 Cookie 只能被将它们发送到客户端的域访问，历史上黑客已经发现从用户计算机上的其他域访问 Cookie 的方法。用户可以手动加密和解密 Cookie，但这需要额外的编码，并且因为加密和解密需要耗费一定的时间而影响应用程序的性能。

2. 使用 Cookie

浏览器负责管理用户系统上的 Cookie。Cookie 通过 HttpResponse 对象发送到浏览器，该对象公开称为 Cookies 的集合。可以将 HttpResponse 对象作为 Page 类的 Response 属性来访问。

☐ 保存 Cookie

保存 Cookie 有两种方法。

- 直接操作 Response 的 Cookies 集合。例如:

```
Response.Cookies["username"].value = "mike";
Response.Cookies["username"].Expires = DateTime.MaxValue;
```

- 先建立 Cookie 对象，再添加 Response 的 Cookies 集合。例如:

```
HttpCookie acookie = new HttpCookie("last");
acookie.Value = "a";
Response.Cookies.Add(acookie);
```

Cookie 也可使用多值的形式。例如:

```
//方式 1:
Response.Cookies["userinfo1"]["name"].value = "mike";
Response.Cookies["userinfo1"]["last"].value = "a";
Response.Cookies["userinfo1"].Expires = DateTime.MaxValue;
//方式 2:
HttpCookie cookie = new HttpCookie("userinfo1");
cookie.Values["name"] = "mike";
cookie.Values["last"] = "a";
cookie.Expires = DateTime.MaxValue;
//cookie.Expires = System.DateTime.Now.AddDays(1);//设置过期时间 1 天
Response.Cookies.Add(cookie);
```

☐ 控制 Cookie 的范围

默认情况下，一个站点的全部 Cookie 都一起存储在客户端上，而且所有 Cookie 都会随着对该站点发送的任何请求一起发送到服务器。也就是说，一个站点中的每个页面都能获得该站点的所有 Cookie。但是，可以通过两种方式设置 Cookie 的范围。

- 将 Cookie 的范围限制到服务器上的某个文件夹，这允许将 Cookie 限制到站点上的某个应用程序。
- 将范围设置为某个域，这允许用户指定域中的哪些子域可以访问 Cookie。

若要将 Cookie 限制到服务器上的某个文件夹，请按下面的示例设置 Cookie 的 Path 属性。

```
appCookie.Path = "/Application1";
acookie.Expires = DateTime.MaxValue;
Response.Cookies.Add(acookie);
```

☐ 读取 Cookie

浏览器向服务器发出请求时，会随请求一起发送 Cookie。在 ASP.NET 应用程序中，可以使用 HttpRequest 对象读取 Cookie。在获取 Cookie 的值之前，应该确保该 Cookie 确实存在。否则，会出现异常。例如:

```
if(Request.Cookies["username"]!=null)
{
    string str = Request.Cookies["username"].Value;
}
//多值 Cookie 的读取
if(Request.Cookies["userInfo1"]!=null)
{
    string name = Request.Cookies["userInfo1"]["name"];
    string last = Request.Cookies["userInfo1"]["last"];
}
```

```
//读取 Cookie 集合
for(int i = 0 ;i<Request.Cookies.Count ;i++)
{
   HttpCookie cookies = Request.Cookies;
   Response.Write("name="+cookies.Mame+"<br/>");
   if(cookies.HasKeys) //是否有子键
   {
      System.Collections.Specialized.NameValueCollection NameColl=
   aCookie.Values ;
      for(int j=0;j<NameColl.Count;j++)
      {
         Response.Write("子键名="+ NameColl.AllKey[j] +"<br/>");
         Response.Write("子键值="+ NameColl[j] +"<br/>");
      }
   }
   else
   {
      Response.Write("value="+cookies.Value+"<br/>");
   }
}
```

❑ 修改 Cookie

修改 Cookie 的方法与创建它的方法相同。

❑ 删除 Cookie

将 Cookie 的有效期设置为过去的某个日期，当浏览器检查 Cookie 的有效期时，就会删除这个已过期的 Cookie。例如：

```
HttpCookie cookie = new HttpCookie("userinfo1");
cookie.Expires = DateTime.Now.AddDays(-30);
Response.Cookies.Add(cookie);
```

6.2.5 查询字符串

查询字符串（QueryString）是在页 URL 的结尾附加的信息。查询字符串提供一种维护某些状态信息的简单但有限的方法。例如，它们是将信息从一页传送到另一页的简便的方法（如将产品号传递到将处理该产品的另一页）。

使用查询字符串的优点如下。

- 不需要任何服务器资源。查询字符串包含在对特定 URL 的 HTTP 请求中。
- 广泛的支持。几乎所有的浏览器和客户端设备均支持使用查询字符串传递值。
- 实现简单。ASP.NET 完全支持查询字符串方法，其中包含了使用 HttpRequest 对象的 Params 属性读取查询字符串的方法。

使用查询字符串的缺点如下。

- 潜在的安全性风险。用户可以通过浏览器用户界面直接看到查询字符串中的信息。考虑到安全性，可采用其他方式（如使用 POST 而不是查询字符串）。
- 有限的容量。有些浏览器和客户端设备对 URL 的长度有 2 083 个字符的限制。

6.2.6 案例 6-1 完善书城网站用户登录程序

实现用户登录程序的数据库验证。图 6-1 所示为登录前的状态。用户在登录时可以选择保存，即将个人信息保存在 Cookie 中，以便下次访问网站时不用再登录；登录失败，用对话框显示提示信息，如图 6-2 所示；登录成功，显示用户信息，并允许用户注销、修改个人信息或删除 Cookie，如图 6-3 所示。如果登录成功的用户是管理员（Role 为 0），可允许进入图书管理页面，否则通过对话框提示用户无权进入，如图 6-4 所示。

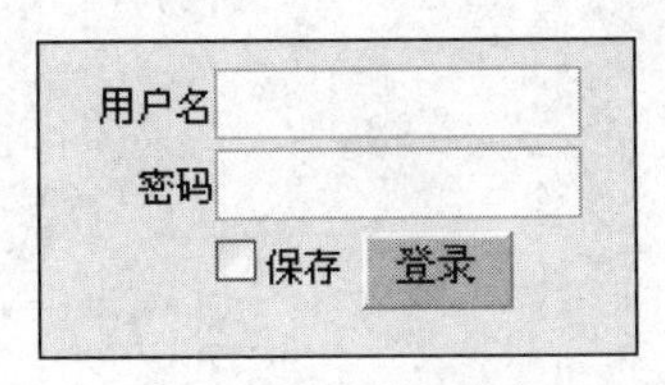

图 6-1　登录前的状态

图 6-2　登录失败显示的对话框

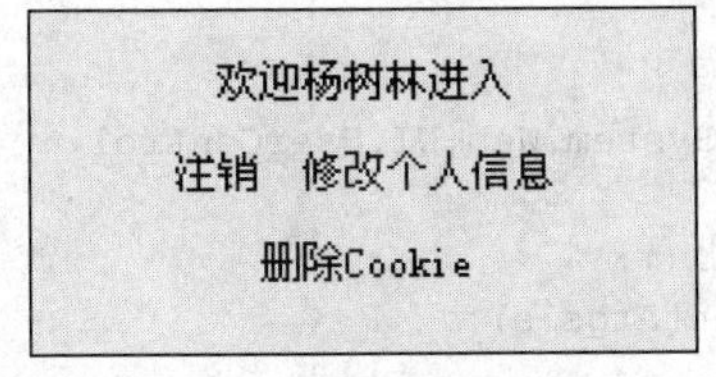

图 6-3　登录后的状态图

图 6-4　不能进入图书管理页面时显示的对话框

【技术要点】

- 在自定义的用户状态控件上增加一个 CheckBox 控件，以允许用户选择是否保存，当用户登录时，如果选中复选框，就用 Cookie 保存用户信息。
- 第一次打开主页时，先取出 Cookie，若保存过用户 ID，则取出，并调用业务方法查出用户，直接存入 Session，使用户不需要再登录。
- 调用 BsUserBLL 中的业务方法 FindBsUser，实现数据库验证。
- 增加一个 LinkButton，用于删除 Cookie。
- 在图书管理页面增加权限检验代码，如果 Session 中不存在用户对象或用户的权限不是管理员，使用 RegisterClientScriptBlock()方法在客户端弹出对话框，并转到首页。程序中用到的 Session 将在后面介绍。

【设计步骤】

（1）打开用户控件 UserLogin.ascx，在页面中增加一个 CheckBox 控件和一个 LinkButton 控件，分别用于选择保存到 Cookie 和删除 Cookie，如图 6-5 所示。

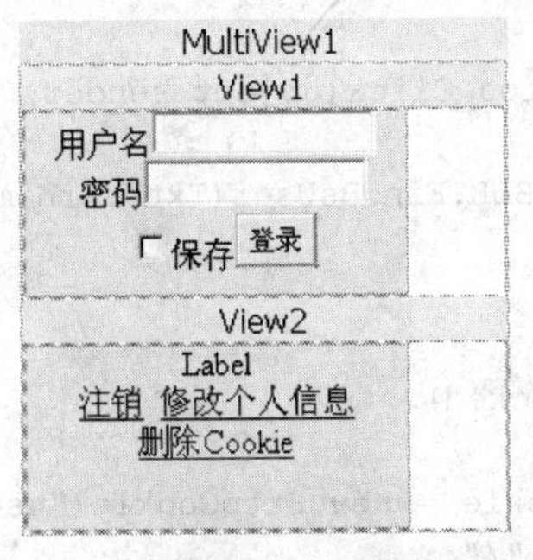

图 6-5　新的用户登录控件

（2）双击新添的 LinkButton，添加 Click 事件，编写事件代码，并对原来的 Page_Load 事件、登录按钮的 Click 事件进行修改，完整的代码如下：

```
using System;
using System.Collections;
using System.Configuration;
using System.Data;
using System.Linq;
using System.Web;
using System.Web.Security;
using System.Web.UI;
using System.Web.UI.HtmlControls;
using System.Web.UI.WebControls;
using System.Web.UI.WebControls.WebParts;
using System.Xml.Linq;
public partial class web_controls_UserLogin : System.Web.UI.UserControl
{
    private IBsUserBLL bsUserBLL = new BsUserBLL();
    protected void Page_Load(object sender, EventArgs e)
    {
        if (!IsPostBack)
        {
            BsUser user = (BsUser)Session["user"];
            if (user == null)
            {
                if (Request.Cookies["userID"] != null)
                {
                    int id= Int32.Parse(Request.Cookies["userID"].Value);
                    user = bsUserBLL.FindBsUser(id);
                    Session["user"] = user;
                }
            }
        }
        if (Session["user"] != null)
        {
            BsUser user = (BsUser)Session["user"];
            Label1.Text = "欢迎" + user.Realname + "进入";
            MultiView1.ActiveViewIndex = 1;
        }
        else
        {
            MultiView1.ActiveViewIndex = 0;
        }
    }
    protected void LoginButton_Click(object sender, EventArgs e)
    {
        BsUser user = bsUserBLL.FindBsUser(TxtUserName.Text,
TxtUserPwd.Text);
        if (user != null)
        {
            if (CheckBox1.Checked)
            {
                HttpCookie cookie = new HttpCookie("userID");
                cookie.Path = "/";
                cookie.Value = user.ID.ToString();
                cookie.Expires = DateTime.MaxValue;
```

```
            Response.Cookies.Add(cookie);
        }
        Session["user"] = user;
        Response.Redirect("~/Default.aspx");
    }
    else
    {
        this.Page.ClientScript.RegisterClientScriptBlock(this.GetType(),
"", "alert('登录失败');window.location.href='Default.aspx'", true);
    }
}
protected void LogoutButton_Click(object sender, EventArgs e)
{
    Session.Abandon();
    Response.Redirect("Default.aspx");
}
protected void DeleteCookie_Click(object sender, EventArgs e)
{
    HttpCookie cookie = new HttpCookie("userID");
    cookie.Expires = DateTime.Now.AddDays(-30);
    Response.Cookies.Add(cookie);
    Response.Redirect("~/Default.aspx");
}
}
```

（3）打开图书管理网页的代码隐藏文件 BookManage.aspx.cs，编写 Page_Load 事件代码如下：

```
protected void Page_Load(object sender, EventArgs e)
{
    BsUser user = (BsUser)Session["user"];
    if(user==null||user.Role!=0)
    {
        this.ClientScript.RegisterClientScriptBlock(this.GetType(), "",
"alert('您没有登录或不是管理员，无权进入');window.location.href=
'../../Default.aspx'", true);
    }
}
```

上述代码是为了验证用户是否有权进入图书管理程序。

6.3 基于服务器的状态管理

基于服务器的状态管理使用服务器资源来存储状态信息，包括应用程序状态、会话状态及配置文件属性，本节介绍应用程序状态和会话状态。

6.3.1 应用程序状态

应用程序状态（Application）用于存储全局变量。

1. 什么是 Application

Application 是用来存储 Web 应用级的状态信息。由于 Application 是一种全局性存储机制（应用程序状态变量实际上就是 ASP.NET 应用程序的全局性变量），而且可被 Web 应用程序中的所有网页访问，因此，Application 可用于存储需要在服务器往返行程之间及页请求之间维护的信息。

Application 是一种键值字典结构，而且当任何客户端初次从特定 ASP.NET 应用程序的虚拟目录命名空间内请求 URL 资源时就会加以建立，可以将应用程序的特定信息加入此结构中，以便在网页请求之间储存这些信息。一旦将应用程序的特定信息加入 Application 之后，服务器就会加以管理。存放于 Application 变量中的是能够被多个会话共享且不会经常变更的数据。

应用程序状态有以下优点。

- 实现简单。应用程序状态易于使用，为 ASP 开发人员所熟悉，并且与其他 .NET Framework 类一致。
- 应用程序范围广。应用程序状态可供应用程序中的所有页来访问。

应用程序状态有以下缺点。

- 应用程序范围。应用程序状态的范围广可能也是一项缺点。在应用程序状态中存储的变量仅对于该应用程序正在其中运行的特定进程而言是全局的，并且每一应用程序进程可能具有不同的值。
- 数据持续性有限。因为在应用程序状态中存储的全局数据是易失的，所以如果包含这些数据的 Web 服务器进程被损坏（如因服务器崩溃、升级或关闭而损坏），将丢失这些数据。
- 资源要求。应用程序状态需要服务器内存，这可能会影响服务器的性能以及应用程序的可伸缩性。

Application 的精心设计和实现可以提高 Web 应用程序性能。例如，如果将常用的、相关的静态数据集放置到 Application 中，则可以通过减少对数据库的数据请求总数来提高站点性能。但是，这里存在一种性能平衡。当服务器负载增加时，包含大块信息的 Application 变量就会降低 Web 服务器的性能。在移除或替换值之前，将不释放在 Application 中存储的变量所占用的内存。因此，最好只将 Application 变量用于更改不频繁的小型数据集。

2. 使用 Application

❑ 在 Application 中保存值

由于 Application 存储在服务器的内存中，因此，Application 中的大量数据可快速填充服务器内存。如果重新启动应用程序，Application 数据便会丢失。Application 是 HttpApplicationState 类的实例，用户首次访问应用程序中的 URL 资源时将创建该类的新实例，通过 Application 属性公开。

下面的代码示例演示如何将应用程序变量 Message 设置为一个字符串。

```
Application["Message"] = "Welcome to the Contoso site.";
```

或

```
Application.Contents["Message"]="Welcome to the Contoso site.";
```

Application 采用自由线程模式，因此，存储在 Application 中的任何数据必须具有内置的同步支持。ApplicationState 类提供的 Lock 与 Unlock 两个方法用来进行加锁和解锁。

下面的代码示例演示在存储 Count 时，使用加锁机制。

```
Application.Lock();
Application["count"] = (int)Application["count"] +1;
Application.UnLock();
```

❑ 从应用程序状态中读取值

应用程序状态存储类型化为 object 的数据。因此，即使将数据存储于应用程序状态中时不必对其进行序列化，也必须在检索数据时将其强制转换为相应的类型。取值时，应确定应用程序变量是否存在，然后再访问该变量，并将其转换为相应的类型。

下面的代码示例检索应用程序状态值 AppStartTime，并将其转换为一个 DateTime 类型。

```
if (Application["AppStartTime"] != null)
{
    DateTime myAppStartTime = (DateTime)Application["AppStartTime"];
}
```

❑ **删除应用程序状态变量**

可以使用 Clear()、RemoveAll()、Remove（string name）、RemoveAt(int index)等方法删除应用程序状态变量。

❑ **应用程序状态事件**

ASP.NET 提供了管理应用程序状态的事件，主要有 Application_Start 事件和 Application_End 事件。请求 ASP.NET 应用程序中第一个资源时调用 Application_Start 事件。在应用程序的生命周期期间仅调用一次 Application_Start 方法。在卸载应用程序之前对每个应用程序生命周期调用 Applicaiton_End 事件。可以向 Global.asax 文件添加一个名为 Application_Start 和 Application_End 的事件处理代码。

6.3.2 Session 状态管理

从一个客户打开浏览器并连接到服务器开始，到客户关闭浏览器离开这个服务器结束，被称为一个会话。一个会话中的页面之间可以通过 Session 共享数据。

1. 什么是 Session

Session 是管理会话状态的对象。当一个客户访问一个服务器时，可能会在这个服务器的几个页面之间切换，服务器应当通过某种办法知道这是一个客户，就需要 Session 对象。

可以使用 Session 对象存储特定用户会话所需要的信息。这样，当用户在应用程序的 Web 页之间跳转时，存储在 Session 对象中的变量将不会丢失，而是在整个用户会话中一直存在下去。当会话过期或被放弃后，服务器将中止该会话。

使用会话状态的优点如下。

- 实现简单。会话状态功能易于使用，为 ASP 开发人员所熟悉，并且与其他 .NET Framework 类一致。
- 会话特定的事件。会话管理事件可以由应用程序引发和使用。
- 数据持久性。放置于会话状态变量中的数据可以经受得住 Internet 信息服务（IIS）重新启动和辅助进程重新启动，而不丢失会话数据，这是因为这些数据存储在另一个进程空间中。此外，会话状态数据可跨多进程保持（如在 Web 场或 Web 园中）。
- 平台可伸缩性。会话状态可在多计算机和多进程配置中使用，优化了可伸缩性方案。
- 无须 Cookie 支持。尽管会话状态最常见的用途是与 Cookie 一起向 Web 应用程序提供用户标识功能，但会话状态可用于不支持 HTTP Cookie 的浏览器。但是，使用无 Cookie 的会话状态需要将会话标识符放置在查询字符串中，同样会遇到安全问题。
- 可扩展性。可通过编写自己的会话状态提供程序自定义和扩展会话状态。然后可以通过多种数据存储机制（如数据库、XML 文件甚至 Web 服务）将会话状态数据以自定义数据格式存储。

使用会话状态的缺点如下。

会话状态变量在被移除或替换前保留在内存中，因而可能降低服务器性能。如果会话状态变量包含诸如大型数据集之类的信息块，则可能会因服务器负荷的增加影响 Web 服务器的性能。

2. 使用 Session

在 ASP.NET 中 Session 对象是 HttpSessionState 的一个实例。会话对象可通过 HttpContext.Session

获得。在 ASP.NET 网页中，可通过 Page.Session 获得。

Session 的主要属性如下。

- Count：获取会话状态集合中的项数。
- Timeout：获取并设置在会话状态提供程序终止会话之前各请求之间所允许的时间（以分钟为单位）。
- SessionID：获取会话的唯一标识符。

Session 的主要方法如下。

- void Abandon()：取消当前会话。
- void Add(string name,object value)：向会话状态集合添加一个新项。
- void Remove(string name)：删除会话状态集合中的项。
- void RemoveAll()：从会话状态集合中移除所有的键和值。

❑ **配置 Session**

```
<configuration>
   <system.web>
      <sessionState  mode="SQLServer" cookieless="true"
  regenerateExpiredSessionId="true"  timeout="50"
   sqlConnectionString="DataSource=服务器名;Integrated Security=SSPI;"/>
  </system.web>
</configuration>
```

在配置中各个参数的含义如下。

- mode：会话状态的存储方式，有 Custom、InProc、Off、SQLServer 和 StateSever 5 种，默认为 InProc。
- cookieless：指定是否需要 Cookie 的支持。默认情况下，SessionID 值存储在 Cookie 中。当 ASP.NET 向浏览器发送页时，它将修改页中任何使用相对于应用程序的路径的链接，在链接中嵌入一个会话 ID 值。
- regenerateExpiredSessionId：当客户端使用过期的会话 ID 时，设置是否重新发出会话。
- timeout：指定在放弃一个会话前，该会话可以处于空闲状态的时间（分钟）。默认为 20min。
- sqlComectionString：运行 SQL Server 的指定连接字符串。

可以通过将会话状态模式设置为 Off 来禁用应用程序的会话状态。如果只希望禁用应用程序的某个特定页的会话状态，则可以将@Page 指令中的 EnableSessionState 值设置为 false。还可将 EnableSessionState 值设置为 ReadOnly，以提供对会话变量的只读访问。

❑ **在会话状态中保存值**

下面的代码示例演示如何保存会话变量 LoginTime。

```
Session["LoginTime"] = System.DateTime.Now;
```

或

```
Session.Contents["LoginTime"] = System.DateTime.Now;
```

❑ **从会话状态中读取值**

下面的代码示例检索会话状态变量 LoginTime，并将其转换为一个 DateTime 类型。

```
if (Session["LoginTime"] != null)
{
   DateTime LoginTime = (DateTime)Application["LoginTime"];
}
```

❑ **会话状态事件**

ASP.NET 提供了两种管理用户会话的事件：Session_Start 事件和 Session_End 事件。前者在新会话开始时引发，后者在会话被放弃或过期时引发。可以向 Global.asax 文件添加名为 Session_Start 和 Session_End 的事件处理代码。

6.3.3 案例 6-2 实现书城网站的用户统计

在书城网站的页脚显示访问网站的人数以及在线人数，运行界面如图 6-6 所示。

Copyright © 2011-2015 YSL. All Rights Reserved.
访问人数：9 当前在线：1
版权所有

图 6-6　页脚显示效果

【技术要点】

- 建立全局应用程序类文件 Global.aspx，在该文件编写应用程序状态事件和会话状态事件。
- 在 Application_Start 事件中初始化变量。如果存储访问人数的文件存在，就读出已存的访问人数，否则建立该文件。
- 在 Application_End 事件中将访问人数保存到文本文件中，防止下次再打开应用时，已统计的访问人数丢失。
- 在 Session_Start 事件中累加访问人数和在线人数。
- 在 Session_End 事件中使在线人数减 1。

【设计步骤】

（1）在网站根目录上单击鼠标右键，在弹出的快捷菜单中选择【添加新项】命令，打开【添加新项】对话框，在该对话框中选择【全局应用程序类】模板，单击【添加】按钮，就可在项目中添加一个 Global.aspx。

（2）双击 Global.aspx，打开该文件，编写如下代码：

```
<%@ Application Language="C#" %>
<%@ Import Namespace="System.IO" %>
<script runat="server">
    //在应用程序启动时运行的代码
    void Application_Start(object sender, EventArgs e)
    {
        Application["AccessCount"] = 1;
        Application["OnlineCount"] = 1;
        string file = Server.MapPath("AccessCount.txt");
        if (File.Exists(file))
        {
            StreamReader sr = File.OpenText(file);
            Application["AccessCount"] = Int32.Parse(sr.ReadLine());
            sr.Close();
        }
        else
        {
            StreamWriter sw=File.CreateText(file);
```

```
                sw.WriteLine("1");
                sw.Close();
            }
        }
        //在应用程序关闭时运行的代码
        void Application_End(object sender, EventArgs e)
        {
            string file = Server.MapPath("AccessCount.txt");
            StreamWriter sw = new StreamWriter(file);
            sw.WriteLine(Application["AccessCount"].ToString());
            sw.Close();
        }
        //在新会话启动时运行的代码
        void Session_Start(object sender, EventArgs e)
        {
            Application.Lock();
            Application["OnlineCount"] = (int)Application["OnlineCount"] + 1;
            Application["AccessCount"] = (int)Application["AccessCount"] + 1;
            Application.UnLock();
        }
        //在会话结束时运行的代码
        void Session_End(object sender, EventArgs e)
        {
            Application.Lock();
            Application["OnlineCount"] = (int)Application["OnlineCount"] - 1;
            Application.UnLock();
        }
    </script>
```

（3）打开母版文件，在页脚区编写如下代码：

```
<div id="bottom">
    Copyright &copy; 2011-2015 YSL. All Rights Reserved.<br />
    访问人数：<%= Application["AccessCount"] %>  
当前在线：<%= Application["OnlineCount"] %><br />
    版权所有
</div>
```

6.4 数 据 缓 存

ASP.NET 提供了一些用于提升程序性能的技术特性，其中，缓存技术是非常重要的一个特性，它提供了一种非常好的本地数据缓存机制，从而有效地提高数据访问的性能。

6.4.1 缓存概述

1. 什么是缓存

缓存是将数据暂存于内存缓存区中（有时也暂存于硬盘缓存区中）的一种技术。当数据本身改变不频繁，而被访问的频率又比较高时，采用这种技术可大大改进应用程序的性能。

缓存是由 Cache 类实现的；缓存实例是每个应用程序专用的。缓存生存期依赖于应用程序的生存期；重新启动应用程序后，将重新创建 Cache 对象。

ASP.NET 使用两种基本的缓存机制来提供缓存功能。第 1 种机制是页输出缓存，它保存页处理输出，并在用户再次请求该页时，重用所保存的输出，而不是再次处理该页。第 2 种机制是应用程序缓存，它允许缓存所生成的数据，如 DataSet 或业务对象。

❑ **页输出缓存**

页输出缓存在内存中存储处理后的 ASP.NET 页的内容。这一机制允许 ASP.NET 向客户端发送页响应，而不必再次经过页处理生命周期。页输出缓存对于那些不经常更改，但需要大量处理才能创建的页特别有用。例如，如果创建大通信量的网页来显示不需要频繁更新的数据，页输出缓存则可以极大地提高该页的性能。可以分别为每个页配置页缓存，也可以在 Web.config 文件中定义缓存配置，只定义一次缓存设置就可以在多个页中使用这些设置。

页输出缓存提供了两种页缓存模型：整页缓存和部分页缓存。整页缓存允许将页的全部内容保存在内存中，并用于完成客户端请求。部分页缓存允许缓存页的部分内容，其他部分则为动态内容。

部分页缓存可采用两种工作方式：控件缓存和缓存后替换。控件缓存有时也称为分段缓存，这种方式允许将信息包含在一个用户控件内，然后将该用户控件标记为可缓存的，以此来缓存页输出的部分内容。这一方式可缓存页中的特定内容，并不缓存整个页，因此每次都需重新创建整个页。例如，如果要创建一个显示大量动态内容（如股票信息）的页，其中有些部分为静态内容（如每周总结），这时可以将静态部分放在用户控件中，并允许缓存这些内容。缓存后替换与控件缓存正好相反。它对页进行缓存，但是页中的某些片段是动态的，因此不会缓存这些片段。例如，如果创建的页在设定的时间段内完全是静态的（如新闻报道页），可以设置为缓存整个页。如果为缓存的页添加旋转广告横幅，则在页请求之间，广告横幅不断变化。然而，使用缓存后替换，可以对页进行缓存，但可以将特定部分标记为不可缓存。

❑ **应用程序缓存**

应用程序缓存提供了一种编程方式，可通过键/值对将任意数据存储在内存中。使用应用程序缓存与使用应用程序状态类似。但是，与应用程序状态不同的是，应用程序缓存中的数据是易失的，即数据并不是在整个应用程序生命周期中都存储在内存中。使用应用程序缓存的优点是由 ASP.NET 管理缓存，它会在项过期、无效或内存不足时移除缓存中的项。还可以配置应用程序缓存，以便在移除项时通知应用程序。

使用应用程序缓存的模式是，确定在访问某一项时该项是否存在于缓存中，如果存在，则使用。如果该项不存在，则可以重新创建该项，然后将其放回缓存中。这一模式可确保缓存中始终有最新的数据。

2. 缓存数据的自动移除

出于以下原因之一，ASP.NET 可以从缓存中移除数据。

- 清理。清理是在内存不足时从缓存中删除项的过程。如果某些项在一段时间内未被访问，或是在添加到缓存中时被标记为低优先级，则这些项会被移除。ASP.NET 使用 CacheItemPriority 对象来确定要首先清理的项。
- 过期。在缓存项过期时，ASP.NET 会自动从缓存中移除这些项。向缓存添加项时，可以按如下所述类型设置其过期时间：可调过期指定某项自上次被访问后多长时间过期；绝对过期指定某项在设定的时间过期，而不考虑访问频率。
- 依赖项更改。可以将缓存中某一项的生存期配置为依赖于其他应用程序元素，如某个文件或数据库。当缓存项依赖的元素更改时，ASP.NET 将从缓存中移除该项。例如，如果网站显示一份报告，该报告是应用程序通过 XML 文件创建的，则可以将该报告放置在缓存中，并将其配置为依赖于该 XML 文件。当 XML 文件更改时，ASP.NET 会从缓存中移除该报告。当代码请求该报告时，代码会先确定该报告是否在缓存中，如果不在，代码会重新创建该报告。因此，始终都有最新版本的报告可用。

3. ASP.NET 缓存功能的优点和不足

ASP.NET 的缓存功能具有以下优点。

- 支持更为广泛和灵活的可开发特征。包含一些缓存控件和 API，如自定义缓存依赖、Substitution 控件、页面输出缓存 API 等，这些特征能够明显改善开发人员对于缓存功能的控制。
- 增强的可管理性。使用 ASP.NET 提供的配置和管理功能，可以轻松地管理缓存功能。
- 提供更高的性能和可伸缩性。ASP.NET 提供了一些新的功能，如 SQL 数据缓存依赖等，这些功能将帮助开发人员创建高性能、伸缩性强的 Web 应用程序。

缓存功能的不足之处如下。

- 显示的内容可能不是最新、最准确的，为此，必须设置合适的缓存策略。
- 缓存增加了系统的复杂性并使其难于测试和调试，因此建议在没有缓存的情况下开发和测试应用程序，然后在性能优化阶段启用缓存选项。

6.4.2 页输出缓存

页输出缓存是将已经生成的页面全部或部分内容保存在服务器器内存中。当再有请求时，系统将缓存中的相关数据直接输出，直到缓存数据过期。这样可以缩短请求响应时间，提高应用程序性能。

1. 整页缓存

默认情况下，ASP.NET 启用了页缓存功能，但并不缓存任何响应的输出。开发人员必须通过设置，使得某些页面的响应成为缓存的一部分。

使用整页缓存输出有两种方式，一种是使用@OutputCache 指令，另一种是使用页输出缓存 API。

❑ 使用@OutputCache 指令

要使用整页输出缓存，只要将一条 OutputCache 指令添加到页面即可。

```
<%@ OutputCache Duration="60" VaryByParam="none"%>
```

其中，Duration="60"代表缓存持续时间为 60s，VaryByParam 属性用来指定特定版本的网页输出因哪个参数而改变。在<%@OutputCache%>配置指令中一定要加入 VaryByParam 属性。即使不使用这个版本属性，也要将它加入，但将其值设为 none。如果要使输出缓存根据所有参数值发生变化，则将属性设置为“*”。

可在配置文件中定义应用程序范围的缓存设置。例如：

```
<system.web>
    <caching>
        <outputCacheSettings>
            <outputCacheProfiles>
                <add name="AppCache1" duration="60" />
            </outputCacheProfiles>
        </outputCacheSettings>
    </caching>
</system.web>
```

有上述配置后，可将@OutputCache 指令更改如下：

```
<%@ OutputCache CacheProfile="AppCache1" VaryByParam="none" %>
```

❑ 使用页输出缓存 API

该方法的核心是调用 System.Web.HttpCachePolicy。该类主要包含用于设置缓存特定的 HTTP 标头的方法和用于控制 ASP.NET 页面输出缓存的方法。System.Web.HttpCachePolicy 的实例可通过 Response.Cache 使用。

例如，如下代码

```
Response.Cache.SetExpires(DateTime.Now.AddSeconds(60));
```

相当于

```
<%@ OutputCache Duration="60" VaryByParam="none"%>
```

可以为页输出缓存创建文件依赖。例如：

```
Response.AddFileDependency(MapPath("test.xml"));
```

如需要建立多个文件依赖，可使用 AddFileDependencies 方法。

可使用编程方式使页缓存过期。例如：

```
Response.RemoveOutputCacheItem(Page.ResolveUrl("~/test.aspx"));
```

此方法只接受一个“虚拟绝对”路径，因此需用 Page.ResolveUrl()方法转换。

2. 部分页缓存

有时缓存整个页是不现实的，因为页的某些部分可能在每次请求时都需要更改。在这些情况下，只能缓存页的一部分。执行此操作有两个选项：控件缓存和缓存后替换。

❑ 控件缓存

将页面中需要缓存的部分置于用户控件(.ascx 文件)中，并且为用户控件设了缓存功能。主要包括以下 3 种方法：一是使用@OutputCache 指令以声明方式为用户控件设置缓存功能；二是在隐藏代码文件中使用 PartialCachingAttribute 类设置用户控件缓存；三是使用 ControlCachePolicy 类以编程方式指定用户控件缓存设置。

例如，如果在用户控件文件（.ascx 文件）的顶部包括下面的指令，则该控件的一个版本将在输出缓存中存储 120s。

```
<%@ OutputCache Duration="120" VaryByParam="None" %>
```

若要使用 PartialCachingAttribute 类在代码中设置缓存参数，可以在用户控件的类声明中使用一个属性。例如，如果在类声明的元数据中包括下面的属性，则该内容的一个版本将在输出缓存中存储 120s。

```
[PartialCaching(120)]
public partial class CachedControl : System.Web.UI.UserControl
{
    // Class Code
}
```

可使用 ControlCachePolicy 类以编程方式实现对用户控件输出缓存的设置。例如：

```
    PartialCachingControl cacheme =
(PartialCachingControl)Page.LoadControl("test.ascx");
    ControlCachePolicy cacheSettings = Cacheme.CachePolicy;
    cacheSettings.SetExpires(DateTime.Now.AddSeconds(10));
    PlaceHolder1.Controls.Add(cacheme);
    Lable1.Text = cacheme.CachePolicy.Duration.ToString();
```

❑ 缓存后替换

有 3 种方法可以实现缓存后替换，一是以声明方式使用 Substitution 控件，二是以编程方式使用 Substitution API，三是以隐式方式使用 AdRotator 控件。前两种方法的核心是 Substitution 控件，这里主要介绍前两种方法，第三种方法读者可参考官方文档。

Substitution 控件执行时，会调用一个返回字符串的方法。该方法返回的字符串即为要在页中的 Substitution 控件的位置上显示的内容。使用 MethodName 属性指定要在 Substitution 控件执行时调用的回调方法的名称。指定的回调方法必须是包含 Substitution 控件的页或用户控件的静态方法。

下面的代码示例演示如何以声明方式将 Substitution 控件添加到输出缓存网页。加载页面时，将在一个标签中向用户显示当前的日期和时间。页面中的此区域仅 60s 便缓存和更新一次。当 Substitution 控件执行时，将调用 GetCurrentDateTime 方法。GetCurrentDateTime 返回的字符串将显示给用户。

```
<%@ OutputCache Duration="60" VaryByParam="none" %>
<!DOCTYPE html PUBLIC "-//W3C//DTD XHTML 1.0 Transitional//EN"
   "http://www.w3.org/TR/xhtml1/DTD/xhtml1-transitional.dtd">
<script runat="server" language="C#">
    void Page_Load(object sender, System.EventArgs e)
    {
        CachedDateLabel.Text = DateTime.Now.ToString();
    }
    public static string GetCurrentDateTime (HttpContext context)
    {
        return DateTime.Now.ToString ();
    }
</script>
<html xmlns="http://www.w3.org/1999/xhtml" >
<head runat="server">
    <title>使用 Substitution 例子</title>
</head>
<body>
   <form id="form1" runat="server">
      <p>这部分不缓存:</p>
      <asp:substitution ID="Substitution1" MethodName="GetCurrentDateTime"
         runat="Server"/>
      <br />
      <p>这部分是缓存的内容:</p>
      <asp:label id="CachedDateLabel" runat="Server"/>
      <br /><br />
      <asp:button id="RefreshButton"  text="刷新页" runat="Server"/>
   </form>
</body>
</html>
```

下面的代码示例演示以编程方式（使用 Response.WriteSubstitution 方法）设置缓存后替换。

```
<%@ outputcache duration="60" varybyparam="none" %>
<!DOCTYPE html PUBLIC "-//W3C//DTD XHTML 1.0 Transitional//EN"
   "http://www.w3.org/TR/xhtml1/DTD/xhtml1-transitional.dtd">
<script runat="server" language="C#">
    ......
    public static string GetCurrentDateTime (HttpContext context)
    {
        return DateTime.Now.ToString ();
    }
```

```
</script>
<html xmlns="http://www.w3.org/1999/xhtml" >
<head runat="server">
    <title>使用 Substitution 例子</title>
</head>
<body>
  <form id="form1" runat="server">
    ……
      <% Response.WriteSubstitution(new HttpResponseSubstitutionCallback
(GetCurrentDateTime)); %>
    ……
  </form>
</body>
</html>
```

此方法引用的方法不一定是当前类的方法，也可以是另一个类的实例或静态方法。可以在自定义控件中使用此方法实现缓存后替换。

6.4.3 使用应用程序缓存

应用程序数据缓存由 System.Web.Caching.Cache 类实现。与 Session 对象类似，Cache 类提供了简单的字典接口。可以通过该接口使用键/值对的形式，对需要缓存的对象实施缓存。同时，还可以设置缓存的有效期、依赖项、优先级等特性。

1. 将项添加到缓存中

将项添加到缓存有 3 种实现方法，一是指定键和值，二是使用 Cache 类的 Add 方法，三是使用 Cache 类的 Insert 方法。

❑ **指定键和值**

下面的代码示例将名为 CacheItem1 的项添加到 Cache 对象中。

```
Cache["CacheItem1"] = "Cached Item 1";
```

使用这种方法，不仅可以缓存如上所示的简单数据对象，还可以缓存如 DataView、DataSet 等复杂数据对象。虽然上述方法具有简单易用的优点，但缺点也很明显，即无法为缓存设置有效期、依赖项等特性。

❑ **使用 Add 方法**

Add 方法是 Cache 类的重要方法之一。该方法在将数据项添加到缓存的同时，还允许为应用程序数据缓存设置有效改期、优先级、依赖项等特性。代码如下：

```
Cache.Add("Keyl","Value1", null,DateTime.Now.AddSeconds(60),
TimeSpan.Zero, CacheltemPriority.High, onRemove) ;
```

以上代码将数据对象 Valuel 添加到应用程序数据缓存中，其关联的键名为 Keyl，还为缓存对象设置了一些缓存特性。例如，设置该续缓存对象无依赖项，缓存有效期是 60s（采用了绝对过期策略），优先级为 High，当缓存对象过期时调用 onRemove 方法等。需要注意的是，如果缓存中已保存了具有相同键名（key）的项，则对此方法的调用将失败。

❑ **使用 Insert 方法实现添加**

Insert 方法与 Add 方法具有相似之处。不同之处是，Insert 方法更灵活，其次，如果要添加的项已存储在缓存中，Insert 方法替换该项，而 Add 方法报告失败。

下面的代码示例将名为 CacheItem2 的项添加到 Cache 对象中。

```
Cache.Insert("CacheItem2", "Cached Item 2");
```

2. 检索缓存项的值

要从缓存中检索数据，应指定存储缓存项的键。不过，由于缓存中所存储的信息为易失信息，即该信息可能由 ASP.NET 移除，因此建议的开发模式是首先确定该项是否在缓存中。如果不在，则应将它重新添加到缓存中，然后检索该项。

下面的代码示例演示如何确定名为 CacheItem 的项是否包含在缓存中。如果在，则代码会将该项的内容分配给名为 cachedString 的变量。如果该项不在缓存中，则代码会将它添加到缓存中，然后将它分配给 cachedString。

```
string cachedString;
if(Cache["CacheItem"] != null)
{
    cachedString = (string)Cache["CacheItem"];
}
else
{
    Cache.Insert("CacheItem", "Hello, World.");
    cachedString = (string)Cache["CacheItem"];
}
```

3. 从 ASP.NET 缓存中删除项

ASP.NET 缓存中的数据是易失的，即不能永久保存。由于以下任一原因，缓存中的数据可能会自动移除：缓存已满，该项已过期，依赖项发生更改。

从缓存中显式删除项，可调用 Remove 方法，以传递要移除的项的键。例如，下面的示例演示如何移除键为 MyData1 的项。

```
Cache.Remove("MyData1");
```

6.4.4 缓存依赖

缓存依赖是实现缓存功能中非常重要的部分。通过缓存依赖，可以在被依赖对象（如文件、目录、数据库表等)与缓存对象之间建立一个有效关联。当被依赖对象发生变化时，缓存对象将变得不可用，并被自动从缓存中移除，然后再重新读取数据，创建新的缓存对象。

ASP.NET 有 3 种缓存依赖：第 1 种是 CacheDependency，用于创建一个文件依赖或缓存键值依赖；第 2 种是 SqlCacheDependency，用于创建一个对于 Microsoft SQL Server 数据库表或 SQL Server 2005 数据库查询的依赖；第 3 种是 AggregateCacheDependency，用于使用多个 Cache Dependency 对象创建依赖，如可以用该对象组合文件和 SQL 依赖。

1. 实现文件缓存依赖

CacheDependency 是实现缓存依赖功能的核心类之一，主要功能是在 ASP.NET 应用程序数据缓存对象与文件、缓存键、文件或缓存键的数组或另一个 CacheDependency 对象之间建立一种依赖关系。以实现文件缓存依赖为例：

```
//设置文件路径
String filename=Server.MapPath("file1.xml");
//获得当前时间
DateTime dt = DateTime.Now;
//创建缓存依赖
CacheDependency de = new CacheDependency(filename,dt);
//添加应用程序数据缓存
Cache.Insert("key","value",dep);
```

2. 实现 SQL 数据缓存依赖

SQL 数据缓存依赖功能的核心是利用 SqlCacheDependency 类，在应用程序数据缓存对象与 SQL Server 数据库表，或者 SQL Server 2005 查询结果之间，建立一种缓存依赖关系。

ASP.NET 支持两种类型的 SQL 缓存依赖：拉和推。第 1 种模式使用表轮询的 ASP.NET 实现，第 2 种模式使用 SQL Server 2005 的查询通知功能。对于 SQL Server 7.0/2000 只能使用第 1 种模式，对于 SQL Server 2005 使用第 2 种模式。

第 1 种模式使用的是触发器机制，当表被修改时，触发器被触发，名为 AspNet_SqlCacheTablesForChangeNotification 的数据表记录修改情况，ASP.NET 使用一个后台线程，来定期拉数据表的修改信息。如果有修改，则依赖于数据表的缓存项目被移除。

第 2 种模式使用的是通知服务机制。SQL Server 2005 才提供通知传递服务。该服务主要实现自动监测数据更改，自动发送更改通知等功能。避免了使用轮询数据库检查数据更改的烦琐。基于这种模式的 SQL 数据缓存依赖可与页面输出缓存、用户控件、应用程序数据缓存、数据源控件等集成使用。

这里只介绍第 2 种模式，具体的配置步骤如下。

（1）查看 SQL Server 2005 Service Broker 是否启用，运行如下语句，显示 1 表示已经启用，0 表示没有启用。

```
Select DATABASEpRoPERTYEX('bookstore','IsBrokerEnabled')
```

（2）如没有启用，通过语句启用 SQL Server 2005 Service Broker。

```
Alter Database MyBase Set ENABLE_BROKER
```

（3）通过类似如下的语句为用户赋予需要的权限。

```
GRANT SUBSCRIBE QUERY NOTIFICATIONS TO yang
```

（4）在 Web.config 文件中进行数据源和缓存的配置。例如：

```
<system.web>
  <connectionStrings>
     <add name="MyNorthwind" connectionString="Data Source="localhost";
  Integrated Security="SSPI";Initial Catalog="Northwind"
  providerName="System.Data.SqlClient" />
   </connectionStrings>
   <caching>
      <sqlCacheDependency enabled="true">
         <databases>
            <add name="Northwind" connectionStringName="MyNorthwind"
        pollTime="120000" />
         </databases>
      </sqlCacheDependency>
   </caching >
</system.web>
```

（5）Global.asax 的 Application_Start 方法中启用更改通知并启动侦听器。例如：

```
string connectString = ConfigurationManager.ConnectionStrings[
"connectString"].ConnectionString;
SqlCacheDependencyAdmin.EnableNotifications(connectString);
SqlCacheDependencyAdmin.EnableTableForNotifications(MyNorthwind,
"Employees");//启用表更改通知，可加到 Global.asax 的 Application_Start 方法中
SqlDependency.Start(connectionString);//启动监听器，可加到 Global.asaxApplicat
ion_Start 方法中
```

（6）Global.asax 的 Application_End 方法中禁用更改通知并停止侦听器。例如：

```
string connectString = ConfigurationManager.ConnectionStrings[
```

```
"connectString"].ConnectionString;
SqlCacheDependencyAdmin.DisableNotifications(connectString);
SqlCacheDependencyAdmin.DisableTableForNotifications(MyNorthwind,
"Employees");
SqlDependency.Stop(connectionString);
```

有了上述配置后，可以通过如下一些方法使用 SQL 数据缓存依赖。

● 在页面输出缓存中，只要设置以下代码，就能够使用 SQL 数据缓存依赖功能。

```
<%OutputCache Duration="1000" SqlDependency="CommandNotification"
VaryByParam="none" %>
```

● 在数据源中，将属性 EnableCaching 设置为 true，并设置 SqlcacheDependency 属性（指示用于 Microsoft SQL Server 缓存依赖项的数据库和表），即可使用 SQL 数据缓存依赖。例如：

```
<asp:sqldatasource id="SqlDataSource1" runat="server"
    connectionstring="<%$ ConnectionStrings:MyNorthwind%>"
    selectcommand="SELECT EmployeeID,FirstName,Lastname FROM Employees"
    enablecaching="True" cacheduration="300"
    cacheexpirationpolicy="Absolute"
    sqlcachedependency="Northwind:Employees" />
```

● 通过编程使用 SQL 数据缓存依赖。例如：

```
IList<Employees> data = (string)HttpRuntime.Cache["cacheKey"];
if (data == null)
{
    data = EmployeeBLL.FindEmployees();//调用业务方法查询数据
    SqlCacheDependency scd = new SqlCacheDependency("Northwind",
"Employees"));
    HttpRuntime.Cache.Add(cacheKey, data, scd, DateTime.Now.AddHours(12),
Cache.NoSlidingExpiration, CacheItemPriority.High, null);
}
```

3. 实现聚合缓存依赖

AggregateCacheDependency 继承自 CacheDependency，属于密封类，不可被继承。该类的主要功能是实现聚合缓存依赖功能。具体来说，它可以在单个应用程序缓存对象与多个依赖项之间建立缓存依赖关系。

```
//参数 fileName 用于设置 XML 文件的路径
CacheDependency dep1 = new CacheDependency(fileName);
//cmd 是一个 SqlCommand 实例，其用于创建 SqlCacheDependency
SqlCacheDependency dep2 = new SqlCacheDependency(cmd);
//添加到 CacheDependency 对象组中
CacheDependency deps[] = {dep1,dep2};
//调用 Add 方法，实现聚合缓存依赖
AggregateCachtheDependency aggDep = new AggregateDependency() ;
aggDep.Add(deps) ;
Cache.Insert("key", date, aggDep);
```

6.4.5 案例 6-3 在书城网站中应用缓存技术

利用好缓存技术可大大提高系统的性能。作为购物网站，客户访问量较大，因此有必要使用缓冲技术。

【技术要点】

● 使用 SQL 数据依赖缓存，在 Web.config 中配置缓存。

- 在 Global.asax 文件的 Application_Start 方法中启用更改通知并启动侦听器。
- 在 Global.asax 的 Application_End 方法中禁用更改通知并停止侦听器。
- 在书城网站中，对图书分类显示使用 SQL 数据依赖缓存。

【设计步骤】

（1）按 6.4.4 小节中给出的步骤启用 SQL Server 2005 Service Broker。

（2）在 Web.config 文件中增加缓存配置。

```
<system.web>
  ......
  <caching>
    <sqlCacheDependency enabled="true">
      <databases>
          <add name="BookStore" connectionStringName="connectString"
      pollTime="120000" />
      </databases>
    </sqlCacheDependency>
  </caching>
  ......
</system.web>
```

（3）启用更改通知并启动接受依赖项更改通知的侦听器。

```
void Application_Start(object sender, EventArgs e)
{
    string connectString = ConfigurationManager.ConnectionStrings[
"connectString"].ConnectionString;
    SqlCacheDependencyAdmin.EnableNotifications(connectString);
    SqlCacheDependencyAdmin.EnableTableForNotifications(connectString,
"BsCategory"); //启用图书分类表更改通知
    SqlDependency.Start(connectString);
    ......
}
void Application_End(object sender, EventArgs e)
{
    string connectString = ConfigurationManager.ConnectionStrings[
"connectString"].ConnectionString;
    SqlCacheDependencyAdmin.DisableNotifications(connectString);
    SqlCacheDependencyAdmin.DisableTableForNotifications(connectString,
"BsCategory"); //禁用图书分类表更改通知
     SqlDependency.Stop(connectString);
    ......
}
```

（4）对需要缓存的数据源对象设置属性。例如，对图书分类控件的数据源设置如下:

```
<asp:ObjectDataSource ID="ObjectDataSource1" runat="server"
    SelectMethod="FindCategories" TypeName="CategoryBLL"
    EnableCaching="True"  SqlCacheDependency="BookStore:BsCategory">
```

本 章 小 结

状态管理是在同一页或不同页的多个请求发生时，维护状态和页信息的过程。ASP.NET 提供多种状态管理的方法。根据状态数据的保存位置，状态管理可以分为基于客户端的状态管理和基于服务器的状态管理。

基于客户端的状态管理有视图状态（ViewState）、控件状态（ControlState）、隐藏域（HiddenField）、Cookie 和查询字符串（QueryString）。这类状态管理是在页中或客户端计算机上存储信息。客户端状态管理不使用服务器资源来存储状态信息，安全性比较低，但提供了较高的服务器性能。

基于服务器端的状态管理使用服务器资源来存储状态信息，包括应用程序状态（Application）、会话状态（Session）及配置文件属性（Profile）。Application 用来存储与 Web 应用级的状态数据，这些数据能够被多个会话共享且不会经常变更。Session 是管理会话状态的对象。利用 Session 和 Application 实现访问人数和在线人数统计，也是常见的应用。

ASP.NET 提供了一些用于提升程序性能的技术特性，其中，缓存技术是非常重要的一个特性，它提供了一种非常好的本地数据缓存机制，从而有效地提高数据访问的性能。缓存是将数据暂存于内存缓存区中（有时也暂存于硬盘缓存区中）的一种技术。当数据本身改变不频繁，而被访问的频率又比较高时，采用这种技术可大大改进应用程序的性能。ASP.NET 使用两种基本的缓存机制来提供缓存功能。第 1 种机制是页输出缓存，它保存页处理输出，并在用户再次请求该页时，重用所保存的输出，而不是再次处理该页。第 2 种机制是应用程序缓存，它允许缓存所生成的数据，如 DataSet 或业务对象。

习题与实验

一、习题

1. 什么是状态管理？状态管理有哪些类型？
2. 基于客户端的状态管理有什么特点？
3. 简述什么是 ViewState，使用时注意些什么。
4. 什么 Cookie？它有哪些优点和缺点？
5. 举例说明如何使用 Cookie。
6. 简述 Application 与 Session 的区别，列举一些 Application 及 Session 应用的例子。
7. 什么是缓存？缓存的目的是什么？
8. 简述 ASP.NET 页输出缓存。
9. 什么是缓存依赖？如何实现 SQL 数据缓存依赖？

二、实验题

1. 实现新闻发布网站的用户登录验证和权限检验，利用 Cookie 保存登录信息。
2. 实现新闻网站访问人数和在线人数统计。
3. 在新闻网站中使用依赖缓存技术。

第 7 章 ASP.NET 常用技术

本章要点

- 成员资格与角色管理技术及身份验证和用户管理实现
- 个性化服务技术及购物车（支持匿名用户）实现
- 绘图知识及验证码功能实现
- ASP.NET AJAX 技术及页面局部刷新和定时刷新实现
- 文件操作与文件上传技术及图书添加功能实现

ASP.NET 为 Web 应用程序提供了强大的支持，还有一些常用的技术，如成员资格与角色管理、个性化服务、验证码、AJAX、文件上传等，使用这些技术可增强系统的功能。

7.1 成员资格与角色管理

身份验证和角色管理是 Web 应用程序非常重要的组成部分。ASP.NET 提供的成员资格 API 和登录控件，为实现身份验证和角色管理提供强大支持。

7.1.1 验证方式及其配置

身份验证是用户提交用户凭证，通过服务器端验证的过程。如果提交凭据有效，则视为通过身份验证。在身份得到验证后，授权进程将确定该身份是否可以访问给定资源。

1. ASP.NET 的验证方式

ASP.NET 通过身份验证提供程序来实现身份验证。内置的身份验证提供程序有以下 3 种。

- Windows 验证提供程序。将 Windows 身份验证与 IIS 身份验证结合使用。
- Forms 验证提供程序。应用登录窗体，并执行身份验证。使用 Forms 身份验证的一种简便方法是使用 ASP.NET 成员资格和 ASP.NET 登录控件，它们一起提供了一种只需少量或无须代码就可以收集、验证和管理用户凭证的方法。
- Passport 验证提供程序。使用集中式的验证服务，该服务为成员站点提供单一登录和核心配置文件服务。

2. Forms 验证配置

Forms 验证的基本配置步骤如下。

（1）在 Web.config 文件的<authentication>节配置验证方式为 Forms 验证。

```
<system.web>
    <authentication mode="Forms"></authentication>
</system.web>
```

（2）在<authentication>节中增加<forms>节的配置。

```
<system.web>
    <authentication mode="Forms">
        <forms loginUrl="~/Web/User/Login.aspx"  name="aspxlogin" />
    </authentication>
</system.web>
```

其中：

- loginUrl 设置客户端登录页面地址，如果用户没有认证就会跳转到该地址，默认值为 Default.aspx。
- name 设置 Cookie 的名字，默认值为 ASPXAUTH。

3. 授权配置

在 Web.config 文件的<authorization>节中设置访问规则来实现授权。子元素<allow>配置允许对资源进行访问的规则，<deny>配置拒绝对资源进行访问的规则。

以书城网站为例，用户的角色有 admin（管理员）、member（会员，即登录用户）及匿名用户，可通过文件夹来划分可访问的资源。Admin 文件夹存放管理员可访问网页，Member 文件夹存放登录用户可访问的网页，User 文件夹存放匿名用户可访问的网页。在每个文件夹下单独建立一个配置文件。

Admin 文件夹下的 Web.config 文件内容如下：

```
<?xml version="1.0" encoding="utf-8"?>
<configuration>
    <system.web>
        <authorization>
            <allow roles="admin" />
            <deny users="*"/>
        </authorization>
    </system.web>
</configuration>
```

Member 文件夹下的 Web.config 文件内容如下：

```
<?xml version="1.0" encoding="utf-8"?>
<configuration>
    <system.web>
        <authorization>
            <allow roles="admin" />
            <allow roles="member" />
            <deny users="*"/>
        </authorization>
    </system.web>
</configuration>
```

7.1.2 成员资格管理及其配置

ASP.NET 成员资格管理功能用于与 Forms 验证和登录控件结合使用，以实现用户登录验证和管理用户。它提供验证用户凭据、创建和修改成员资格及管理用户设置（如密码和电子邮件地址）等功能，并可以将用户信息保存在所选数据源中。由于有成员资格用户提供程序，因此，不需要大量代码来读写成员资格信息。

1. 成员资格管理 API

ASP.NET 提供一组类用于成员资格管理，其中最主要的3个是：Membership、MembershipUser 和 Roles。

- Membership：提供常规成员资格功能，包括创建一个新用户，删除一个用户，修改用户，返回用户列表，通过名称或电子邮件来查找用户，验证用户，获取联机用户的人数，通过用户名或电子邮件地址来搜索用户等功能。
- MembershipUser：提供有关特定用户的信息，包括获取密码和密码问题，更改密码，确定用户是否联机，确定用户是否已经过验证，返回最后一次活动、登录和密码更改的日期，取消对用户的锁定等。
- Roles：用于管理角色中的用户成员资格，以便在 ASP.NET 应用程序中进行授权检查。

例如，下面代码根据文本框输入的值创建一个用户。

```
MembershipUser newUser = Membership.CreateUser(UsernameTextBox.Text,
PasswordTextBox.Text);
```

又如，下面代码段用于登录验证。

```
if (Membership.ValidateUser(UsernameTextBox.Text, PasswordTextBox.Text))
{
    FormsAuthentication.RedirectFromLoginPage(UsernameTextbox.Text,true);
}
else
{
    Msg.Text = "登录失败！";
}
```

再如，将指定的用户添加到指定的角色中。

```
Roles.AddUsersToRole("yang","admin");
```

为了进一步简化程序，可以使用 ASP.NET 登录控件。成员资格管理功能与 ASP.NET 登录控件配合使用，可以达到基本不用编码就可实现用户管理功能。

2. 成员资格管理数据库配置

默认情况下，当第一次执行与用户配置功能有关的应用程序时，系统将自动为该应用程序创建一个 SQL Sewer 2005 Express 的特定数据库实例，用于成员资格管理。该数据库实例存储于应用程序根目录下的 App_Data 文件夹中，名称为 ASPNETDB.MDF。

可以使用配置工具 aspnet_regsql.exe，在自己的数据库中建立用于成员资格管理所需的表。该工具一般位于：C:\WINDOWS\Microsoft.NET\Framework\v2.0.50727 文件夹下。

使用 aspnet_regsql.exe 的配置步骤如下。

（1）运行 aspnet_regsql.exe，打开如7-1所示对话框，单击【下一步】按钮。

（2）打开如图7-2所示的【选择安装选项】对话框，选择【为应用程序服务配置 SQL Server】单选按钮，单击【下一步】按钮。

（3）打开如图 7-3 所示的【选择服务器和数据库】对话框，选择服务器后，再选择数据库，然后单击【下一步】按钮，出现【请确认您的选择】对话框，直接单击【下一步】按钮。

（4）最后出现如图7-4所示的【数据库已被创建或修改】对话框，单击【完成】按钮。

数据表结构如图7-5所示。

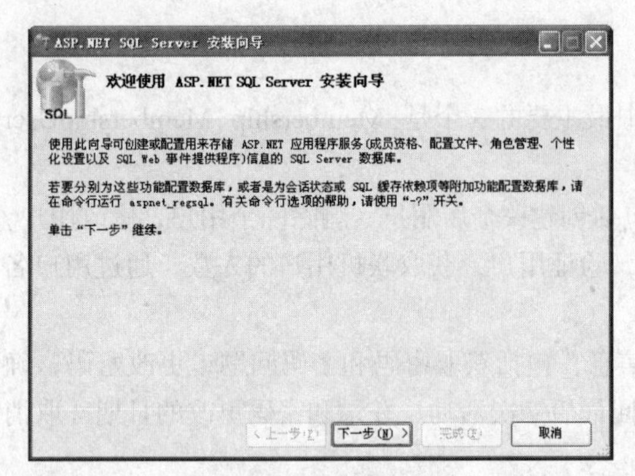

图 7-1　安装向导对话框

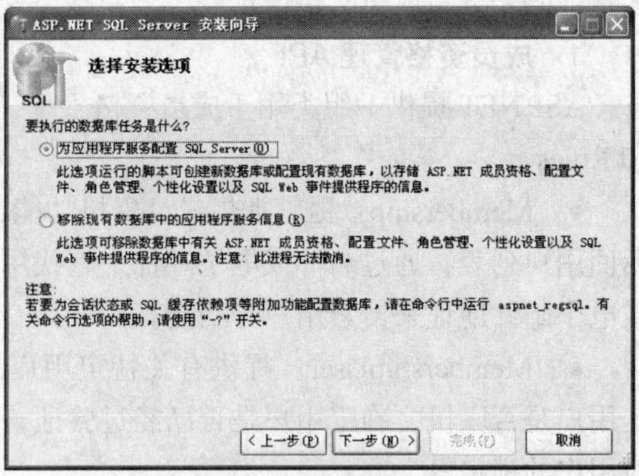

图 7-2　【选择安装选项】对话框

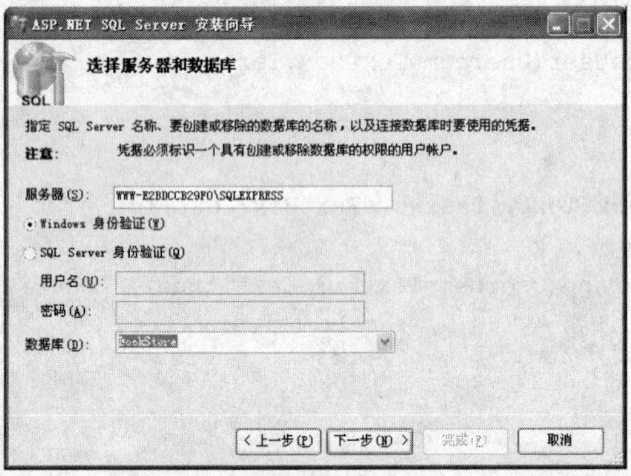

图 7-3　【选择服务器和数据库】对话框

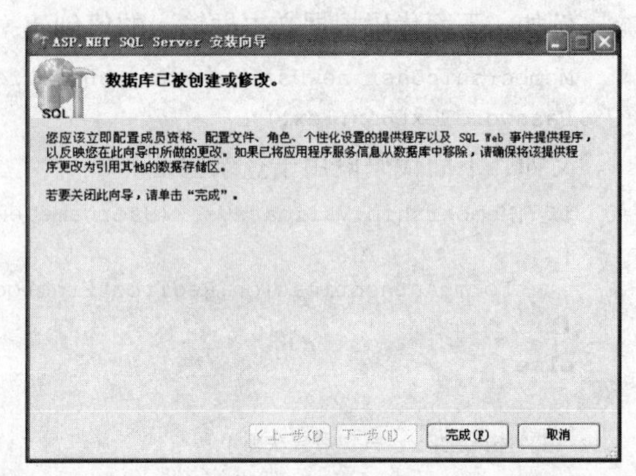

图 7-4　【数据库已被创建或修改】对话框

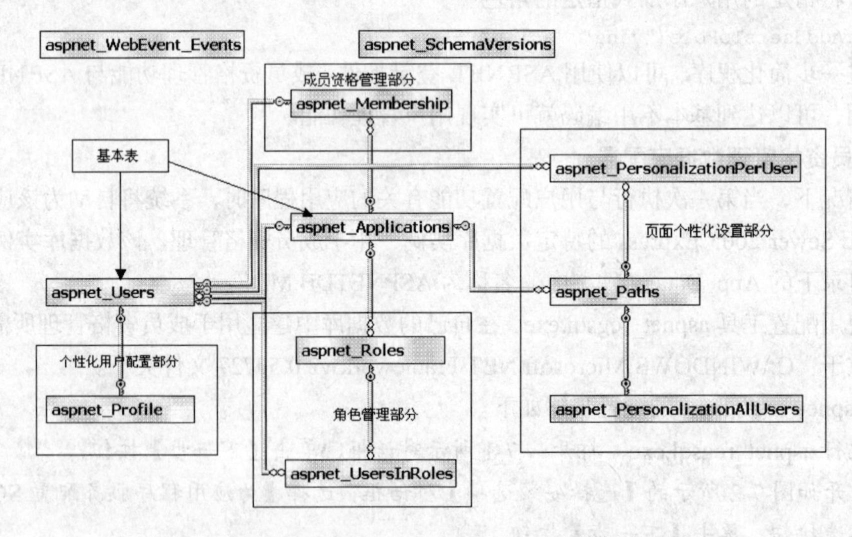

图 7-5　使用 aspnet_regsql.exe 工具生成的数据表结构

3. 成员资格管理配置

配置完数据库后，还需要在应用程序的 Web.config 文件增加<membership>节，配置用于对用户账户进行管理和身份验证的参数。可使用网站管理工具进行配置，该工具提供了一个基于向导的界面。配置的结果如下：

```
<system.web>
   <membership defaultProvider="AspNetSqlMembershipProvider"
userIsOnlineTimeWindow="15" hashAlgorithmType="">
      <providers>
         <clear/>
         <add connectionStringName="connectString"
      enablePasswordRetrieval="false" enablePasswordReset="true"
      requiresQuestionAndAnswer="true" applicationName="BookStore"
      requiresUniqueEmail="false" passwordFormat="Hashed"
      maxInvalidPasswordAttempts="5" minRequiredPasswordLength="7"
      minRequiredNonalphanumericCharacters="0" passwordAttemptWindow="10"
      passwordStrengthRegularExpression=""
      name="AspNetSqlMembershipProvider"
      type="System.Web.Security.SqlMembershipProvider"/>
       </providers>
   </membership>
</system.web>
```

其中：

- defaultProvider：提供程序的名称，默认为 AspNetSqlMembershipProvider。
- userIsOnlineTimeWindow：指定用户登录后被视为联机的分钟数。
- hashAlgorithmType：用于哈希密码的算法的标识符，或为空以使用默认哈希算法。
- connectionStringName：membership 数据库的连接名称。
- enablePasswordRetrieval：指示是否允许用户检索其密码。
- enablePasswordReset：指示是否允许用户重置其密码。
- requiresQuestionAndAnswer：指示是否在密码重置和检索时回答密码提示问题。
- applicationName：应用程序的名称。
- requiresUniqueEmail：指示是否配置为要求每个用户名具有唯一的电子邮件地址。
- passwordFormat：指示密码加密格式，可选 Clear、Encrypted 或 Hashed。
- maxInvalidPasswordAttempts：允许的无效密码或无效密码提示问题答案尝试次数。
- minRequiredPasswordLength：密码所要求的最小长度。
- minRequiredNonalphanumericCharacters：有效密码中必须包含的最少特殊字符数。
- passwordAttemptWindow：最大无效密码或无效密码提示问题答案尝试次数分钟数。
- passwordStrengthRegularExpression：计算密码的正则表达式。

4. 角色管理配置

在<roleManager>节配置角色管理，配置如下：

```
<system.web>
   <roleManager enabled="true" cacheRolesInCookie="true">
      <providers>
         <clear/>
         <add connectionStringName="connectString"
      applicationName="BookStore" name="AspNetSqlRoleProvider"
      type="System.Web.Security.SqlRoleProvider"/>
      </providers>
   </roleManager>
</system.web>
```

其中，cacheRolesInCookie 指定当验证某个用户是否属于特定角色时，先检查 Cookie，然后使用角色提供程序在数据源中检查角色列表。如果为 true，则缓存当前用户的 Cookie 中的角色名称列表，否则不缓存。默认值为 false。

5. 使用网站管理工具

网站管理工具是 ASP.NET 提供的一个配置工具，通过可视界面来完成用户和角色的管理。例如，建立两个角色和一个管理员的步骤如下。

（1）单击工具栏中【网站】→【ASP.NET 配置】命令，打开【网站管理工具】窗口，如图 7-6 所示。

（2）在【网站管理工具】窗口中选择【安全】选项卡，在其中单击【选择身份验证类型】，打开设置 Forms 验证模式窗口。这里选择【通过 Internet】单选按钮，即可配置成 Forms 身份验证，如图 7-7 所示，单击【完成】按钮。

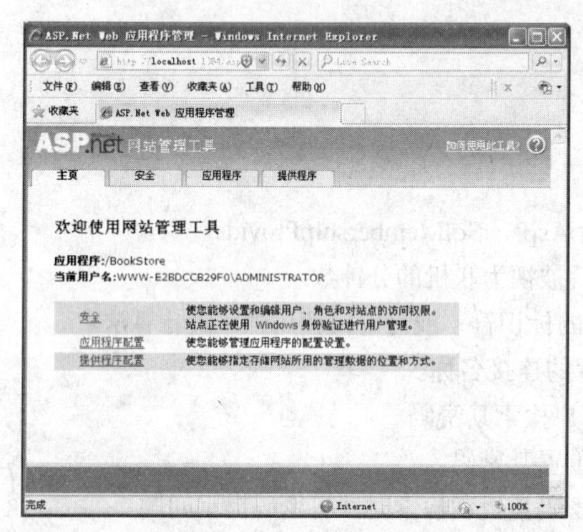

图 7-6　【网站管理工具】窗口

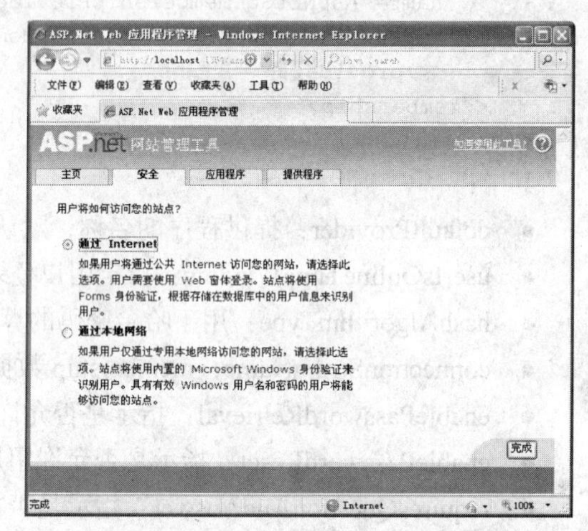

图 7-7　设置 Forms 验证模式

（3）如果配置成 Forms 身份验证，在【网站管理工具】窗口中选择【安全】选项卡，就可以进行创建用户和角色，如图 7-8 所示。单击【创建或管理角色】，添加两个角色：admin 和 member，如图 7-9 所示，单击【上一步】按钮。

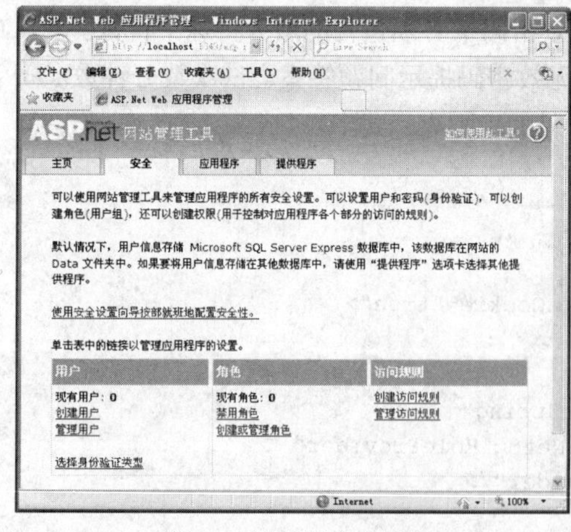

图 7-8　配置用户和角色

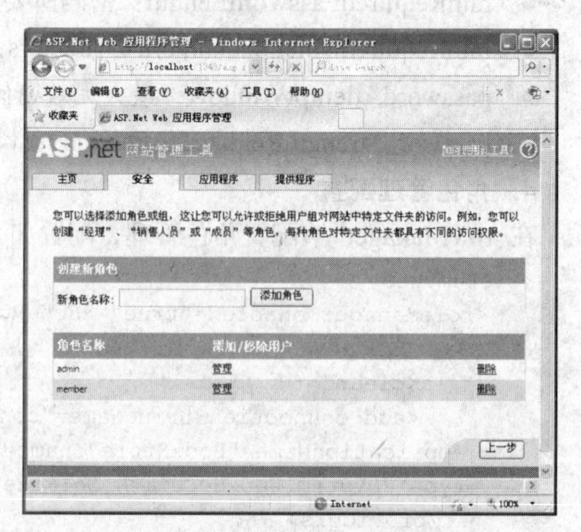

图 7-9　创建或管理角色

（4）在图 7-8 所示界面，单击【创建用户】，打开【创建用户】窗口，如图 7-10 所示，输入管理员的信息，选中【admin】复选框，单击【创建用户】按钮。

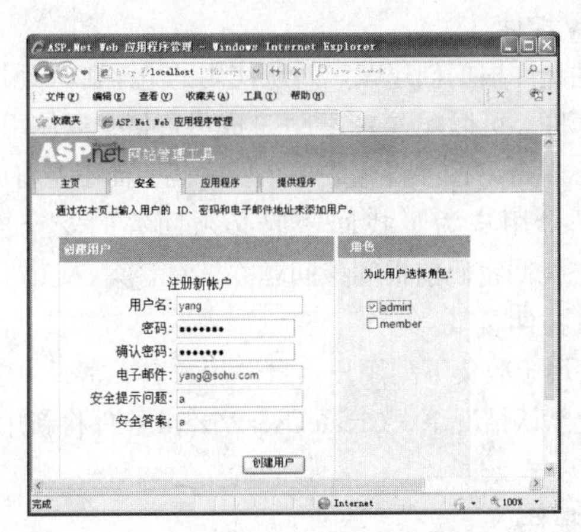

图 7-10　创建用户

7.1.3　ASP.NET 登录控件

ASP.NET 登录控件为 ASP.NET Web 应用程序提供了一种可靠的、无须编程的登录解决方案。默认情况下，登录控件与 ASP.NET 成员资格和 Forms 身份验证集成，以帮助实现网站的用户身份验证过程的自动化。

1. Login 控件

Login 控件显示用于执行用户身份验证的用户界面。Login 控件包含用于输入用户名和密码的文本框，以及指示是否需要服务器使用成员资格存储他们的标识的复选框，以便下次访问该站点时自动进行身份验证。

Login 控件有用于自定义显示、自定义消息的属性和指向其他页的链接，在那些页面中用户可以更改密码或找回忘记的密码。Login 控件可用作主页上的独立控件，或者在专门的登录页上使用它。

如果一同使用 Login 控件和 ASP.NET 成员资格管理功能，将无须编写执行身份验证的代码。然而，如果想创建自己的身份验证逻辑，则利用 Login 控件的 Authenticate 事件添加自定义身份验证代码。

2. LoginView 控件

使用 LoginView 控件，可以向匿名用户和登录用户显示不同的信息。该控件显示以下两个模板之一：AnonymousTemplate 或 LoggedInTemplate。在这些模板中，可以分别添加为匿名用户和经过身份验证的用户显示适当信息的标记和控件。

LoginView 控件还包括 ViewChanging 和 ViewChanged 的事件，可以为这些事件编写当用户登录和更改状态时的处理程序。

3. LoginStatus 控件

LoginStatus 控件为没有通过身份验证的用户显示登录链接，为通过身份验证的用户显示注销链接。登录链接将用户带到登录页。注销链接将当前用户的身份重置为匿名用户。

可以通过设置 LoginText 和 LoginImageUrl 属性自定义 LoginStatus 控件的外观。

4. LoginName 控件

如果用户已使用 ASP.NET 成员资格登录，LoginName 控件将显示该用户的登录名。或者，如果站点使用集成 Windows 身份验证，该控件将显示用户的 Windows 账户名。

5. PasswordRecovery 控件

PasswordRecovery 控件允许根据创建账户时所使用的电子邮件地址来找回用户密码，它会向用户发送包含密码的电子邮件。可以配置 ASP.NET 成员资格，以使用不可逆的加密来存储密码。在这种情况下，PasswordRecovery 控件将生成一个新密码，而不是将原始密码发送给用户。还可以配置成员资格，包括一个用户为了找回密码必须回答的安全提示问题。如果这样做，PasswordRecovery 控件将在找回密码前提问该问题并核对答案。

6. CreateUserWizard 控件

CreateUserWizard 控件用于收集下列用户信息：用户名、密码、密码确认、电子邮件地址、安全提示问题和安全答案。默认情况下，CreateUserWizard 控件将新用户添加到 ASP.NET 成员资格系统中。

7. ChangePassword 控件

通过 ChangePassword 控件，用户可以更改其密码。用户需提供原始密码，然后创建并确认新密码。如果原始密码正确，则用户密码将更改为新密码。该控件还支持发送关于新密码的电子邮件。

7.1.4 案例 7–1 基于成员资格管理实现书城网站用户管理

通过 ASP.NET 的成员资格管理功能及登录控件来实现书城的用户管理，包括用户注册、登录、权限验证、状态显示、注销、管理等功能。嵌入主页中的用户登录控件，运行时的不同状态如图 7-11、图 7-12 和图 7-13 所示。用户注册界面如图 7-14 所示，独立的用户登录界面如图 7-15 所示，用户管理界面如图 7-16 所示。

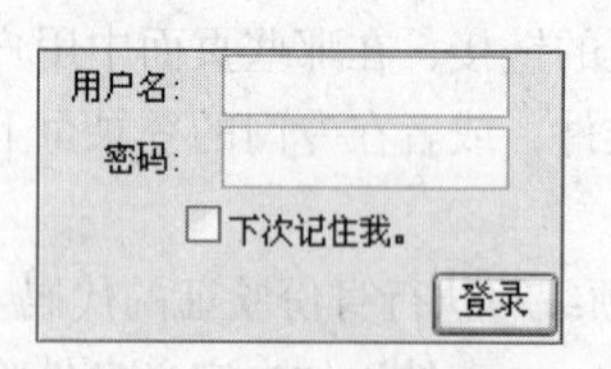

图 7-11　登录前状态

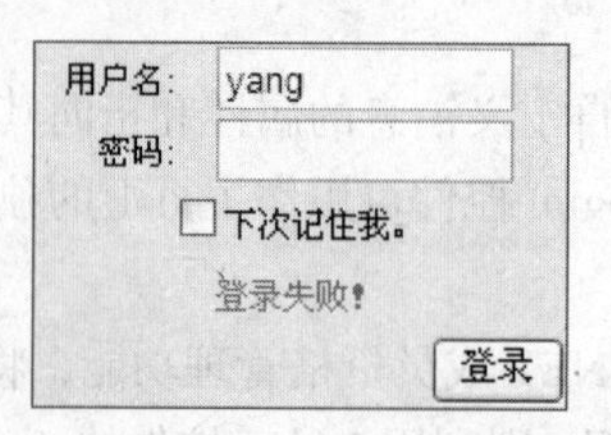

图 7-12　登录失败状态

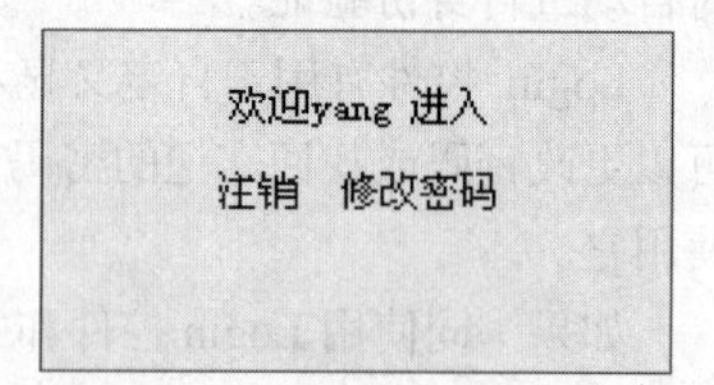

图 7-13　登录成功状态

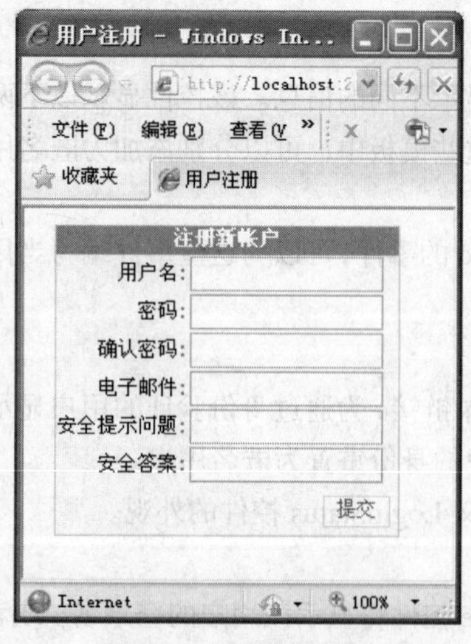

图 7-14　用户注册界面

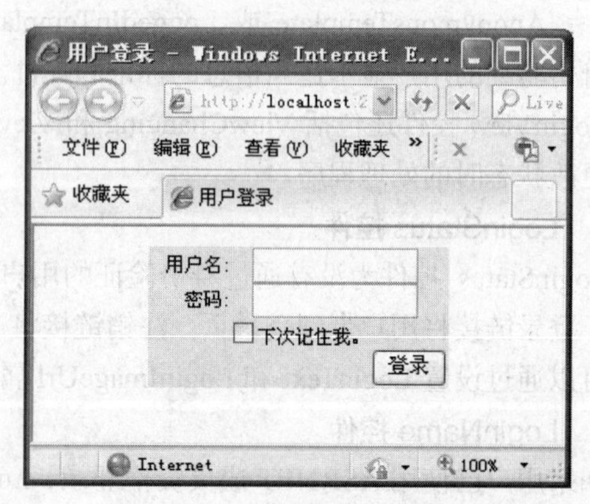

图 7-15　用户登录界面

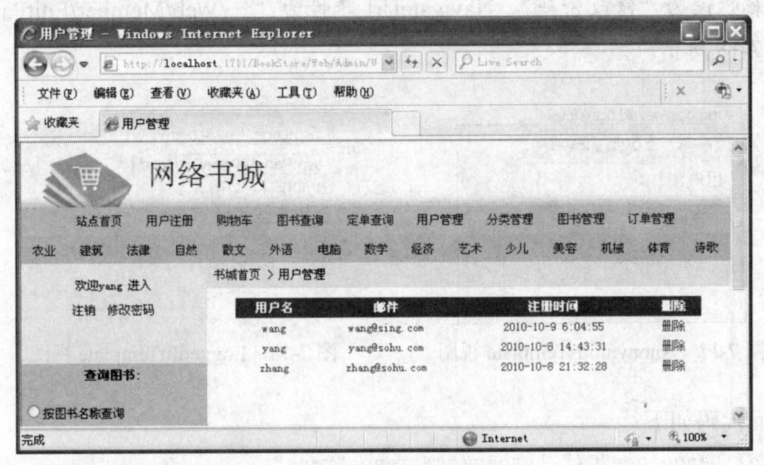

图 7-16　用户管理界面

【技术要点】

- 使用 ASP.NET 的成员资格管理与登录控件配合来实现用户管理功能。
- 用户注册使用 CreateUserWizard 控件，为了使注册用户有一个基本的角色，为该控件添加了 CreatedUser 事件处理程序。
- 使用 LoginView 控件实现向匿名用户和登录用户显示不同的状态。
- 用户登录使用 Login 控件，登录后使用 LoginName 控件显示用户名，使用 LoginStatus 控件显示注销链接。

【设计步骤】

按如下步骤实现书城的用户管理功能。

1．配置表单验证和成员资格管理

可按前面讲解的方法进行配置，这里不再重复。

2．重新设计用户控件 UserLogin

（1）在 Web/Common/Controls 文件下建立用户控件 UserLogin.ascx，切换到【设计】视图，在页面上放置一个 LoginView 控件。

（2）选中 LoginView1 控件，单击右上角的【>】，弹出【LoginView 任务】菜单，从视图列表中选择【AnonymousTemplate】视图。

（3）向 LoginView1 的 AnonymousTemplate 中添加一个 Login 控件。选中 Login1 控件，设置其属性，TitleText 置空，Width 设为 190px，Font.Size 设为 12px，TextBoxStyle.Width 设为 100px，FailureText 设为"登录失败!"，BackColor 设为#E6E2D8，如图 7-17 所示。

（4）再次选中 LoginView1 控件，单击右上角的【>】，弹出【LoginView 任务】菜单，从视图列表中选择【LoggedInTemplate】视图。

（5）向 LoginView1 的 LoggedInTemplate 中添加一个 Panel 控件，设置其属性，BackColor 设为#E6E2D8，Width 设为 190px。

（6）在 Panel1 上添加文字"欢迎进入"，并在"欢迎"和"进入"之间，添加一个 LoginName 控件。在下一行添加一个 LoginStatus 控件和一个 HyperLink 控件。设置 HyperLink1 的

Text 属性设为“修改密码”，NavigateUrl 属性为“~/Web/Member/EditPassword.aspx”，如图 7-18 所示。

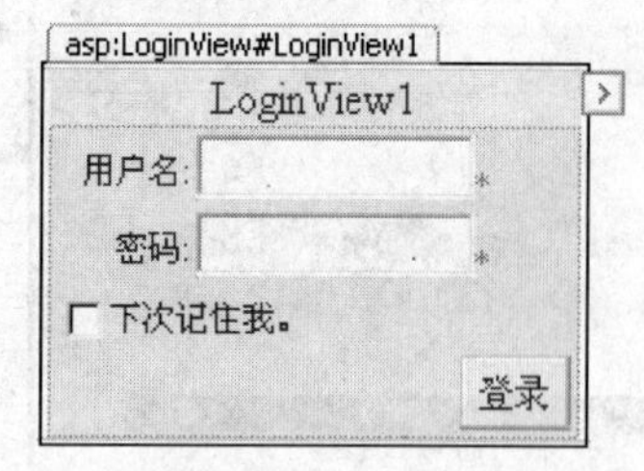

图 7-17　AnonymousTemplate 视图

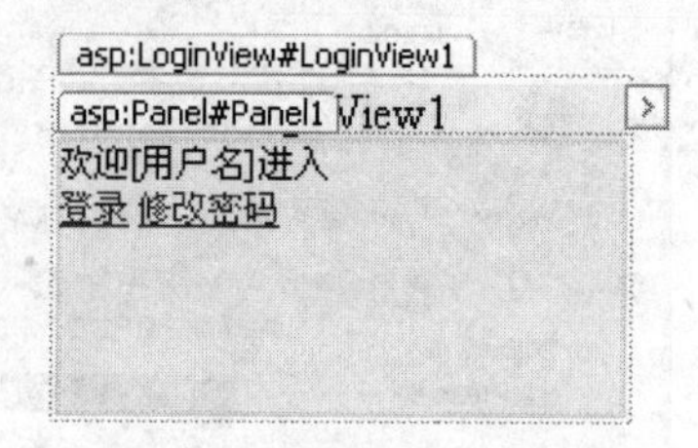

图 7-18　LoggedInTemplate 视图

最后的页面代码如下：

```
<%@ Control Language="C#" AutoEventWireup="true"
   CodeFile="UserLogin.ascx.cs" Inherits="Web_Common_Controls_UserLogin" %>
<center>
   <asp:LoginView ID="LoginView1" runat="server">
      <LoggedInTemplate>
         <asp:Panel ID="Panel1" runat="server" BackColor="#E6E2D8"
            Height="90px" Width="190px" Font-Size="12px">
            <br/>
            欢迎<asp:LoginName ID="LoginName1" runat="server"/>进入<br/>
            <asp:LoginStatus ID="LoginStatus1" runat="server"/> 
            <asp:HyperLink ID="HyperLink1" runat="server"
               NavigateUrl="~/Web/User/EditPassword.aspx">修改密码
            </asp:HyperLink>
         </asp:Panel>
      </LoggedInTemplate>
      <AnonymousTemplate>
         <asp:Login ID="Login1" runat="server" Font-Size="12px"
            BackColor="#E6E2D8" TitleText="" Width="190px"
            FailureText="登录失败！" onloggingin="Login1_LoggingIn">
            <TextBoxStyle Width="100px" />
         </asp:Login>
      </AnonymousTemplate>
   </asp:LoginView>
</center>
```

3. 设计用户注册页

（1）在 Web/User 文件下建立网页 Register.aspx，切换到【设计】视图，在页面上放置一个 CreateUserWizard 控件。

（2）选中 CreateUserWizard1 控件，单击右上角的【>】，弹出【CreateUserWizard 任务】菜单，单击【自动套用格式】，弹出【自动套用格式】对话框，选择【典雅型】，单击【确定】按钮。

（3）设置 CreateUserWizard1 控件属性，TextBoxStyle.Width 设为 120px, CreateUserButtonText 设为“提交”，Font.Size 设为 12px，如图 7-19 所示。

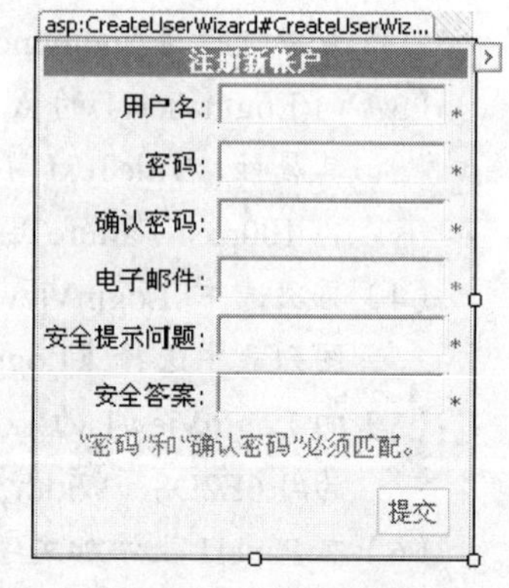

图 7-19　注册页设计

（4）为了使新注册的用户角色为 member，为 CreateUserWizard1

添加事件处理代码如下：

```
protected void CreateUserWizard1_CreatedUser(object sender, EventArgs e)
{
    Roles.AddUserToRole(CreateUserWizard1.UserName, "member");
}
```

4. 设计用户管理页

（1）在 Web/Admin 文件下建立一个内容页 UserManage.aspx，切换到【设计】视图，在页面上放置一个 GridView 控件。

（2）设置 GridView1 的自动套用格式为【彩色型】。

（3）编辑 GridView1 的列，【用户名】、【邮件】和【注册时间】的 DataField 属性分别设为 UserName、Email 和 CreationDate。并添加一个删除列（字段），如图 7-20 所示。

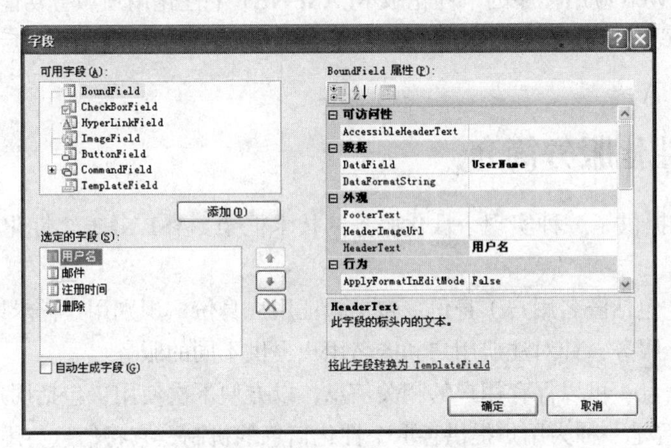

图 7-20　编辑 GridView1 字段

（4）设置 GridView1 的属性，DataKeyNames 设为 UserName，AllowPaging 设为 true。

（5）在页面的 Page_Load 事件中为 GridView 绑定数据源。代码如下：

```
protected void Page_Load(object sender, EventArgs e)
{
    if (!IsPostBack)
    {
        bind();
    }
}
private void bind()
{
    GridView1.DataSource = Membership.GetAllUsers();
    GridView1.DataBind();
}
```

（6）为 GridView1 添加事件处理代码，在 RowDeleting 事件中实现删除，在 PageIndexChanging 事件中实现分页。代码如下：

```
    protected void GridView1_RowDeleting(object sender,
GridViewDeleteEventArgs e)
    {
        string userName = GridView1.DataKeys[e.RowIndex].Value.ToString();
        Membership.DeleteUser(userName);
        bind();
    }
```

```
    protected void GridViw1_PageIndexChanging(object sender,
GridViewPageEventArgs e)
    {
        GridView1.PageIndex = e.NewPageIndex;
        bind();
    }
```

7.2 个性化用户服务

在许多应用程序中，需要存储并使用对用户唯一的信息。用户访问站点时，可以使用已存储的信息向用户显示 Web 应用程序的个性化版本。ASP.NET 个性化用户服务功能使应用程序容易实现：使用唯一的用户标识符存储信息，能够在用户再次访问时识别用户，然后根据需要获取用户信息。

7.2.1 个性化服务简介

ASP.NET 技术提供了一种实现个性化服务的技术框架。ASP.NET 个性化服务主要包括以下内容。

- 识别用户（包括匿名用户）身份：包括验证用户身份，识别用户需求以及管理用户。
- 提供个性化服务：针对注册用户和匿名用户提供不同的服务。
- 存储用户信息：可以保存用户的相关信息，以方便下次使用，包括用户的登录信息。

个性化用户配置是一种为用户提供存取个性化信息的机制，它将信息与用户关联，并采用持久性的格式存储这些信息。主要特点如下。

- 根据每个用户存储各自的用户资料，包括匿名用户的资料。
- 可以在 Web.Config 中定义而立即生效，不必手动扩充数据库字段。
- 可以存储任意数据类型，包括简单数据类型和自定义的复杂数据类型。

使用个性化服务功能主要包括以下 3 个核心步骤：第 1 步是实现成员资格管理；第 2 步是在 Web.config 文件中进行配置，以便启用个性化服务，并定义要为用户存储和跟踪的配置信息（如定义配置信息名称、数据类型，设置是否允许为匿名用户存储有关信息等）；第 3 步是使用与用户配置功能有关的强类型 API 实现对用户配置信息的存储、访问、管理等。第 1 步在 7.1 节中已经做了介绍，本节主要介绍个性化功能配置及个性化数据操作。

7.2.2 个性化服务配置

对应用程序 Web.config 文件进行配置，以启用个性化服务，并定义为用户存储和跟踪的配置信息。在配置中指定用户配置文件提供程序，该程序是执行存储和检索配置文件数据的基础类。可以使用默认的配置文件提供程序（System.Web.Profile.SqlProfileProvider，该提供程序将配置数据存储在 SQL Server 中），也可以使用自己的配置文件提供程序。

下面是书城网站中的个性化服务配置，配置的目的是为用户存储扩展信息，并实现购物车功能。

```
    <profile enabled="true" defaultProvider="AspNetSqlProfileProvider"
automaticSaveEnabled="false">
```

```
    <providers>
      <clear/>
      <add name="AspNetSqlProfileProvider"
    connectionStringName="connectString" applicationName="BookStore"
    type="System.Web.Profile.SqlProfileProvider"
    description="存储 Profile 数据"/>
     </providers>
     <properties>
      <group name="OtherInfo">
          <add name="Realname" type="System.String"/>
          <add name="Phone" type="System.String"/>
          <add name="Address" type="System.String"/>
          <add name="Zipcode" type="System.String"/>
      </group>
      <add name="BsCartBLL" type="BsCartBLL" allowAnonymous="true"
   serializeAs="Binary"/>
     </properties>
  </profile>
```

<profile>配置节中包括两大子配置节：<providers>和<properties>。<providers>配置节用于定义个性化服务功能所使用的配置文件提供程序，包括提供程序名称、数据类型、连接字符串等。<properties>配置节用于定义配置属性和属性组，可在其中定义属性的名称、数据类型、默认值等。

<profile>的主要属性如下。

- enabled：是可选的，指定是否启用ASP.NET个性化配置服务。如果为true，则启用 ASP.NET 个性化配置服务。默认值为 true。
- defaultProvider：是可选的，指定默认配置文件提供程序的名称。默认值为 AspNetSqlProfileProvider。
- automaticSaveEnabled：是可选的，指定用户配置文件是否在 ASP.NET 页执行结束时自动保存。如果为 true，则用户配置文件在 ASP.NET 页执行结束时自动保存。

<providers>中的<add>的主要属性如下。

- name：指定提供程序实例的名称。这是用于<profile>元素的 defaultProvider 属性的值，该值将提供程序实例标识为默认的配置文件提供程序。该提供程序的 name 还用于在 Providers 集合中对该提供程序进行索引。
- type：指定实现 ProfileProvider 抽象基类的类型。
- connectionStringName：指定在<connectionStrings>元素中定义的连接字符串的名称。指定的连接字符串将由正在添加的提供程序使用。
- applicationName：是可选的，指定数据源中存储配置文件数据的应用程序的名称。该应用程序名称使得多个 ASP.NET 应用程序能够使用同一个数据库，而不会遇到不同应用程序存在重复配置文件数据的情况。或者，通过指定相同的应用程序名称，多个 ASP.NET 应用程序可以使用相同的配置文件信息。
- commandTimeout：是可选的，指定在向成员资格数据源发出的命令超时之前等待的时间（以秒为单位）。默认值为 30s。如果设置了该属性，则 SQL 提供程序时向数据库发出的所有 SQL 命令使用已配置的超时值。
- Description：是可选的，指定配置文件提供程序实例的说明。

<properties>中<add>的主要属性如下。

- name：指定属性名。该值用作自动生成的配置文件类的属性的名称，并用作该属性在 Properties 集合中的索引值。
- type：指定属性类型，默认值为 String。
- serializeAs：是可选的，指定数据存储区中属性值的序列化格式。有 String、Xml、Binary 和 ProviderSpecific 4 种格式。对于 SQL 提供程序，默认为 String。
- allowAnonymous：是可选的，指定在匿名用户的情况下是否可以获取或设置属性。默认值为 false。

7.2.3 个性化数据操作

应用程序运行时，ASP.NET 会创建一个 ProfileCommon 类，该类是一个动态生成的类，从 ProfileBase 类继承而来。动态的 ProfileCommon 类包括根据在应用程序配置中指定的配置文件属性定义创建的属性。然后，会将此动态 ProfileCommon 类的实例设置为当前 HttpContext 的 Profile 属性的值，并且可在应用程序的页中使用。

1. 存数据

直接通过 Profile 即可存数据。基本方式为

```
Profile.属性名 = 值;
Profile.组名.属性名 = 值;
Profile.Save();//将修改后的配置文件属性值写入到数据源
```

如果 AutomaticSaveEnabled 属性为 true，则会在页面执行结束时自动调用 Save 方法，这时可以省略 Profile.Save()。配置文件提供程序能识别由基元类型、字符串或 DateTime 对象组成的属性是否更改。但对于自定义类类型或复杂类型（如集合）的配置文件属性无法显式确定是否已更改。这种情况，可以使用 ProfileAutoSaving 事件来确定某个自定义对象是否已被修改，然后决定继续自动保存被修改的对象，还是在没有对象被修改时取消自动保存。该事件写在 Global.asax 文件中。例如：

```
    public void Profile_ProfileAutoSaving(object sender,
ProfileAutoSaveEventArgs args)
    {
        if (Profile.BsCartBLL.HasChanged)
        {
            args.ContinueWithProfileAutoSave = true;
        }
        else
        {
            args.ContinueWithProfileAutoSave = false;
        }
    }
```

使用上述方法需要在 BsCartBLL 中增加一个属性 HasChanged。

2. 取数据

取数据的基本格式为

```
类型 变量=Profile.属性名
类型 变量=Profile.属性组.属性名
```

7.2.4 为匿名用户实现个性化服务

有时需要为匿名用户实现个性化服务。例如，在书城网站中，用户可以先以匿名用户的身份挑选图书，在结账的时候再让用户输入账号、密码以及其他信息。将图书加入购物车后，并没有及时结账（比如因网速慢），下次进来想接着挑选，这就需要为用户保存购物车。使用个性化服务可以做到这一点。

默认情况下，用户个性化服务功能并不会启用对匿名用户的支持，因此，必须显式启用。当启用匿名用户支持，用户首次访问应用程序时，ASP.NET 将为其创建一个唯一标识。该唯一用户标识存储在用户计算机上的 Cookie 中。这样，对于每个页面请求，都可以得到唯一标识。Cookie 的默认有效期设置大约为 70 天，用户访问站点时会定期对其进行更新。如果用户的计算机不接受 Cookie，则可将该用户的标识作为请求的页 URL 的一部分来维护。通过以上机制，应用程序就能够标识匿名用户，并有效地存储其用户配置属性数据。

为匿名用户实现个性化服务的主要步骤如下。

（1）在<system.web>节中加入配置，即可为匿名用户实现个性化服务:

```
<anonymousIdentification enabled="true"/>
```

（2）要对匿名保存的属性设置 allowAnonymous 为 true。

（3）实现匿名用户向注册用户迁移，即当用匿名用户登录后，需要将匿名用户的个性数据转移到注册用户。这可以在 Global.asax 文件中使用 Profile_MigrateAnonymous 事件，当匿名使用应用程序的用户登录时，将调用该事件，可以在这个事件中将配置文件属性值从匿名配置文件中复制到已验证身份的配置文件中。代码如下:

```
    public void Profile_OnMigrateAnonymous(object sender,
ProfileMigrateEventArgs args)
    {
        //取得匿名用户的 Profile 属性
        ProfileCommon anonymousProfile = Profile.GetProfile(args.AnonymousID);
        Profile.CartBLL = anonymousProfile.CartBLL;
        //取得匿名用户的 Profile 属性
        ProfileManager.DeleteProfile(args.AnonymousID);
        //清除匿名用户的标识
        AnonymousIdentificationModule.ClearAnonymousIdentifier();
        //删除匿名用户的 Profile 数据
        Membership.DeleteUser(args.AnonymousID, true);
    }
```

7.2.5 案例 7-2 实现网络书城购物车功能

购物车是书城网站的重要功能之一，本案例在案例 7-1 的基础上继续实现购物车的功能。实现购物车一般有 3 种方式：第 1 种方式是使用 Session，这种方式程序实现简单，速度快，但不足之处是：当在线用户很多时，占用内存较大，容易丢失数据。第 2 种方式是使用数据库。使用数据库易长期保持，不足之处是：程序编写量大，难以支持实现匿名用户。第 3 种方式是使用个性化服务功能，这种方式编程简单并可实现匿名购物。

本案例实现的购物车功能包括将图书添加到购物车，显示购物车，从购物车中删除图书，修改数量，计算总价等功能，并实现匿名购物，即用户可以在没有登录的情况下，将图书添加到购物车，下次再进来，还可看到购物车里的内容，当用户结账时，要求他登录，登录成功后，匿名用户的购物车自动转到注册用户的购物车。购物车界面效果如图 7-21 所示。

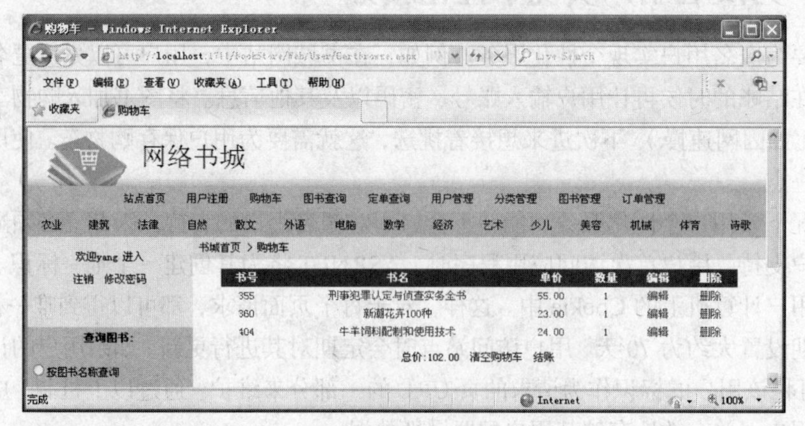

图 7-21　购物车界面

【技术要点】

- 使用个性化服务功能结合第 2 章设计的 BsCartBLL 类实现购物车的数据操作。
- 使用 GridView 显示购物车，通过代码绑定数据，并实现修改数量、删除等功能。
- 使用标签显示总价，使用两个 LinkButton 作为“清空购物车”及“结账”命令。

【设计步骤】

（1）参考第 2 章，设计购物车条目模型类 CartItem 和业务逻辑类 BsCartBLL。

（2）序列化 CartItem 类和 BsCartBLL 类，即在类的前面加[Serializable]。

（3）参考 7.2.2 小节，进行个性化服务配置。

（4）参考 7.2.3 小节，为匿名用户实现个性化服务。

（5）在 Web/User/文件下建立网页 CartAdd.aspx，打开 CartAdd.aspx.cs 文件，编写代码如下：

```
public partial class Web_Member_CartAdd : System.Web.UI.Page
{
    private IBsBookBLL bsBookBLL = new BsBookBLL();
    protected void Page_Load(object sender, EventArgs e)
    {
        int id = Int32.Parse(Request.QueryString["id"]);
        BsBook bsBook = bsBookBLL.FindBsBook(id);
        CartItem item = new CartItem();
        item.ID = id;
        item.Name = bsBook.Name;
        item.Price = bsBook.Price;
        item.Quantity = 1;
        Profile.BsCartBLL.AddItem(item);
        Profile.Save();
        Response.Redirect("~/Web/User/CartBrowse.aspx");
    }
}
```

（6）在 Web/User 文件夹下建立内容页 CartBrowse.aspx，设置标题为“购物车”。在页面上放置一个 GridView 控件、一个 Label 控件、一个 LinkButton 控件和一个 HyperLink 控件。

（7）打开 CartBrowse.aspx.cs 文件，为 GridView1 绑定数据源，并使用标签 Label1 显示总价，

代码如下：

```
protected void Page_Load(object sender, EventArgs e)
{
    if (!IsPostBack) bind();
}
private void bind()
{
    Label1.Text = "总价:" + Profile.BsCartBLL.FindTotal();
    GridView1.DataSource = Profile.BsCartBLL.FindItems();
    GridView1.DataBind();
}
```

（8）打开 CartBrowse.aspx，切换到【设计】视图，选中 GridView1 控件，单击右上角的【>】，弹出【GridView 任务】菜单，设置【自动套用格式】为【彩色型】。

（9）在【GridView 任务】菜单中单击【编辑列】，打开【字段】对话框，设置各字段如图 7-22 所示。

图 7-22　设置 GridView1 的字段

（10）将【书号】、【书名】、【单价】各列的 ReadOnly 设置为 true，并将【数量】列转换为模板列。

（11）设置 GridView1 的属性。EmptyDataText 设为“购物车内容”，DataKeysName 设为 ID，HorizontalAlign 设为 Center，Width 设为 716px，AllowPaging 设为 True。

（12）为 GridView1 添加 PageIndexChanging、RowEditing、RowUpdating、RowDeleting 和 RowCancelingEdit 事件，并编写事件处理代码如下所示。

```
    protected void GridView1_PageIndexChanging(object sender,
GridViewPageEventArgs e)
    {
        GridView1.PageIndex = e.NewPageIndex;
        bind();
        }
    protected void GridView1_RowEditing(object sender,
GridViewEditEventArgs e)
    {
        GridView1.EditIndex = e.NewEditIndex;
        bind();
    }
    protected void GridView1_RowUpdating(object sender,
```

```
GridViewUpdateEventArgs e)
    {
        int row = e.RowIndex;
        int id = Int32.Parse(GridView1.DataKeys[row].Value.ToString());
        int quantity = Int32.Parse(((TextBox)(GridView1.Rows[row].Cells[3].
    FindControl("TextBox1")).Text);
        Profile.BsCartBLL.EditItem(id, quantity);
        Profile.Save();
        GridView1.EditIndex = -1;
        bind();
    }
    protected void GridView1_RowDeleting(object sender,
GridViewDeleteEventArgs e)
    {
        int row = e.RowIndex;
        int id = Int32.Parse(GridView1.DataKeys[row].Value.ToString());
        Profile.BsCartBLL.DeleteItem(id);
        Profile.Save();
        bind();
    }
    protected void GridView1_RowCancelingEdit(object sender,
GridViewCancelEditEventArgs e)
    {
        GridView1.EditIndex = -1;
        bind();
    }
```

（13）设置 LinkButton1 的属性 Text 为“清空购物车”，并为该控件添加 Click 事件，编写事件处理代码如下：

```
protected void LinkButton1_Click(object sender, EventArgs e)
{
    Profile.BsCartBLL.DeleteAll();
    Profile.Save();
    bind();
}
```

（14）设置 HyperLink1 的属性 Text 为“结账”，NavigateUrl 属性为“~/Web/Member/UserOtherInfoAdd.aspx”。

7.3 验证码功能实现

在.NET 框架中，页面绘图主要是基于 GDI+技术来实现的，GDI+技术是由一系列可以绘制图形的类组成。

7.3.1 绘图的基本知识

GDI+技术是一种通用的技术，可以在 ASP.NET 应用程序中创建动态的图形。GDI+包含在 System.Drawing.DLL 组件集合中，所有的 GDI+类主要包含在如下这些命名空间：System.Drawing，System.Text，System.Printing，System.Internal，System.Imaging，System.Drawing2D，System.Design。

绘制图形的主要类和结构有 Graphics（图形）、Pen（画笔）、Brush（画刷）、Font（字体）、

Color（颜色）、Bitmap（位图）、Image（图像）等。其中图形类 Graphics 提供了如表 7-1 所示的重要方法，使用这些方法可以完成图形的绘制操作。

表 7-1　　图形类 Graphics 的主要方法

名　称	说　明
DrawArc	绘制一段弧线，它表示由一对坐标、宽度和高度指定的椭圆部分
DrawEllipse	绘制一个由边框（该边框由一对坐标、高度和宽度指定）定义的椭圆
DrawImage	在指定位置并且按原始大小绘制指定的 Image
DrawLine	绘制一条连接由坐标对指定的两个点的线条
DrawRectangle	绘制由坐标对、宽度和高度指定的矩形
DrawString	在指定位置并且用指定的 Brush 和 Font 对象绘制指定的文本字符串
FillEllipse	填充边框所定义的椭圆的内部，该边框由一对坐标、一个宽度和一个高度指定
FillRectangle	填充由一对坐标、一个宽度和一个高度指定的矩形的内部

要使用 GDI+技术在 Web 应用中绘制图形，需要完成 4 个基本的步骤。

（1）创建一个 Bitmap 对象，从而创建了一个绘图空间，在这个绘图空间中可以进行图形绘图。例如：

```
Bitmap bitmap = new Bitmap(100,100);
```

（2）利用方法 FromImage 从 Bitmap 对象中创建一个 Graphics 对象。例如：

```
Graphics g = Graphics.FromImage(bitmap);
```

（3）利用 Graphics 对象的方法来绘制图形。例如：

```
g.FillRectangle(Brushes.Yellow,0,0,100,100);
```

（4）调用 Image.Save()把图形保存到浏览器的输出流中，这样可发送和显示到客户端。例如：

```
bitmap.Save(Response.OutputStream,System.Drawing.Imaging.ImageFormat.Gif);
```

7.3.2　案例 7–3 实现书城网站验证码

验证码技术在网站设计中经常使用。验证码的作用，简单地说就是有效防止某个黑客对某一个特定注册用户，用特定程序暴力破解方式进行不断地登录尝试。在很多网站（比如招商银行的网上个人银行，腾讯的 QQ 社区）都使用了验证码。书城网站增加验证码后，登录控件显示效果如图 7-23 所示。

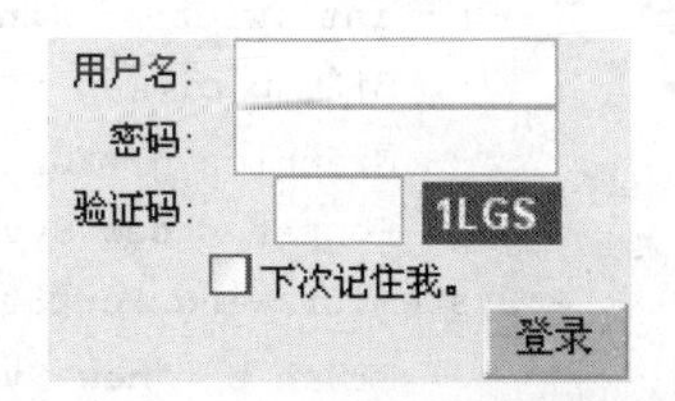

图 7-23　增加验证码后的登录控件

【技术要点】

- 设计方法 CreateRandomCode 创建字符串，利用随机函数产生 4 位字符构成的字符串。
- 设计方法 CreateImage 创建图像。基本方法是：建立 Bitmap 对象，利用 Graphics 的绘图方法 DrawString 将字符串绘制在 Bitmap 对象上，再利用 Bitmap 的 Save 输出到客户端。
- 在页面的 Page_Load 事件中先调用 CreateRandomCode 方法得到验证码字符串，再把该字符串存储到 Session 中，然后调用 CreateImage 方法绘制图像。

【设计步骤】

（1）在 Web/Common 文件夹下建立网页 Code.aspx，打开 Code.aspx.cs 文件，编写代码如下：

```
using System;
using System.Data;
using System.Configuration;
using System.Web;
using System.Web.Security;
using System.Web.UI;
using System.Web.UI.WebControls;
using System.Web.UI.WebControls.WebParts;
using System.Web.UI.HtmlControls;
using System.Drawing;
public partial class _Code : System.Web.UI.Page
{
    protected void Page_Load(object sender, EventArgs e)
    {
        string code = CreateRandomCode();
        Session["code"] = code;
        CreateImage(code);
    }
    private string CreateRandomCode(int codeCount) //产生随机字符串
    {
        string allChar = "0,1,2,3,4,5,6,7,8,9,A,B,C,D,E,F,G,H,I,J,K,L,M,
N,O,P,Q,R,S,T,U,W,X,Y,Z";
        string[] allCharArray = allChar.Split(',');
        string randomCode = "";
        Random rand = new Random((int)DateTime.Now.Ticks);
        for (int i = 0; i <4; i++)
        {
            int t = rand.Next(35);
            randomCode += allCharArray[t];
        }
        return randomCode;
    }
    private void CreateImage(string checkCode)  //生成图像
    {   int iwidth = (int)(checkCode.Length * 11.5);
        Bitmap bitmap = new Bitmap(iwidth, 20); //建立位图图像
        Graphics g = Graphics.FromImage(bitmap);  //获得画图对象
        Font f = new System.Drawing.Font("Arial", 10,
 System.Drawing.FontStyle.Bold); //设置字体
        Brush b = new System.Drawing.SolidBrush(Color.White); //建立画图刷子
        g.Clear(Color.Green);
        g.DrawString(checkCode, f, b, 2, 2);
        bitmap.Save(Response.OutputStream,
 System.Drawing.Imaging.ImageFormat.Gif);
        g.Dispose(); //释放对象
        bitmap.Dispose(); //释放对象
    }
}
```

（2）打开 7.2 节设计的用户控件 UserLogin.ascx，对其进修改。切换到【设计】视图，选中 LoginView1 控件，单击右上角的【>】，弹出【LoginView 任务】菜单，从视图列表中选择【AnonymousTemplate】视图。

（3）在 AnonymousTemplate 中选中 Login 控件，单击右上角的【>】，弹出【Login 任务】菜

单，单击【转换为模板】。

（4）在密码下面添加一新行，左边单元格输入“验证码:”，右边单元格放置一个 TextBox 控件和一个 Image 控件。TextBox 的 ID 设为 Code；Image 的 ImageUrl 设为“~/Web/Common/Code.aspx”，ImageAlign 设为“AbsMiddle”，如图 7-24 所示。

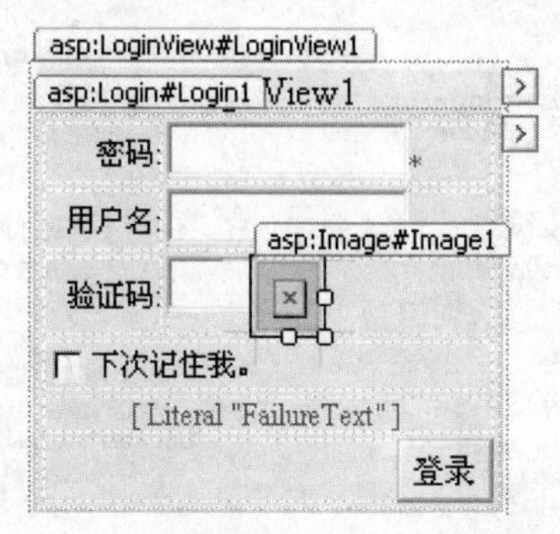

图 7-24　增加验证码的 UserLogin

（5）为 Login1 控件添加 LoggingIn 事件，事件代码如下：

```
protected void Login1_LoggingIn(object sender, LoginCancelEventArgs e)
{
    if (((String)Session["code"]) != ((TextBox)LoginView1.FindControl(
"Login1").FindControl("Code")).Text)
    {
        ((Literal)LoginView1.FindControl("Login1").FindControl(
    "FailureText")).Text = "验证码错误! ";
        ((TextBox)LoginView1.FindControl("Login1").FindControl(
    "Code")).Focus();
        e.Cancel = true;
    }
}
```

7.4　ASP.NET AJAX

AJAX（Asynchronous JavaScript and XML）是运用 JavaScript 和可扩展标记语言（XML），实现浏览器与服务器异步通信的技术。ASP.NET AJAX 使得 AJAX 程序设计变得简单。使用 ASP.NET 中的 AJAX 功能可快速创建包含具有响应能力且熟悉的用户界面（UI）元素的网页，以提供丰富的用户体验。

7.4.1　ASP.NET AJAX 概述

ASP.NET AJAX 包括客户端脚本库，这些库将跨浏览器的 JavaScript（ECMAScript）和动态的 HTML（DHTML）技术结合在一起，并与开发平台集成。通过使用 AJAX 功能，可以改进用户体验，提高 Web 应用程序的效率，丰富 Web 应用程序。

ASP.NET AJAX 由两部分组成：客户端脚本库和服务器组件。这两个组成部分集成在一起以提供可靠的开发框架。图 7-25 所示为客户端脚本库和服务器组件中包含的功能。

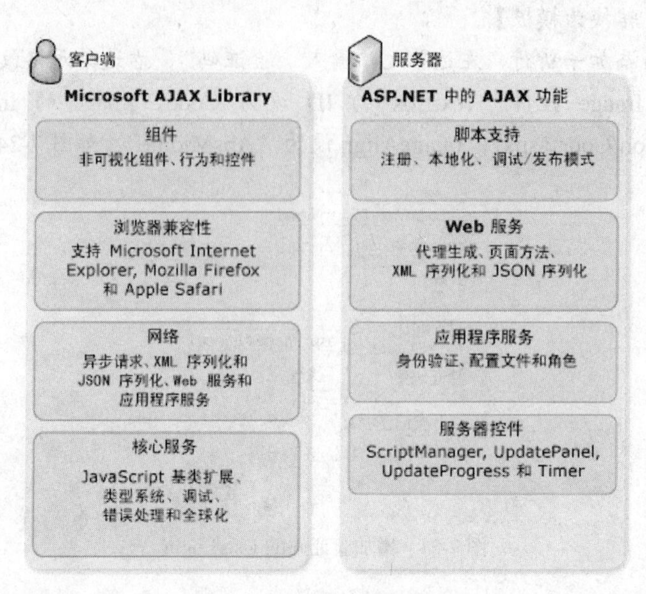

图 7-25　客户端和服务器结构

客户端结构包括用于组件支持、浏览器兼容性、网络和核心服务的库。

- 客户端组件。在服务器中可以进行一定的处理操作，而不需要回发。这些组件包括封装代码的非可视对象（如计时器对象）组件，可扩展现有 DOM 元素的基本行为以及表示具有自定义行为的新的 DOM 元素。
- 浏览器兼容性。为最常用的浏览器提供 AJAX 脚本兼容性。
- 网络层。处理浏览器中的脚本与基于 Web 的服务和应用程序之间的通信，还将管理异步远程方法调用。
- 核心服务。AJAX 客户端脚本库，由 JavaScript(.js)文件组成，提供用于面向对象开发的功能。

支持 AJAX 开发的服务器模块由管理应用程序的 ASP.NET Web 服务器控件和组件组成。这些服务器模块还管理序列化、验证、控件扩展性等。还有一些 ASP.NET Web 服务，允许客户端访问用于 Forms 身份验证、角色和用户配置文件的 ASP.NET 应用程序服务。

- 脚本支持。服务器端可以给客户端发送一些 JS 脚本，实现真正的 AJAX 功能。除了 AJAX 提供的一些 JS 外，还可以自定义客户端脚本，这样就能用 AJAX 来管理这些自定义的脚本，同时还可以把这些脚本嵌入到程序集中使用。ASP.NET AJAX 对嵌入到程序集中的.js 文件提供本地化支持，还提供了用于发布模式和调试模式的模型。
- Web 服务。借助 ASP.NET 网页中的 AJAX 功能，可以使用客户端脚本来调用 ASP.NET Web 服务。
- 应用程序服务。ASP.NET 中的应用程序服务是基于 ASP.NET Forms 身份验证、角色和用户配置文件的内置 Web 服务。这些服务可由支持 AJAX 的网页中的客户端脚本、Windows 客户端应用程序或 WCF 兼容的客户端调用。
- 服务器控件。ASP.NET AJAX 服务器控件由服务器和客户端代码组成，这些代码集成在一起可生成丰富的客户端行为。服务器控件主要有 ScriptManager、UpdatePanel、UpdateProgress 和 Timer。用户还可以创建包含 AJAX 客户端行为的自定义服务器控件。

7.4.2　创建 AJAX 应用

创建 AJAX 应用程序，主要借助 AJAX 服务器控件。

1. 使用 UpdatePanel

使用 UpdatePanel 控件可生成功能丰富的、以客户端为中心的 Web 应用程序。通过使用 UpdatePanel 控件，可以刷新页的选定部分，而不是使用回发刷新整个页面。这称为执行“部分页更新”。

- UpdatePanel 控件在网页中需要 ScriptManager 控件。默认情况下，将启用部分页更新，因为 ScriptManager 控件的 EnablePartialRendering 属性的默认值为 true。
- UpdatePanel 控件的内容添在 ContentTemplate 标记中。若要以编程方式添加内容，请使用 ContentTemplateContainer 属性。
- 默认情况下，UpdatePanel 控件内的任何回发控件都将导致异步回发并刷新面板的内容。但是，也可以配置页上的其他控件来刷新 UpdatePanel 控件。可以通过为其定义触发器来做到这一点（使用子元素 Triggers 的 asp:AsyncPostBackTrigger 元素定义触发器）。触发器是一种绑定，用于指定使面板更新的回发控件和事件。当引发触发器控件的指定事件（如按钮的 Click 事件）时，将刷新更新面板。
- UpdateMode 属性指示何时更新 UpdatePanel 控件的内容。有两种取值：Always（对于源于页面的所有回发，都会进行更新）和 Conditional（在满足条件时进行更新）。

下面的示例中，UpdatePanel 控件包含一个 Button 控件，当单击该控件时，将刷新面板中的内容。默认情况下，ChildrenAsTriggers 属性为 true。因此，Button 控件将用作异步回发控件。

```
<asp:ScriptManager ID="ScriptManager" runat="server" />
<asp:UpdatePanel ID="UpdatePanel1" UpdateMode="Conditional" runat="server">
    <ContentTemplate>
        <fieldset>
            <legend>面板内容</legend>
            <%= DateTime.Now.ToString()%><br />
            <asp:Button ID="Button1"  Text="刷新面板" runat="server"/>
        </fieldset>
    </ContentTemplate>
</asp:UpdatePanel>
```

下面的示例演示如何为 UpdatePanel 控件指定触发器。

```
<asp:Button ID="Button1" Text="刷新面板" runat="server" />
<asp:ScriptManager ID="ScriptManager1" runat="server" />
<asp:UpdatePanel ID="UpdatePanel1" UpdateMode="Conditional" runat="server">
    <Triggers>
        <asp:AsyncPostBackTrigger ControlID="Button1"/>
    </Triggers>
    <ContentTemplate>
        <fieldset>
            <legend>面板内容</legend>
            <%= DateTime.Now.ToString() %>
        </fieldset>
    </ContentTemplate>
</asp:UpdatePanel>
```

2. 使用 UpdateProgress

UpdateProgress 控件提供有关 UpdatePanel 控件中的部分页更新的状态信息。用户可以自定义 UpdateProgress 控件的默认内容和布局。若要在部分页更新的速度非常快时阻止闪烁，可以在显示 UpdateProgress 控件之前指定延迟。

- 通过设置 AssociatedUpdatePanelID 属性，可将 UpdateProgress 控件与 UpdatePanel 控件关联。
- 当回发事件源自 UpdatePanel 控件时，将显示任何关联的 UpdateProgress 控件。如果不将 UpdateProgress 控件与特定的 UpdatePanel 控件关联，则 UpdateProgress 控件将显示任何异步回发的进度。
- 如果将一个 UpdatePanel 控件的 ChildrenAsTriggers 属性设置为 false，并且异步回发源自该 UpdatePanel 控件内部，则将显示任何关联的 UpdateProgress 控件。
- UpdateProgress 的属性 DynamicLayout 指定它最初是否占用页面显示中的任何空间。
- 可将 UpdateProgress 控件放置在 UpdatePanel 控件的内部或外部。只要 UpdateProgress 控件关联的 UpdatePanel 控件因异步回发而被更新，就会显示该控件。即使 UpdateProgress 控件位于另一个 UpdatePanel 控件内也是这样。

下面的示例单击按钮，用 UpdateProgress 显示动态进度。在 Click 处理程序中，人为地造成 3s 的延迟，然后显示当前时间。

```
<%@ Page Language="C#" %>
<script runat="server">
   protected void Button1_Click(object sender, EventArgs e)
   {
       System.Threading.Thread.Sleep(3000);
       Label1.Text = "页面刷新于 " + DateTime.Now.ToString();
   }
</script>
<html xmlns="http://www.w3.org/1999/xhtml" >
<head id="Head1" runat="server">
    <title>UpdateProgress 例子</title>
    <style type="text/css">
       #UpdatePanel1 { width:300px; height:100px; }
    </style>
</head>
<body>
   <form id="form1" runat="server">
   <div>
       <asp:ScriptManager ID="ScriptManager1" runat="server">
       </asp:ScriptManager>
       <asp:UpdatePanel ID="UpdatePanel1" runat="server">
           <ContentTemplate>
               <fieldset>
                   <legend>面板</legend>
                   <asp:Label ID="Label1" runat="server" Text="呈现初始页">
                   </asp:Label><br />
                   <asp:Button ID="Button1" runat="server" Text="开始"
                       OnClick="Button1_Click" />
              </fieldset>
          </ContentTemplate>
       </asp:UpdatePanel>
```

```
        <asp:UpdateProgress ID="UpdateProgress1" runat="server">
            <ProgressTemplate>正在处理...</ProgressTemplate>
        </asp:UpdateProgress>
    </div>
    </form>
</body>
</html>
```

3. 使用 Timer

Timer 控件是一个服务器控件，它会将一个 JavaScript 组件嵌入到网页中。当经过 Interval 属性中定义的时间间隔时，该 JavaScript 组件将从浏览器启动回发。可以在运行于服务器上的代码中设置 Timer 控件的属性，这些属性将传递到该 JavaScript 组件。

● 使用 Timer 控件时，必须在网页中包括 ScriptManager 类的实例。

● 若回发是由 Timer 控件启动的，则 Timer 控件将在服务器上引发 Tick 事件。当页发送到服务器时，可以创建 Tick 事件的事件处理程序来执行一些操作。

● 设置 Interval 属性可指定回发发生的频率，而设置 Enabled 属性可打开或关闭 Timer。Interval 属性是以毫秒为单位定义的，其默认值为 60 000ms（即 60s）。

● 如果不同的 UpdatePanel 控件必须以不同的时间间隔更新，则可以在网页上包含多个 Timer 控件。或者，可以将 Timer 控件的单个实例用作网页中多个 UpdatePanel 控件的触发器。

● 当 Timer 控件包含在 UpdatePanel 控件内部时，Timer 控件将自动用作 UpdatePanel 控件的触发器。可以通过将 UpdatePanel 控件的 ChildrenAsTriggers 属性设置为 false 来重写此行为。

● 当 Timer 控件在 UpdatePanel 控件外部时，必须将 Timer 控件显式定义为要更新的 UpdatePanel 控件的触发器。

下面的示例演示如何将 Timer 控件包含在 UpdatePanel 控件中。

```
<asp:ScriptManager runat="server" id="ScriptManager1" />
<asp:UpdatePanel runat="server" id="UpdatePanel1" UpdateMode="Conditional">
    <contenttemplate>
        <asp:Timer id="Timer1" runat="server" Interval="120000"
            OnTick="Timer1_Tick">
        </asp:Timer>
    </contenttemplate>
</asp:UpdatePanel>
```

下面的示例演示如何在 UpdatePanel 控件外部使用 Timer 控件。

```
<asp:ScriptManager runat="server" id="ScriptManager1" />
<asp:Timer ID="Timer1" runat="server" Interval="120000"
    OnTick="Timer1_Tick">
</asp:Timer>
<asp:UpdatePanel ID="UpdatePanel1" runat="server">
    <Triggers>
        <asp:AsyncPostBackTrigger ControlID="Timer1" EventName="Tick" />
    </Triggers>
    <ContentTemplate>
        <asp:Label ID="Label1" runat="server" />
    </ContentTemplate>
</asp:UpdatePanel>
```

7.4.3 案例 7-4 在书城网站中使用 ASP.NET AJAX

在书城网站的主界面使用 ASP.NET AJAX，当用户登录成功，只刷新用户控件部分，以显示用户的状态。对图书翻页时，只刷新内容页部分。此外，页脚每 10s 刷新一次，以便及时了解在线用户数。

【技术要点】

- 在页面上加入 ScriptManager 控件，以获得脚本支持。
- 使用 UpdatePanel 控件实现部分页刷新。
- 使用 Timer 控件实现页脚定时刷新。

【设计步骤】

（1）打开母版页 MasterPage.aspx，添加一个 ScriptManager 控件。

（2）删除左区自定义的用户状态控件，添加一个 UpdatePanel 控件 UpdatePanel1，在 UpdatePanel1 中重新添加用户状态控件。

（3）删除右区的占位控件，添加一个 UpdatePanel 控件 UpdatePanel2，在 UpdatePanel2 控件中添加占位控件。

（4）删除页脚区的内容，添加一个 UpdatePanel 控件 UpdatePanel3。在 UpdatePanel3 控件中添加一个 Timer 控件，为 Timer1 添加 Tick 事件。最后的页面代码如下：

```
<%@ Master Language="C#" AutoEventWireup="true"
CodeFile="MasterPage.master.cs" Inherits="MasterPage" %>
<%@ Register Src="Controls/UserLogin.ascx" TagName="UserLogin"
TagPrefix="uc1" %>
<%@ Register Src="Controls/BookFind.ascx" TagName="BookFind"
TagPrefix="uc2" %>
<%@ Register Src="Controls/CatMenu.ascx" TagName="CatMenu"
TagPrefix="uc3" %>
<%@ Register Src="Controls/MainMenu.ascx" TagName="MainMenu"
TagPrefix="uc4" %>
<!DOCTYPE html PUBLIC "-//W3C//DTD XHTML 1.0 Transitional//EN" "http://www.w3.org/
TR/xhtml1/DTD/xhtml1-transitional.dtd">
<html xmlns="http://www.w3.org/1999/xhtml">
<head runat="server">
   <title>网络图书商城</title>
</head>
<body style="margin: 0;">
   <form id="form1" runat="server">
   <asp:ScriptManager ID="ScriptManager1" runat="server">
   </asp:ScriptManager>
   <div id="head">
      <div id="log">网络书城</div>
   </div>
   <div id="mainMenu">
      <!--主菜单区-->
      <uc4:MainMenu ID="MainMenu1" runat="server" />
   </div>
   <div id="categoryMenu">
      <!--分类菜单区-->
      <uc3:CatMenu ID="CatMenu1" runat="server" />
   </div>
   <div id="main">
```

```
        <div id="left">
            <!--左区-->
            <asp:UpdatePanel ID="UpdatePanel4" runat="server">
                <ContentTemplate>
                    <uc1:UserLogin ID="UserLogin1" runat="server" />
                </ContentTemplate>
            </asp:UpdatePanel>
            <uc2:BookFind ID="BookFind1" runat="server" />
        </div>
        <div id="navigator">
            <!--导航区-->
             <asp:SiteMapPath ID="SiteMapPath1" runat="server">
            </asp:SiteMapPath>
        </div>
        <div id="content">
            <!--内容区-->
            <asp:UpdatePanel ID="UpdatePanel2" runat="server">
                <ContentTemplate>
                    <asp:ContentPlaceHolder ID="ContentPlaceHolder1"
                        runat="server">
                    </asp:ContentPlaceHolder>
                </ContentTemplate>
            </asp:UpdatePanel>
        </div>
    </div>
    <div id="bottom">
        <!--页脚区-->
        <asp:UpdatePanel ID="UpdatePanel3" runat="server">
            <ContentTemplate>
                <asp:Label ID="Label1" runat="server"></asp:Label>
                <asp:Timer ID="Timer1" runat="server" Interval="10000"
                    OnTick="Timer1_Tick" />
            </ContentTemplate>
        </asp:UpdatePanel>
    </div>
    </form>
</body>
</html>
```

（5）将 Timer1 的 Interval 属性设置为 10000，编写 Timer1_Tick 事件代码如下：

```
protected void Timer1_Tick(object sender, EventArgs e)
{
    Label1.Text = "Copyright&copy; 2011-2015 YSL. All Rights Reserved.<br />";
    Label1.Text += "访问人数：" + Application["AccessCount"] + "  ";
    Label1.Text += "当前在线：" + Membership.GetNumberOfUsersOnline();
    Label1.Text +="<br />版权所有";
}
```

（6）在页面的 Page_Load 事件中加入如下代码：

```
protected void Page_Load(object sender, EventArgs e)
{
   Label1.Text = "Copyright&copy; 2011-2015 YSL. All Rights Reserved.<br />";
   Label1.Text += "访问人数：" + Application["AccessCount"] + "  ";
```

```
    Label1.Text += "当前在线: " + Membership.GetNumberOfUsersOnline();
    Label1.Text +="<br />版权所有";
}
```

7.5 文件操作

在开发 Web 应用程序时，经常会遇到诸如文本、Word 文档、图片等格式的文件数据需要处理。文件的管理、读写及上传技术是不可缺少的。

7.5.1 文件的管理

文件管理主要是指文件的创建、复制、移动、删除等操作。文件管理主要使用 System.IO 命名空间下的 File 和 FileInfo 两个类。File 类是一个抽象类，其所有的方法都是静态的，而 FileInfo 类的所有方法都是实例方法。表 7-2 所示为 File 类的常用方法。

表 7-2 File 类的常用方法

方　法	说　明
AppendText	创建一个 StreamWriter，它将 UTF-8 编码文本追加到现有文件
Copy	将现有文件复制到新文件
Create	在指定路径中创建文件
CreateText	创建或打开一个文件用于写入 UTF-8 编码的文本
Delete	删除指定的文件。如果指定的文件不存在，则不引发异常
Exists	确定指定的文件是否存在
Move	将指定文件移到新位置，并提供指定新文件名的选项
Open	已重载。打开指定路径上的 FileStream
OpenRead	打开现有文件以进行读取
OpenText	打开现有 UTF-8 编码文本文件以进行读取
OpenWrite	打开现有文件以进行写入

目录管理，也就是对目录的操作，如复制、移动、重命名、创建和删除目录。主要使用 System.IO 命名空间下的 Directory 和 DirectoryInfo 两个类。表 7-3 所示为 Directory 类的常用方法。

表 7-3 Directory 类的常用方法

方　法	说　明
CreateDirectory	创建 path 指定的目录
Delete	已重载。删除目录及其内容
Move	将文件或目录及其内容移到新位置

1. 文件管理的基本方法

❑ 获得服务器文件路径

使用 Server 的 MapPath 方法或 Request 的 PhysicalApplicationPath 属性。例如：

```
string filePath = Server.MapPath("myFile.txt")
```

❑ 创建文件

主要使用 File 或 FileInfo 类的 CreateText 和 Create 方法。例如：

```
StreamWriter sw = File.CreateText(filePath);//创建文本文件，以 UTF-8 编码读写
FileStream fs = File.Create(filePath);       //创建一个二进制文件，以字节为单位进行读写
```

❑ 打开文件

打开文件使用 File 或 FileInfo 的 OpenText 和 Open 方法。例如：

```
StreamReader sr = File.OpenText(filePath);              //打开一个文本文件
FileStream fs = File.Open(filePath, FileMode.Open);  //打开一个二进制文件
```

❑ 复制或移动文件

对文件的复制可使用 File 类的 Copy 方法或 FileInfo 类的 CopyTo 方法。例如：

```
File.Copy(filePath1,filePath2);
```

❑ 文件的移动和删除

移动文件使用 Move 和 MoveTo 方法，使用方法类似于文件复制。文件的删除使用 Delete 方法。例如：

```
File.Delete(filePath);
```

2. 目录管理

❑ 创建目录

创建目录主要使用 Directory 类的 CreateDirectory 方法。例如：

```
Directory.CreateDirectory(dirPath); //创建目录
```

❑ 删除目录

删除目录主要使用 Directory 类的 Delete 方法。例如：

```
Directory.Delete(dirPath); //删除目录
```

7.5.2 文件的 I/O 操作

FileStream 是对文件流的具体实现，通过它可以以字节方式对流进行读写。此外，为了操作方便，System.IO 命名空间中提供了不同的读写器来对流中的数据进行操作，这些类通常成对出现，一个用于读，另一个用于写。例如，StreamReader 和 StreamWriter 以文本方式（即 ASCII 方式）对流进行读写；而 BinaryReader 和 BinaryWriter 采用的则是二进制方式读写。

1. 文本文件的读写

读写文本文件分别使用 StreamReader 和 StreamWriter 两个类。默认的编码方式是 UTF-8。

❑ 写文本文件

使用 StreamWriter 类向文本文件中写数据。例如：

```
    string filePath = Server.MapPath("myFile.txt");
    using (StreamWriter sw = new StreamWriter(filePath,
System.Text.Encoding.UTF8))
    {
        string str="向文件中的写的数据";
        sw.WriteLine(str);
    }
```

❑ 读文本文件

使用 StreamReader 类读取文本文件中的数据。例如：

```
string filePath = Server.MapPath("myFile.txt");
try
```

```
{
    using (StreamReader sr = new StreamReader(filePath,
System.Text.Encoding.UTF8))
    {
        string line;
        while ((line = sr.ReadLine()) != null) {
            Response.WriteLine(line);
        }
    }
}
catch
{
    Response.WriteLine("读取文件错误");
}
```

2. 二进制文件的读写

读写二进制文件分别使用 BinaryReader 和 BinaryWriter 两个类。

❑ 写二进制文件

使用 BinaryWriter 类向二进制文件中写数据。例如：

```
string filePath = Server.MapPath("myFile");
using(BinaryWriter bw = new BinaryWriter(File.Open(filePath,
FileMode.Create)))
{
    bw.Write(25);
    bw.Write(0.5f);
    bw.Write(3.1415926);
    bw.Write('A');
    bw.Write("写入时间");
    bw.Write(DateTime.Now.ToString());
}
```

❑ 读二进制文件

使用 BinaryReader 类读取二进制文件。例如：

```
string filePath = Server.MapPath("myFile");
if(File.Exists(fileName))
{
    try
    {
        using(BinaryReader binReader = new BinaryReader(File.Open(fileName,
FileMode.Open)))
        {
            int i = br.ReadInt32();
            float f = br.ReadSingle();
            double d = br.ReadDouble();
            char c = br.ReadChar();
            string s = br.ReadString();
            DataTime dt = DateTime.Parse(br.ReadString());
        }
    }
    catch(EndOfStreamException e)
    {
        Console.WriteLine("文件读完异常，不能再读");
    }
}
```

7.5.3　文件上传

ASP.NET 提供了一个文件上传控件（FileUpload 控件）用于实现文件上传的功能。

FileUpload 控件显示一个文本框，用户可以键入要上载到服务器的文件的名称。该控件还显示一个“浏览”按钮，单击该按钮将显示一个选择文件对话框。FileUpload 的主要属性如表 7-4 所示。

表 7-4　　FileUpload 的主要属性

属　性	说　明
FileBytes	从使用 FileUpload 控件指定的文件中获取一个字节数组
FileContent	获取 Stream 对象，它指向要使用 FileUpload 控件上载的文件
FileName	获取客户端上使用 FileUpload 控件上载的文件的名称
HasFile	获取一个值，该值指示 FileUpload 控件是否包含文件
PostedFile	获取使用 FileUpload 控件上载的文件的基础 HttpPostedFile 对象
ContentLength	获取上载文件的大小（以字节为单位）
ContentType	获取客户端发送的文件的 MIME 内容类型
FileName	获取客户端上的文件的完全限定名称
InputStream	获取一个 Stream 对象，该对象指向一个上载文件，以准备读取该文件的内容

使用 FileUpload 服务器控件上载文件的基本步骤如下。

（1）向页面添加 FileUpload 控件。

（2）在事件处理程序中执行下面的操作。

（a）通过测试 FileUpload 控件的 HasFile 属性，检查该控件是否有上载的文件。

（b）检查该文件的文件名或 MIME 类型，以确保用户已上载了文件。若要检查 MIME 类型，请获取作为 FileUpload 控件的 PostedFile 属性公开的 HttpPostedFile 对象。然后，通过它的 ContentType 属性，就可以获取该文件的 MIME 类型。

（c）调用 HttpPostedFile 对象的 SaveAs 方法，将该文件保存到指定的位置。或者，还可以使用 HttpPostedFile 对象的 InputStream 属性，以字节数组或字节流的形式管理已上载的文件。

下面的示例代码演示如何上传文件。使用 HttpRequest.PhysicalApplicationPath 属性来获取系统路径，使用 PostedFile 来访问 ContentLength 属性获得文件大小，调用 PathGetExtension 方法来返回要上载的文件的扩展名，调用 FileUpload 控件的 SaveAs 方法将文件保存到服务器上的指定路径。运行界面如图 7-26 所示。

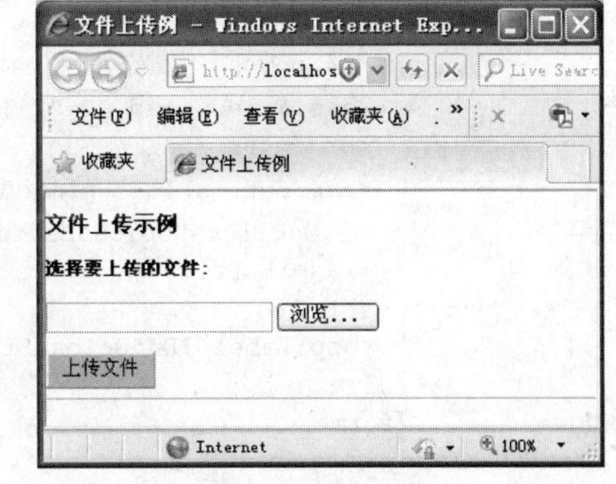

图 7-26　文件上传

```
<%@ Page Language="C#" %>
<script runat="server">
    protected void UploadButton_Click(object sender, EventArgs e)
    {
        string saveDir = @"\Uploads\";
        string appPath = Request.PhysicalApplicationPath;
```

```
            if (FileUpload1.HasFile)
            {
                int fileSize = FileUpload1.PostedFile.ContentLength;
            if (fileSize < 2100000)
            {
                string fileName = Server.HtmlEncode(FileUpload1.FileName);
                string extension = System.IO.Path.GetExtension(fileName);
                if ((extension == ".doc") || (extension == ".xls"))
                 {
                    string savePath = appPath + saveDir +
                                Server.HtmlEncode(fileName);
                    FileUpload1.SaveAs(savePath);
                    UploadStatusLabel.Text = "文件上传成功.";
                 }
                 else
                 {
                    UploadStatusLabel.Text = "上传失败，扩展名必须是.doc或.xls.";
                 }
            }
            else
            {
                UploadStatusLabel.Text = "上传失败，文件大小不能超过2MB.";
            }
        }
        else
        {
            UploadStatusLabel.Text = "没有指定上传文件.";
        }
    }
</script>
<html xmlns="http://www.w3.org/1999/xhtml">
<head id="Head1" runat="server">
    <title>文件上传例</title>
</head>
<body>
        <h3>文件上传示例</h3>
        <form id="form1" runat="server">
        <div>
            <h4>选择要上传的文件:</h4>
            <asp:FileUpload ID="FileUpload1" runat="server"></asp:FileUpload>
            <br /><br />
            <asp:Button ID="UploadButton" Text="上传文件"
               OnClick="UploadButton_Click" runat="server">
            </asp:Button>
            <hr/>
            <asp:Label ID="UploadStatusLabel" runat="server"/>
        </div>
        </form>
    </body>
    </html>
```

7.5.4 案例 7-5 实现书城网站的图书添加

书城网站中的图书添加涉及文件上传。在图书添加界面，添加完图书信息后，单击【插入】

命令，图书的信息将添加到数据库中，同时图书的图片存储到网站的 Web/Common/BookImages 子目录下。本案例的运行界面如图 7-27 所示。

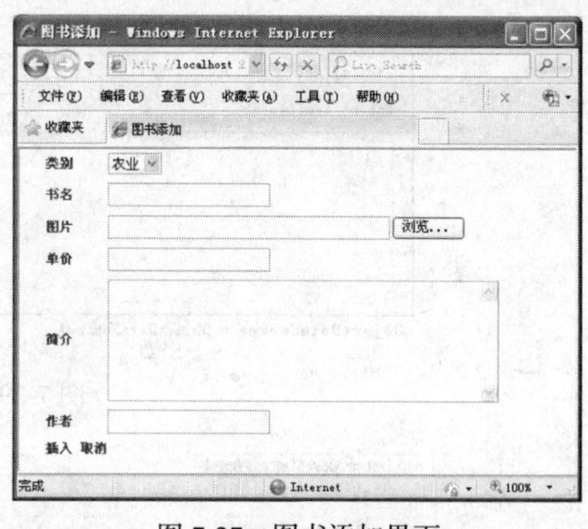

图 7-27　图书添加界面

【技术要点】

- 使用 DetailsView 控件结合 ObjectDataSource 控件实现数据操作。
- 利用 FileUpload 实现图书图片文件上传。

【设计步骤】

（1）在 Web/Admin 文件夹下建立网页 BookAdd.aspx，设置标题为“图书添加”。

（2）在 BookAdd.aspx 页面上放置一个 DetailsView 控件和一个 ObjectDataSource 控件。

（3）为 ObjectDataSource1 配置数据源，选择业务对象 BsBookBLL，定义 SELECT 和 INSERT 的数据方法分别为 FindBsBook(int id)和 AddBsBook(BsBook bsBook)。

（4）选中要编辑的 DetailsView 控件，单击右上角的【>】，弹出【DetailsView 任务】菜单，设置【自动套用格式】为【彩色型】，选择数据源为 ObjectDataSource1。选择【启用插入】复选框。

（5）单击【编辑字段】打开【字段】对话框，编辑字段如图 7-28 所示。

图 7-28　DetailsView 字段对话框

（6）选中【类别】字段，单击【将此字段转换为 TemplateField】，将该字段转换成模板字段。类似地，将【图片】和【简介】字段也转换成模板字段。单击【确定】按钮。

（7）在【DetailsView 任务】菜单中单击【编辑模板】，进入模版编辑状态。先编辑【简介】列的 InsertItemTemplate。设置文本框的 TextMode 属性为 MultiLine，即修改成多行文本，调整文本框的大小，如图 7-29 所示。

（8）单击 DetailsView 控件右上角的【>】，弹出【DetailsView 任务】菜单，选择【类别】字段的 InsertItemTemplate，删除原内容，再添加一个 DropDownList 控件和一个 ObjectDataSource 控件 ObjectDataSource2，如图 7-30 所示。为 ObjectDataSource2 配置数据源，选择业务对象 BsCategoryBLL，定义 SELECT 的数据方法为 FindBsCategories。

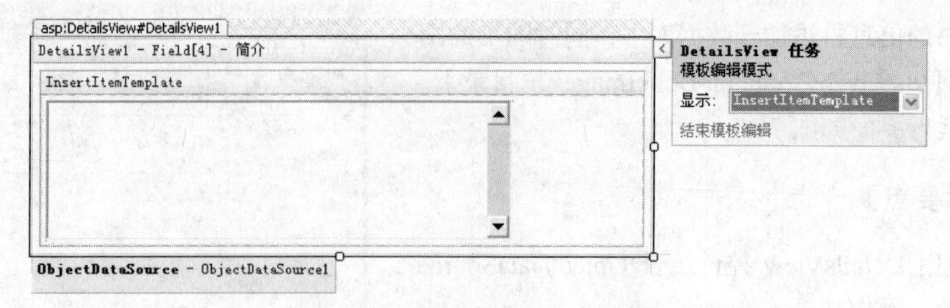

图 7-29　编辑“简介”插入模板

图 7-30　编辑“类别”插入模板

（9）选中 DropDownList1 控件，单击右上角的【>】，弹出【DropDownList 任务】菜单，单击【选择数据源】，打开【选择数据源】对话框，为其选择数据源，如图 7-31 所示，单击【确定】按钮。

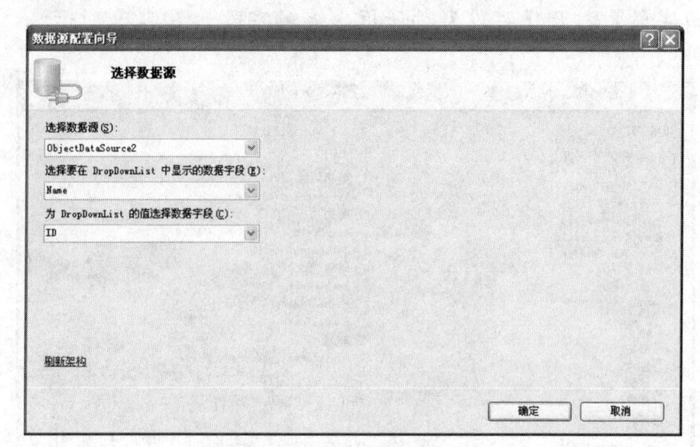

图 7-31　选择数据源

（10）在【DropDownList 任务】菜单中单击【编辑 DataBinding…】，打开【DropDownList1 DataBindings】对话框，编辑数据绑定，如图 7-32 所示。

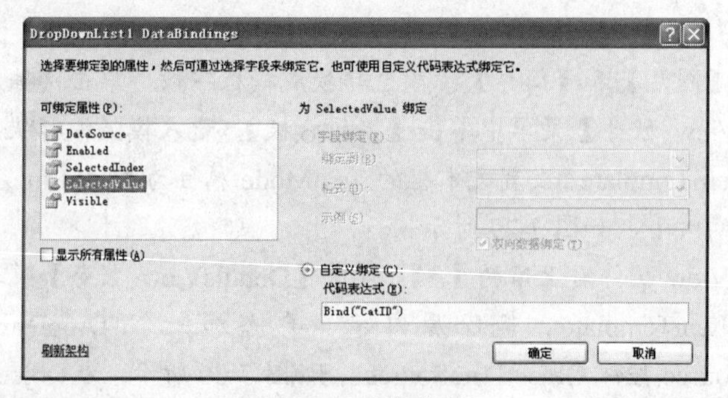

图 7-32　数据绑定

（11）单击 DetailsView 控件右上角的【>】，弹出【DetailsView 任务】菜单，选择【图片】字段的 InsertItemTemplate，删除原内容，再添加一个 FileUpload 控件。

（12）结束模板编辑。

（13）设置 DetailsView 的属性，AutoGenerateInsertButton 设为 true，FieldHeaderStyle.Width 设为 50px，DefaultMode 设为 Insert，HorizontalAlign 设为 center。

（14）为 ObjectDataSource1 编写如下事件代码，以获得影响记录的行数。

```
    protected void ObjectDataSource1_Inserted(object sender,
ObjectDataSourceStatusEventArgs e)
    {
        e.AffectedRows = (int)e.ReturnValue;
    }
```

（15）为 DetailsView 添加 ItemInserting、ItemInserted 和 ModeChanging 事件，事件代码如下：

```
    protected void DetailsView1_ItemInserting(object sender,
DetailsViewInsertEventArgs e)
    {
        string saveDir = @"\Uploads\";
        string appPath = Request.PhysicalApplicationPath;
        FileUpload upload = ((FileUpload)DetailsView1.FindControl(
    "FileUpload1"));
        if (upload.HasFile)
        {
            int fileSize = upload.PostedFile.ContentLength;
            if (fileSize < 2100000)  //文件大小大约 2MB
            {
                string ext = System.IO.Path.GetExtension(upload.FileName);
                if ((ext == ".jpg") || (ext == ".gif"))
                {
                    //以时间戳作为文件名
                    string filename = DateTime.Now.Ticks.ToString() + "." + ext;
                    string savePath = appPath + saveDir + filename;
                    upload.SaveAs(savePath);
                    ObjectDataSource1.InsertParameters["Image"].DefaultValue =
              filename;
                }
                Else
                {
                    this.ClientScript.RegisterClientScriptBlock(this.GetType(),
             "","alert('添加失败,上传图片扩展名必须是.jpg 或.gif');", true);
                    e.Cancel = true;
                }
            }
            else
            {
                this.ClientScript.RegisterClientScriptBlock(this.GetType(),"",
            "alert('添加失败,上传图片文件大小不能超过 2MB.');", true);
                e.Cancel = true;
            }
        }
        else
        {
            this.ClientScript.RegisterClientScriptBlock(this.GetType(), "",
        "alert('添加失败,上传图片文件不能为空.');", true);
```

```
            e.Cancel = true;
        }
    }
    protected void DetailsView1_ItemInserted(object sender,
DetailsViewInsertedEventArgs e)
    {
        if (e.Exception == null)
        {
            if (e.AffectedRows > 0)
            {
                this.ClientScript.RegisterClientScriptBlock(this.GetType(),
            "", "alert('添加成功');window.location.href='BookManage.aspx'", true);
                return;
            }
        }
            this.ClientScript.RegisterClientScriptBlock(this.GetType(), "",
    "alert('添加失败');", true);
    }
    protected void DetailsView1_ModeChanging(object sender,
DetailsViewModeEventArgs e)
    {
        if (e.CancelingEdit)
        {
            Response.Redirect("BookManage.aspx");
        }
    }
```

本章小结

使用 ASP.NET 的常用技术，如成员资格与角色管理、个性化服务、验证码、AJAX、文件上传等，可增强系统的功能。

身份验证和角色管理是 Web 应用程序非常重要的组成部分。ASP.NET 提供的成员资格 API 和登录控件，为实现身份验证和角色管理提供强大支持。ASP.NET 成员资格管理功能用于与 Forms 验证和登录控件结合使用，以实现用户登录验证和管理用户。

ASP.NET 提供了个性化服务技术框架。个性化用户配置是一种为用户提供存取个性化信息的机制，它将信息与用户关联，并采用持久性的格式存储这些信息。

在.NET 框架中，页面绘图主要是基于 GDI+技术来实现的，GDI+技术是由一系列可以绘制图形的类组成。借助于绘图技术结合 Session 可以实现验证码。

AJAX（Asynchronous JavaScript and XML），是运用 JavaScript 和可扩展标记语言（XML），实现浏览器与服务器异步通信的技术。ASP.NET AJAX 使得 AJAX 程序设计变得简单。使用 ASP.NET 中的 AJAX 功能可快速创建包含具有响应能力且熟悉的用户界面（UI）元素的网页，以提供丰富的用户体验。

文件管理主要是指文件的创建、复制、移动、删除等操作。文件管理主要使用 System.IO 命名空间下的 File 和 FileInfo 两个类。目录管理，也就是对目录的操作，如复制、移动、重命名、创建和删除目录，主要使用 System.IO 命名空间下的 Directory 和 DirectoryInfo 两个类。读写文本文件使用 StreamReader 和 StreamWriter 两个类。读写二进制文件使用 BinaryReader 和 BinaryWriter

两个类。ASP.NET 提供了一个文件上传控件（FileUpload 控件）用于实现文件上传的功能。

习题与实验

一、习题

1. 什么是身份验证？在 ASP.NET 中有哪些验证方式？如何配置 Forms 验证方式？
2. 什么是成员资格管理？成员资格管理 API 有哪些主要类？各有什么作用？
3. 使用 ASP.NET 个性化服务包含哪 3 大步骤？
4. 个性化服务为什么要支持匿名用户？怎样为匿名用户实现个性化服务？
5. Profile_MigrateAnonymous 事件什么时候发生？它有什么用途？
6. 简述验证码实现的基本原理。
7. 什么是 AJAX？ASP. NET AJAX 包含哪些控件？它们各有什么用途？
8. 如何管理文件？有哪些常用方法？
9. 简述使用 FileUpload 服务器控件上载文件的基本步骤。

二、实验题

1. 利用成员资格及角色管理实现新闻发布网站的用户管理。
2. 在新闻发布网站中使用个性化服务，允许用户选择不同的界面颜色。
3. 实现图像新闻的添加。

第 8 章 LINQ 数据库技术

本章要点

- LINQ 基本查询操作
- LINQ 查询表达式
- 使用 LINQ 查询和更新数据库
- 利用 LINQ 技术实现网站的数据访问层
- 利用 LINQ 操作 XML

LINQ（Language Integrated Query，语言集成查询）是 Visual Studio 2008 和.NET Framework 3.5 版中一项突破性的创新，它在对象领域和数据领域之间架起了一座桥梁。LINQ 引入了标准的、容易学习的查询和更新数据的模式，可以对其技术进行扩展以支持几乎任何类型的数据存储。LINQ 具有提供语法检查、丰富的元数据、智能感知、静态类型等强类型语言的优点。

8.1 LINQ 概述

LINQ 提供一种跨数据源和数据格式使用数据的一致模型，在 LINQ 查询中，始终会用到对象。可以使用相同的基本编码模式来查询和转换 XML 文档、SQL 数据库、ADO.NET 数据集、.NET 集合中的数据以及对其有 LINQ 提供程序可用的任何其他格式的数据。

8.1.1 什么是 LINQ

LINQ 是一种基于统一化的集成查询技术，最初在代号为 Orcas 的 Visual Studio 2008 中发布，它提供给程序员一个统一的编程概念和语法，程序员不需要关心将要访问的是关系数据库、XML 数据还是远程的对象，它都采用同样的访问方式。

LINQ 包含一系列技术，包括 LINQ、DLINQ、XLINQ 等。其中 LINQ 到对象是对内存进行操作，LINQ 到 SQL 是对数据库进行操作，LINQ 到 XML 是对 XML 数据进行操作。图 8-1 所示为 LINQ 的体系结构。

LINQ 的目的是提供一种统一且对等的方式，让程序员在广义的数据上操作“数据”。通过使用 LINQ，能够在编程语言内直接创建查询表达式的实体。这些查询表达式是基于许多查询运算符的，而且是有意设计成类似 SQL 表达式的样子。LINQ 允许查询表达式以统一的方式来操作任何实现了 IEnumerable<T>接口的对象、关系数据库或 XML 文档。

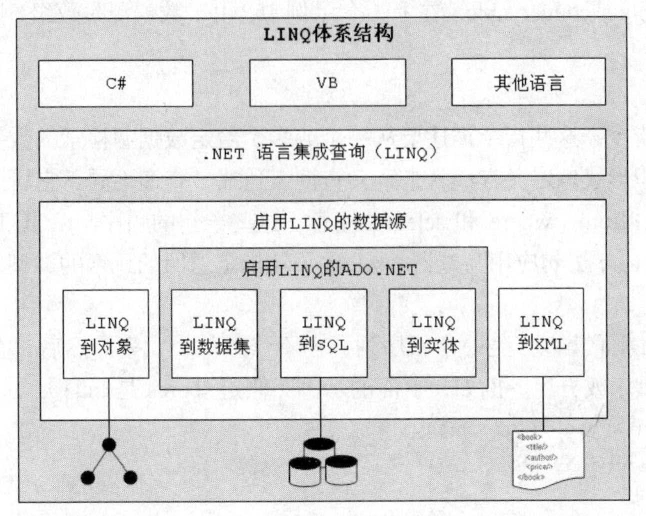

图 8-1　LING 的体系结构

8.1.2　基本的查询操作

LINQ 查询操作由 3 个部分组成：获取数据源、定义查询和执行查询。下面这段示例代码演示了查询操作的 3 个部分。

```
// 获取数据源，这里为了简单起见，给出一个整型数组
int[] scores = new int[] { 97, 92, 81, 60 };
// 定义查询
IEnumerable<int> scoreQuery =
    from score in scores
    where score > 80
    select score;
// 执行查询
foreach (int i in scoreQuery)
{
    Console.Write(i + " ");
}
```

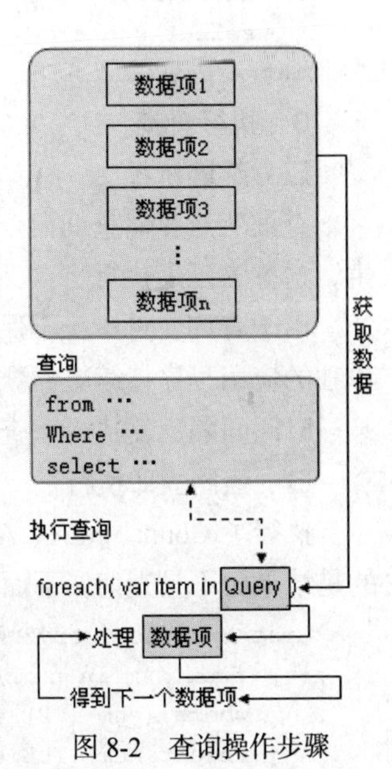

图 8-2　查询操作步骤

在 LINQ 中，查询的执行与查询本身截然不同，换句话说，如果只是创建查询变量，则不会检索任何数据。图 8-2 所示为完整的查询操作步骤。

1. 获取数据源

通常，源数据会在逻辑上组织为相同种类的元素序列。SQL 数据库表包含一个行序列；ADO.NET DataTable 包含一个 DataRow 对象序列；在 XML 文件中包含一个 XML 元素“序列”（不过这些元素按分层形式组织为树结构）；内存中的集合包含一个对象序列。

从应用程序的角度来看，原始源数据的具体类型和结构并不重要。应用程序始终将源数据视为一个 IEnumerable<(Of <(T>)>) 或 IQueryable<(Of <(T>)>)集合。在 LINQ to SQL 中，源数据显示为一个 IEnumerable<XElement>。在 LINQ to DataSet 中，它是一个

IEnumerable<DataRow>。在 LINQ to SQL 中，它是用户定义用来表示 SQL 表中数据的任何自定义对象的 IEnumerable 或 IQueryable。在上一个示例中，由于数据源是数组，因此它隐式支持泛型 IEnumerable(T)接口。

2. 定义查询

查询是指一组指令，这些指令描述要从一个或多个给定数据源检索的数据以及返回的数据应该使用的格式和组织形式。定义查询就是定义查询表达式。查询不同于它所产生的结果。查询表达式包含 3 个子句：from、where 和 select。注意，这些子句的顺序与 SQL 中的顺序相反。from 子句指定数据源，where 子句应用筛选器，select 子句指定返回的元素的类型。查询表达式可以描述以下三项工作之一。

- 检索一个元素子集以产生一个新序列，但不修改单个元素。然后，查询可以按各种方式对返回的序列进行排序或分组。例如，下面的示例（假定 scores 是 int[]）：

```
IEnumerable<int> highScoresQuery1 =
    from score in scores
    where score > 80
    orderby score descending
    select score;
```

- 检索时将这些元素转换为具有新类型的对象。例如，下面的示例演示了从 int 到 string 的转换。

```
IEnumerable<string> highScoresQuery2 =
    from score in scores
    where score > 80
    orderby score descending
    select String.Format("The score is {0}", score);
```

- 检索有关源数据的单一值。例如，下面的查询从 scores 整数数组中返回高于 80 的分数的数量。

```
IEnumerable<int> highScoresQuery3 =
    from score in scores
    where score > 80
    select score;
int scoreCount = highScoresQuery3.Count();
```

3. 执行查询

❑ 延迟执行

查询变量存储查询命令，实际的查询执行会延迟到在 foreach 语句中循环访问查询变量时发生，这称为延迟执行。

由于查询变量本身不保存查询结果，因此可以根据需要随意执行查询。例如，可以通过一个单独的应用程序持续更新数据库。在应用程序中，可以创建一个检索最新数据的查询，并可以按某一时间间隔反复执行该查询以便每次检索不同的结果。

❑ 强制立即执行

执行了 Count、Max、Average、First、Single、ToList、ToArray 等方法将立即返回结果，保存的是结果而不是查询。下面的查询返回源数组中的偶数，numbers 是整型数组。

```
List<int> numQuery2 =
    (from num in numbers
     where (num % 2) == 0
     select num).ToList();
```

8.1.3 LINQ 查询表达式

查询表达式是用查询语法表示的查询，由一组用类似于 SQL 或 XQuery 的声明性语法编写的子句组成。每个子句又包含一个或多个 C#表达式，而这些表达式本身又可能是查询表达式或包含查询表达式。

查询表达式必须以 from 子句开头，并且必须以 select 或 group 子句结尾。在第一个 from 子句和最后一个 select 或 group 子句之间，查询表达式可以包含一个或多个下列可选子句：where、orderby、join、let，甚至附加的 from 子句。还可以使用 into 关键字使 join 或 group 子句的结果能够充当同一查询表达式中附加查询子句的源。

1. 查询变量

在 LINQ 中，查询变量是任何存储查询而不是查询结果的变量。更具体地说，查询变量始终是一个可枚举的类型，当在 foreach 语句中或对其 IEnumerator.MoveNext 方法的直接调用中循环访问它时，它将产生一个元素序列。

- 查询变量可以存储用查询语法或方法语法（或二者的组合）表示的查询。例如：

```
//存储用查询语法表示的查询
IEnumerable<City> queryMajorCities =
    from city in cities
    where city.Population > 100000
    select city;
//存储用方法语法表示的查询
IEnumerable<City> queryMajorCities2 = cities.Where(c => c.Population > 100000);
```

- 存储结果的变量不是查询变量，即使每个变量都用查询进行了初始化。例如：

```
int highestScore =
    (from score in scores
     select score)
    .Max();
```

- 通常提供查询变量的显式类型，以便演示查询变量和 select 子句之间的类型关系。但是，也可以使用 var 关键字指示编译器在编译时推断查询变量（或任何其他本地变量）的类型。例如：

```
var queryCities =
    from city in cities
    where city.Population > 100000
   select city;
```

2. from 子句

在 LINQ 查询中，最先使用 from 子句的目的是引入数据源（customers）和范围变量（cust）。例如，在下面的示例中，customers 为数据源，cust 为选择范围。

```
var queryAllCustomers = from cust in customers
    select cust;
```

范围变量类似于 foreach 循环中的迭代变量，但在查询表达式中，实际上不发生迭代。执行查询时，范围变量将用作对 customers 中的每个后续元素的引用。因为编译器可以推断 cust 的类型，所以不必显式指定此类型。其他范围变量可由 let 子句引入。

3. where 子句

where 子句用作筛选器。筛选器指定从源序列中排除哪些元素。在下面的示例中，只返回那些地址位于北京的客户。

```
var queryCustomers = from cust in customers
    where cust.City == "北京"
   select cust;
```

可以使用熟悉的 C#逻辑&&和||运算符来根据需要在 where 子句中应用任意数量的筛选表达式。例如，在下面的示例中只返回位于“北京”并且姓名为“张军”的客户。

```
var queryCustomers = from cust in customers
    where cust.City=="北京" && cust.Name == "张军"
    select cust;
```

4. orderby 子句

orderby 子句将使返回的序列中的元素按照被排序类型的默认比较器进行排序。例如，下面的查询可以扩展为按 Name 属性对结果进行排序。因为 Name 是一个字符串，所以默认比较器执行从 A 到 Z 的字母排序。

```
var queryCustomers =
    from cust in customers
    where cust.City == "北京"
    orderby cust.Name ascending
    select cust;
```

若要按相反顺序（从 Z 到 A）对结果进行排序，请使用 orderby…descending 子句。

5. group 子句

使用 group 子句，可以按指定的键对结果进行分组。例如，下面的示例按 City 分组。

```
// queryCustomersByCity 的类型为 IEnumerable<IGrouping<string, Customer>>
var queryCustomersByCity =
    from cust in customers
    group cust by cust.City;
// customerGroup 的类型为 IGrouping<string, Customer>
foreach (var customerGroup in queryCustomersByCity)
{
    Console.WriteLine(customerGroup.Key);
    foreach (Customer customer in customerGroup)
    {
        Console.WriteLine("    {0}", customer.Name);
    }
}
```

在使用 group 子句结束查询时，结果采用列表的列表形式。列表中的每个元素是一个具有 Key 成员及根据该键分组的元素列表的对象。在循环访问生成组序列的查询时，必须使用嵌套的 foreach 循环。外部循环用于循环访问每个组，内部循环用于循环访问每个组的成员。

如果引用组操作的结果，还可以使用 into 关键字来创建可进一步查询的标识符。下面的查询只返回那些包含两个以上的客户的组。

```
// custQuery 的类型为 IEnumerable<IGrouping<string, Customer>>
var custQuery =
    from cust in customers
    group cust by cust.City into custGroup
    where custGroup.Count() > 2
    orderby custGroup.Key
    select custGroup;
```

6. select 子句

使用 select 子句可产生所有其他类型的序列。简单的 select 子句只是产生与数据源中包含的对象具有相同类型的对象的序列。在下面的示例中，数据源包含 Country 对象。orderby 子句只是将元素重新排序，而 select 子句则产生重新排序的 Country 对象的序列。

```
IEnumerable<Country> sortedQuery =
    from country in countries
    orderby country.Area
    select country;
```

可以使用 select 子句将源数据转换为新类型的序列。这一转换也称为“投影”。在下面的示例中，select 子句对一个匿名类型序列进行投影，该序列仅包含原始元素中各字段的子集。请注意，新对象是使用对象初始值设定项初始化的。

```
// 这类需要使用 var，因为查询出的类型为匿名类型
var queryNameAndPop =
    from country in countries
    select new { Name = country.Name, Pop = country.Population };
```

7. join 子句

使用 join 子句可以根据每个元素中指定键之间的相等比较，对一个数据源中的元素与另外一个数据源中的元素进行关联。在 LINQ 中，连接操作是针对其元素具有不同类型的对象序列执行的。在连接两个序列之后，必须使用 select 或 group 语句指定要存储到输出序列中的元素。还可以使用匿名类型将每组关联元素中的属性组合为输出序列的新类型。下面的示例对其 Category 属性与 categories 字符串数组中的某个类别相匹配的 prod 对象进行关联。其 Category 不与 categories 中的任何字符串匹配的产品会被筛选掉。select 语句投影了一个新类型，其属性取自 cat 和 prod。

```
var categoryQuery =
    from cat in categories
    join prod in products on cat equals prod.Category
    select new { Category = cat, Name = prod.Name };
```

在 LINQ 中，join 子句始终针对对象集合而非直接针对数据库表运行。在 LINQ 中，不必像在 SQL 中那样频繁使用 join，因为 LINQ 中的外键在对象模型中表示为包含项集合的属性。例如，在下面的示例中，Customer 对象包含 Order 对象的集合，不必执行连接，只需使用点表示法访问订单。

```
var orderQuery = from order in Customer.Orders
```

8. let 子句

使用 let 子句可以将表达式（如方法调用）的结果存储到新的范围变量中。在下面的示例中，范围变量 s 存储了 Split 返回的字符串数组的第 1 个元素。

```
string[] names = { "Svetlana Omelchenko", "Claire O'Donnell", "Sven Mortensen", "Cesar
Garcia" };
IEnumerable<string> queryFirstNames =
    from name in names
    let firstName = name.Split(new char[] {' '})[0]
    select firstName;
foreach (string s in queryFirstNames)
{
    Console.Write(s + " ");
}
```

8.1.4 使用 LINQ 进行数据转换

LINQ 不仅可用于检索数据，而且还是一个功能强大的数据转换工具。通过使用 LINQ 查询，可以将源序列用作输入，并采用多种方式修改它以创建新的输出序列。可以通过排序和分组来修

改序列本身，而不必修改元素本身。但是，LINQ 查询最强大的功能可能在于它能够创建新类型。这一功能在 select 子句中实现。例如，可以执行下列任务。

- 将多个输入序列合并到具有新类型的单个输出序列中。
- 创建其元素只包含源序列中的各个元素的一个或几个属性的输出序列。
- 创建其元素包含对源数据执行的操作结果的输出序列。
- 创建不同格式的输出序列。例如，可以将 SQL 行或文本文件的数据转换为 XML。

下面通过几个例子来展示如何使用 LINQ 进行数据类型转换。

1．将多个输入联接到一个输出序列

可以使用 LINQ 查询来创建包含多个输入序列的元素的输出序列。下面的示例演示如何组合两个内存中的数据结构，但组合来自 XML 或 SQL 或数据集源的数据时可应用相同的原则。假定下面两种类类型：

```
class Student{
    public int No { get; set; }
    public string Name { get; set; }
    public string City { get; set; }
    public List<int> Scores;
}
class Teacher {
    public int No { get; set; }
    public string Name { get; set; }
    public string City { get; set; }
    public string Dep{ get; set; }
}
// 创建学生数据源
List<Student> students = new List<Student>() {
    new Student {No=1, Name="张三", City="北京",
       Scores= new List<int> {97, 92, 81, 60}},
    new Student {No=2, Name="李四", City="上海",
       Scores= new List<int> {75, 84, 91, 39}}
};
// 创建教师数据源
List<Teacher> teachers = new List<Teacher>() {
    new Teacher {No=1, Name="刘五", City="北京", Dep="电子系"},
    new Teacher {No=2, Name="赵六", City="天津", Dep="物理系"},
    new Teacher {No=3, Name="田七", City="北京", Dep="数学系"}
};
// 创建查询
var peopleInBeijing = (from student in students
    where student.City == "北京"
    select student.Name)
      .Concat(from teacher in teachers
            where teacher.City == "北京"
            select teacher.Name);
// 执行查询
foreach (var person in peopleInBeijing)
{
   Console.WriteLine(person);
}
```

2. 选择源序列中的各个元素的子集

选择源序列中的各个元素的子集有两种主要方法。

- 若要只选择源元素的一个成员，请使用点运算。在下面的示例中，假定 Customer 对象包含几个公共属性，其中包括名为 City 的字符串。在执行此查询时，此查询将生成字符串输出序列。

```
var query = from cust in Customers
     select cust.City;
```

- 若要创建包含源元素的多个属性的元素，可以使用具有命名对象或匿名类型的对象初始值设定项。下面的示例演示如何使用匿名类型来封装各个 Customer 元素的两个属性。

```
var query = from cust in Customers
      select new {Name = cust.Name, City = cust.City};
```

3. 将内存中的对象转换为 XML

通过 LINQ 查询，可以轻松地在内存中的数据结构、SQL 数据库、ADO.NET 数据集和 XML 流或文档之间转换数据。下面的示例将内存中的数据结构中的对象转换为 XML 元素。

```
// 创建学生数据源
List<Student> students = new List<Student>() {
    new Student {No=1, Name="张三", City="北京",
      Scores= new List<int> {97, 92, 81, 60}},
    new Student {No=2, Name="李四", City="上海",
      Scores= new List<int> {75, 84, 91, 39}}
};
// 创建查询
var studentsToXML = new XElement("Root",
    from student in students
    let x = String.Format("{0},{1},{2},{3}", student.Scores[0],
          student.Scores[1], student.Scores[2], student.Scores[3])
    select new XElement("student",
           new XElement("No", student.No),
           new XElement("Name", student.Name),
           new XElement("City", student.City),
           new XElement("Scores", x)
         ) // end "student"
    ); // end "Root"
  // 执行查询
  Console.WriteLine(studentsToXML);
}
```

此代码生成下面的 XML 输出：

```
<Root>
    <student>
       <No>1</No>
       <Name>张三</Name>
       <City>北京</City>
       <Scores>97,92,81,60</Scores>
    </student>
    <student>
       <No>2</No>
       <Name>李四</Name>
       <City>上海</City>
       <Scores>75,84,91,39</Scores>
    </student>
</Root>
```

4. 对源元素执行操作

输出序列可能不包含源序列的任何元素或元素属性。输出可能是通过将源元素用作输入参数计算出的值的序列。在执行下面这个简单查询时，此查询会输出一个字符串序列，该序列值表示根据 double 类型元素的源序列进行的计算。

```
double[] radii = { 1, 2, 3 };
IEnumerable<string> query =
    from rad in radii
    select String.Format("Area = {0}", (rad * rad) * 3.14);
   foreach (string s in query)
   {
       Console.WriteLine(s);
   }
```

上面只是几个示例。当然，可以采用多种方式将这些转换组合在同一查询中。另外，一个查询的输出序列可用作新查询的输入序列。

8.2 LINQ to ADO.NET

LINQ to ADO.NET 主要用来操作关系数据，包括 LINQ to DataSet 和 LINQ to SQL。使用 LINQ to DataSet 可以对 DataSet 执行丰富而优化的查询，而使用 LINQ to SQL 可以直接查询 SQL Server 数据库。

LINQ to SQL 的使用主要可以分为以下两大步骤。

- 创建对象模型。要实现 LINQ to SQL，首先必须根据现有关系数据库的元数据创建对象模型。对象模型就是按照开发人员所用的编程语言来表示的数据库，有了此对象模型，才能创建查询语句以操作数据库。
- 创建了对象模型后，就可以在该模型中描述信息请求和操作数据了。

8.2.1 创建对象模型

对象模型是关系数据库在编程语言中表示的数据模型，对对象模型的操作就是对关系数据库的操作。LINQ to SQL 对象模型中最基本的元素有实体、类成员、关联和方法。

对象模型（实体类、关联和 DataContext 方法）在 LINQ to SQL 文件（.dbml 文件）中定义，在对象关系设计器（O/R 设计器）中创建和编辑。通过使用“添加新项”对话框并选择“LINQ to SQL 类”模板，可以向项目中添加 LINQ to SQL 文件。

这里以书城网站为例，说明创建数据模型的步骤。

（1）创建数据库。如果已经创建数据库，可修改使其规范。主要注意以下几点。

- 数据表的命名和类名一致。
- 字段名命名要和对象的属性一致。
- 表之间要建好主外键关系。

（2）创建数据库连接。如果已经创建连接，这步可省略。选择【视图】→【服务器资源管理器】菜单命令，打开【服务器资源管理器】窗口，在【数据库连接】上单击鼠标右键，在弹出的快捷菜单中选择【添加连接】命令，打开【添加连接】对话框，在该对话框中选择服务器、登录方式以及数据库。

（3）在项目名称上单击鼠标右键，在弹出的快捷菜单上选择【添加新项】命令，打开【添加新项】对话框，在该对话框中选择“LINQ to SQL 类”模板，如图 8-3 所示。

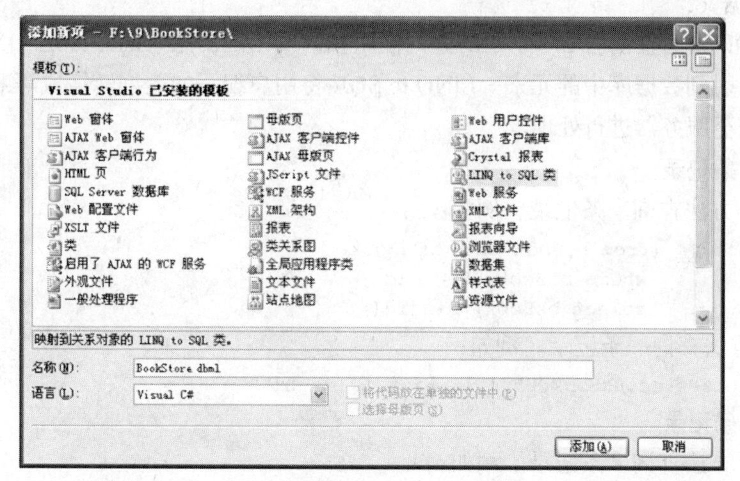

图 8-3 建立 LINQ to SQL 类

（4）输入名称后，单击【添加】按钮，将弹出图 8-4 所示的警告对话框，询问是否将该类添加到 App_Code 文件夹中，单击【是】按钮。

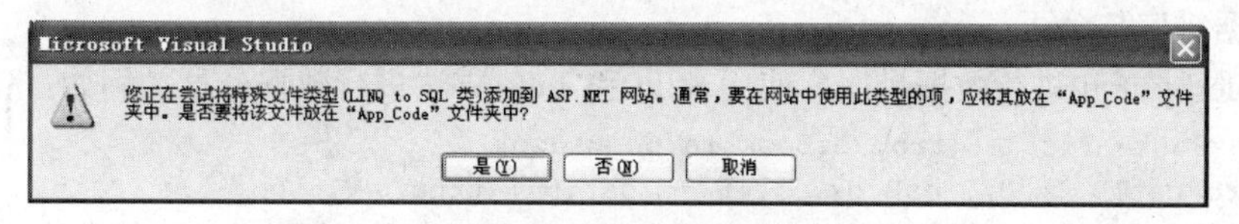

图 8-4 警示对话框

（5）打开 BookStore.dbml 文件，将【服务器资源管理器】中的数据表 BsCategory、BsBook、BsDetail、BsCart、BsOrder、aspnet_Users 拖曳到 BookStore.dbml 文件视图的右窗格上，效果如图 8-5 所示。保存该文件，这样就完成了对象模型的建立。

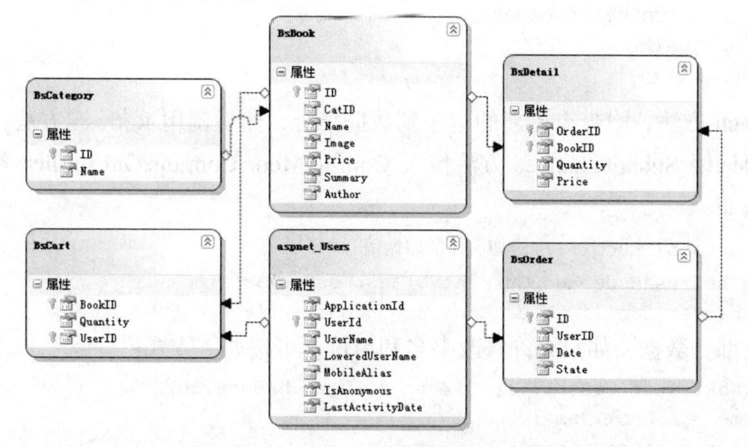

图 8-5 BookStore 数据库的 dbml 文件

（6）对象模型建立好后，在使用时，首先要进行类的实例化，代码如下：

```
BookStoreDataContext dc = new BookStoreDataContext();
```

8.2.2 查询和更改数据库

1. 查询数据

LINQ to SQL 中的查询与 LINQ 中的查询使用相同的语法。唯一的差异是 LINQ to SQL 查询中引用的对象映射到数据库中的元素。LINQ to SQL 将用户编写的查询转换成等效的 SQL 查询，然后将它们发送至服务器进行处理。

❑ **查询一条记录**

使用 Single 方法查询一条记录。例如：

```
BsBook bsBook = (from bsBook in dc.BsBook
                 where bsBook.ID == id
                 select bsBook).Single();
```

使用 First 方法查询一条记录。例如：

```
BsBook bsBook = dc.BsBook.First(x => x.ID == id);
```

❑ **查询多条记录**

使用 ToList 方法查询多条记录。例如：

```
IList<BsBook> list = (from bsBook in dc.BsBook
   where catID != 0 ? bsBook.CatID == catID : true
    &&(String.IsNullOrEmpty(name) ? true : bsBook.Name.Contains(name))
    &&(String.IsNullOrEmpty(author) ? true : bsBook.Author.Contains(author))
  select bsBook).ToList();
```

❑ **数据排序与分页**

使用 orderby 子句进行数据排序，使用 Skip 和 Take 方法进行数据分页。例如：

```
IList<BsBook> list = (from bsBook in dc.BsBook
    where catID != 0 ? bsBook.CatID == catID : true
     && (String.IsNullOrEmpty(name) ? true : bsBook.Name.Contains(name))
     &&(String.IsNullOrEmpty(author) ? true : bsBook.Author.Contains(author))
    orderby bsBook.Name ascending
    select bsBook).Skip(startRowIndex).Take(maximumRows).ToList();
```

2. 插入数据

使用 InsertOnSubmit 插入数据，再使用 SubmitChanges 方法提交到数据库。例如：

```
dc.BsBook.InsertOnSubmit(bsBook);
dc.SubmitChanges();
```

3. 修改数据

先调用 Attach 方法，附带有更新的记录到数据集合，然后调用 Refresh 方法，定义如何处理附带的记录，再调用 SubmitChanges 方法传入 ConflictMode.ContinueOnConflict 参数，决定如何更新数据库。例如：

```
dc.BsBook.Attach(bsBook);//附加实体的原始值
dc.Refresh(RefreshMode.KeepCurrentValues, bsBook);
dc.SubmitChanges(ConflictMode.ContinueOnConflict);
```

如果只修改部分数据，如只允许修改书名和单价，可按如下方式：

```
BsBook bsBook1 = dc.BsBook.First(x => x.ID == bsBook.ID);
bsBook1.Name = bsBook.Name;
bsBook1.Price = bsBook.Price;
dc.SubmitChanges(ConflictMode.ContinueOnConflict);
```

4. 删除数据

删除数据需要先查出数据，再调用 DeleteOnSubmit 方法。例如：

```
dc.BsBook.DeleteOnSubmit((from bsBook in dc.BsBook
                          where bsBook.ID == id
                          select bsBook).Single());
```

8.2.3 案例 8–1 使用 LINQ 实现书城网站的数据访问层

下面利用 LINQ 来实现书城的数据库访问层。这里只给出 BsCategoryDAL 和 BsBookDAL 的设计。

【技术要点】

- 按 8.2.1 小节中介绍的方法创建对象模型。
- 按 8.2.2 小节中介绍的方法设计数据访问类。

【设计步骤】

（1）参见 8.2.1 小节中介绍的方法创建对象模型。

（2）设计 BsCategoryDAL，代码如下：

```
using System;
using System.Text;
using System.Collections.Generic;
using System.Data;
using System.Data.SqlClient;
using System.Data.Linq;
using System.Linq;
public class BsCategoryDAL: IBsCategoryDAL
{
    BookStoreDataContext dc = new BookStoreDataContext();
    public int AddBsCategory(BsCategory bsCategory)
    {
        try
        {
            dc.BsCategory.InsertOnSubmit(bsCategory);
            dc.SubmitChanges();
            return 1;
        }
        catch
        {
            return 0;
        }
    }
    public int EditBsCategory(BsCategory bsCategory)
    {
        try
        {
            dc.BsCategory.Attach(bsCategory);//附加实体的原始值
            dc.Refresh(RefreshMode.KeepCurrentValues, bsCategory);
            dc.SubmitChanges(ConflictMode.ContinueOnConflict);
            return 1;
        }
        catch
        {
            return 0;
        }
```

```
    }
    public int DeleteBsCategory(int id)
    {
        try
        {
            dc.BsCategory.DeleteOnSubmit((from bsCategory in dc.BsCategory
                                          where bsCategory.ID == id
                                          select bsCategory).Single());
            dc.SubmitChanges();
            return 1;
        }
        catch
        {
            return 0;
        }
    }
    public IList<BsCategory> FindBsCategories()
    {
        try
        {
            return dc.BsCategory.ToList();
        }
        catch
        {
            return null;
        }
    }
}
```

（3）设计 BsBookDAL，代码如下：

```
using System;
using System.Text;
using System.Collections.Generic;
using System.Data;
using System.Data.SqlClient;
using System.Data.Linq;
using System.Linq;
public class BsBookDAL:IBsBookDAL
{
    BookStoreDataContext dc = new BookStoreDataContext();
    public int AddBsBook(BsBook bsBook)
    {
        try
        {
            dc.BsBook.InsertOnSubmit(bsBook);
            dc.SubmitChanges();
            return 1;
        }
        catch
        {
            return 0;
        }
    }
    public int EditBsBook(BsBook bsBook)
    {
        try
```

```
        {
            dc.BsBook.Attach(bsBook);//附加实体的原始值
            dc.Refresh(RefreshMode.KeepCurrentValues, bsBook);
            dc.SubmitChanges(ConflictMode.ContinueOnConflict);
            return 1;
        }
        catch
        {
            return 0;
        }
    }
    public int DeleteBsBook(int id)
    {
        try
        {
            dc.BsBook.DeleteOnSubmit((from bsBook in dc.BsBook
                                      where bsBook.ID == id
                                      select bsBook).Single());
            dc.SubmitChanges();
            return 1;
        }
        catch
        {
            return 0;
        }
    }
    public BsBook FindBsBook(int id)
    {
        try
        {
            return (from bsBook in dc.BsBook
                    where bsBook.ID == id
                    select bsBook).Single();
        }
        catch
        {
            return null;
        }
    }
    public IList<BsBook> FindBooks(int catID, string name,
string author,string sortExpression, int startRowIndex, int maximumRows)
    {
    try
    {
        IList<BsBook> list = (from book in dc.BsBook
               where catID != 0 ? bsBook.CatID == catID : true
                  && (String.IsNullOrEmpty(name) ? true :
                         bsBook.Name.Contains(name))
                  && (String.IsNullOrEmpty(author) ? true :
                         bsBook.Author.Contains(author))
               select bsBook).ToList();
        if (sortExpression == "") sortExpression = "Name";
        if (sortExpression.IndexOf("DESC")>=0)
        {
            sortExpression = sortExpression.Substring(0,
```

```
                sortExpression.Length - 5);
                    PropertyInfo prop = typeof(BsBook).GetProperty(
                sortExpression);
                    list = list.OrderByDescending(x => prop.GetValue(x, null)).
                Skip(startRowIndex).Take(maximumRows).ToList();
                }
                else
                {
                    PropertyInfo prop = typeof(BsBook).GetProperty(
                sortExpression);
                    list = list.OrderBy(x => prop.GetValue(x, null)).
                Skip(startRowIndex).Take(maximumRows).ToList();
                }
                return list;
            }
            catch
            {
                return null;
            }
        }
        public int FindCount(int catID, string name, string author)
        {
            try
            {
                int count = (from bsBook in dc.BsBook
                    where catID != 0 ? bsBook.CatID == catID : true
                            && (String.IsNullOrEmpty(name) ? true :
                                bsBook.Name.Contains(name))
                            && (String.IsNullOrEmpty(author) ? true :
                                bsBook.Author.Contains(author))
                    select bsBook).Count();
                return count;
            }
            catch
            {
                return 0;
            }
        }
    }
```

8.2.4　存储过程

存储过程是一组为了完成特定功能的 SQL 语句集，经编译后存储在数据库中。使用 Visual Studio 2008 的对象关系设计器，可以很容易地把存储过程映射为对象模型中的方法。把存储过程拖曳到 dbml 文件视图的右窗格（方法窗格）上即可。

以书城网站为例，使用存储过程的基本步骤如下。

（1）建立存储过程。例如，下面的示例是添加订单的存储过程，该存储过程没有进行处理事务，处理事务放在应用程序中。

```
CREATE PROCEDURE AddOrder(@UserID uniqueidentifier, @OrderID int OUTPUT)
AS
BEGIN
    /* 插入订单*/
    INSERT INTO BsOrder(UserID) VALUES(@UserID)
```

```
    /* 保存订单号*/
    SET @OrderID = @@Identity
    /* 将购物车中的图书移到订单细目表 */
    INSERT INTO BsDetail(OrderID, BookID, Quantity, Price)
    SELECT @OrderID, BsCart.BookID,BsCart.Quantity, BsBook.Price
    FROM BsCart
    INNER JOIN BsBook ON BsCart.BookID = BsBook.ID
    /* 删除购物车中的图书 */
    DELETE FROM BsCart WHERE userID=@UserID
END
```

（2）把存储过程拖曳到 BookStore.dbml 文件视图的方法窗格上，就能生成与该存储过程对应的方法，如图 8-6 所示。

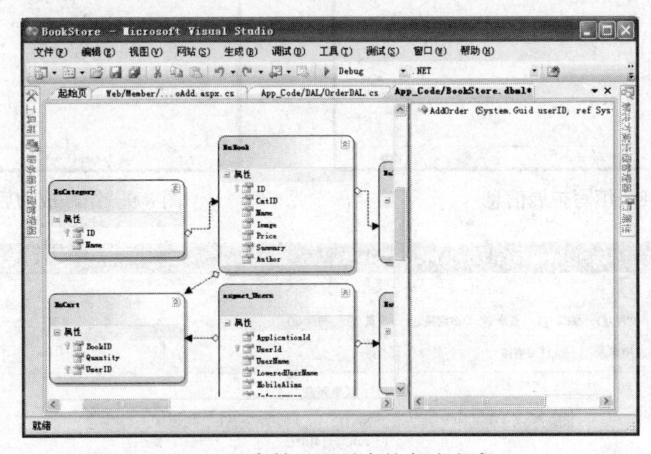

图 8-6　存储过程对应的方法生成

（3）调用存储过程。例如：

```
dc.AddOrder(userID,ref orderID);
dc.SubmitChanges();
```

8.2.5　案例 8–2 使用 LINQ 实现书城网站的结账

在书城网站的购物车（见图 8-7）中单击【结账】超链接，可将购物车中的图书添到订单中，包括在订单中插入一条新记录，以及在订单细目中插入所购买的图书。

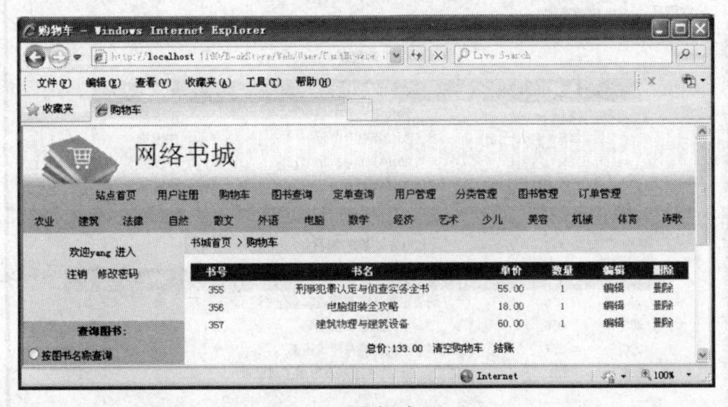

图 8-7　购物车界面

在结账时，如果用户没有登录，首先要求用户登录。登录成功后，如果用户还没有填过其他信息（真实名、电话、地址、邮政编码），则要求先填写其他信息，如图 8-8 所示。填完其他信息后，单击【提交】按钮进行结账。结账成功后，显示订单号，并允许用户查看订单。结账成功后的提示信息如图 8-9 所示，订单查询界面如图 8-10 所示，单击订单号可查看订单细目，如图 8-11 所示。

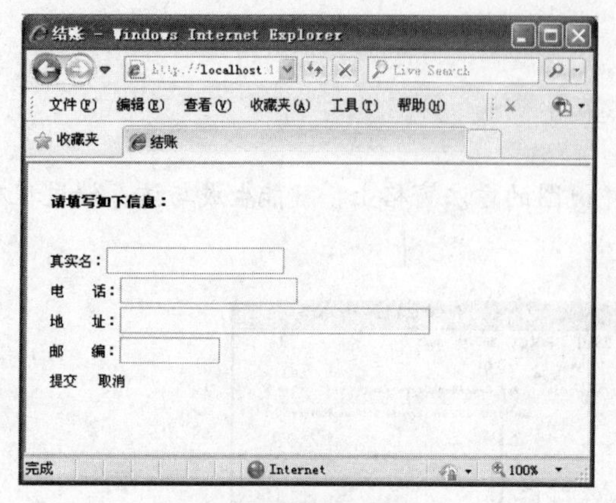

图 8-8　填写扩展信息

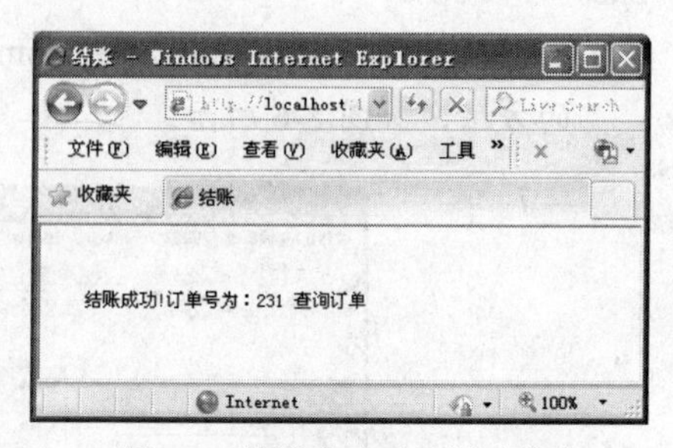

图 8-9　结账成功后的提示信息

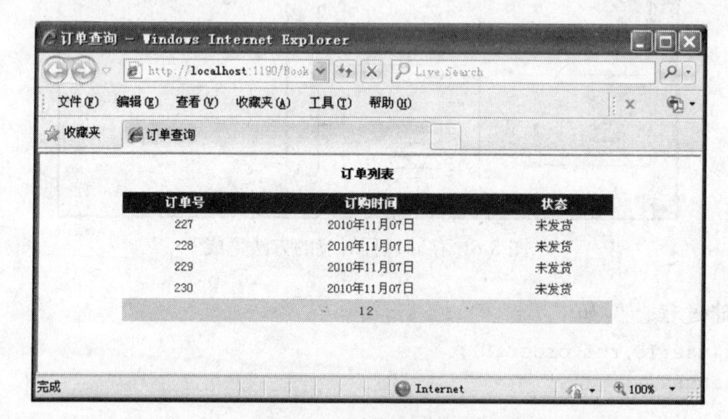

图 8-10　订单查询界面

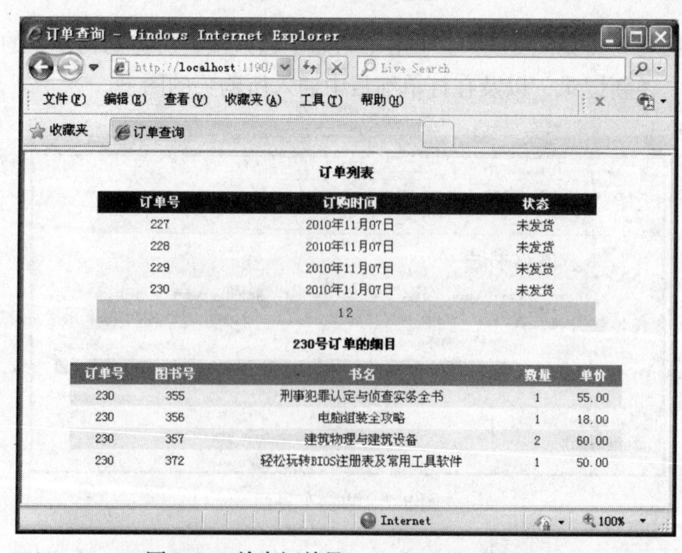

图 8-11　单击订单号 230 后显示订单细目

【技术要点】

- 利用 8.1 节介绍的知识进行用户管理。结账页放在 Member 文件夹下，当用户没有登录时自动转到登录页。登录成功后，再转回结账页。结账页先判断用户的其他信息（真实名等）是否已保存过，如果没有保存过，先请用户填写信息。
- 设计一个存储过程 AddOrder 进行结账，该存储过程以用户号作为参数，执行时，首先插入订单，然后取出订单号，再利用此订单号和购物车表中的数据向订单细目表中插入细目，之后删除购物车表中的相关数据。
- 在数据访问方法中先从个性化配置属性中取出业务对象，通过业务对象取出购物车中的条目，循环添到购物车表中，再调用上述存储过程。为了保证操作的完整性，在数据访问方法中使用了事务处理。
- 订单的显示使用了两个 GridView 控件，第 1 个控件用来显示订单，使用 ObjectDataSource 控件绑定数据，第 2 个控件用来显示订单细目，使用编程的方式绑定数据。在订单列表中单击订单号，在下面显示该订单的细目。

【设计步骤】

（1）按 8.2.4 小节中介绍的内容建立存储过程，并把存储过程拖曳到 BookStore.dbml 文件视图的右窗格上。

（2）在 App_Code/DAL 文件夹下建立订单数据访问类文件 BsOrderDAL.cs，代码如下：

```
using System;
using System.Text;
using System.Collections.Generic;
using System.Data;
using System.Data.SqlClient;
using System.Data.Linq;
using System.Linq;
using System.Web;
public class BsOrderDAL:IBsOrderDAL {
    BookStoreDataContext dc = new BookStoreDataContext();
    public int AddBsOrder(BsOrder bsOrder, ICollection<CartItem> items)
    {
        if (dc.Connection != null)
            dc.Connection.Open();
        dc.Transaction = dc.Connection.BeginTransaction(); //启动事务
        try
        {
            int? orderID = 0;
            foreach (CartItem item in items)
        {
                BsCart b = new BsCart();
                b.BookID = item.ID;
                b.UserID = order.UserID;
                b.Quantity = item.Quantity;
                dc.BsCart.InsertOnSubmit(b);
            }
            dc.AddBsOrder(bsOrder.UserID, ref orderID);
            dc.SubmitChanges();
            dc.Transaction.Commit(); //提交事务
```

```
            return orderID.Value;
        }
        catch
        {
            dc.Transaction.Rollback(); //回滚事务
            return 0;
        }
    }
    public int EditBsOrder(BsOrder bsOrder)
    {
        try
        {
            dc.BsOrder.Attach(bsOrder);//附加实体的原始值
            dc.Refresh(RefreshMode.KeepCurrentValues, bsOrder);
            dc.SubmitChanges(ConflictMode.ContinueOnConflict);
            return bsOrder.ID;
        }
        catch
        {
            return 0;
        }
    }
    public int DeleteBsOrder(int id)
    {
        try
        {
            dc.BsOrder.DeleteOnSubmit((from bsOrder in dc.BsOrder
                                       where bsOrder.ID == id
                                       select bsOrder).Single());
            dc.SubmitChanges();
            return 1;
        }
        catch
        {
            return 0;
        }
    }
    public BsOrder FindBsOrder(int id)
    {
        try
        {
            return (from bsOrder in dc.BsOrder
                    where bsOrder.ID == id
                    select bsOrder).Single();
        }
        catch
        {
            return null;
        }
    }
    public IList<BsOrder> FindBsOrders(string username, int state)
    {
        IList<BsOrder> list;
        try
        {
            list = (from bsOrder in dc.BsOrder
```

```
                join user in dc.aspnet_Users on bsOrder.UserID equals user.UserId
                where (String.IsNullOrEmpty(username) ? true :
                        user.UserName.Contains(username))
                        && (state == -1 ? true : bsOrder.State == state)
               select bsOrder).ToList();
            return list;
        }
        catch
        {
            return null;
        }
    }
}
```

（3）在 App_Code/BLL 文件夹下建立订单业务逻辑类文件 BsOrderBLL.cs，代码如下：

```
using System;
using System.Data;
using System.Data.SqlClient;
using System.Collections.Generic;
public class bsOrderBLL
{
    private IBsOrderDAL bsOrderDAL = new BsOrderDAL();
    public int AddBsOrder(BsOrder bsOrder, ICollection<CartItem> items)
    {
        return bsOrderDAL.AddBsOrder(bsOrder, items);
    }
    public int EditBsOrder(BsOrder bsOrder)
    {
        return bsOrderDAL.EditBsOrder(bsOrder);
    }
    public int DeleteBsOrder(int id)
    {
        return bsOrderDAL.DeleteBsOrder(id);
    }
    public BsOrder FindBsOrder(int id)
    {
        return bsOrderDAL.FindBsOrder(id);
    }
    public IList<BsOrder> FindBsOrders(string username, int state)
    {
        return bsOrderDAL.FindBsOrders(username, state);
    }
}
```

（4）在 Web/Member 文件夹下建立一个网页 UserOtherInfoAdd.aspx，设置 div 的 style 为 “margin:20px;line-height:25px;”。在 div 中放置一个 Panel 控件和一个 Literal 控件，在 Panel1 上放置其他控件，如图 8-12 所示。

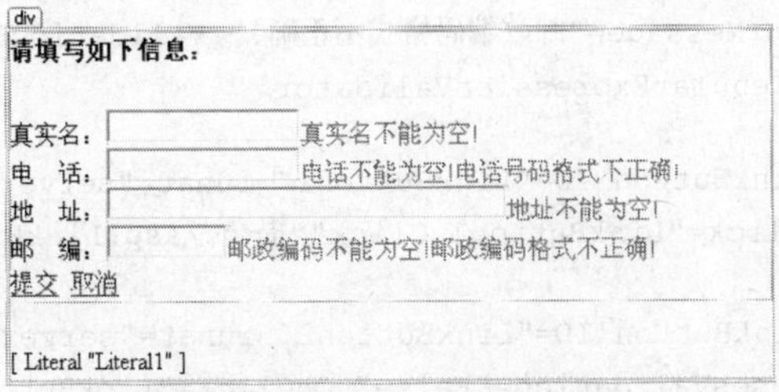

div
请填写如下信息：
真实名：　真实名不能为空!
电　话：　电话不能为空!电话号码格式下正确!
地　址：　地址不能为空!
邮　编：　邮政编码不能为空!邮政编码格式不正确!
提交 取消
[Literal "Literal1"]

图 8-12　添加扩展信息界面设计

页面代码如下：

```
<%@ Page Language="C#" AutoEventWireup="true"
CodeFile="UserOtherInfoAdd.aspx.cs" Inherits="Web_Member_UserOtherInfoAdd" %>
<!DOCTYPE html PUBLIC "-//W3C//DTD XHTML 1.0 Transitional//EN" "http://www.w3.org/
TR/xhtml1/DTD/xhtml1-transitional.dtd">
<html xmlns="http://www.w3.org/1999/xhtml">
<head runat="server">
    <title>结账</title>
</head>
<body>
    <form id="form1" runat="server">
    <div style="margin: 20px; line-height: 25px;">
        <asp:Panel ID="Panel1" runat="server">
            <b>请填写如下信息：</b><br /><br />
            真实名：<asp:TextBox ID="TextBox1" runat="server"></asp:TextBox>
            <asp:RequiredFieldValidator ID="RequiredFieldValidator1"
                runat="server" ControlToValidate="TextBox1"
                ErrorMessage="真实名不能为空!"></asp:RequiredFieldValidator>
            <br />
            电    话：<asp:TextBox ID="TextBox2"
                runat="server"></asp:TextBox>
            <asp:RequiredFieldValidator ID="RequiredFieldValidator2"
                runat="server" ControlToValidate="TextBox2"
                ErrorMessage="电话不能为空!"></asp:RequiredFieldValidator>
            <asp:RegularExpressionValidator ID="RegularExpressionValidator1"
                runat="server" ControlToValidate="TextBox2"
                ErrorMessage="电话号码格式不正确!"
                ValidationExpression="(\(\d{3}\)|\d{3}-)?\d{8}">
            </asp:RegularExpressionValidator>
            <br />
                址：<asp:TextBox ID="TextBox3" runat="server"
                Width="263px"></asp:TextBox>
            <asp:RequiredFieldValidator ID="RequiredFieldValidator3"
                runat="server" ControlToValidate="TextBox3"
                ErrorMessage="地址不能为空!"></asp:RequiredFieldValidator>
            <br />
                编：<asp:TextBox ID="TextBox4" runat="server"
                Width="80px"></asp:TextBox>
            <asp:RequiredFieldValidator ID="RequiredFieldValidator4"
                runat="server" ControlToValidate="TextBox4"
                ErrorMessage="邮政编码不能为空!"></asp:RequiredFieldValidator>
            <asp:RegularExpressionValidator ID="RegularExpressionValidator3"
                runat="server" ControlToValidate="TextBox4"
                ErrorMessage="邮政编码格式不正确!" ValidationExpression="\d{6}">
            </asp:RegularExpressionValidator>
            <br />
            <asp:LinkButton ID="LinkButton1" runat="server"
                OnClick="LinkButton1_Click">提交</asp:LinkButton>
             
            <asp:LinkButton ID="LinkButton2" runat="server"
                CausesValidation="False" OnClick="LinkButton2_Click">取消
            </asp:LinkButton>
```

```
        </asp:Panel>
        <br />
        <asp:Literal ID="Literal1" runat="server"></asp:Literal>
    </div>
    </form>
</body>
</html>
```

（5）为“提交”和“取消”命令添加单击事件，并编写 UserOtherInfoAdd.aspx.cs，最后的代码如下：

```
using System;
using System.Collections;
using System.Configuration;
using System.Data;
using System.Linq;
using System.Web;
using System.Web.Security;
using System.Web.UI;
using System.Web.UI.HtmlControls;
using System.Web.UI.WebControls;
using System.Web.UI.WebControls.WebParts;
using System.Xml.Linq;
public partial class Web_Member_UserOtherInfoAdd : System.Web.UI.Page
{
    private IBsOrderBLL bsOrderBLL = new BsOrderBLL();
    protected void Page_Load(object sender, EventArgs e)
    {
        if(!IsPostBack && !String.IsNullOrEmpty(Profile.OtherInfo.Realname))
        {
            AddOrder();
        }
    }
    protected void LinkButton1_Click(object sender, EventArgs e)
    {
        Profile.OtherInfo.Realname = TextBox1.Text;
        Profile.OtherInfo.Phone = TextBox2.Text;
        Profile.OtherInfo.Address = TextBox3.Text;
        Profile.OtherInfo.Zipcode = TextBox4.Text;
        Profile.Save();
        AddOrder();
    }
    protected void LinkButton2_Click(object sender, EventArgs e)
    {
        Response.Redirect("~/Web/User/CartBrowse.aspx");
    }
    private void AddOrder()
    {
        Panel1.Visible = false;
        MembershipUser user = Membership.GetUser(Page.User.Identity.Name);
        BsOrder bsOrder = new BsOrder();
        bsOrder.UserID = (Guid)user.ProviderUserKey;
        int orderID = bsOrderBLL.AddBsOrder(bsOrder,
  Profile.BsCartBLL.FindItems());
        Profile.BsCartBLL.DeleteAll();
        Profile.Save();
        Literal1.Text = "结账成功!订单号为: " + orderID + " <a href='"
```

```
            + "/BookStore/Web/Member/OrderFind.aspx?userID="
            + (Guid)user.ProviderUserKey + "'>查询订单</a>";
        }
    }
```

（6）在 Web/Member 文件夹下建立网页 OrderFind.aspx，在界面上放置两个 GridView 控件和一个 ObjectDataSource 控件。此外，上边输入一个标题，中间放置一个标签，如图 8-13 所示。

图 8-13 订单查询页设计视图

（7）选中 ObjectDataSource1 控件，为其配置数据源。选择业务对象 BsOrderBLL，定义 SELECT 方法为 FindBsOrders（String username，Int32 state）。为 SELECT 配置参数，state 的【DefaultValue】设为-1（-1 表示所有订单，0 为未发货，1 为已发货）。

（8）选中 GridView1，设计【自动套用格式】为【彩色型】，并为其选择数据源为 ObjectDatatSource1。定义的列如图 8-14 所示。其中“订单号”为 CommandField 类型列，其属性 CommandName 设为“ShowDetail”；“状态”为模板列，【ItemTemplate】里面放置两个标签，这两个标签的 Text 属性分别绑定“已发货”和“未发货”，Vsisible 属性分别绑定((int)Eval("state"))==1 和((int)Eval("state"))==0。

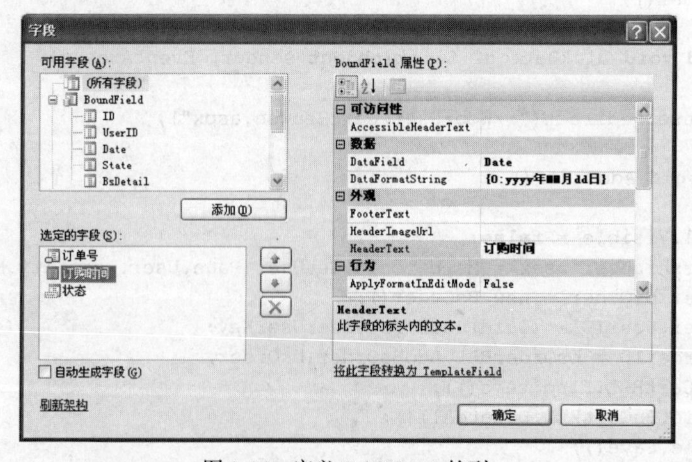

图 8-14 定义 GridView1 的列

（9）为 GridView1 添加 RowCommand 事件，并编写事件处理代码如下：

```
    private OrderBLL orderBLL = new OrderBLL();
    ......
    protected void GridView1_RowCommand(object sender,
GridViewCommandEventArgs e)
    {
        if (e.CommandName == "ShowDetail")
        {
            int row = Int32.Parse(e.CommandArgument.ToString());
            int orderID=Int32.Parse(GridView1.DataKeys[row].Value.ToString());
            Label3.Text = orderID + "号订单的细目";
            GridView2.DataSource = (orderBLL.FindOrder(orderID)).BsDetail;
            GridView2.DataBind();
        }
    }
```

（10）选中 GridView2，设计【自动套用格式】为【传统型】。定义的列如图 8-15 所示。其中“书名”为模板列，其【ItemTemplate】里面放置一个标签，这个标签的 Text 属性绑定的表达式为：((BsBook)Eval("BsBook")).Name。

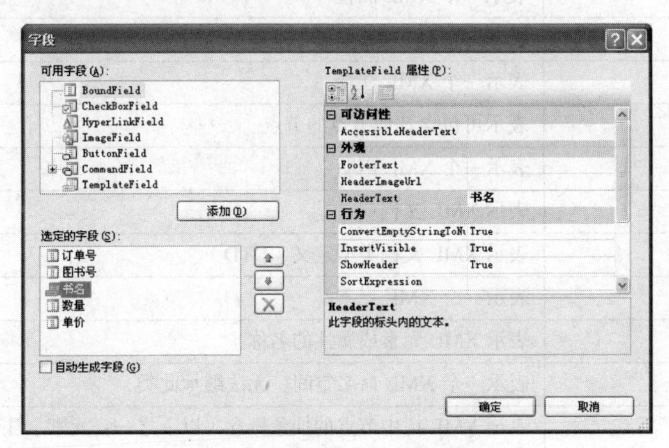

图 8-15　定义 GridView2 的列

（11）打开 OrderFind.aspx.cs，为 ObjectDataSource1 设置参数，代码如下：

```
protected void Page_Load(object sender, EventArgs e)
{
    ObjectDataSource1.SelectParameters[0].DefaultValue =
        Page.User.Identity.Name;
}
```

8.3　LINQ to XML

LINQ to XML 是一种启用了 LINQ 的内存 XML 编程接口，使用它，可以在.NET Framework 编程语言中处理 XML。

8.3.1　LINQ to XML 概述

LINQ to XML 将 XML 文档置于内存中，这一点很像文档对象模型（DOM）。可以查询和修改 XML 文档，修改之后，可以将其另存为文件，也可以将其序列化，然后通过网络发送。

使用 LINQ to XML 可以实现的功能如下。

- 从文件或流加载 XML。
- 将 XML 序列化为文件或流。
- 使用函数构造从头开始创建 XML。
- 使用类似 XPath 的轴查询 XML。
- 使用 Add、Remove、ReplaceWith 和 SetValue 等方法对内存 XML 树进行操作。
- 使用 XSD 验证 XML 树。
- 使用这些功能的组合，可将 XML 树从一种形状转换为另一种形状。

在命名空间 System.Xml.Linq 中提供了 LINQ to XML 编程的类，如表 8-1 所示。

表 8-1 LINQ to XML 编程的类

类	说明
Extensions	包含 LINQ to XML 扩展方法
XAttribute	表示一个 XML 属性
XCData	表示一个包含 CDATA 的文本节点
XComment	表示一个 XML 注释
XContainer	表示可包含其他节点的节点
XDeclaration	表示一个 XML 声明
XDocument	表示 XML 文档
XDocumentType	表示 XML 文档类型定义（DTD）
XElement	表示一个 XML 元素
XName	表示 XML 元素或属性的名称
XNamespace	表示一个 XML 命名空间。无法继承此类
XNode	表示 XML 树中节点的抽象概念（以下之一：元素、注释、文档类型、处理指令或文本节点）
XNodeDocumentOrderComparer	包含用于比较节点的文档顺序的功能。无法继承此类
XNodeEqualityComparer	比较节点以确定其是否相等。无法继承此类
XObject	表示 XML 树中的节点或属性
XObjectChangeEventArgs	提供有关 Changing 和 Changed 事件的数据
XProcessingInstruction	表示 XML 处理指令
XStreamingElement	表示支持延迟流输出的 XML 树中的元素
XText	表示一个文本节点

8.3.2 创建 XML 树

在 LINQ to XML 中，具有多种构造 XML 树的方法。

1. 函数构造 XML 树

LINQ to XML 为创建 XML 元素提供了一种称为“函数构造”的有效方式，函数构造提供在单个语句中创建 XML 树的能力。利用函数构造，可以在代码中直接创建 XML 树。例如：

```
XElement contacts =
    new XElement("Contacts",
        new XElement("Contact",
            new XElement("Name", "刘军"),
            new XElement("Phone", "85510144",
                new XAttribute("Type", "家庭电话")),
            new XElement("phone", "85550145",
                new XAttribute("Type", "办公电话")),
            new XElement("Address",
                new XElement("Street", "海淀路 125"),
                new XElement("City", "北京"),
                new XElement("State", "中国"))
        )
        new XElement("Contact",
            new XElement("Name", "王磊"),
            new XElement("Phone", "86551476",
                new XAttribute("Type", "家庭电话")),
            new XElement("phone", "86444490",
                new XAttribute("Type", "办公电话")),
            new XElement("Address",
                new XElement("Street", "朝阳路 455"),
                new XElement("City", "北京"),
                new XElement("State", "中国"))
        )
    );
```

2. 从文件中加载 XML

XElement 类提供了一个 Load 方法，利用该方法可以把存储在文件中的 XML 加载到内存中。例如：

```
XElement custOrd = XElement.Load("CustomersOrders.xml");
```

3. 从 XmlReader 创建树

若要从 XmlReader 创建 XElement，必须将 XmlReader 定位在元素节点上。XmlReader 将跳过注释和处理指令，但如果 XmlReader 定位在文本节点上，则将引发错误。若要避免这类错误，在从 XmlReader 创建 XML 树之前，始终将 XmlReader 定位在元素上。

例如，下面代码从存储在文件中的 XML 创建一个 XmlReader 对象，然后读取节点，直到找到第一个元素节点，然后加载 XElement 对象。

```
XmlReader r = XmlReader.Create("books.xml");
while (r.NodeType != XmlNodeType.Element)
    r.Read();
XElement e = XElement.Load(r);
Console.WriteLine(e);
```

4. 通过分析创建 XML 树

XElement 类提供了一个方法 Parse，利用该方法可以把存储在字符中的 XML 解析出来以生成 XML 树。例如：

```
XElement contacts = XElement.Parse(
    @"<Contacts>
        <Contact>
            <Name>刘军</Name>
```

```
            <Phone Type="家庭电话">85510144</Phone>
            <Phone Type="办公电话">85550145</Phone>
            <Address>
                <Street>海淀路 125</Street>
                <City>北京</City>
                <State>中国</State>
            </Address>
        </Contact>
        <Contact>
            <Name>王磊</Name>
            <Phone Type="家庭电话">86551476</Phone>
            <Phone Type="办公电话">86444490</Phone>
            <Address>
                <Street>朝阳路 455</Street>
                <City>北京</City>
                <State>中国</State>
            </Address>
        </Contact>
    </Contacts>");
Console.WriteLine(contacts);
```

5. 利用 XmlWriter 填充 XML 树

填充 XML 树的一种方式是使用 CreateWriter 方法创建一个 XmlWriter，然后写入 XmlWriter。XML 树将用写入到 XmlWriter 的所有节点进行填充。

下面的示例先创建第 1 个 XML 树，并建立该 XML 树的一个 XmlReader；再创建第 2 个新文档，然后建立要写入到该文档的 XmlWriter；最后调用 XSLT 转换，传入 XmlReader 和 XmlWriter，在转换成功完成后，将使用转换结果填充到新的 XML 树。

```
string xslMarkup = @"<?xml version='1.0'?>
<xsl:stylesheet xmlns:xsl='http://www.w3.org/1999/XSL/Transform'
    version='1.0'>
    <xsl:template match='/Parent'>
        <Root>
            <C1>
            <xsl:value-of select='Child1'/>
            </C1>
            <C2>
            <xsl:value-of select='Child2'/>
            </C2>
        </Root>
    </xsl:template>
</xsl:stylesheet>";
XDocument xmlTree = new XDocument(
    new XElement("Parent",
        new XElement("Child1", "Child1 data"),
        new XElement("Child2", "Child2 data")
    )
);
XDocument newTree = new XDocument();
using (XmlWriter writer = newTree.CreateWriter())
{
    XslCompiledTransform xslt = new XslCompiledTransform();
```

```
    xslt.Load(XmlReader.Create(new StringReader(xslMarkup)));
    xslt.Transform(xmlTree.CreateReader(), writer);
}
Console.WriteLine(newTree);
```

8.3.3　序列化 XML 树

序列化 XML 树意味着从 XML 树生成 XML。XElement 和 XDocument 类中的以下方法用于序列化 XML 树。

- XElement.Save。
- XDocument.Save。
- XElement.ToString。
- XDocument.ToString。

可以将 XML 树序列化为文件、TextReader 或 XmlReader。ToString 方法序列化为字符串。

在进行序列化时，方法中有一个名为 SaveOptions 的参数，它是用来指定序列化的选项，包含以下两个值。

- None：列化时对 XML 进行缩进，将删除所有无关紧要的空白。
- DisableFomatting：禁用格式，序列化时保留所有无关紧要的空白。

下面的示例将创建一个 XElement，将文档保存到文件，然后将该文件输出到控制台。

```
XElement root = new XElement("Root",
    new XElement("Child", "child content")
);
root.Save("Root.xml");
string str = File.ReadAllText("Root.xml");
Console.WriteLine(str);
```

下面的示例创建一个 XDocument，将文档保存到文件，然后将文件输出到控制台。

```
XDocument doc = new XDocument(
    new XElement("Root",
        new XElement("Child", "content")
    )
);
doc.Save("Root.xml");
Console.WriteLine(File.ReadAllText("Root.xml"));
```

8.3.4　查询 XML 树

使用 LINQ to XML 技术查询 XML 树的语法，同前面介绍的 LINQ 到对象、LINQ 到 SQL 的查询语法一样。例如，以下代码实现了从 XML 树查询属性 Type 为 Billing 的 XElement 对象。算法同前面的一样：先是创建一个对象 root，然后声明一个查询，最后执行查询。代码如下：

```
XElement root = XElement.Load("PurchaseOrder.xml");
IEnumerable<XElement> address =
    from el in root.Elements("Address")
    where (string)el.Attribute("Type") == "Billing"
    select el;
foreach (XElement el in address)
    Console.WriteLine(el);
```

从上面的代码可以看出，查询 XML 树的算法和语法同查询其他对象的算法和语法相同，这就是 LINQ 技术的强大之处，它以统一的框架技术建立对所有对象相同的操作算法和语法，使得程序员不用再花大量的时间去学习针对不同数据源而产生的语言、语法以及算法。未来可以预见，LINQ 会逐渐成为数据访问的标准技术。

8.3.5 修改 XML 树

LINQ to XML 是一个 XML 树在内存中的存储区。在从源中加载或解析 XML 树之后，LINQ to XML 允许用户就地修改该树，然后序列化该树，可以将它保存到文件中或发送到远程服务器。

修改 XML 树的方式有很多：可以向树中添加新的元素、属性和节点，也可以修改树中已经存在的元素、属性和节点，还可以删除树中元素、属性和节点。

1. 将属性转换为元素

有一个 XML 文件 Data.xml，如容如下：

```
<?xml version="1.0" encoding="utf-8" ?>
<Root Data1="123" Data2="456">
    <Child1>Content</Child1>
</Root>
```

可以编写下面的代码从属性创建元素，然后删除属性。

```
XElement root = XElement.Load("Data.xml");
foreach(XAttribute att in root.Attributes()) {
    root.Add(new XElement(att.Name, (string)att));
}
root.Attributes().Remove();
Console.WriteLine(root);
```

2. 向 XML 树中添加元素、属性和节点

可以向现有的 XML 树中添加内容（包括元素、属性、注释、处理指令、文本和 CDATA）。

下面的方法将子内容添加到 XElement 或 XDocument 中。

- Add：在 XContainer 的子内容的末尾添加内容。
- AddFirst：在 XContainer 的子内容的开头添加内容。

下面的方法将内容添加为 XNode 的同级节点。向其中添加同级内容的最常见的节点是 XElement，不过也可以将有效的同级内容添加到其他类型的节点，如 XText 或 XComment。

- AddAfterSelf：在 XNode 后面添加内容。
- AddBeforeSelf：在 XNode 前面添加内容。

下面的示例创建两个 XML 树，然后使用此方法将 XElement 对象添加到其中之一。此示例还将 LINQ 查询的结果添加到该 XML 树。

```
XElement srcTree = new XElement("Root",
    new XElement("Element1", 1),
    new XElement("Element2", 2),
    new XElement("Element3", 3),
    new XElement("Element4", 4),
    new XElement("Element5", 5)
);
XElement xmlTree = new XElement("Root",
    new XElement("Child1", 1),
    new XElement("Child2", 2),
    new XElement("Child3", 3),
    new XElement("Child4", 4),
    new XElement("Child5", 5)
);
xmlTree.Add(new XElement("NewChild", "new content"));
```

```
xmlTree.Add(
    from el in srcTree.Elements()
    where (int)el > 3
    select el
);
xmlTree.Add(srcTree.Element("Child2"));
Console.WriteLine(xmlTree);
```

3. 修改 XML 树中的元素、属性和节点

修改 XML 树时，根据要修改的不同内容调用不同的方法。修改 XElement 的方法如下。

- XElement.Parse：用已分析的 XML 替换元素。
- XElement.RemoveAll：移除元素的所有内容（子节点和属性）。
- XElement.RemoveAttributes：移除元素的属性。
- XElement.ReplaceAll：替换元素的所有内容（子节点和属性）。
- XElement.ReplaceAttributes：替换元素的属性。
- XElement.SetAttributeValue：设置属性的值。如果该属性不存在，则创建该属性。 如果值设置为 null，则移除该属性。
- XElement.SetElementValue：设置子元素的值。 如果该元素不存在，则创建该元素。 如果值设置为 null，则移除该元素。
- XElement.Value：用指定的文本替换元素的内容（子节点）。
- XElement.SetValue：设置元素的值。

修改 XAttribute 的方法如下。

- XAttribute.Value：用指定的文本替换属性的值。
- XAttribute.SetValue：设置属性的值。

修改 XNode 和 XContainer 的方法如下。

- XNode.ReplaceWith：用新内容替换节点。
- XNode.ReplaceAll：使用指定的内容替换此元素的子节点和属性。
- XContainer.ReplaceNodes：用新内容替换子节点。

下面的示例代码将 LINQ 查询的结果传递到 ReplaceAll 方法，并使用查询结果替换元素的内容，代码如下：

```
XElement xmlTree = new XElement("Root",
    new XElement("Data", 1),
    new XElement("Data", 2),
    new XElement("Data", 3),
    new XElement("Data", 4),
    new XElement("Data", 5)
);
Console.WriteLine(xmlTree);
Console.WriteLine("-----");
xmlTree.ReplaceAll(
    from el in xmlTree.Elements()
    where (int)el >= 3
    select new XElement("NewData", (int)el)
);
Console.WriteLine(xmlTree);
```

4. 删除元素、属性和节点

从 XML 文档中移除单个元素或单个属性的操作非常简单。但是，若要移除多个元素或属性

的集合，则应首先将一个集合具体化为一个列表，然后从该列表中删除相应元素或属性。最好的方法是使用 Remove 扩展方法，该方法可以实现此操作。

这么做的主要原因在于，从 XML 树检索的大多数集合都是用延迟执行生成的。如果不首先将集合具体化为列表，或者不使用扩展方法，则可能会遇到某类 Bug。

下列方法可以从 XML 树中移除节点和属性。

- XElement.RemoveAll：从 XElement 中移除内容和属性。
- XElement.RemoveAttributes：移除 XElement 的属性。
- XElement.SetAttributeValue：如果传递 null 作为值，则移除该属性。
- XElement.SetElementValue：如果传递 null 作为值，则移除该子元素。
- XNode.Remove：从父节点中移除 XNode。
- Extensions.Remove：从父元素中移除源集合中的每个属性或元素。

下面的示例演示 3 种移除元素的方法。第 1 种是移除单个元素；第 2 种是检索元素的集合，使用 Enumerable.ToList（TSource）运算符将它们具体化，然后移除集合；第 3 种是检索元素的集合，使用 Remove 扩展方法移除元素。

```
XElement root = XElement.Parse(@"<Root>
    <Child1>
        <GrandChild1/>
        <GrandChild2/>
        <GrandChild3/>
    </Child1>
    <Child2>
        <GrandChild4/>
        <GrandChild5/>
        <GrandChild6/>
    </Child2>
    <Child3>
        <GrandChild7/>
        <GrandChild8/>
        <GrandChild9/>
    </Child3>
</Root>");
root.Element("Child1").Element("GrandChild1").Remove();
root.Element("Child2").Elements().ToList().Remove();
root.Element("Child3").Elements().Remove();
Console.WriteLine(root);
```

本 章 小 结

LINQ（Language Integrated Query，语言集成查询)是.NET 中的一项新技术，它在对象领域和数据领域之间架起了一座桥梁。它提供一种跨数据源和数据格式使用数据的一致模型。可以使用相同的基本编码模式来查询和转换 XML 文档、SQL 数据库、ADO.NET 数据集、.NET 集合中的数据以及对其有 LINQ 提供程序可用的任何其他格式的数据。

LINQ 查询操作由 3 个部分组成：获取数据源、定义查询和执行查询。定义查询就是定义查询表达式。查询表达式必须以 from 子句开头，并且必须以 select 或 group 子句结尾。在第一个 from 子句和最后一个 select 或 group 子句之间，查询表达式可以包含一个或多个下列可选子句：where、 orderby、join、let，甚至附加的 from 子句。还可以使用 into 关键字使 join 或 group 子句的结果能够充当同一查询表达式中附加查询子句的源。

LINQ to ADO.NET 主要用来操作关系数据。包括 LINQ to DataSet 和 LINQ to SQL。使用 LINQ to DataSet 可以对 DataSet 执行丰富而优化的查询，而使用 LINQ to SQL 可以直接查询 SQL Server 数据库。LINQ to SQL 的使用主要可以分为以下两大步骤：创建对象模型和利用对象模型操作数据。

对象模型是关系数据库在编程语言中表示的数据模型，对对象模型的操作就是对关系数据库的操作。LINQ to SQL 对象模型中最基本的元素有实体、类成员、关联和方法。对象模型在 LINQ to SQL 文件（.dbml 文件）中定义，在对象关系设计器（O/R 设计器）中创建和编辑。

LINQ to XML 是一种启用了 LINQ 的内存 XML 编程接口，使用它，可以在.NET Framework 编程语言中处理 XML。

习题与实验

一、习题

1. 什么是 LINQ？它主要由哪些技术组成？
2. 简述查询表达式的组成，说明它与 SQL 语句有什么区别。
3. 在查询表达式中，join 子句和 let 子句有什么作用？
4. 在 LINQ to SQL 中，什么是对象模型？如何建立对象模型？
5. 举例说明利用 LINQ 如何插入数据和修改数据。
6. 什么是存储过程？利用 LINQ 怎样调用存储过程？
7. 举例说明怎样从文件中加载 XML，并利用 LINQ 查询 XML。

二、实验题

1. 利用 LINQ 设计新闻发布网站的数据访问层（要求至少有一处使用存储过程）。
2. 利用 XML 存储新闻，重新设计新闻发布网站的数据访问层。

第9章 BBS综合案例

本章要点

- BBS的系统分析、数据库设计、系统结构设计
- BBS系统的对象模型的创建
- BBS系统的接口设计
- BBS系统的数据访问层实现
- BBS系统的业务逻辑层实现
- BBS系统的配置
- BBS系统的表现层实现

前面几章介绍了ASP.NET的主要技术。本章给出一个相对完整的应用案例——软件技术论坛。该论坛为访问者提供了一个网上发表文章的平台，使得众多的访问者能够在网上，通过发表文章，对一些技术问题进行讨论和交流。通过该案例，重点是熟悉项目的设计过程，掌握ASP.NET综合应用技术。

9.1 系统分析与设计

系统分析的目的就是为系统设计提供系统的逻辑模型，系统设计再根据这个逻辑模型进行物理方案的设计。

9.1.1 系统分析

1. 需求描述

论坛是一种基于网络的交流工具，一个论坛主要具备以下几个基本功能。

- 用户通过注册成为注册用户，注册后的用户可以登录。
- 普通用户可以浏览帖子，能对帖子进行查询，但不能发表主题或回复帖子。
- 登录用户可以发表主题或回复帖子，也可以修改帖子。
- 管理员可以管理版面，管理主题，管理用户，管理帖子。

2. 用例分析

用例图（Use-case Diagram）显示外部参与者与系统的交互，能够更直观地描述系统的功能。绘制用例图，首先要明确系统外部参与者。从角色来看，一个论坛系统主要涉及3种参与者，即管理员、登录用户和普通用户。图9-1所示为论坛系统的用例图。

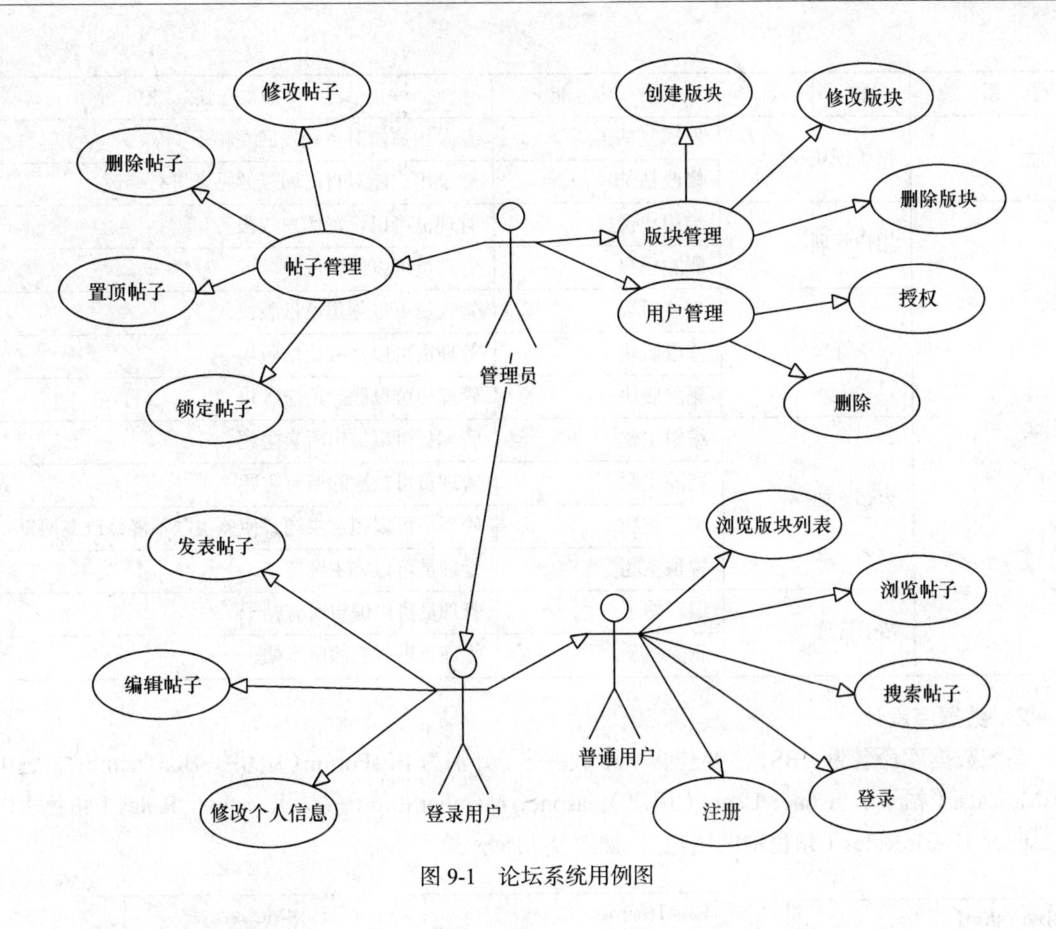

图 9-1 论坛系统用例图

9.1.2 总体设计

1. 功能模块设计

为了设计方便，将系统中的两类帖子分开，即分为主题帖（简称为主题）和回复帖子（简称为帖子）。表 9-1 所示为论坛系统的模块划分。

表 9-1 论坛系统的模块划分

子系统	模块名	子功能	描述
前台	版块模块	浏览版块	浏览版块列表，单击版块标题可进入主题浏览页
	用户模块	用户注册	填写详细资料后成为正式注册用户
		用户登录	提供用户名/密码后可以登录系统
		修改个人信息	登录用户可以修改个人信息
	主题模块	浏览主题列表	列出所有主题，并且能分页显示
		查询主题	根据标题对主题进行查询
		发表主题	登录用户可以发表主题帖
		修改主题	登录用户可对自己发表的主题进行修改
		查看主题	单击标题超连接，可以查看主题及其回复
	帖子模块	浏览帖子	列出某主题的所有回复帖子

续表

子 系 统	模 块 名	子 功 能	描 述
前台	帖子模块	发回复帖子	登录用户能对主题发回复帖子
		修改帖子	登录用户能对自己回复的帖子进行修改
后台	用户管理	给用户授权	管理员可以设置用户权限
		删除用户	管理员可以删除用户
	版块管理	创建版块	管理员可以创建论坛版块
		修改版块	管理员可以修改论坛版块
		删除版块	管理员可以删除论坛版块
	主题管理	编辑主题	管理员可以编辑所有主题
		删除主题	管理员可以删除所有主题
		锁定主题	管理员可以锁定主题，使该主题不能修改或回复
		置顶主题	管理员可以将主题置顶
	帖子管理	编辑帖子	管理员可以编辑所有帖子
		删除帖子	管理员可以删除所有帖子

2. 数据库设计

系统数据库命名为 BBS，主要包含 7 个数据表，分别为 BbsForum（版块）、BbsTheme（主题）、BbsMessage（帖子）、aspnet_Users（用户）、aspnet_MemberShip（成员）、aspnet_Roles（角色）以及 aspnet_UserInRoles（角色中的用户），如图 9-2 所示。

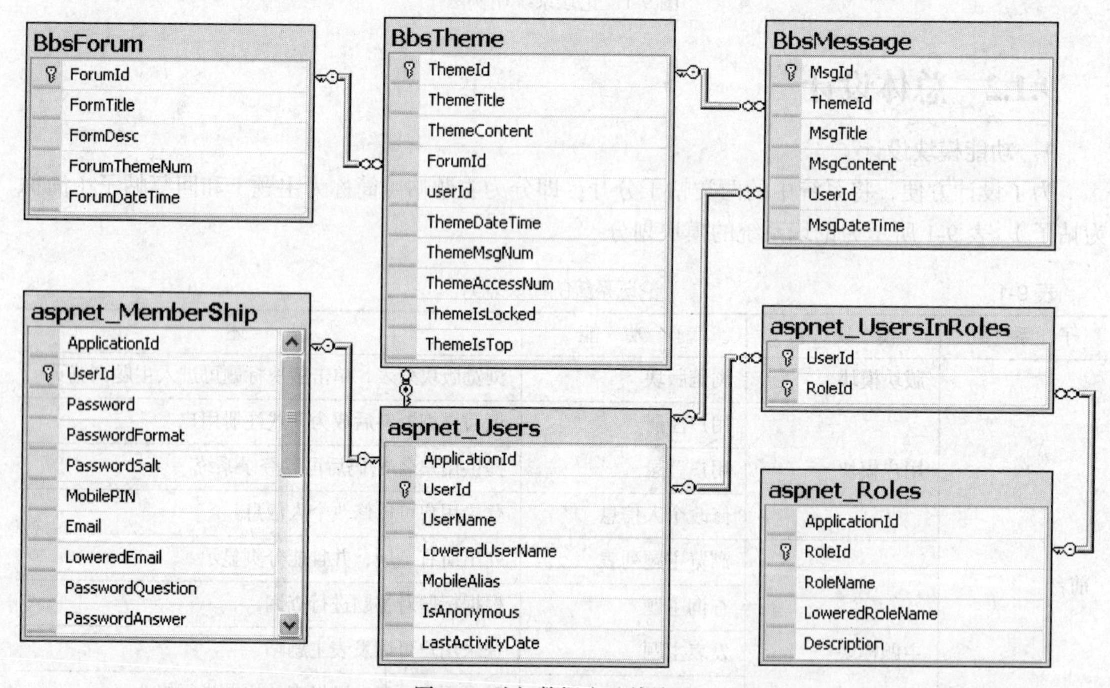

图 9-2　论坛数据表及其关系

系统采用成员资格管理技术，其中的 aspnet_Users、aspnet_MemberShip、aspnet_Roles 以及 aspnet_UserInRoles 4 个表，是使用生成工具生成的表。具体实现时，首先建立数据库 BBS，然后使用配置工具 aspnet_regsql.exe 在该数据库中建立用于成员资格管理所需的表（参考 7.1.2 小节）。最后执行如下脚本，建立 BbsForum、BbsTheme 和 BbsMessage 3 个表。

```
use bbs
create table BbsForum (
    ForumId int identity primary key ,
    FormTitle varchar(100) not null ,
    FormDesc text null,
    ForumThemeNum int not null default(0) ,
    ForumDateTime datetime not null default(getDate())
)
create table BbsTheme(
   ThemeId int identity primary key ,
   ThemeTitle varchar(150) not null ,
   ThemeContent text not null ,
   ForumId int not null references BbsForum(ForumId),
   userId  uniqueidentifier references aspnet_Users(UserId),
   ThemeDateTime datetime default(getDate()),
   ThemeMsgNum int not null default(0) ,
   ThemeAccessNum int not null default(0) ,
   ThemeIsLocked tinyint not null default(0) ,
   ThemeIsTop tinyint not null default(0)
)
create table BbsMessage(
   MsgId int identity primary key,
   ThemeId int not null references BbsTheme(ThemeId),
   MsgTitle varchar(150) not null ,
   MsgContent text not null,
   UserId uniqueidentifier not null references aspnet_Users(UserId),
   MsgDateTime datetime  not null default(getDate())
)
```

3. 系统结构设计

系统采用分层结构，整体上分 3 层，即表现层、业务逻辑层和数据访问层。数据访问层采用 LING 技术实现，LINQ to SQL 文件（.dbml 文件）放在 Model 项目中。用户管理采用成员资格和角色管理技术，具体实现主要集中在表现层。

❑ **划分结构**

与前面章节介绍的书城系统不同的是，BBS 系统的各层分别放在不同的程序集中，以不同的项目来建立。这是大型项目中经常使用的方式，主要目的是为了便于开发和维护，减少各层之间的耦合。

BBS 系统的解决方案命名为 BBS_APP，在该解决方案下建立 7 个项目：Model（对象模型项目）、IDAL（数据访问层接口项目）、DAL（数据访问层实现类项目）、IBLL（业务逻辑层接口项目）、BLL（业务逻辑层实现类项目）、Util（其他工具类型项目）和 BBS（BBS 网站项目）。在具体开发时，可以单独建立项目，每个项目设计好后，再添加到解决方案中，也可以直接在解决方案中建立项目。为了突出结构设计，这里选择后者。解决方案的项目结构如图 9-3 所示。

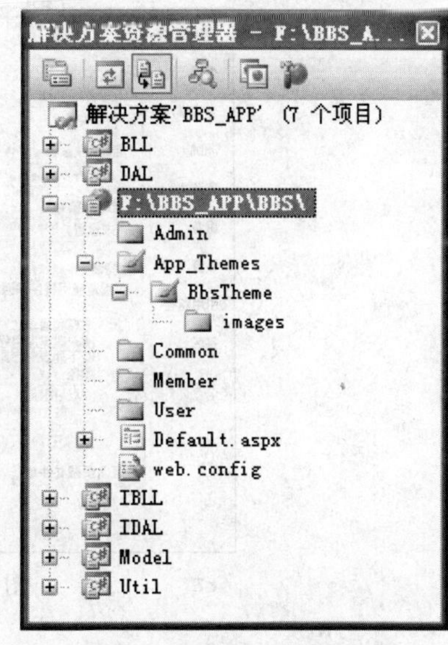

图 9-3 解决方案的项目结构

□ **建立解决方案**

建立程序结构的基本步骤如下。

（1）选择【文件】→【新建】→【项目】命令，打开【新建项目】对话框，从【项目类型】中展开【其他类型项目】，选择【Visual Stadio 解决方案】，如图 9-4 所示。

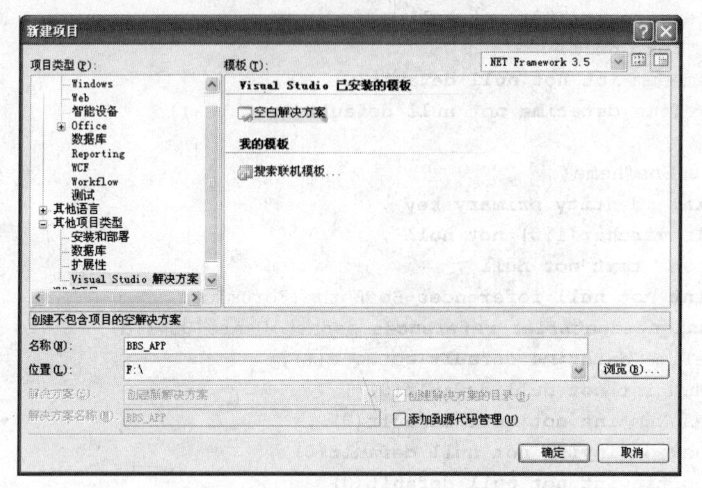

图 9-4 建立空白解决方案

（2）在【模板】中选择【空白解决方案】，在【名称】文本框中输入“BBS_APP”，选择一个存放位置，单击【确定】按钮。

（3）在【解决方案 BBS_APP】上单击鼠标右键，在弹出的快捷菜单中选择【添加】→【新建项目】命令，打开【添加新项目】对话框，从【模板】中选择【类库】，名称输入“IDAL”，单击【确定】按钮。

（4）默认情况下，IDAL 项目的程序集和命名空间名均为 IDAL，若修改，可在 IDAL 项目上单击鼠标右键，在弹出的快捷菜单中选择【属性】命令，打开如图 9-5 所示的界面。这里将程序集名称和命名空间名称均修改为“BBS.IDAL”并保存。

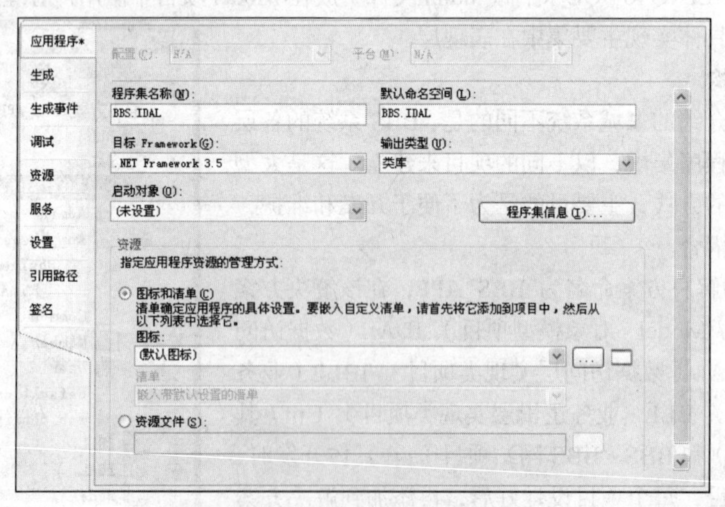

图 9-5 设置程序集和命名空间名称

（5）类似地，建立 DAL、IBLL、BLL、Model、Util 项目，并修改程序集和命名空间名称。

（6）最后建立网站项目。在【解决方案 BBS_APP】上单击鼠标右键，在弹出的快捷菜单中选择【添加】→【新建网站】命令，即可建立网站，网站命名为 BBS。

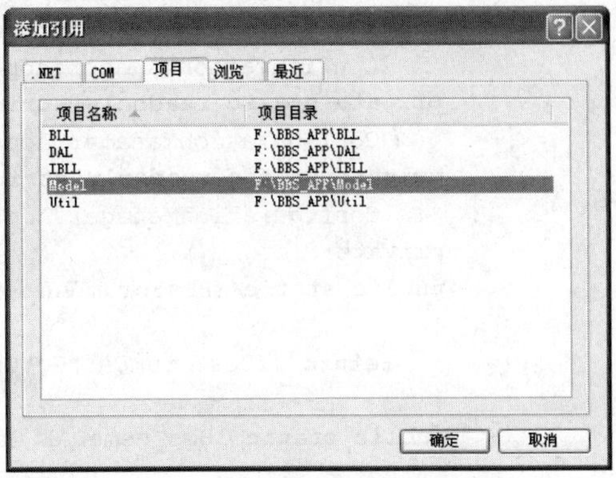

❑ 引用项目

各项目之间的类不能直接访问，需要先引用后使用。以数据访问层接口项目为例，数据访问层接口需要使用对象模型中的实体类，因此，IDAL 项目需要引用 Model 项目。具体的方法是：展开 IDAL 项目，在【引用】上单击鼠标右键，在弹出的快捷菜单中选择【添加引用】命令，打开如图 9-6 所示的【添加引用】对话框，选择【项目】选项卡，在【项目名称】中选择【Model】，单击【确定】按钮。

图 9-6　【添加引用】对话框

引入项目后，还需要指定命名空间。例如：

```
……
using BBS.Model;
namespace BBS.IDAL
{
    public interface IBbsForumDAL
    {
    ……
    }
}
```

❑ 工厂模式

为了减少各层之间的耦合，采用工厂模式来建立对象。按照这种模式，使用对象的类不由自己来建立对象，而是由一个工厂类来建立对象。以业务逻辑层为例，业务逻辑层需要使用数据访问层对象，但在业务逻辑类中不直接建立数据访问类对象，而是使用工厂类建立数据访问类对象。

工厂类放在 Util 项目中，主要的原理是：在配置文件中描述实例，使用反射机制建立对象。Util 项目需要引用 System.Configuration。和引用项目类似，只是在打开【添加引用】对话框后，选择【.NET】选项卡，然后选择【System.Configuration】，再单击【确定】按钮。

工厂类的代码如下：

```
……
using System.Collections.Generic;
using System.Reflection;
using System.Configuration;
using BBS.IDAL;
using BBS.IBLL;
namespace BBS.Util
{
    /// <summary>
    /// 此类用于实现抽象工厂模式去创建从配置文件指定的实例
    /// </summary>
    public sealed class Factory
    {
        private static readonly string bbsForumDAL =
            ConfigurationManager.AppSettings["bbsForumDAL"];
        private static readonly string bbsThemeDAL =
            ConfigurationManager.AppSettings["bbsThemeDAL"];
```

```
        private static readonly string bbsMessageDAL =
            ConfigurationManager.AppSettings["bbsMessageDAL"];
        private static readonly string bbsForumBLL =
            ConfigurationManager.AppSettings["bbsForumBLL"];
        private static readonly string bbsThemeBLL =
            ConfigurationManager.AppSettings["bbsThemeBLL"];
        private static readonly string bbsMessageBLL =
            ConfigurationManager.AppSettings["bbsMessageBLL"];
        private Factory(){}
        public static IBbsForumDAL GetBbsForumDAL()
        {
            return (IBbsForumDAL)GetObject(bbsForumDAL);
        }
        public static IBbsThemeDAL GetBbsThemeDAL()
        {
            return (IBbsThemeDAL)GetObject(bbsThemeDAL);
        }
        public static IBbsMessageDAL GetBbsMessageDAL()
        {
            return (IBbsMessageDAL)GetObject(bbsMessageDAL);
        }
        public static IBbsForumBLL GetBbsForumBLL()
        {
            return (IBbsForumBLL)GetObject(bbsForumBLL);
        }
        public static IBbsThemeBLL GetBbsThemeBLL()
        {
            return (IBbsThemeBLL)GetObject(bbsThemeBLL);
        }
        public static IBbsMessageBLL GetBbsMessageBLL()
        {
            return (IBbsMessageBLL)GetObject(bbsMessageBLL);
        }
        public static object GetObject(String name)
        {
            try
            {
                String assemblyNname = name.Substring(0,
          name.LastIndexOf("."));
                object obj = Assembly.Load(assemblyNname).CreateInstance(name);
                return obj;
            }
            catch
            {
                return null;
            }
        }
    }
}
```

9.1.3 创建对象模型

对象模型在 LINQ to SQL 文件（.dbml 文件）中定义，在对象关系设计器（O/R 设计器）中创建和编辑。创建对象模型的步骤如下。

（1）在 Model 项目名称上单击鼠标右键，在弹出的快捷菜单中选择【添加】→【新建项】命令，打开【添加新项】对话框，在该对话框中选择【LINQ to SQL 类】模板，如图 9-7 所示。

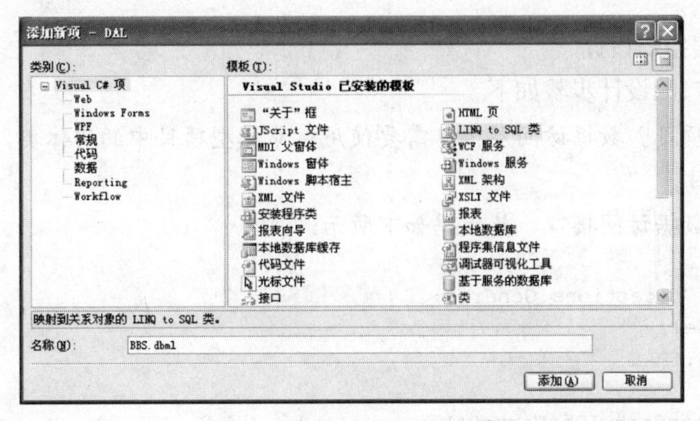

图 9-7 建立 LINQ to SQL 类

（2）输入名称"BBS.dbml"后，单击【添加】按钮。

（3）使用 Visual Studio 2008 的【服务器资源管理器】添加连接后，展开数据表。

（4）打开 BBS.dbml 文件，将【服务器资源管理器】中的数据表 BbsForum、BbsTheme、BbsMessage、aspnet_Users 拖曳到 BBS.dbml 文件视图的右窗格上，效果如图 9-8 所示。保存该文件，这样就完成了对象模型的建立。

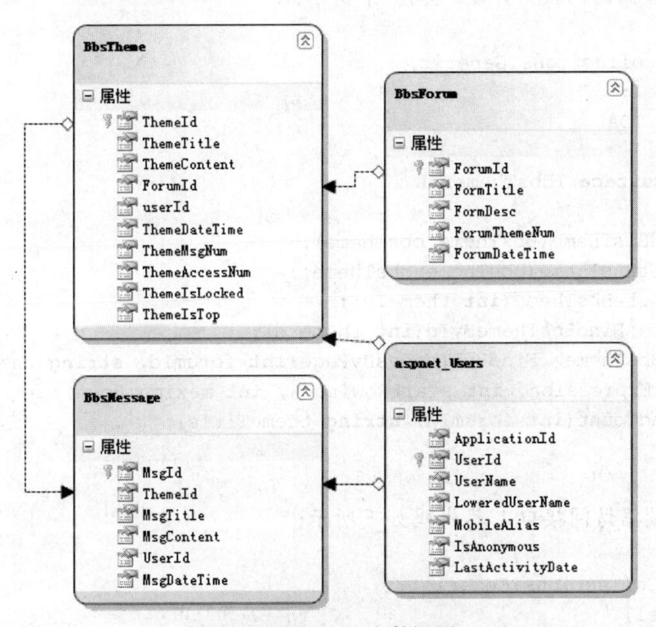

图 9-8 BBS.dbml 文件视图

（5）在 BbsForum 和 BbsTheme 关系线上单击鼠标右键，在弹出的快捷菜单中选择【属性】命令，设置【Child Property】属性值为 false。这一步的目的是，在查询版块表时，不直接查出主题。类似地，其他关系均设置【Child Property】属性值为 false。

（6）在 BbsTheme 表的 ThemeDateTime 字段上单击鼠标右键，在弹出的快捷菜单中选择【属性】命令，打开【属性】窗口，设置【Auto Generated Value】属性为 true。类似地，设置 BbsMessage 表的 MsgDateTime 字段的【Auto Generated Value】属性为 true。

9.1.4 接口设计

1. 数据访问层接口设计

数据访问层接口的设计步骤如下。

（1）引用所需项目。数据访问层接口需要使用对象模型项目中的实体类，因此首先需要引用 Model 项目。

（2）设计版块数据访问接口，其代码如下所示：

```
......
using System.Collections.Generic;
using BBS.Model;
namespace BBS.IDAL
{
    public interface IBbsForumDAL
    {
        int AddBbsForum(BbsForum bbsForum);
        int EditBbsForum(BbsForum bbsForum);
        int DeleteBbsForum(int forumId);
        BbsForum FindBbsForumsById(int forumId);
        IList<BbsForum> FindAllBbsForumes();
    }
}
```

（3）设计主题数据访问接口，其代码如下所示：

```
......
using System.Collections.Generic;
using BBS.Model;
namespace BBS.IDAL
{
    public interface IBbsThemeDAL
    {
        int AddBbsTheme(BbsTheme bbsTheme);
        int EditBbsTheme(BbsTheme bbsTheme);
        int DeleteBbsTheme(int themeId);
        BbsTheme FindBbsThemeById(int themeId);
        IList<BbsTheme> FindBbsThemesByPage(int forumId, string themeTitle,
    string sortExpression, int startRowIndex, int maximumRows);
        int FindCount(int forumId, string themeTitle);
    }
}
```

（4）设计帖子数据访问接口，其代码如下所示：

```
......
using System.Collections.Generic;
using BBS.Model;
namespace BBS.IDAL
{
    public interface IBbsMessageDAL
    {
        int AddBbsMessage(BbsMessage bbsMessage);
        int EditBbsMessage(BbsMessage bbsMessage);
        int DeleteBbsMessage(int msgId);
        BbsMessage FindBbsMessageById(int msgId);
```

```
        IList<BbsMessage> FindBbsMessagesByPage(int themeId,
    int startRowIndex, int maximumRows);
        int FindCount(int themeId);
    }
}
```

2. 业务逻辑接口设计

业务逻辑接口的设计步骤如下。

（1）引入所需项目。业务逻辑层接口需要使用对象模型项目中的实体类，因此首先需要引用 Model 项目。

（2）设计版块业务逻辑接口，其代码如下所示：

```
......
using System.Collections.Generic;
using BBS.Model;
namespace BBS.IBLL
{
    public interface IBbsForumBLL
    {
        int AddBbsForum(BbsForum bbsForum);
        int EditBbsForum(BbsForum bbsForum);
        int DeleteBbsForum(int forumId);
        BbsForum FindBbsForumById(int forumId);
        IList<BbsForum> FindAllBbsForums();
    }
}
```

（3）设计主题业务逻辑接口，其代码如下所示：

```
......
using System.Collections.Generic;
using BBS.Model;
namespace BBS.IBLL
{
    public interface IBbsThemeBLL
    {
        int AddBbsTheme(BbsTheme bbsTheme);
        int EditBbsTheme(BbsTheme bbsTheme);
        int DeleteBbsTheme(int themeId);
        BbsTheme FindBbsThemeById(int themeId);
        IList<BbsTheme> FindBbsThemesByPage(int forumId, string themeTitle,
    string sortExpression, int startRowIndex, int maximumRows);
        int FindCount(int forumId, string themeTitle);
    }
}
```

（4）设计帖子业务逻辑接口，其代码如下所示：

```
......
using System.Collections.Generic;
using BBS.Model;
namespace BBS.IBLL
{
    public interface IBbsMessageBLL
    {
        int AddBbsMessage(BbsMessage bbsMessage);
        int EditBbsMessage(BbsMessage bbsMessage);
        int DeleteBbsMessage(int msgId);
        BbsMessage FindBbsMessageById(int msgId);
```

```
        IList<BbsMessage> FindBbsMessagesByPage(int themeId,
    int startRowIndex, int maximumRows);
        int FindCount(int themeId);
    }
}
```

9.2 数据访问层实现

数据访问类放在 DAI 项目中。数据访问类需要使用对象模型项目中的实体类和 IDAL 项目中的数据访问接口，因此，在设计数据访问类之前，首先要引用 Model 项目和 IDAL 项目。

9.2.1 版块数据访问类

版块数据访问类（BbsForumDal）主要实现对版块的增、删、改、查，其代码如下所示：

```
……
using System.Collections.Generic;
using BBS.IDAL;
using BBS.Model;
namespace BBS.DAL
{
    public class BbsForumDAL : IBbsForumDAL
    {
        BBSDataContext dc = new BBSDataContext();
        #region IBbsForumDAL 成员
        public int AddBbsForum(BbsForum bbsForum)
        {
            try
            {
                dc.BbsForum.InsertOnSubmit(bbsForum);
                dc.SubmitChanges();
                return 1;
            }
            catch
            {
                return 0;
            }
        }
        public int EditBbsForum(BbsForum bbsForum)
        {
            try
            {
                dc.BbsForum.Attach(bbsForum);
                dc.Refresh(RefreshMode.KeepCurrentValues, bbsForum);
                dc.SubmitChanges(ConflictMode.ContinueOnConflict);
                return 1;
            }
            catch
            {
                return 0;
            }
        }
        public int DeleteBbsForum(int forumId)
```

```
    {
        try
        {
            dc.BbsForum.DeleteOnSubmit(FindBbsForumsById(forumId));
            dc.SubmitChanges();
            return 1;
        }
        catch
        {
            return 0;
        }
    }
    public BbsForum FindBbsForumById(int forumId)
    {
        try
        {
            return dc.BbsForum.First(x => x.ForumId == forumId);
        }
        catch
        {
            return null;
        }
    }
    public IList<BbsForum> FindAllBbsForums()
    {
        try
        {
            return dc.BbsForum.ToList();
        }
        catch
        {
            return null;
        }
    }
    #endregion
  }
}
```

9.2.2　主题数据访问类

主题数据访问类（BbsThemeDal）主要实现对主题的增、删、改、查。在添加主题时，要同时增加版块中的主题数量；在删除主题时，要同时减少版块中的主题数量。其代码如下所示：

```
......
using System.Collections.Generic;
using System.Reflection;
using BBS.IDAL;
using BBS.Model;
namespace BBS.DAL {
    public class BbsThemeDAL : IBbsThemeDAL {
        BBSDataContext dc = new BBSDataContext();
        #region IBbsThemeDAL 成员
        public int AddBbsTheme(BbsTheme bbsTheme) {
        try
        {
            BbsForum bbsForum = dc.BbsForum.First(x => x.ForumId ==
```

```
bbsTheme.ForumId);
            bbsForum.ForumThemeNum += 1;//增加版块中的主题数
            dc.BbsTheme.InsertOnSubmit(bbsTheme);
            dc.SubmitChanges();
            return 1;
        }
        catch
        {
            return 0;
        }
    }
    public int EditBbsTheme(BbsTheme bbsTheme)
    {
        try
        {
            BbsTheme bbsTheme1 = FindBbsThemeById(bbsTheme.ThemeId);
            bbsTheme1.ThemeTitle = bbsTheme.ThemeTitle;
            bbsTheme1.ThemeContent = bbsTheme.ThemeContent;
            dc.SubmitChanges(ConflictMode.ContinueOnConflict);
            return 1;
        }
        catch
        {
            return 0;
        }
    }
    public int DeleteBbsTheme(int themeId)
    {
        try
        {
            BbsTheme t = FindBbsThemeById(themeId);
            BbsForum bbsForum = dc.BbsForum.First(x => x.ForumId ==
t.ForumId);
            bbsForum.ForumThemeNum -= 1;//减少版块中的主题数
            dc.BbsTheme.DeleteOnSubmit(t);
            return 1;
        }
        catch
        {
            return 0;
        }
    }
    public BbsTheme FindBbsThemeById(int themeId)
    {
        try
        {
            BbsTheme bbsTheme = dc.BbsTheme.First(x => x.ThemeId ==
themeId);
            return bbsTheme;
        }
        catch
        {
            return null;
        }
    }
```

```
        public IList<BbsTheme> FindBbsThemesByPage(int forumId,
    string themeTitle, string  sortExpression, int startRowIndex, int maximumRows)
        {
            IList<BbsTheme> list = null;
            try
            {
                list = (from theme in dc.BbsTheme
                        where theme.ForumId == forumId &&
                          (String.IsNullOrEmpty(themeTitle) ? true :
                          theme.ThemeTitle.Contains(themeTitle))
                        select theme).ToList();
                if (sortExpression == "") sortExpression = "ThemeDateTime";
                if (sortExpression.IndexOf("DESC") >= 0)
                {
                    sortExpression = sortExpression.Substring(0,
               sortExpression.Length - 5);
                    PropertyInfo prop = typeof(BbsTheme).GetProperty(
               sortExpression);
                    list = list.OrderByDescending(x => prop.GetValue(x,
               null)).Skip(startRowIndex).Take(maximumRows).ToList();
                }
                else
                {
                    PropertyInfo prop = typeof(BbsTheme).GetProperty(
                sortExpression);
                    list = list.OrderBy(x => prop.GetValue(x,
                null)).Skip(startRowIndex).Take(maximumRows).ToList();
                }
                return list;
            }
            catch
            {
                return null;
            }
        }
        public int FindCount(int forumId, string themeTitle)
        {
            try
            {
                int count = (from theme in dc.BbsTheme
                             where theme.BbsForum.ForumId == forumId &&
                               (String.IsNullOrEmpty(themeTitle) ? true :
                               theme.ThemeTitle.Contains(themeTitle))
                             select theme).Count();
                return count;
            }
            catch
            {
                return 0;
            }
        }
        #endregion
    }
}
```

9.2.3 帖子数据访问类

帖子数据访问类（BbsMessageDal）主要实现对帖子的增、删、改、查。在添加帖子时，要同时增加主题中的帖子数量；在删除帖子时，要同时减少主题中的帖子数量。其代码如下所示：

```
......
using System.Collections.Generic;
using BBS.Model;
using BBS.IDAL;
namespace BBS.DAL
{
    public class BbsMessageDAL : IBbsMessageDAL
    {
        BBSDataContext dc = new BBSDataContext();
        #region IBbsMessageDAL 成员
        public int AddBbsMessage(BbsMessage bbsMessage)
        {
            try
            {
                BbsTheme bbsTheme = dc.BbsTheme.First(x => x.ThemeId ==
            bbsMessage.ThemeId);
                bbsTheme.ThemeMsgNum += 1;
                dc.BbsMessage.InsertOnSubmit(bbsMessage);
                dc.SubmitChanges();
                return 1;
            }
            catch
            {
                return 0;
            }
        }
        public int EditBbsMessage(BbsMessage bbsMessage)
        {
            try
            {
                BbsMessage bbsMessage1 = FindBbsMessageById(bbsMessage.MsgId);
                bbsMessage1.MsgTitle = bbsMessage.MsgTitle;
                bbsMessage1.MsgContent = bbsMessage.MsgContent;
                dc.SubmitChanges(ConflictMode.ContinueOnConflict);
                return 1;
            }
            catch
            {
                return 0;
            }
        }
        public int DeleteBbsMessage(int msgId)
        {
            try
            {
                BbsMessage m = FindBbsMessageById(msgId);
                BbsTheme bbsTheme = dc.BbsTheme.First(x => x.ThemeId ==
            m.ThemeId);
                bbsTheme.ThemeMsgNum -= 1;
```

```
                dc.BbsMessage.DeleteOnSubmit(m);
                dc.SubmitChanges();
                return 1;
            }
            catch
            {
                return 0;
            }
        }
        public BbsMessage FindBbsMessageById(int msgId)
        {
            try
            {
                return  dc.BbsMessage.First(x=>x.MsgId == msgId);
            }
            catch
            {
                return null;
            }
        }
        public IList<BbsMessage> FindBbsMessagesByPage(int themeId,
    int startRowIndex, int maximumRows)
        {
            IList<BbsMessage> list;
            try
            {
                list = (from message in dc.BbsMessage
                        where message.ThemeId == themeId
                        orderby message.MsgDateTime descending
                        select message).Skip(startRowIndex).Take(
                   maximumRows).ToList();
                return list;
            }
            catch
            {
                return null;
            }
        }
        public int FindCount(int themeId)
        {
            try
            {
                int count = (from message in dc.BbsMessage
                             where message.ThemeId == themeId
                             select message).Count();
                return count;
            }
            catch
            {
                return 0;
            }
        }
        #endregion
    }
}
```

9.3 业务逻辑层实现

业务逻辑类放在 BLL 项目中。业务逻辑类需要使用对象模型项目中的实体类和 IBLL 项目中的业务逻辑接口、IDAL 项目中的数据访问接口以及 Util 项目中的工厂类。因此，在设计业务逻辑类之前，首先要在 BLL 项目中引用 Model 项目、IBLL 项目、IDAL 项目以及 Util 项目。业务逻辑类使用工厂类获得数据访问类实例。

9.3.1 版块业务逻辑类

版块业务逻辑类（BbsForumBLL）的代码如下：

```
……
using System.Collections.Generic;
using BBS.Model;
using BBS.IBLL;
using BBS.IDAL;
using BBS.Util;
namespace BBS.BLL
{
    public class BBSForumBLL : IBbsForumBLL
    {
        private IBbsForumDAL bbsForumDAL = Factory.GetBbsForumDAL();
        #region IBbsForumBLL 成员
        public int AddBbsForum(BbsForum bbsForum)
        {
            return bbsForumDAL.AddBbsForum(bbsForum);
        }
        public int EditBbsForum(BbsForum bbsForum)
        {
            return bbsForumDAL.EditBbsForum(bbsForum);
        }
        public int DeleteBbsForum(int forumId)
        {
            return bbsForumDAL.DeleteBbsForum(forumId);
        }
        public BbsForum FindBbsForumById(int forumId)
        {
            return bbsForumDAL.FindBbsForumById(forumId);
        }
        public IList<BbsForum> FindAllBbsForums()
        {
            return bbsForumDAL.FindAllBbsForums();
        }
        #endregion
    }
}
```

9.3.2 主题业务逻辑类

主题业务逻辑类（BbsThemeBLL）的代码如下：

```
……
using System.Collections.Generic;
using BBS.Model;
using BBS.IBLL;
using BBS.IDAL;
using BBS.Util;
namespace BBS.BLL
{
    public class BBSThemeBLL : IBbsThemeBLL
    {
        private IBbsThemeDAL bbsThemeDAL = Factory.GetBbsThemeDAL();
        #region IBbsThemeBLL 成员
        public int AddBbsTheme(BbsTheme bbsTheme)
        {
            return bbsThemeDAL.AddBbsTheme(bbsTheme);
        }
        public int EditBbsTheme(BbsTheme bbsTheme)
        {
            return bbsThemeDAL.EditBbsTheme(bbsTheme);
        }
        public int DeleteBbsTheme(int themeId)
        {
            return bbsThemeDAL.DeleteBbsTheme(themeId);
        }
        public BbsTheme FindBbsThemeById(int themeId)
        {
            return bbsThemeDAL.FindBbsThemeById(themeId);
        }
        public IList<BbsTheme> FindBbsThemesByPage(int forumId,
    string themeTitle, string sortExpression, int startRowIndex, int maximumRows)
        {
            return bbsThemeDAL.FindBbsThemesByPage(forumId, themeTitle,
      sortExpression, startRowIndex, maximumRows);
        }
        public int FindCount(int forumId, string themeTitle)
        {
            return bbsThemeDAL.FindCount(forumId, themeTitle);
        }
        #endregion
    }
}
```

9.3.3 帖子业务逻辑类

帖子业务逻辑类（BbsMessageBLL）的代码如下：

```
……
using System.Collections.Generic;
using BBS.Model;
using BBS.IBLL;
using BBS.IDAL;
using BBS.Util;
namespace BBS.BLL
{
    public class BBSMessageBLL : IBbsMessageBLL
```

```
    {
        private IBbsMessageDAL bbsMessageDAL = Factory.GetBbsMessageDAL();
        #region IBbsMessageBLL 成员
        public int AddBbsMessage(BbsMessage bbsMessage)
        {
            return bbsMessageDAL.AddBbsMessage(bbsMessage);
        }
        public int EditBbsMessage(BbsMessage bbsMessage)
        {
            return bbsMessageDAL.EditBbsMessage(bbsMessage);
        }
        public int DeleteBbsMessage(int msgId)
        {
            return bbsMessageDAL.DeleteBbsMessage(msgId);
        }
        public BbsMessage FindBbsMessageById(int msgId)
        {
            return bbsMessageDAL.FindBbsMessageById(msgId);
        }
        public IList<BbsMessage> FindBbsMessagesByPage(int themeId,
    int startRowIndex, int maximumRows)
        {
            return bbsMessageDAL.FindBbsMessagesByPage(themeId,
        startRowIndex, maximumRows);
        }
        public int FindCount(int themeId)
        {
            return bbsMessageDAL.FindCount(themeId);
        }
        #endregion
    }
}
```

9.4 系 统 配 置

9.4.1 连接字符串及环境变量配置

在建立 LINQ 对象模型时，会在当前的项目下建立数据库连接配置。默认的连接配置与所使用的【服务器资源管理器】中的连接配置一致。如果需要修改，可以在 BBS.dbml 文件视图的空白处单击鼠标右键，在弹出的快捷菜单中选择【属性】命令，打开【属性】对话框，对 Connection 属性进行设置。这里不做修改。

在 Web.config 文件中增加如下配置：

```
<appSettings>
    <add key="bbsForumDAL" value="BBS.DAL.BbsForumDAL"/>
    <add key="bbsThemeDAL" value="BBS.DAL.BbsThemeDAL"/>
    <add key="bbsMessageDAL" value="BBS.DAL.BbsMessageDAL"/>
    <add key="bbsForumBLL" value="BBS.BLL.BbsForumBLL"/>
    <add key="bbsThemeBLL" value="BBS.BLL.BbsThemeBLL"/>
    <add key="bbsMessageBLL" value="BBS.BLL.BbsMessageBLL"/>
</appSettings>
```

```
<connectionStrings>
   <add name="connectString" connectionString="server=WWW-E2BDCCB29F0\
SQLEXPRESS;uid=sa;pwd=;database=bbs" providerName="System.Data.SqlClient"/>
</connectionStrings>
```

这里的连接配置主要用于成员资格管理，环境变量主要用于工厂模式建立对象。

9.4.2 验证模式、成员及角色管理配置

配置步骤如下。

（1）选择【视图】→【ASP.NET 配置】命令，打开网站管理工具，利用该工具建立两个角色：admin 和 member。

（2）打开 BBS 网站根目录下的 Web.config 文件，在其<system.web>节增加如下配置。

```
<authentication mode="Forms">
    <forms loginUrl="~/User/Login.aspx" name=".aspxlogin"/>
</authentication>
<membership defaultProvider="AspNetSqlMembershipProvider"
userIsOnlineTimeWindow="15" hashAlgorithmType="">
    <providers>
        <clear/>
        <add connectionStringName="connectString"
    enablePasswordRetrieval="false" enablePasswordReset="true"
    requiresQuestionAndAnswer="true" applicationName="BookStore"
    requiresUniqueEmail="false" passwordFormat="Hashed"
    maxInvalidPasswordAttempts="5" minRequiredPasswordLength="7"
    minRequiredNonalphanumericCharacters="1"
    passwordAttemptWindow="10" passwordStrengthRegularExpression=""
    name="AspNetSqlMembershipProvider"
    type="System.Web.Security.SqlMembershipProvider,System.Web,Version=2.0
    .0.0,Culture=neutral,PublicKeyToken=b03f5f7f11d50a3a"/>
     </providers>
</membership>
<roleManager enabled="true" cacheRolesInCookie="true">
     <providers>
        <clear/>
        <add connectionStringName="connectString"
     applicationName="BookStore" name="AspNetSqlRoleProvider"
     type="System.Web.Security.SqlRoleProvider"/>
      </providers>
   </roleManager>
```

（3）在 BBS 网站的 Admin 文件夹下建立一个 Web.config 文件，内容如下：

```
<?xml version="1.0" encoding="utf-8"?>
<configuration>
   <system.web>
      <authorization>
         <allow roles="admin" />
         <deny users="*"/>
      </authorization>
   </system.web>
</configuration>
```

（4）在 BBS 网站的 Member 文件夹下建立一个 Web.config 文件，内容如下：

```
<?xml version="1.0" encoding="utf-8"?>
<configuration>
   <system.web>
```

```
        <authorization>
            <allow roles="admin" />
            <allow roles="member" />
            <deny users="*"/>
        </authorization>
    </system.web>
</configuration>
```

9.5 表现层设计

因篇幅限制，表现层主要介绍前台功能的实现。后台功能的实现，读者可参考自行实现。

9.5.1 主题设计

根据分析，论坛网站中网页的页面结构如图 9-9 所示。页面采用 div 布局，图中标出了 div 的 ID。

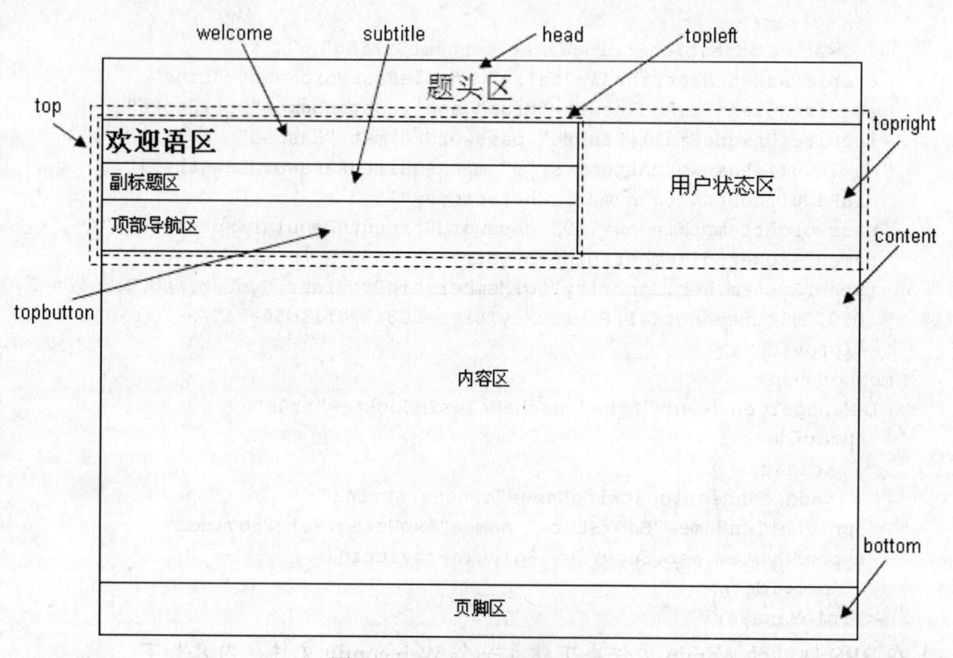

图 9-9 论坛网站的网页结构

根据上述布局，在 BBS 网站添加主题，主题命名为 BbsTheme。在主题中添加一个样式表文件 All.css，内容如下：

```
body{margin: 0 auto;text-align: center;}
a{color: #000080;text-decoration: none;font-size: 12px;}
a:hover{color: #0000ff;}
#head{width: 100%;height: 50px;    background-color: #1665b4;
    border-bottom-style: solid;    border-bottom-color: #0099CC;
    text-align: right;  line-height: 50px;     font-size: 20px;color: white;}
#top{margin: 10px 0 10px 0;    width: 99%;   height: 80px;font-size: 14px;}
#topleft{float: left;width: 70%;height: 80px;text-align: left;}
#welcome{font-weight: bold;    font-size: 18px;color: #000000;}
```

```
#subtitle{margin-top: 5px;font-size: 14px;color: #555555;}
#topbutton{float: left;   margin-top: 10px;font-size: 14px;color: #555555;
    text-align: left;}
#topright{float: right;   width: 30%;  height: 80px;text-align: right;
    margin-right: 0px;}
.topbutton form{display: block;    float: left;}
#topright form{display: block;float: right;}
.button a{display: block;float: inherit;height: 25px;width: 100px;
    line-height: 25px;text-decoration: none;text-align: center;
    background-color: #eeeeee;border: 2px solid #cccccc;font-size: 14px;
    margin-left: 5px;}
.button a:hover{background-color: #00ffff;}
#content{font-size: 12px;width: 99%;min-height: 250px;}
#content table{text-align: center;width: 100%;  border-collapse: collapse;
    border: 1px solid #cccccc;font-size: 12px;}
#content th{background-color: #1665b4;height: 26px;
    border: 1px solid #cccccc;color: white;text-align: center;}
#content td{background-color: #eeeeee;height: 26px;
    border: 1px solid #cccccc;color: #000000;}
.bar{width: 99%;height: 26px;text-align: right;color: #555555;
    font-size: 12px;line-height: 26px;}
hr{color: #cccccc;height: 1px;width: 90%;}
#bottom{margin-top: 10px;font-size: 12px;color: #555555;}
```

9.5.2　母版及主页设计

1. 母版设计

母版页规划了界面的布局，总体上分为 head、top、content 和 bottom 4 个区域，分别为题头区、顶部区、内容区和页脚区。顶部区从左到右划分为 topleft 和 topright 两个区域，即顶部左区和顶部右区。顶部右区即为用户状态区。顶部左区上下分为 welcome、subtitle 和 topbutton 3 区域，分别为欢迎区、副标题区和顶部导航区。这些区域中，除 subtitle、topbutton 和 content 3 个区域外，其他区都可以放在母版中实现。在 subtitle、topbutton 和 content 这 3 个区域各放一个内容占位控件。

在 BBS 网站的 Common 文件夹下建立母版页 MasterPage.master，页面代码如下：

```
<%@ Master Language="C#" AutoEventWireup="true"
CodeFile="MasterPage.master.cs" Inherits="Common_MasterPage" %>
<!DOCTYPE html PUBLIC "-//W3C//DTD XHTML 1.0 Transitional//EN"
"http://www.w3.org/TR/xhtml1/DTD/xhtml1-transitional.dtd">
<html xmlns="http://www.w3.org/1999/xhtml">
<head runat="server">
    <title>软件技术论坛</title>
</head>
<body>
    <form id="form1" runat="server">
    <center>
        <div id="head">
            软件技术论坛  
        </div>
        <div id="top">
            <div id="topleft">
                <div id="welcome">
                    欢迎进入 YSL 软件技术论坛
```

```
                </div>
                <div id="subtitle">
                    <asp:ContentPlaceHolder ID="ContentPlaceHolder1"
                        runat="server">
                    </asp:ContentPlaceHolder>
                </div>
                <div id="topbutton" class="button">
                    <asp:ContentPlaceHolder ID="ContentPlaceHolder2"
                        runat="server">
                    </asp:ContentPlaceHolder>
                </div>
            </div>
            <div id="topright" class="button">
                <asp:LoginView ID="LoginView1" runat="server">
                    <LoggedInTemplate>
                        欢迎<asp:LoginName ID="LoginName1" runat="server"
                                ForeColor="#CC0000" />进入论坛<br />
                        <asp:HyperLink ID="HyperLink1" runat="server"
                            NavigateUrl="~/Member/UserEdit.aspx">修改个人信息
                        </asp:HyperLink> 
                        <asp:LoginStatus ID="LoginStatus2" runat="server" />
                    </LoggedInTemplate>
                    <AnonymousTemplate>
                        <asp:LoginStatus ID="LoginStatus1" runat="server"
                            LoginText="登录/注册" />
                    </AnonymousTemplate>
                </asp:LoginView>
            </div>
        </div>
        <div id="content">
            <asp:ContentPlaceHolder ID="ContentPlaceHolder3" runat="server">
            </asp:ContentPlaceHolder>
        </div>
        <br style="clear: both" />
        <div id="bottom">
            <hr />
            版权所有
        </div>
    </center>
    </form>
</body>
</html>
```

2. 主页设计（Default.aspx）

论坛主页主要用于呈现版块。该页面是一个内容页，放在站点根目录下。在该页面单击版块标题可进入主题页。运行效果如图 9-10 和图 9-11 所示。

具体设计步骤如下。

（1）在 BBS 网站的根目录下建立一个内容页 Default.aspx。

（2）在内容控件 Content1 中输入文字“论坛主页”。

（3）在内容控件 Content3 中放置一个 GridView 控件和一个 ObjectDataSource 控件。

（4）为 ObjectDataSource1 配置数据源，选择业务对象 BBS.BLL.BbsForumBLL，定义 SELECT 的数据方法为 FindAllBbsForums。单击【确定】按钮。

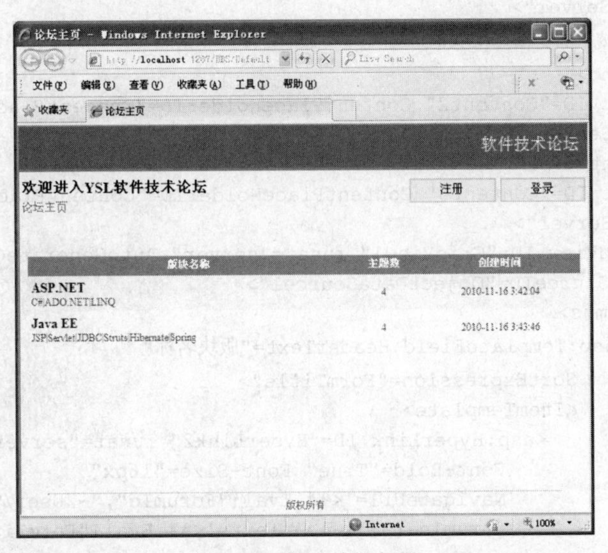

图 9-10　登录前的主页

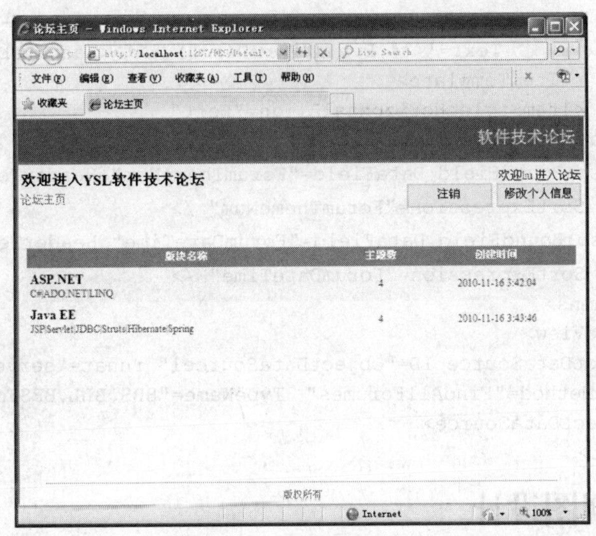

图 9-11　登录后的主页

（5）切换到【设计】视图，选中 GridView1 控件，单击右上角的【>】，弹出【GridView 任务】菜单，【选择数据源】为“ObjectDataSource1”。设置【自动套用格式】为【传统型】。

（6）在【GridView 任务】菜单中单击【编辑列】，打开【字段】对话框。设置 3 个字段，标题分别为“版块名称”、“主题数”和“时间”。其中版块名称为模板字段。在该字段的 ItemTemplate 中放置一个 HyperlinK 控件和一个 Label 控件。绑定的内容参见下面的代码。

（7）设置【版块名称】字段的 ItemStyle.HorizontalAlign 属性为 Left。

（8）设置 GridView1 的 Width 属性为 98%。

代码如下：

```
<%@ Page Language="C#" MasterPageFile="~/Common/MasterPage.master"
AutoEventWireup="true" CodeFile="Default.aspx.cs" Inherits="Default"
Title="论坛主页" %>
<asp:Content ID="Content1" ContentPlaceHolderID="ContentPlaceHolder1"
```

```
    runat="Server">
    论坛主页
</asp:Content>
<asp:Content ID="Content2" ContentPlaceHolderID="ContentPlaceHolder2"
    runat="Server">
</asp:Content>
<asp:Content ID="Content3" ContentPlaceHolderID="ContentPlaceHolder3"
    runat="Server">
   <asp:GridView ID="GridView1" runat="server" AutoGenerateColumns="False"
       DataSourceID="ObjectDataSource1">
      <Columns>
          <asp:TemplateField HeaderText="版块名称"
              SortExpression="FormTitle">
              <ItemTemplate>
                 <asp:HyperLink ID="HyperLink2" runat="server"
                     Font-Bold="True" Font-Size="16px"
                     NavigateUrl='<%# Eval("ForumId","~/User/Theme.aspx?
                     forumId={0}") %>' Text='<%# Eval("FormTitle")%>'>
                 </asp:HyperLink>
                 <br />
                 <asp:Label ID="Label1" runat="server" Font-Bold="False"
                     Text='<%# Eval("FormDesc") %>'></asp:Label>
             </ItemTemplate>
             <ItemStyle HorizontalAlign="Left" />
          </asp:TemplateField>
          <asp:BoundField DataField="ForumThemeNum" HeaderText="主题数"
             SortExpression="ForumThemeNum" />
          <asp:BoundField DataField="ForumDateTime" HeaderText="创建时间"
             SortExpression="ForumDateTime" />
      </Columns>
   </asp:GridView>
   <asp:ObjectDataSource ID="ObjectDataSource1" runat="server"
      SelectMethod="FindAllForumes"  TypeName="BBS.BLL.BBSForumBLL">
   </asp:ObjectDataSource>
</asp:Content>
```

9.5.3 主题视图设计

1. 主题浏览页

当用户在主页上单击某版块后，将进入主题浏览页（Theme.aspx），主题浏览页以列表的形式列出该版块的所有主题，并可分页和查询。运行效果如图 9-12 所示。该页面是一个内容页，放在 User 目录下。

具体设计步骤如下。

（1）在 BBS 网站的 User 目录下建立一个内容页 Theme.aspx。

（2）在内容控件 Content1 中放置一个 Literal 控件。

（3）在内容控件 Content2 中放置两个 HyperLink 控件。HyeperLink1 的 Text 属性设为“返回主页”，NavigateUrl 属性设为“~/Default.aspx”。HyeperLink1 的 Text 属性设为“发表主题”。

（4）在内容控件 Content3 中放置一个 TextBox 控件、一个 Button 控件、一个 GridView 控件和一个 ObjectDataSource 控件。

图 9-12　浏览主题页

（5）为 ObjectDataSource1 配置数据源，选择业务对象 BBS.BLL.BbsThemeBLL，定义 SELECT 的数据方法为 FindBbsThemesByPage。为 SELECT 配置参数，forumID 的【参数源】设为 QueryString，【QueryStringField】设为 forumId，【DefaultValue】不设置；themeTitle 的【参数源】设为 Control，【ControlID】设为 TextBox1，【DefaultValue】不设置。

（6）切换到【源】视图，从 ObjectDataSource1 中删除 sortExpression、startRowIndex 和 maximumRows 3 个参数。

（7）切换到【设计】视图，选中 GridView1 控件，单击右上角的【>】，弹出【GridView 任务】菜单，选择数据源为 ObjectDataSource1，选中【启用排序】和【启用分页】复选框。设置【自动套用格式】为【传统型】。

（8）在【GridView 任务】菜单中单击【编辑列】，打开【字段】对话框。设置 4 个字段，标题分别为“标题”、“发布人”、“时间”和“回复/访问”。其中“标题”为按钮类型字段（ButtonField），“版块名称”和“回复/访问”为模板字段，具体设置参见下面的代码。

（9）设置【标题】字段的 ItemStyle.HorizontalAlign 属性为 Left，并设置各字段的 HeaderStyle.Width 属性，以调整各列的宽度。

（10）设置 GridView1 的 Width 属性为 98%，DataKeyNames 为 ThemeId。

（11）为 GridView1 添加 RowCommand 事件。

（12）打开代码隐藏文件 Theme.aspx.cs，编写代码。

页面代码文件的内容如下：

```
    <%@ Page Language="C#" MasterPageFile="~/Common/MasterPage.master"
AutoEventWireup="true" CodeFile="Theme.aspx.cs" Inherits="User_Theme"
Title="浏览主题" %>
    <asp:Content ID="Content1" ContentPlaceHolderID="ContentPlaceHolder1"
       runat="Server">
       <asp:Literal ID="Literal1" runat="server"></asp:Literal>
```

```
</asp:Content>
<asp:Content ID="Content2" ContentPlaceHolderID="ContentPlaceHolder2"
   runat="Server">
   <asp:HyperLink ID="HyperLink1" runat="server"
      NavigateUrl="~/Default.aspx">返回主页</asp:HyperLink>
   <asp:HyperLink ID="HyperLink2" runat="server">发表主题</asp:HyperLink>
</asp:Content>
<asp:Content ID="Content3" ContentPlaceHolderID="ContentPlaceHolder3"
   runat="Server">
   <div class="bar">
      <asp:TextBox ID="TextBox1" runat="server" Width="175px"/>
      <asp:Button ID="Button1" runat="server" Text="查询" />
   </div>
   <asp:GridView ID="GridView1" runat="server" AllowPaging="True"
      AllowSorting="True" AutoGenerateColumns="False"
      DataSourceID="ObjectDataSource1" CellPadding="4"
      ForeColor="#333333" GridLines="None"
      Width="98%" DataKeyNames="ThemeId"
      onrowcommand="GridView1_RowCommand">
      <Columns>
         <asp:ButtonField CommandName="Message"
             DataTextField="themeTitle"
             HeaderText="标题" Text="按钮">
            <HeaderStyle Width="50%" />
            <ItemStyle HorizontalAlign="Left" />
         </asp:ButtonField>
         <asp:TemplateField HeaderText="发布人">
            <ItemTemplate>
               <asp:Label ID="Label1" runat="server"
                  Text='<%# ((BBS.Model.aspnet_Users)Eval(
               "aspnet_Users")).UserName %>'></asp:Label>
            </ItemTemplate>
            <HeaderStyle Width="20%" />
         </asp:TemplateField>
         <asp:BoundField DataField="ThemeDateTime" HeaderText="时间"
            SortExpression="ThemeDateTime"
            DataFormatString="{0:yyyy-MM-dd hh:mm:ss}">
            <HeaderStyle Width="15%" />
         </asp:BoundField>
         <asp:TemplateField HeaderText="回复/访问">
            <ItemTemplate>
               <asp:Literal ID="Literal2" runat="server"
                  Text='<%# Eval("ThemeMsgNum") %>'></asp:Literal>/
               <asp:Literal ID="Literal3" runat="server"
                  Text='<%# Eval("ThemeAccessNum") %>'></asp:Literal>
            </ItemTemplate>
            <HeaderStyle Width="15%" />
         </asp:TemplateField>
      </Columns>
      <FooterStyle BackColor="#507CD1" Font-Bold="True"
   ForeColor="White" />
      <PagerStyle BorderStyle="None" HorizontalAlign="Center" />
      <SelectedRowStyle BackColor="#D1DDF1" Font-Bold="True"
   ForeColor="#333333" />
```

```
        <HeaderStyle BackColor="#507CD1" Font-Bold="True"
    ForeColor="White" />
        <EditRowStyle BackColor="#2461BF" />
        <AlternatingRowStyle BackColor="White" />
    </asp:GridView>
    <asp:ObjectDataSource ID="ObjectDataSource1" runat="server"
        SelectMethod="FindBbsThemesByPage"
         TypeName="BBS.BLL.BbsThemeBLL" SelectCountMethod="FindCount"
        SortParameterName="sortExpression"
         EnablePaging="True">
        <SelectParameters>
            <asp:QueryStringParameter Name="forumId"
                QueryStringField="forumId" Type="Int32" />
            <asp:ControlParameter ControlID="TextBox1" Name="themeTitle"
                PropertyName="Text" Type="String" />
        </SelectParameters>
    </asp:ObjectDataSource>
</asp:Content>
```

代码隐藏文件的内容如下：

```
……
using BBS.IBLL;
using BBS.Model;
using BBS.Util;
public partial class User_Theme : System.Web.UI.Page
{
    protected void Page_Load(object sender, EventArgs e)
    {
        IBbsForumBLL bbsForumBLL = Factory.GetBbsForumBLL();
        int forumId = Int32.Parse(Request.QueryString["forumId"]);
        BbsForum f = bbsForumBLL.FindBbsForumById(forumId);
        Literal1.Text = f.FormTitle;
        HyperLink2.NavigateUrl = "~/Member/ThemeAdd.aspx?forumId=" + forumId;
    }
    protected void GridView1_RowCommand(object sender,
GridViewCommandEventArgs e)
    {
        if (e.CommandName == "Message")
        {
            int row = Int32.Parse(e.CommandArgument.ToString());
            int themeId = Int32.Parse(GridView1.DataKeys[row].Value.
        ToString());
            IBbsThemeBLL bbsThemeBLL = Factory.GetBbsThemeBLL();
            BbsTheme theme = bbsThemeBLL.FindBbsThemeById(themeId);
            theme.ThemeAccessNum += 1;
            bbsThemeBLL.EditBbsTheme(theme);
            Response.Redirect("~/User/Message.aspx?themeId="+themeId
        +"&forumId="+ViewState["forumId"]);
        }
    }
}
```

2. 主题添加页

主题添加页（ThemeAdd.aspx）用于发表主题。该页面是一个内容页，放在 Member 目录下。当用户在主题浏览页上单击“发表主题”超链接后，进入主题添加页，如图 9-13 所示。

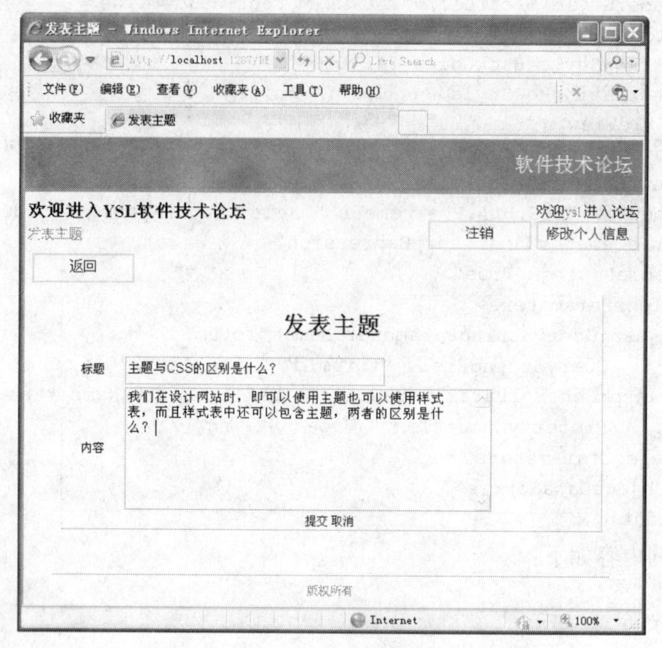

图 9-13 主题添加页

具体设计步骤如下。

（1）在 BBS 网站的 User 目录下建立一个内容页 Theme.aspx。

（2）在内容控件 Content1 中输入“发表主题”文字。

（3）在内容控件 Content2 放置一个 HyperLink 控件，并将其 Text 属性设为“返回”。

（4）在内容控件 Content3 中放置一个 DetailsView 控件和一个 ObjectDataSource 控件。

（5）为 ObjectDataSource1 配置数据源，选择业务对象为 BBS.BLL.BbsThemeBLL，定义 SELECT 和 INSERT 的数据方法分别为 FindBbsThemeById 和 AddBbsTheme。

（6）切换到【设计】视图，选中 DetailsView1 控件，单击右上角的【>】，弹出【DetailsView 任务】菜单，【选择数据源】为“ObjectDataSource1”，选中【启用插入】复选框。

（7）在【DetailsView 任务】菜单中单击【编辑字段】，打开【字段】对话框。设置 3 个字段，标题分别设置为“标题”、“内容”、“新建、插入、取消”。其中“标题”和“内容”为模板字段，“新建、插入、取消”为 CommandField 字段。

（8）设置【标题】字段的 ItemStyle.HorizontalAlign 属性为 Left。设置各字段的 HeaderStyle.Width 属性，以调整各列的宽度。

（9）设置 DetailsView1 的 DefaultMode 属性为 Insert。

（10）为 DetailsView1 添加 ItemInserting、ItemInserted 和 ModeChanging 事件，为 ObjectDataSource1 添加 Inserted 事件。

页面代码文件的内容如下：

```
    <%@ Page Language="C#" MasterPageFile="~/Common/MasterPage.master"
AutoEventWireup="true" CodeFile="ThemeAdd.aspx.cs" Inherits="Member_ThemeAdd"
Title="发表主题" %>
    <asp:Content ID="Content1" ContentPlaceHolderID="ContentPlaceHolder1"
        runat="Server">
        发表主题
```

```
</asp:Content>
<asp:Content ID="Content2" ContentPlaceHolderID="ContentPlaceHolder2"
    runat="Server">
    <asp:HyperLink ID="HyperLink1" runat="server">返回</asp:HyperLink>
</asp:Content>
<asp:Content ID="Content3" ContentPlaceHolderID="ContentPlaceHolder3"
    runat="Server">
    <asp:DetailsView ID="DetailsView1" runat="server" Height="50px"
        Width="549px" AutoGenerateRows="False"
        DataSourceID="ObjectDataSource1" DefaultMode="Insert"
        OnItemInserted="DetailsView1_ItemInserted"
        OnItemInserting="DetailsView1_ItemInserting"
        OnModeChanging="DetailsView1_ModeChanging">
        <Fields>
            <asp:TemplateField HeaderText="标题" SortExpression="ThemeTitle">
                <InsertItemTemplate>
                    <asp:TextBox ID="TextBox1" runat="server" Height="22px"
                        Text='<%# Bind("ThemeTitle") %>'
                        Width="258px"></asp:TextBox>
                    <asp:RequiredFieldValidator ID="RequiredFieldValidator1"
                        runat="server" ErrorMessage="标题不能为空!"
                        ControlToValidate="TextBox1">
                    </asp:RequiredFieldValidator>
                </InsertItemTemplate>
                <HeaderStyle Width="60px" />
                <ItemStyle HorizontalAlign="Left" />
            </asp:TemplateField>
            <asp:TemplateField HeaderText="内容"
                SortExpression="ThemeContent">
                <InsertItemTemplate>
                    <asp:TextBox ID="TextBox2" runat="server" Height="115px"
                        Text='<%# Bind("ThemeContent") %>'
                        TextMode="MultiLine" Width="366px"></asp:TextBox>
                    <asp:RequiredFieldValidator ID="RequiredFieldValidator2"
                        runat="server" ControlToValidate="TextBox2"
                        ErrorMessage="内容不能为空!">
                    </asp:RequiredFieldValidator>
                </InsertItemTemplate>
                <ItemStyle HorizontalAlign="Left" />
            </asp:TemplateField>
            <asp:CommandField ShowInsertButton="True" EditText="新建"
                InsertText="提交" NewText="提交" />
        </Fields>
    </asp:DetailsView>
    <asp:ObjectDataSource ID="ObjectDataSource1" runat="server"
        DataObjectTypeName="BBS.Model.BbsTheme"
        InsertMethod="AddBbsTheme" SelectMethod="FindBbsThemeById"
        TypeName="BBS.BLL.BBSThemeBLL"
        OnInserted="ObjectDataSource1_Inserted">
        <SelectParameters>
            <asp:Parameter Name="themeId" Type="Int32" />
        </SelectParameters>
    </asp:ObjectDataSource>
</asp:Content>
```

代码隐藏文件内容如下：

```
……
public partial class Member_ThemeAdd : System.Web.UI.Page
{
    protected void Page_Load(object sender, EventArgs e)
    {
        if (!IsPostBack)
        {
            HyperLink1.NavigateUrl = "~/User/Theme.aspx?forumId="
        + Request.QueryString["forumId"];
            ViewState["forumId"] = Request.QueryString["forumId"];
        }
    }
    protected void DetailsView1_ItemInserting(object sender,
DetailsViewInsertEventArgs e)
    {
        MembershipUser user = Membership.GetUser(Page.User.Identity.Name);
        e.Values.Add("UserId", (Guid)user.ProviderUserKey);
        e.Values.Add("ForumId",
    Int32.Parse(ViewState["forumId"].ToString()));
    }
    protected void ObjectDataSource1_Inserted(object sender,
ObjectDataSourceStatusEventArgs e)
    {
        e.AffectedRows = (int)e.ReturnValue;
    }
    protected void DetailsView1_ItemInserted(object sender,
DetailsViewInsertedEventArgs e)
    {
        if (e.Exception == null)
        {
            if (e.AffectedRows > 0)
            {
                this.ClientScript.RegisterClientScriptBlock(this.GetType(),
            "", "alert('添加成功');window.location.href='../User/Theme.aspx?
            forumId=" + ViewState["forumId"].ToString() + "'", true);
                return;
            }
        }
        this.ClientScript.RegisterClientScriptBlock(this.GetType(), "",
    "alert('添加失败');", true);
    }
    protected void DetailsView1_ModeChanging(object sender,
DetailsViewModeEventArgs e)
    {
        if (e.CancelingEdit)
        {
            Response.Redirect("~/User/Theme.aspx?forumId="
        + ViewState["forumId"].ToString());
        }
    }
}
```

3. 主题修改页

登录用户可以修改自己发表的主题，但主题锁定后将不能修改。在帖子浏览页（参见 9.5.4

小节），单击【修改】超链接，可进入主题修改页（ThemeEdit.aspx）。主题修改页与主题添加页的设计很类似。主要的不同是，为 ObjectDataSource1 配置数据源时，定义 SELECT 和 UPDATE 的数据方法分别为 FindBbsThemeById 和 EditBbsTheme，并为 SELECT 配置参数，themeId 的【参数源】设为 QueryString，【QueryStringField】设为 themeId。

此外，设置 DetailsView1 的 DefaultMode 属性为 Edit，并为 DetailsView1 添加 ItemUpdated、ModeChanging 事件，为 ObjectDataSource1 添加 Updated 事件。运行界面如图 9-14 所示。

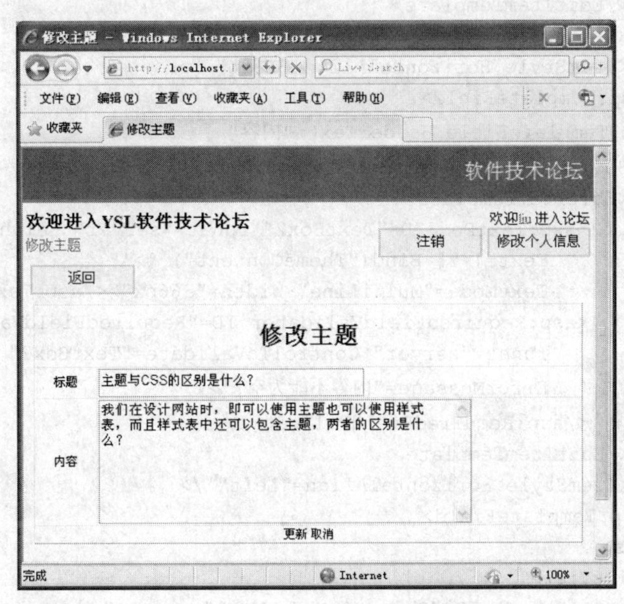

图 9-14　修改主题

页面代码文件的内容如下：

```
<%@ Page Language="C#" MasterPageFile="~/Common/MasterPage.master"
AutoEventWireup="true" CodeFile="ThemeEdit.aspx.cs"
Inherits="Member_ThemeEdit" Title="修改主题" %>
<asp:Content ID="Content1" ContentPlaceHolderID="ContentPlaceHolder1"
   runat="Server">
   修改主题
</asp:Content>
<asp:Content ID="Content2" ContentPlaceHolderID="ContentPlaceHolder2"
   runat="Server">
   <asp:HyperLink ID="HyperLink1" runat="server">返回</asp:HyperLink>
</asp:Content>
<asp:Content ID="Content3" ContentPlaceHolderID="ContentPlaceHolder3"
   runat="Server">
   <asp:DetailsView ID="DetailsView1" runat="server" Height="50px"
      Width="549px" AutoGenerateRows="False"
      DataSourceID="ObjectDataSource1" DefaultMode="Edit"
      OnModeChanging="DetailsView1_ModeChanging"
      AutoGenerateEditButton="True" DataKeyNames="ThemeId"
      OnItemUpdated="DetailsView1_ItemUpdated">
     <Fields>
        <asp:TemplateField HeaderText="标题" SortExpression="ThemeTitle">
```

```
                    <EditItemTemplate>
                        <asp:TextBox ID="TextBox1" runat="server" Height="22px"
                            Text='<%# Bind("ThemeTitle") %>'
                            Width="258px"></asp:TextBox>
                        <asp:RequiredFieldValidator ID="RequiredFieldValidator1"
                            runat="server" ErrorMessage="标题不能为空!"
                            ControlToValidate="TextBox1">
                        </asp:RequiredFieldValidator>
                    </EditItemTemplate>
                    <HeaderStyle Width="60px" />
                    <ItemStyle HorizontalAlign="Left" />
                </asp:TemplateField>
                <asp:TemplateField HeaderText="内容"
                    SortExpression="ThemeContent">
                    <EditItemTemplate>
                        <asp:TextBox ID="TextBox2" runat="server" Height="115px"
                          Text='<%# Bind("ThemeContent") %>'
                          TextMode="MultiLine" Width="366px"></asp:TextBox>
                        <asp:RequiredFieldValidator ID="RequiredFieldValidator2"
                          runat="server" ControlToValidate="TextBox2"
                          ErrorMessage="内容不能为空!">
                        </asp:RequiredFieldValidator>
                    </EditItemTemplate>
                    <ItemStyle HorizontalAlign="Left" />
                </asp:TemplateField>
            </Fields>
        </asp:DetailsView>
        <asp:ObjectDataSource ID="ObjectDataSource1" runat="server"
            DataObjectTypeName="BBS.Model.BbsTheme"
             SelectMethod="FindBbsThemeById" TypeName="BBS.BLL.BBSThemeBLL"
            UpdateMethod="EditBbsTheme"
            OnUpdated="ObjectDataSource1_Updated">
            <SelectParameters>
                <asp:QueryStringParameter Name="themeId"
                  QueryStringField="themeId" Type="Int32" />
            </SelectParameters>
        </asp:ObjectDataSource>
    </asp:Content>
```

代码隐藏文件的内容如下：

```
......
public partial class Member_ThemeEdit : System.Web.UI.Page
{
    protected void Page_Load(object sender, EventArgs e)
    {
        if (!IsPostBack)
        {
            HyperLink1.NavigateUrl = "~/User/Message.aspx?themeId="
        + Request.QueryString["themeId"] + "&forumId="
        + Request.QueryString["forumId"];
            ViewState["themeId"] = Request.QueryString["themeId"];
            ViewState["forumId"] = Request.QueryString["forumId"];
        }
```

```
    }
    protected void DetailsView1_ModeChanging(object sender,
DetailsViewModeEventArgs e)
    {
        if (e.CancelingEdit)
        {
            Response.Redirect("~/User/Message.aspx?themeId="
        + ViewState["themeId"].ToString() + "&forumId="
        + ViewState["forumId"].ToString());
        }
    }
    protected void DetailsView1_ItemUpdated(object sender,
 DetailsViewUpdatedEventArgs e)
    {
        if (e.Exception == null)
        {
            if (e.AffectedRows > 0)
            {
                this.ClientScript.RegisterClientScriptBlock(this.GetType(),
            "", "alert('修改成功');window.location.href=
            '../User/Message.aspx?themeId=" + ViewState["themeId"].ToString()
            + "&forumId=" + ViewState["forumId"].ToString() + "'", true);
                return;
            }
        }
        this.ClientScript.RegisterClientScriptBlock(this.GetType(), "",
    "alert('修改失败');", true);
    }
    protected void ObjectDataSource1_Updated(object sender,
ObjectDataSourceStatusEventArgs e)
    {
        e.AffectedRows = (int)e.ReturnValue;
    }
}
```

9.5.4　帖子视图设计

1. 帖子浏览页

当用户在主题浏览页单击一个主题的标题时，将进入帖子浏览页（Message.aspx）。在帖子浏览页，显示主题的内容，并以列表的形式列出该主题的所有回复帖子，回复帖分页显示。该页面是一个内容页，放在 User 目录下，运行效果如图 9-15 所示。

具体设计步骤如下。

（1）在 BBS 网站的 User 目录下建立一个内容页 Message.aspx。

（2）在内容控件 Content2 中放置两个 HyperLink 控件。HyeperLink1 的 Text 属性设为“返回主题”，HyeperLink1 的 Text 属性设为“回复主题”。

（3）在内容控件 Content3 中放置一个 DataList 控件、一个 GridView 控件和一个 ObjectData Source 控件。

（4）切换到【设计】视图，选中 GridList1 控件，单击右上角的【>】，弹出【GridView 任务】菜单，设置【自动套用格式】为【红糖】型。

图 9-15　帖子浏览页

（5）在【GridList 任务】菜单中单击【编辑模板】，进入模板编辑状态，在 ItemTemplate 中用于一个表格布局，具体内容参见下面的代码。结束模板编辑。

（6）设置 GridList1 的 Width 属性为 98%，BorderStyle 属性为 NotSet。

（7）为 ObjectDataSource1 配置数据源，选择业务对象为 BBS.BLL.BbsMessageBLL，定义 SELECT 的数据方法为 FindBbsMessagesByPage。为 SELECT 配置参数，themeID 的【参数源】设为 QueryString，【QueryStringField】设为 themeId。

（8）切换到【源】视图，从 ObjectDataSource1 中删除 startRowIndex 和 maximumRows 两个参数。

（9）切换到【设计】视图，选中 GridView2 控件，单击右上角的【>】，弹出【GridView 任务】菜单，【选择数据源】为“ObjectDataSource1”，选择【启用分页】复选框。设置【自动套用格式】为“石板”型。

（10）在【GridView 任务】菜单中单击【编辑列】，打开【字段】对话框，只填加一个模板字段。模板字段的内容参见下面的代码。

（11）设置 GridView1 的 Width 属性为 98%，ShowHeader 属性为 false，BorderStyle 属性为 NotSet。

页面代码文件的内容如下：

```
<%@ Page Language="C#" MasterPageFile="~/Common/MasterPage.master"
AutoEventWireup="true" CodeFile="Message.aspx.cs" Inherits="User_Message"
Title="无标题页" %>
<asp:Content ID="Content1" ContentPlaceHolderID="ContentPlaceHolder1"
    runat="Server">
```

```
</asp:Content>
<asp:Content ID="Content2" ContentPlaceHolderID="ContentPlaceHolder2"
    runat="Server">
    <asp:HyperLink ID="HyperLink1" runat="server">返回主题</asp:HyperLink>
    <asp:HyperLink ID="HyperLink2" runat="server">回复主题</asp:HyperLink>
</asp:Content>
<asp:Content ID="Content3" ContentPlaceHolderID="ContentPlaceHolder3"
    runat="Server">
   <asp:DataList ID="DataList1" runat="server" CellPadding="3"
       BackColor="#DEBA84" BorderColor="#DEBA84" BorderWidth="1px"
       CellSpacing="2" GridLines="Both"
       Width="98%">
       <FooterStyle BackColor="#F7DFB5" ForeColor="#8C4510" />
       <ItemStyle BackColor="#FFF7E7" ForeColor="#8C4510" />
       <SelectedItemStyle BackColor="#738A9C" Font-Bold="True"
   ForeColor="White" />
      <HeaderStyle BackColor="#A55129" Font-Bold="True"
   ForeColor="White" />
       <ItemTemplate>
           <table>
              <tr>
                 <td width="150" rowspan="2" align="left" valign="top">
                     <br />
                        <%# ((BBS.Model. aspnet_Users)Eval(
                  "aspnet_Users")).UserName %>
                      <br /><br /><br /><br />
                 </td>
                 <td align="left" style="line-height: 150%; height: 35px">
                       <strong><%# Eval("ThemeTitle") %></strong><br />
                       发布时间: <%# Eval("ThemeDateTime") %>
                 </td>
                 <td align="center" style="width: 60px; line-height: 150%;
              height: 35px">
                      <asp:HyperLink ID="HyperLink3" runat="server"
                           Visible='<%# Eval("ThemeIsLocked").ToString()
                     =="0" %>' NavigateUrl='<%# Eval("ThemeId","~/Member/
                     ThemeEdit.aspx?themeId={0}")+ Eval("forumId",
                     "&forumId={0}") %>'>修改</asp:HyperLink>
                 </td>
              </tr>
              <tr>
                 <td align="left" valign="top" colspan="2" style="height:
              80px; padding: 10px 10px 10px 10px">
                      <%# Eval("ThemeContent") %>
                 </td>
              </tr>
           </table>
       </ItemTemplate>
    </asp:DataList>
    <asp:GridView ID="GridView1" runat="server" AutoGenerateColumns="False"
       DataSourceID="ObjectDataSource1"
        AllowPaging="True" PageSize="5" ShowHeader="False"
       BackColor="White" BorderColor="#E7E7FF"
```

```
        BorderWidth="1px" CellPadding="3" GridLines="Horizontal"
        Width="98%" BorderStyle="None">
       <RowStyle BackColor="#E7E7FF" ForeColor="#4A3C8C" />
        <Columns>
            <asp:TemplateField>
               <ItemTemplate>
                   <table>
                       <tr>
                           <td width="150" rowspan="2" align="left"
                       valign="top">
                               <br />
                                 <%# ((BBS.Model.aspnet_Users)Eval(
                           "aspnet_Users")).UserName %>
                               <br /><br /><br /><br />
                           </td>
                           <td align="left" style="line-height: 150%; height:
                     35px">
                                <strong><%# Eval("MsgTitle") %></strong>
                               <br />
                                发布时间: <%# Eval("MsgDateTime") %>
                          </td>
                          <td align="center" style="width: 60px; line-height:
                     150%; height: 35px">
                              <asp:HyperLink ID="HyperLink3" runat="server"
                                  Visible='<%# ((BBS.Model.BbsTheme)Eval(
                              "BbsTheme")).ThemeIsLocked==0 %>'
                                  NavigateUrl='<%# Eval("MsgId","~/Member/
                              MessageEdit.aspx?msgId={0}")+Eval("ThemeId",
                              "&themeId={0}")+"&forumId="
                              +((BBS.Model.BbsTheme)Eval("BbsTheme"))
                              .ForumId %>'>修改</asp:HyperLink>
                           </td>
                       </tr>
                       <tr>
                           <td align="left" valign="top" colspan="2"
                       style="height: 80px; padding: 10px 10px 10px 10px">
                               <%# Eval("MsgContent") %>
                          </td>
                      </tr>
                  </table>
              </ItemTemplate>
          </asp:TemplateField>
      </Columns>
      <FooterStyle BackColor="#B5C7DE" ForeColor="#4A3C8C" />
      <PagerStyle BackColor="#E7E7FF" ForeColor="#4A3C8C"
  HorizontalAlign="Right" />
      <SelectedRowStyle BackColor="#738A9C" Font-Bold="True"
  ForeColor="#F7F7F7" />
      <HeaderStyle Height="1px" Font-Size="0px" />
      <AlternatingRowStyle BackColor="#F7F7F7" />
  </asp:GridView>
  <asp:ObjectDataSource ID="ObjectDataSource1" runat="server"
      SelectMethod="FindBbsMessagesByPage"
```

```
        TypeName="BBS.DAL.BbsMessageDAL" EnablePaging="True"
        SelectCountMethod="FindCount">
        <SelectParameters>
            <asp:QueryStringParameter Name="themeId"
                QueryStringField="themeId" Type="Int32" />
        </SelectParameters>
    </asp:ObjectDataSource>
</asp:Content>
```

代码隐藏文件内容如下：

```
......
using System.Collections.Generic;
using BBS.IBLL;
using BBS.Model;
using BBS.Util;
public partial class User_Message : System.Web.UI.Page
{
    protected void Page_Load(object sender, EventArgs e)
    {
        if (!IsPostBack)
        {
            IBbsThemeBLL bbsThemeBLL = Factory.GetBbsThemeBLL();
            int themeId = Int32.Parse(Request.QueryString["themeId"]);
            BbsTheme theme = bbsThemeBLL.FindBbsThemeById(themeId);
            if (theme.ThemeIsLocked == 1) HyperLink2.Visible = false;
            HyperLink1.NavigateUrl = "~/User/Theme.aspx?forumId="
        + Request.QueryString["forumId"];
            HyperLink2.NavigateUrl = "~/Member/MessageAdd.aspx?themeId="
        + themeId + "&forumId=" + Request.QueryString["forumId"];
            ViewState["forumId"] = Request.QueryString["forumId"];
            ViewState["themeId"] = themeId;
            theme.ThemeAccessNum += 1;
            bbsThemeBLL.EditBbsTheme(theme);
            IList<BbsTheme> list = new List<BbsTheme>();
            list.Add(theme);
            DataList1.DataSource = list;
            DataList1.DataBind();
        }
        else
        {
            HyperLink1.NavigateUrl = "~/User/Theme.aspx?forumId="
        + ViewState["forumId"].ToString();
            HyperLink1.NavigateUrl = "~/Member/MessageAdd.aspx?forumId="
        + ViewState["forumId"].ToString() + "&themeId="
        + ViewState["themeId"].ToString();
        }
    }
}
```

2. 回复主题页

回复主题，即发布回复帖子。登录用户可以回复主题，但已经锁定的主题不能再回复。回复主题页（AddMessage.aspx）也是一个内容页，放在 Member 文件夹下。该页的设计类似于主题添加页。界面的运行效果如图 9-16 所示。

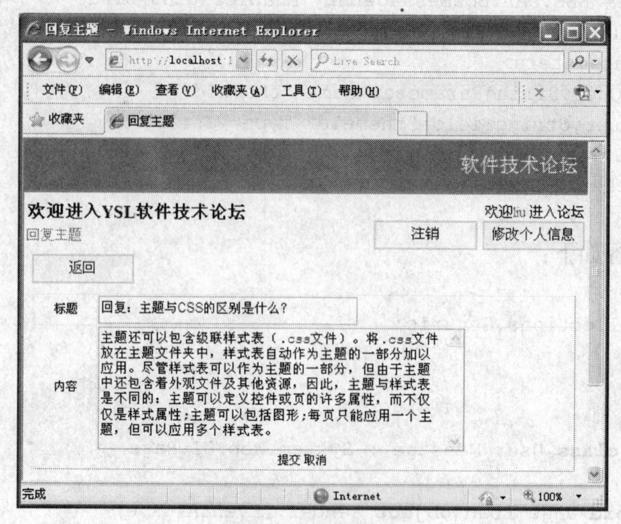

图 9-16 回复主题

页面代码文件的内容如下：

```
<%@ Page Language="C#" MasterPageFile="~/Common/MasterPage.master"
AutoEventWireup="true" CodeFile="MessageAdd.aspx.cs"
Inherits="Member_MessageAdd" Title="回复主题" %>
<asp:Content ID="Content1" ContentPlaceHolderID="ContentPlaceHolder1"
   runat="Server">
   回复主题
</asp:Content>
<asp:Content ID="Content2" ContentPlaceHolderID="ContentPlaceHolder2"
   runat="Server">
   <asp:HyperLink ID="HyperLink1" runat="server">返回</asp:HyperLink>
</asp:Content>
<asp:Content ID="Content3" ContentPlaceHolderID="ContentPlaceHolder3"
   runat="Server">
   <asp:DetailsView ID="DetailsView1" runat="server" Height="50px"
       Width="549px" AutoGenerateRows="False"
       DataSourceID="ObjectDataSource1" DefaultMode="Insert"
       OnItemInserted="DetailsView1_ItemInserted"
       OnItemInserting="DetailsView1_ItemInserting"
       OnModeChanging="DetailsView1_ModeChanging">
      <Fields>
         <asp:TemplateField HeaderText="标题">
            <InsertItemTemplate>
                <asp:TextBox ID="TextBox1" runat="server" Height="22px"
                    Text='<%# Bind("MsgTitle") %>'
                    Width="258px">
                </asp:TextBox>
                <asp:RequiredFieldValidator ID="RequiredFieldValidator1"
                    runat="server" ErrorMessage="标题不能为空!"
                    ControlToValidate="TextBox1">
                </asp:RequiredFieldValidator>
            </InsertItemTemplate>
            <HeaderStyle Width="60px" />
            <ItemStyle HorizontalAlign="Left" />
```

```
            </asp:TemplateField>
            <asp:TemplateField HeaderText="内容">
                <InsertItemTemplate>
                    <asp:TextBox ID="TextBox2" runat="server" Height="115px"
                        Text='<%# Bind("MsgContent") %>'
                        TextMode="MultiLine" Width="366px"></asp:TextBox>
                    <asp:RequiredFieldValidator ID="RequiredFieldValidator2"
                        runat="server" ControlToValidate="TextBox2"
                       ErrorMessage="内容不能为空!">
                    </asp:RequiredFieldValidator>
                </InsertItemTemplate>
                <ItemStyle HorizontalAlign="Left" />
            </asp:TemplateField>
            <asp:CommandField ShowInsertButton="True" EditText="新建"
                InsertText="提交" NewText="提交" />
        </Fields>
    </asp:DetailsView>
    <asp:ObjectDataSource ID="ObjectDataSource1" runat="server"
        DataObjectTypeName="BBS.Model.BbsMessage"
        InsertMethod="AddBbsMessage" SelectMethod="FindBbsMessagesById"
        TypeName="BBS.BLL.BBSMessageBLL"
         OnInserted="ObjectDataSource1_Inserted">
        <SelectParameters>
            <asp:Parameter Name="msgId" Type="Int32" />
        </SelectParameters>
    </asp:ObjectDataSource>
</asp:Content>
```

代码隐藏文件内容如下：

```
public partial class Member_MessageAdd : System.Web.UI.Page
{
    protected void Page_Load(object sender, EventArgs e)
    {
        if (!IsPostBack)
        {
            HyperLink1.NavigateUrl = "~/User/Message.aspx?themeId="
        + Request.QueryString["themeId"] + "&forumId="
        + Request.QueryString["forumId"];
            ViewState["forumId"] = Request.QueryString["forumId"];
            ViewState["themeId"] = Request.QueryString["themeId"];
        }
    }
    protected void DetailsView1_ItemInserting(object sender,
DetailsViewInsertEventArgs e)
    {
        MembershipUser user = Membership.GetUser(Page.User.Identity.Name);
        e.Values.Add("UserId", (Guid)user.ProviderUserKey);
        e.Values.Add("ThemeId",
    Int32.Parse(ViewState["themeId"].ToString()));
    }
    protected void ObjectDataSource1_Inserted(object sender,
ObjectDataSourceStatusEventArgs e)
    {
        e.AffectedRows = (int)e.ReturnValue;
```

```
    }
    protected void DetailsView1_ItemInserted(object sender,
DetailsViewInsertedEventArgs e)
    {
        if (e.Exception == null)
        {
            if (e.AffectedRows > 0)
            {
                this.ClientScript.RegisterClientScriptBlock(this.GetType(),
            "", "alert('添加成功');window.location.href=
            '../User/Message.aspx?themeId="
            + ViewState["themeId"].ToString()
            + "&forumId=" + ViewState["forumId"].ToString() + "'", true);
                return;
            }
        }
        this.ClientScript.RegisterClientScriptBlock(this.GetType(), "",
    "alert('添加失败');", true);
    }
    protected void DetailsView1_ModeChanging(object sender,
DetailsViewModeEventArgs e)
    {
        if (e.CancelingEdit)
        {
            Response.Redirect("~/User/Message.aspx?themeId="
        + ViewState["themeId"].ToString() + "&forumId="
        + ViewState["forumId"].ToString());
        }
    }
}
```

3. 修改帖子页

登录用户可以修改自己回复的帖子，但主题被锁定后，回复的帖子也不能再修改。回复帖子页（AddMessage.aspx）也是一个内容页，放在 Member 文件夹下。该页的设计类似于主题修改页。这里不再给出设计步骤。界面的运行效果如图 9-17 所示。

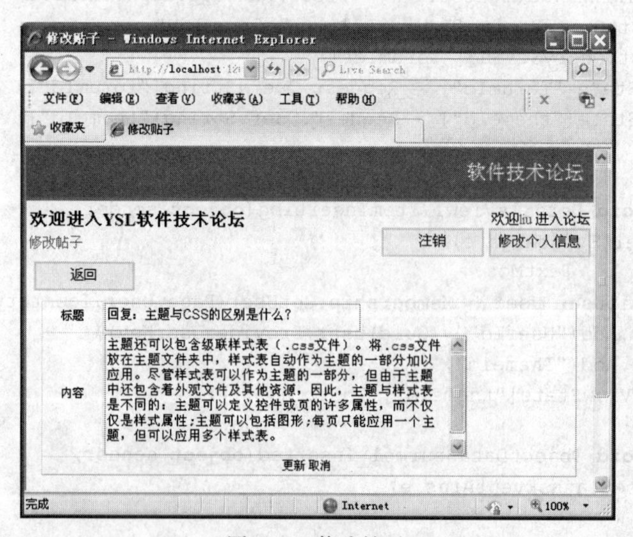

图 9-17 修改帖子

页面代码文件的内容如下：

```
<%@ Page Language="C#" MasterPageFile="~/Common/MasterPage.master"
AutoEventWireup="true" CodeFile="MessageEdit.aspx.cs"
Inherits="Member_MessageEdit" Title="修改贴子" %>
<asp:Content ID="Content1" ContentPlaceHolderID="ContentPlaceHolder1"
    runat="Server">
    修改贴子
</asp:Content>
<asp:Content ID="Content2" ContentPlaceHolderID="ContentPlaceHolder2"
    runat="Server">
    <asp:HyperLink ID="HyperLink1" runat="server">返回</asp:HyperLink>
</asp:Content>
<asp:Content ID="Content3" ContentPlaceHolderID="ContentPlaceHolder3"
    runat="Server">
    <asp:DetailsView ID="DetailsView1" runat="server" Height="50px"
        Width="549px" AutoGenerateRows="False"
        DataSourceID="ObjectDataSource1" DefaultMode="Edit"
        OnModeChanging="DetailsView1_ModeChanging"
        AutoGenerateEditButton="True" DataKeyNames="MsgId"
        OnItemUpdated="DetailsView1_ItemUpdated">
        <Fields>
            <asp:TemplateField HeaderText="标题" SortExpression="MsgTitle">
                <EditItemTemplate>
                    <asp:TextBox ID="TextBox1" runat="server" Height="22px"
                        Text='<%# Bind("MsgTitle") %>'
                        Width="258px">
                    </asp:TextBox>
                    <asp:RequiredFieldValidator ID="RequiredFieldValidator1"
                        runat="server" ErrorMessage="标题不能为空！"
                       ControlToValidate="TextBox1">
                    </asp:RequiredFieldValidator>
                </EditItemTemplate>
                <HeaderStyle Width="60px" />
                <ItemStyle HorizontalAlign="Left" />
            </asp:TemplateField>
            <asp:TemplateField HeaderText="内容"
                SortExpression="MsgContent">
                <EditItemTemplate>
                    <asp:TextBox ID="TextBox2" runat="server" Height="115px"
                        Text='<%# Bind("MsgContent") %>'
                        TextMode="MultiLine" Width="366px">
                    </asp:TextBox>
                    <asp:RequiredFieldValidator ID="RequiredFieldValidator2"
                        runat="server" ControlToValidate="TextBox2"
                        ErrorMessage="内容不能为空！">
                    </asp:RequiredFieldValidator>
                </EditItemTemplate>
                <ItemStyle HorizontalAlign="Left" />
            </asp:TemplateField>
```

```
        </Fields>
    </asp:DetailsView>
    <asp:ObjectDataSource ID="ObjectDataSource1" runat="server"
        DataObjectTypeName="BBS.Model.BbsMessage"
         SelectMethod="FindBbsMessageById" TypeName="BBS.BLL.BBSMessageBLL"
        UpdateMethod="EditBbsMessage"
         OnUpdated="ObjectDataSource1_Updated">
        <SelectParameters>
            <asp:QueryStringParameter Name="msgId" QueryStringField="msgId"
                Type="Int32" />
        </SelectParameters>
    </asp:ObjectDataSource>
</asp:Content>
```

代码隐藏文件的内容如下：

```
public partial class Member_MessageEdit : System.Web.UI.Page
{
    protected void Page_Load(object sender, EventArgs e)
    {
        if (!IsPostBack)
        {
            HyperLink1.NavigateUrl = "~/User/Message.aspx?themeId="
      + Request.QueryString["themeId"] + "&forumId="
      + Request.QueryString["forumId"];
            ViewState["themeId"] = Request.QueryString["themeId"];
            ViewState["forumId"] = Request.QueryString["forumId"];
        }
    }
    protected void DetailsView1_ItemInserting(object sender,
DetailsViewInsertEventArgs e)
    {
        MembershipUser user = Membership.GetUser(Page.User.Identity.Name);
        e.Values.Add("UserId", (Guid)user.ProviderUserKey);
        e.Values.Add("ForumId",
   Int32.Parse(ViewState["forumId"].ToString()));
    }
    protected void DetailsView1_ModeChanging(object sender,
DetailsViewModeEventArgs e)
    {
        if (e.CancelingEdit)
        {
            Response.Redirect("~/User/Message.aspx?themeId="
      + ViewState["themeId"].ToString() + "&forumId="
      + ViewState["forumId"].ToString());
        }
    }
    protected void DetailsView1_ItemUpdated(object sender,
DetailsViewUpdatedEventArgs e)
    {
        if (e.Exception == null)
        {
            if (e.AffectedRows > 0)
```

```
            {
                this.ClientScript.RegisterClientScriptBlock(this.GetType(),
            "", "alert('修改成功');window.location.href='../User/Message.aspx?
            themeId=" + ViewState["themeId"].ToString() + "&forumId="
            + ViewState["forumId"].ToString() + "'", true);
                return;
            }
        }
        this.ClientScript.RegisterClientScriptBlock(this.GetType(), "",
    "alert('修改失败');", true);
    }
    protected void ObjectDataSource1_Updated(object sender,
ObjectDataSourceStatusEventArgs e)
    {
        e.AffectedRows = (int)e.ReturnValue;
    }
}
```

9.5.5 用户视图设计

用户视图主要包括用户登录、注册及修改密码页面。

1．用户登录页

用户登录页（Login.aspx）是一个内容页，放在 User 文件夹下。该页使用一个 Login 控件，设置其 BackColor 属性为 Aqua，Font.Size 属性为 14px，Width 属性为 226px，TextBoxStyle.Width 属性为 150px。运行效果如图 9-18 所示。

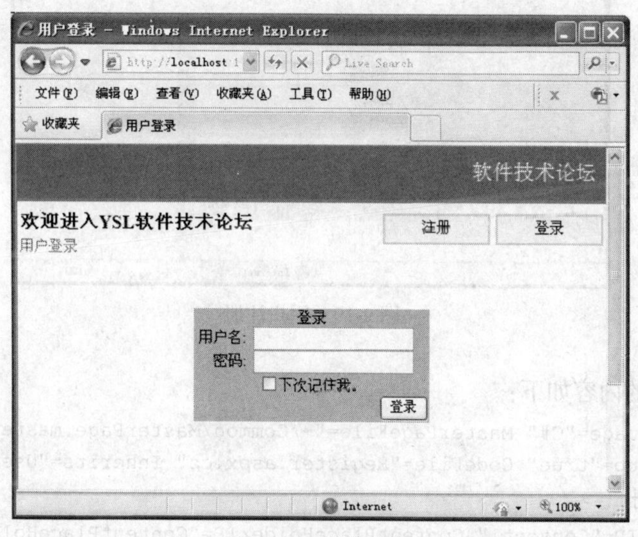

图 9-18 用户登录

页面代码文件的内容如下：

```
<%@ Page Language="C#" MasterPageFile="~/Common/MasterPage.master"
AutoEventWireup="true" CodeFile="Login.aspx.cs" Inherits="User_Login"
Title="用户登录" %>
<asp:Content ID="Content1" ContentPlaceHolderID="ContentPlaceHolder1"
```

```
    Runat="Server">
    用户登录
</asp:Content>
<asp:Content ID="Content2" ContentPlaceHolderID="ContentPlaceHolder2"
    Runat="Server">
</asp:Content>
<asp:Content ID="Content3" ContentPlaceHolderID="ContentPlaceHolder3"
    Runat="Server">
    <asp:Login ID="Login1" runat="server" BackColor="Aqua"
        Font-Size="14px" Width="226px">
        <TextBoxStyle Width="150px" />
    </asp:Login>
</asp:Content>
```

2. 用户注册页

用户注册页（Register.aspx）是一个内容页，放在 User 文件夹下。该页使用一个 CreateUserWizard 控件，设置其 BackColor 属性为 Aqua，Font.Size 属性为 14px，Width 属性为 286px，TextBoxStyle.Width 属性为 150px。运行效果如图 9-19 所示。

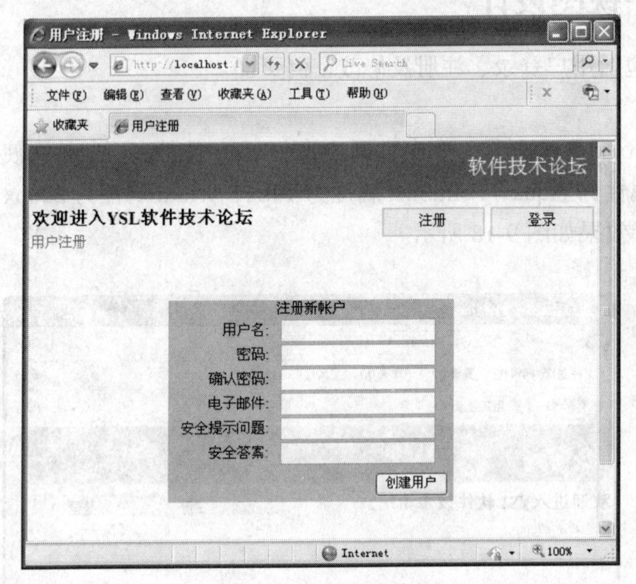

图 9-19 用户注册

页面代码文件的内容如下：

```
<%@ Page Language="C#" MasterPageFile="~/Common/MasterPage.master"
AutoEventWireup="true" CodeFile="Register.aspx.cs" Inherits="User_Register"
Title="用户注册" %>
<asp:Content ID="Content1" ContentPlaceHolderID="ContentPlaceHolder1"
    runat="Server">
    用户注册
</asp:Content>
<asp:Content ID="Content2" ContentPlaceHolderID="ContentPlaceHolder2"
    runat="Server">
</asp:Content>
<asp:Content ID="Content3" ContentPlaceHolderID="ContentPlaceHolder3"
```